计算方法丛书·典藏版　6

无约束最优化计算方法

邓乃扬　等　著

科学出版社

北　京

内 容 简 介

本书讨论处理无约束最优化问题的数值方法，主要包括 Newton 法、共轭梯度法、拟 Newton 法、Powell 直接方法以及非线性最小二乘法，并且阐明了其理论、应用和发展动向. 可供计算数学工作者、工程技术人员、高等院校有关专业高年级学生、研究生及教师参考.

图书在版编目(CIP)数据

无约束最优化计算方法 / 邓乃扬等著. —北京：科学出版社，2005.11
(计算方法丛书)
ISBN 978-7-03-025815-1

Ⅰ.无… Ⅱ.邓… Ⅲ.①最优化算法 Ⅳ.①O242.23

中国版本图书馆 CIP 数据核字(2015)第 277058 号

责任编辑：向安全 张鸿林 / 责任校对：鲁 素
责任印制：吴兆东 / 封面设计：王 浩

科学出版社 出版
北京东黄城根北街 16 号
邮政编码：100717
http://www.sciencep.com
北京厚诚则铭印刷科技有限公司印刷
科学出版社发行 各地新华书店经销
*
1982 年 12 月第 一 版 开本：850×1186 1/32
2024年 4 月印 刷 印张：10 1/8
字数：264 000
定价：69.00 元

序

最优化计算方法是计算数学中的一个十分活跃的分支．随着电子计算机的普及，它已广泛应用于化工、航空、机械、建筑、无线电技术等许多工程技术部门．另外在生产组织、资源分配等管理科学方面，最优化方法也已成为一种重要的决策手段．

最优化计算方法通常可分为两类，即无约束最优化和约束最优化．本书介绍的是前者．无约束最优化计算方法不仅本身有着不少实际应用，而且与约束最优化计算方法也有着紧密的联系：一方面，有些处理无约束问题的方法能够直接推广而且应用于约束问题；另一方面，还可以把一些约束问题转化为无约束问题来处理．因此从这个意义上讲，无约束最优化计算方法也是处理约束最优化问题的基本方法．

本书兼顾实际应用与理论研究两个方面，介绍处理无约束最优化问题的各种方法，其中包括使用目标函数二阶导数值的 Newton 法(第三章)、使用目标函数一阶导数值的共轭梯度法(第四章)和拟 Newton 法(第五章)、仅用目标函数值的直接方法(第六章)以及非线性最小二乘法(第七章)．上述各种方法虽然都要用到第一、二两章的知识，但它们之间基本上是各自独立的．因此仅对其中某种方法感兴趣的读者，可以在读完第一、二章后直接阅读讲述该方法所在的章节．

为了实际应用方便，我们对所推荐的各方法都给出了计算框图；同时为满足关心理论研究的读者的需要，也对各方法的收敛性等理论问题进行了比较深入的探讨．当然这些内容对于仅仅关心实际应用的读者可以略去．

参加本书编写工作的还有诸梅芳、刘德辅、杨振海、王理、唐云等同志．另外当时的研究生陈志、高旅端、史明仁、颜铁成、吴育华、唐恒永、吴振奎、杨燕昌也做了许多工作． 北京工业大学应用数学系领导亦曾给予大力支持．但由于作者水平所限，缺点与错误在所难免，请批评指正．

作者

目　　录

第一章 概 论

§ 1. 无约束最优化

1.1. 无约束最优化问题

设 $f(\boldsymbol{x})$ 是一个定义在 n 维欧氏空间 R^n 上的函数. 我们把寻找 $f(\boldsymbol{x})$ 的极小点的问题称为一个无约束最优化问题. 这个问题可以用下列形式表示:

$$\min f(\boldsymbol{x}), \quad \boldsymbol{x}=(x_1, \cdots, x_n)^T \in R^n, \tag{1.1}$$

其中 $f(\boldsymbol{x})$ 称为目标函数.

我们知道,函数的极小点有两种: 局部极小点和整体极小点. 下面分别给出它们的定义:

定义 1. 若对于 $\boldsymbol{x}^* \in R^n$, 存在着 $\varepsilon>0$, 使得当 $\|\boldsymbol{x}-\boldsymbol{x}^*\|<\varepsilon$ 时,总有

$$f(\boldsymbol{x}) \geqslant f(\boldsymbol{x}^*), \tag{1.2}$$

则称 $\boldsymbol{x}^*$ 是 $f(\boldsymbol{x})$ 的局部极小点. 若当 $\|\boldsymbol{x}-\boldsymbol{x}^*\|<\varepsilon$ 但 $\boldsymbol{x} \neq \boldsymbol{x}^*$ 时, 式(1.2)的不等号恒成立, 则称 $\boldsymbol{x}^*$ 是 $f(\boldsymbol{x})$ 的严格局部极小点.

定义 2. 若存在着 $\boldsymbol{x}^* \in R^n$, 使得对任意的 $\boldsymbol{x} \in R^n$, 式(1.2)都成立,则称 $\boldsymbol{x}^*$ 是 $f(\boldsymbol{x})$ 的整体极小点. 若当 $\boldsymbol{x} \neq \boldsymbol{x}^*$ 时,式(1.2)的不等号恒成立,则称 $\boldsymbol{x}^*$ 是 $f(\boldsymbol{x})$ 的严格整体极小点.

虽然实际计算中所关心的往往是整体极小点, 但是现有的算法常常只能保证近似地求出局部极小点, 所以我们规定求这两种极小点都属于无约束最优化问题. 对于寻求整体极小点的问题, 目前最流行的方法是多次使用通常求解无约束最优化问题的算法,设法多找出几个局部极小点,然后把其中取值最小的那个极小

点近似地作为整体极小点．本书仅限于讨论这些通常求解无约束最优化问题的算法．但是应该指出，关于寻求整体极小点的问题，已经有了不少专门的研究，有兴趣的读者可参看文献[14]—[17].

顺便说明一点，由于 $f(\boldsymbol{x})$ 的极大点对应于 $-f(\boldsymbol{x})$ 的极小点，因而无约束最优化计算方法同样适用于求函数的极大点问题.

1.2. 极小点的基本性质

我们在这里给出极小点的必要及充分条件(证明从略).

定理 1（**极小点的一阶必要条件**）. 设 $f(\boldsymbol{x})$ 是 R^n 上的连续可微函数．若 $\boldsymbol{x}^*$ 为其局部极小点，则 $\boldsymbol{x}^*$ 必为 $f(\boldsymbol{x})$ 的稳定点，即

$$\boldsymbol{g}(\boldsymbol{x}^*)=\nabla f(\boldsymbol{x}^*)=\boldsymbol{0},$$

其中 $\boldsymbol{g}(\boldsymbol{x})=\nabla f(\boldsymbol{x})$ 为 $f(\boldsymbol{x})$ 的梯度

$$\boldsymbol{g}(\boldsymbol{x})=\nabla f(\boldsymbol{x})=\left(\frac{\partial f(\boldsymbol{x})}{\partial x_1},\cdots,\frac{\partial f(\boldsymbol{x})}{\partial x_n}\right)^T.$$

定理 2（**极小点的二阶必要条件**）. 设 $f(\boldsymbol{x})$ 是 R^n 上的二次连续可微函数．若 $\boldsymbol{x}^*$ 为其局部极小点，则它必为 $f(\boldsymbol{x})$ 的稳定点，且 $f(\boldsymbol{x})$ 在点 $\boldsymbol{x}^*$ 处的 Hessian 矩阵 $G(\boldsymbol{x}^*)=\nabla^2 f(\boldsymbol{x}^*)=\left(\frac{\partial^2 f(\boldsymbol{x}^*)}{\partial x_i\,\partial x_j}\right)$ 半正定．即 $\boldsymbol{g}(\boldsymbol{x}^*)=\nabla f(\boldsymbol{x}^*)=\boldsymbol{0}$ 且对任意的 $\boldsymbol{p}\in R^n$，有

$$\boldsymbol{p}^T G(\boldsymbol{x}^*)\boldsymbol{p}\geqslant 0.$$

定理 3（**极小点的二阶充分条件**）. 设 $f(\boldsymbol{x})$ 是 R^n 上的二次连续可微函数．若在点 $\boldsymbol{x}^*$ 处有

i) $\boldsymbol{g}(\boldsymbol{x}^*)=\nabla f(\boldsymbol{x}^*)=\boldsymbol{0}$;

ii) $G(\boldsymbol{x}^*)=\nabla^2 f(\boldsymbol{x}^*)$ 正定，

则 $\boldsymbol{x}^*$ 是 $f(\boldsymbol{x})$ 的严格局部极小点.

这几个定理表明，极小点和稳定点之间有着十分密切的关系．由于很难直接验证一个点是不是极小点，我们常常通过检验稳定点的办法来鉴别它.

1.3. 历史简述

无约束最优化是一个十分古老的课题，至少可以追溯到 Newton 发明微积分的时代. 根据定理 1，能够把问题 (1.1) 化为求解方程组

$$\frac{\partial f(\boldsymbol{x})}{\partial x_1}=\cdots=\frac{\partial f(\boldsymbol{x})}{\partial x_n}=0, \tag{1.3}$$

这是微积分中常用的方法. 另外早在 1847 年，Cauchy[18] 就提出了最速下降法. 也许这些就是最早的求解无约束最优化问题的方法. 对于变量不多的某些问题，这些方法是可行的. 但对于变量较多的一般问题，就常常不适用了. 其原因是除某些特殊情形外，方程组 (1.3) 是非线性的，对它求解十分困难；而最速下降法往往又收敛得很慢. 但是在以后的很长一段时间内，这一古老的课题一直没有取得实质性的进展. 只是近二十多年来，由于电子计算机的应用和实际需要的增长，才使这一古老的课题获得了新生. 人们除了使用最速下降法[19]外，还使用并发展了 Newton 法(例如文献[20,21]等). 同时也出现了一些从直观几何图象导出的搜索方法(例如文献 [22—24] 等). 由 Daviden[25] 发明的变度量法 (本书称为拟 Newton 法)，是无约束最优化计算方法中最杰出的、最富有创造性的工作. Broyden, Powell, Fletcher 等人沿着这一方向做了大量的工作. 另外应该提及的两个方法是 Powell 直接方法[26]和共轭梯度法[27]，它们在无约束最优化计算方法中也占有十分重要的地位. 以上所述的方法都是针对一般目标函数设计的，对于平方和这种特殊形式的目标函数，Marquardt[28] 做了很好的工作. 总之，现在已经有了不少行之有效的新方法(对于这些方法的简要介绍可参看文献[29]).

在几十年前，人们简直不可能想像能求解具有几百个变量乃至上千个变量的问题，但在今天，这已经是司空见惯的了. 然而同时应该指出，这一领域中还有不少悬而未决的问题有待解决. 特

别是由于其应用范围日益广泛，更迫切地要求创造出更加有效、更加可靠的新方法. 因此无约束最优化计算方法，至今仍是一个相当活跃的课题.

§ 2. 下 降 算 法

2.1. 下 降 算 法

求解无约束最优化问题的方法大都属于迭代法. 许多迭代法都是根据下述思想建立的：我们并不期望一下子就找到函数的极小点，而是从某一点 $\boldsymbol{x}_1$ 出发，先找一个比 $\boldsymbol{x}_1$ 取值小一些的点 $\boldsymbol{x}_2$，然后再找一个取更小函数值的点 $\boldsymbol{x}_3$，…… . 最终希望能得到极小点或者能接近极小点. 这类算法的特点是，每进行一步都要求函数值有所下降，因此称为下降算法. 这里的关键问题是要根据目标函数 $f(\boldsymbol{x})$ 的某些信息，确立一个由 $\boldsymbol{x}_k$ 得到下一点 $\boldsymbol{x}_{k+1}$ 的规则，或者确定一个从 R^n 到 R^n 的映射 $a=a(\boldsymbol{x})$，令

$$\boldsymbol{x}_{k+1}=a(\boldsymbol{x}_k)$$

来给出这种规则. 这样，只要有了映射 a，就可以构造如下的算法.

算法 1（下降算法 I）

1. 取初始点 $\boldsymbol{x}_1$，置 $k=1$.

2. 置 $\boldsymbol{x}_{k+1}=a(\boldsymbol{x}_k)$.

3. 若 $f(\boldsymbol{x}_{k+1})\geqslant f(\boldsymbol{x}_k)$，则停止计算；否则置 $k=k+1$，转 2.

在上述算法中，由 $\boldsymbol{x}_k$ 到 $\boldsymbol{x}_{k+1}$ 的规则是由点到点的映射 a 给出的. 有时我们也用点到点的集合的映射 $A=A(\boldsymbol{x})$ 给出这种规则——这里 A 把 R^n 中的点映射到 R^n 中的非空子集. 与此对应，可以建立下列算法模型.

算法 2（下降算法 II）

1. 取初始点 $\boldsymbol{x}_1$，置 $k=1$.

2. 从集合 $A(\boldsymbol{x}_k)$ 中取出一点 $\boldsymbol{y}$.

3. 置 $\boldsymbol{x}_{k+1}=\boldsymbol{y}$.

4. 若 $f(\boldsymbol{x}_{k+1}) \geqslant f(\boldsymbol{x}_k)$，则停止计算；否则置 $k=k+1$，转 2.

为了形象地说明上述两个算法，我们讨论只有两个自变量的目标函数的情形. 设

$$z=f(\boldsymbol{x}),\ \boldsymbol{x}=(x_1, x_2)^T. \tag{1.4}$$

它代表一个曲面. 这个曲面及其等高线的性态如图 1.1 所示. 我们的目标是找出该曲面的最低点. 设已经取定了某个初始点 $\boldsymbol{x}_1$. 可以考虑在 (x_1, x_2) 平面上选一适当方向 $\boldsymbol{p}_1$. 试着沿这个方向找出取值更低一些的点 $\boldsymbol{x}_2=\boldsymbol{x}_1+\lambda\boldsymbol{p}_1$（这里 λ 是一个纯量）. 如果真能找到这样的 $\boldsymbol{x}_2$，使得

$$f(\boldsymbol{x}_2)<f(\boldsymbol{x}_1), \tag{1.5}$$

我们就前进了一步. 以下可以继续从 $\boldsymbol{x}_2$ 出发，再选适当方向 $\boldsymbol{p}_2$，求得 $\boldsymbol{x}_3$. 一般来说，从 $\boldsymbol{x}_k$ 出发，选择适当方向 $\boldsymbol{p}_k$，即可求得 $\boldsymbol{x}_{k+1}$. 方向 $\boldsymbol{p}_k$ 称为搜索方向. 容易想到，在沿搜索方向 $\boldsymbol{p}_k$ 寻找 $\boldsymbol{x}_{k+1}$ 时，不应仅仅满足于使函数值下降，而应设法使函数值下降得尽可能多一些. 换句话说，最好以 $f(\boldsymbol{x})$ 在方向 $\boldsymbol{p}_k$ 上的极小点作为 $\boldsymbol{x}_{k+1}$. 这样的做法实际上是算法 1 的一个特殊情况. 其中的映射 $a=a(\boldsymbol{x})$ 是按下述方式给出的：对 R^n 中任一点 $\boldsymbol{x}$，选定一适当方向 $\boldsymbol{p}=\boldsymbol{p}(\boldsymbol{x})$，然后从点 $\boldsymbol{x}$ 出发，找出 $f(\boldsymbol{x})$ 在方向 $\boldsymbol{p}$ 上的(第一个)极小点，以此作为 $\boldsymbol{x}$ 的映象 $a(\boldsymbol{x})$.

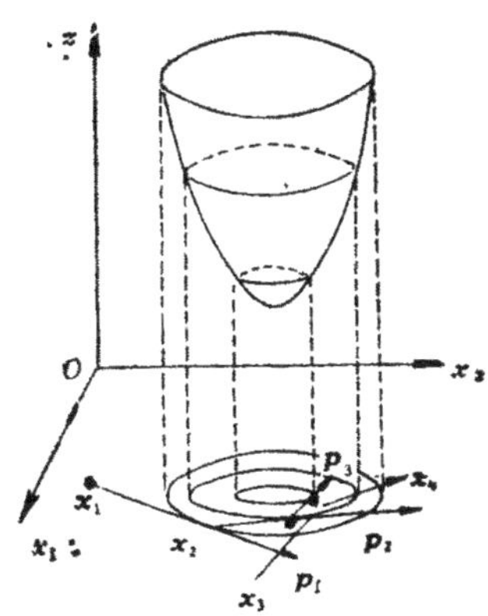

图 1.1 对应于二元函数的下降算法

如果对 R^n 中的点 $\boldsymbol{x}$ 来说，所选的方向 $\boldsymbol{p}=\boldsymbol{p}(\boldsymbol{x})$ 可能有多个，即 $\boldsymbol{p}=\boldsymbol{p}(\boldsymbol{x})$ 可取某一 n 维向量集合 $P=P(\boldsymbol{x})$ 中的任意元素，则上述做法对应于算法 2. 一般来说，从点 $\boldsymbol{x}$ 出发，沿 $P(\boldsymbol{x})$ 中的每一个方向 $\boldsymbol{p}(\boldsymbol{x})$ 都能找到 $f(\boldsymbol{x})$ 在该方向上的极小点，这些极小点组成的集合就是 $A(\boldsymbol{x})$. 因此 $A(\boldsymbol{x})$ 可形式地记作

$$A(\boldsymbol{x})=\{\boldsymbol{y}=\boldsymbol{x}+\lambda^*\boldsymbol{p}\,|\,\boldsymbol{p}\in P(x);\ f(\boldsymbol{x}+\lambda^*\boldsymbol{p})=\min_{\lambda>0} f(\boldsymbol{x}+\lambda\boldsymbol{p})\}$$

所谓"从集合 $A(\boldsymbol{x}_k)$ 中取出一点 $\boldsymbol{y}$" 就相当于从 $P(\boldsymbol{x}_k)$ 中选取一个方向 $\boldsymbol{p}_k=\boldsymbol{p}(\boldsymbol{x}_k)$，然后求出 $f(\boldsymbol{x})$ 沿方向 $\boldsymbol{p}_k$ 的极小点，以该极小点作为 $\boldsymbol{y}$.

以上对于二维问题的分析告诉我们，借助于求 $f(\boldsymbol{x})$ 在某个方向上的极小点有可能加快整个计算的过程. 而求 $f(\boldsymbol{x})$ 在某个方向上的极小点是求一维线性流形[1]上的极小点问题，这样的问题称为一维搜索. 下面给出一个使用一维搜索的算法模型.

算法 3（使用一维搜索的下降算法）

1. 取初始点 $\boldsymbol{x}_1$，置 $k=1$.
2. 选择适当的搜索方向 $\boldsymbol{p}_k$.
3. 一维搜索：求 $f(\boldsymbol{x})$ 在一维线性流形

$$\mathscr{B}=\{\boldsymbol{x}\mid \boldsymbol{x}=\boldsymbol{x}_k+\lambda\boldsymbol{p}_k,\ -\infty<\lambda<\infty\}$$

上的极小点. 以该极小点作为 $\boldsymbol{x}_{k+1}$.

4. 若 $f(\boldsymbol{x}_{k+1})\geqslant f(\boldsymbol{x}_k)$，则停止计算；否则置 $k=k+1$，转 2 .

这类算法的基点是把高维极小问题转化为一维极小问题. 当然并不一定要把后者局限于一维，也可以用寻求某个低维线性流形上的极小点来代替求一维极小. 例如要把 n 维空间的问题 (1.1) 转化为 m 维线性流形上的问题 ($1<m<n$)，可用下列步骤取代算法 3 中的 3 .

3′. 低维搜索：当 $k<m$ 时，以 $f(\boldsymbol{x})$ 在 k 维线性流形

---

1) 设 $\boldsymbol{x}_1\in R^n$，$\boldsymbol{d}_1,\cdots,\boldsymbol{d}_m\in R^n$ ($m\leqslant n$)，则称集合

$$\mathscr{B}_m=\{\boldsymbol{x}\mid \boldsymbol{x}=\boldsymbol{x}_1+\sum_{i=1}^{m}\lambda_i\boldsymbol{d}_i,\ -\infty<\lambda_i<\infty\}$$

为经过 $\boldsymbol{x}_1$ 由 $\boldsymbol{d}_1,\cdots,\boldsymbol{d}_m$ 张成的线性流形，它的维数就是 $\boldsymbol{d}_1,\cdots,\boldsymbol{d}_m$ 中线性无关向量的最大个数. 特别地，当 $\mathscr{B}_m$ 包含原点且 $\boldsymbol{d}_1,\cdots,\boldsymbol{d}_m$ 线性无关时，它就是 R^n 中的一个 m 维子空间.

仿定义 1，若对于 $\boldsymbol{x}^*\in\mathscr{B}_m$ 存在着 $\varepsilon>0$，使得当 $\boldsymbol{x}\in\mathscr{B}_m$ 且 $\|\boldsymbol{x}-\boldsymbol{x}^*\|<\varepsilon$ 时，总有 $f(\boldsymbol{x})\geqslant f(\boldsymbol{x}^*)$，则称 $\boldsymbol{x}^*$ 是 $f(\boldsymbol{x})$ 在 $\mathscr{B}_m$ 上的局部极小点. 若当 $\boldsymbol{x}\in\mathscr{B}_m$ 且 $\|\boldsymbol{x}-\boldsymbol{x}^*\|<\varepsilon$ 但 $\boldsymbol{x}\neq\boldsymbol{x}^*$ 时，恒成立着 $f(\boldsymbol{x})>f(\boldsymbol{x}^*)$，则称 $\boldsymbol{x}^*$ 是 $f(\boldsymbol{x})$ 在 $\mathscr{B}_m$ 上的严格局部极小点.

同样地，$f(\boldsymbol{x})$ 在 $\mathscr{B}_m$ 上的整体极小点和严格整体极小点的定义也与定义 2 相仿.

$$\mathscr{B}_k = \left\{ \boldsymbol{x} \,\middle|\, \boldsymbol{x} = \boldsymbol{x}_k + \sum_{j=1}^{k} \lambda_j \boldsymbol{p}_j,\ -\infty < \lambda_j < \infty \right\}$$

上的极小点为 $\boldsymbol{x}_{k+1}$; 当 $k \geqslant m$ 时,以 $f(\boldsymbol{x})$ 在 m 维线性流形

$$\mathscr{B}_{m(k)} = \left\{ \boldsymbol{x} \,\middle|\, \boldsymbol{x} = \boldsymbol{x}_k + \sum_{j=k-m+1}^{k} \lambda_j \boldsymbol{p}_j, -\infty < \lambda_j < \infty \right\}$$

上的极小点为 $\boldsymbol{x}_{k+1}$.

超记忆下降法[30]就属于这类方法，看起来是有前途的．但是目前尚未引起人们充分的注意，我们不准备进一步讨论它了．本书主要介绍算法 3 所描述的算法类.

要把算法 3 发展成为切实可行的算法，至少还要解决两个问题：如何选择较好的搜索方向，以及怎样进行一维搜索．在第二章中我们将专门讨论后一问题．而对于前一问题的处理，则是最优化计算方法中的一个核心问题，解决这一问题的不同方式就形成了不同的方法,这正是后面各章要仔细研究的.

2.2. 下降算法的基本理论问题

对于任意一个求解无约束最优化问题的算法,我们自然要问:它所构造的序列 $\{\boldsymbol{x}_k\}$ 能不能收敛到目标函数的极小点,以及其收敛的速度如何? 这是一些最基本的理论问题．现在引进几个与此有关的概念,以便给这些问题以精确的数学描述,为今后的讨论作些准备.

收敛性

定义 3. 若一算法对于某类目标函数来说，任给初始点 $\boldsymbol{x}_1 \in R^n$，按该算法构造的序列 $\{\boldsymbol{x}_k\}$ 总停止或者收敛到目标函数的一个极小点,则称该算法对该类函数具有全局收敛性.

定义 4. 若一算法对于某类目标函数来说，在其定义域的某个区域 C 上任取一点做为初始点 $\boldsymbol{x}_1$，按算法构造的序列 $\{\boldsymbol{x}_k\}$ 属于区域 C,并总停止或者收敛到这个区域内的一个极小点，则称该算法对该类函数具有区域 C 上的收敛性.

显然，全局的或者在某区域上的收敛性，是算法应该具有的一个重要性质．另外我们再引进一个希望算法具有的性质——二次终止性．考虑正定二次函数

$$f(\boldsymbol{x}) = \frac{1}{2}\boldsymbol{x}^T G\boldsymbol{x} + \boldsymbol{r}^T\boldsymbol{x} + \delta \tag{1.6}$$

（其中 G 是 $n \times n$ 阶正定对称矩阵，$\boldsymbol{r}$ 和 δ 分别是 n 维常向量和常数）．一方面，由于这类函数是具有极小点的最简单的函数类；另一方面，一般的函数在极小点附近大都可以用这类函数来近似，所以作为一个好的算法，常常要求它能够很有效地处理这类函数，最好经过有限步就能达到其极小点．因此我们有下列定义．

定义 5. 若某算法对于任意形如式 (1.6) 所示的二次函数来说，从任意初始点出发，都能在有限步内达到其极小点，则称该算法具有二次终止性．

有的文献上也把二次终止性称作二次收敛性．但本书不用这个名称．

收敛速率 在引进有关收敛速率的某些概念时，我们始终假定算法构造的序列 $\{\boldsymbol{x}_k\}$ 是收敛的，即

$$\lim_{k\to\infty} \boldsymbol{x}_k = \boldsymbol{x}^*. \tag{1.7}$$

定义 6. 若对于序列 $\{\boldsymbol{x}_k\}$ 来说，存在着 $p \geqslant 0$，并存在着常数 N 和 L，使得当 $k \geqslant N$ 时，有

$$\|\boldsymbol{x}_{k+1} - \boldsymbol{x}^*\| \leqslant L\|\boldsymbol{x}_k - \boldsymbol{x}^*\|^p,$$

（其中 $\|\cdot\|$ 可以是 R^n 中的任意范数，但为使用方便，不妨认为它指的是向量的 l_2 范数)，则称序列 $\{\boldsymbol{x}_k\}$ 收敛的级是 p，或者说 $\{\boldsymbol{x}_k\}$ 为 p 级收敛．

显然上述定义并不保证序列收敛的级唯一；事实上，如果某序列收敛的级是 $p > 0$，那么任何不超过 p 的非负数，也都是它收敛的级．另外容易看出，收敛的级所描述的是一次迭代的进展情况．下列定义则对应于连续进行 m 次迭代的进展情况．

定义 7. 若对于序列 $\{\boldsymbol{x}_k\}$ 来说，存在着常数 N 和 L，使得当 $k \geqslant N$ 时，有

$$\|\boldsymbol{x}_{k+m}-\boldsymbol{x}^*\|\leqslant L\|\boldsymbol{x}_k-\boldsymbol{x}^*\|^2,$$

则称序列 $\{\boldsymbol{x}_k\}$ m 步二级收敛.

显然,一步二级收敛就是通常的二级收敛.

定义 8. 若对于序列 $\{\boldsymbol{x}_k\}$ 来说，存在着 $\theta\in(0,1)$，并存在着 N 和 L，使得当 $k\geqslant N$ 时，有

$$\|\boldsymbol{x}_k-\boldsymbol{x}^*\|<L\theta^k,$$

则称序列 $\{\boldsymbol{x}_k\}$ 线性收敛.

定义 9. 若对于序列 $\{\boldsymbol{x}_k\}$ 来说，任给 $\beta>0$，都存在着 $N>0$，使当 $k\geqslant N$ 时，有

$$\|\boldsymbol{x}_{k+1}-\boldsymbol{x}^*\|\leqslant\beta\|\boldsymbol{x}_k-\boldsymbol{x}^*\|,$$

则称序列 $\{\boldsymbol{x}_k\}$ 超线性收敛.

显然,线性收敛是超线性收敛的必要条件,而超线性收敛又是二级收敛的必要条件.

另外需要说明的一点是,以上的收敛速率都是对序列 $\{\boldsymbol{x}_k\}$ 定义的. 我们规定，如果一算法对于某类目标函数所构造的任意序列都具有某种收敛性质，就称该算法对于那一类目标函数具有该收敛性质. 在这个意义上,我们可以说某算法收敛的级、某算法线性收敛等等.

为了帮助读者理解上述几个定义，我们看三个一维空间中的例子.

例 1. 考虑 $x_k=aq^k\ (0<|q|<1,\ a\neq 0)$. 这是一个收敛到 $x^*=0$ 的序列. 因为

$$|x_{k+1}-0|/|x_k-0|=|q|<1,$$

所以它是一级收敛的. 同时易见它也线性收敛.

例 2. 考虑 $x_k=(1/k)^k$. 显然 $\lim\limits_{k\to\infty}x_k=0$. 注意到

$$|x_{k+1}-0|/|x_k-0|=\left(\frac{k}{k+1}\right)^k\cdot\frac{1}{k+1}\to 0\ (k\to\infty),$$

即知它超线性收敛. 同时不难验证它收敛的级不高于 1.

例 3. 考虑 $x_k=q^{(2^k)}(0<|q|<1)$. 由

$$|x_{k+1}-0|/|x_k-0|^2=1,$$

可见它二级收敛.

很明显,上述关于收敛速率的概念仅仅涉及到当 $k\to\infty$ 时的渐近性质. 但实际使用任一算法进行计算时,都只能进行有限步. 这似乎会使人觉得它们并不能真正描述算法的实际效果. 然而事实并非如此. 根据上述渐近性质判断的收敛速率常与实际计算十分一致. 这表明它们确实是一些值得研究的重要性质.

2.3. 关于收敛性的两个定理

与收敛速率的研究不同, 对于收敛性问题已经有了比较一般的理论和方法,即点集映射法和强函数法.要了解这方面的概貌可参阅[31]及该文所引的有关文献. 为给以后证明具体算法的收敛性作准备,这里介绍两个比较一般的定理. 它们都属于强函数法.

在讨论收敛性问题时, 往往不是直接证明算法构造的序列 $\{\boldsymbol{x}_k\}$ 收敛到极小点, 而是先证明序列$\{\boldsymbol{x}_k\}$的极限点都是目标函数 $f(\boldsymbol{x})$ 的稳定点;然后再根据目标函数的性质,证明序列$\{\boldsymbol{x}_k\}$收敛到 $f(\boldsymbol{x})$的极小点. 下列两个定理可用于实现第一步. 事实上, 当目标函数 $f(\boldsymbol{x})$ 连续可微时,只要把定理中的 Ω^* 取为 $f(\boldsymbol{x})$ 的稳定点组成的集合,就能达到上述目的.

定理 4. 考虑把算法 2 应用于 R^n 上的连续函数 $f(\boldsymbol{x})$. 设Ω^*是 R^n 中的一个子集. 若对于 R^n 中不属于 Ω^* 的任意点 $\boldsymbol{x}$ 来说, 都存在着 $\varepsilon=\varepsilon(\boldsymbol{x})>0$ 和 $\delta=\delta(\boldsymbol{x})<0$, 使得当 $\|\boldsymbol{x}'-\boldsymbol{x}\|<\varepsilon(\boldsymbol{x})$, $\boldsymbol{y}'\in A(\boldsymbol{x}')$ 时,

$$f(\boldsymbol{y}')-f(\boldsymbol{x}')\leqslant\delta(\boldsymbol{x}),$$

则算法 2 构造的序列 $\{\boldsymbol{x}_k\}$ 满足

i) 当 $\{\boldsymbol{x}_k\}$ 为有穷序列 $\{\boldsymbol{x}_1,\cdots,\boldsymbol{x}_{m-1},\boldsymbol{x}_m\}$ 时, $\boldsymbol{x}_{m-1}\in\Omega^*$;

ii) 当 $\{\boldsymbol{x}_k\}$ 为无穷序列时,它的任一极限点 $\hat{\boldsymbol{x}}\in\Omega^*$.

证明. 先考虑 $\{\boldsymbol{x}_k\}$ 为有穷序列 $\{\boldsymbol{x}_1,\cdots,\boldsymbol{x}_{m-1},\boldsymbol{x}_m\}$ 的情形. 此时按算法构造有

$$\boldsymbol{x}_m\in A(\boldsymbol{x}_{m-1}),\ f(\boldsymbol{x}_m)\geqslant f(\boldsymbol{x}_{m-1}).$$

用反证法易证 $\boldsymbol{x}_{m-1}\in\Omega^*$.

当 $\{\boldsymbol{x}_k\}$ 为无穷序列时，设 $\hat{\boldsymbol{x}}$ 是它的一个极限点．显然 $\{\boldsymbol{x}_k\}$ 有子序列 $\{\boldsymbol{x}_{k_i}\}$，使得

$$\lim_{i\to\infty}\boldsymbol{x}_{k_i}=\hat{\boldsymbol{x}}. \tag{1.8}$$

现证 $\hat{\boldsymbol{x}}\in\Omega^*$．仍采用反证法．设 $\hat{\boldsymbol{x}}\bar{\in}\Omega^*$．根据定理条件知，存在着 $\varepsilon(\hat{\boldsymbol{x}})>0$ 和 $\delta(\hat{\boldsymbol{x}})<0$，使得只要

$$\|\boldsymbol{x}'-\hat{\boldsymbol{x}}\|<\varepsilon(\hat{\boldsymbol{x}}),\ \boldsymbol{y}'\in A(\boldsymbol{x}'),$$

就有

$$f(\boldsymbol{y}')-f(\boldsymbol{x}')\leqslant\delta(\hat{\boldsymbol{x}}). \tag{1.9}$$

但由式(1.8)易见存在着 $i_0>0$，使当 $i\geqslant i_0$ 时，

$$\|\boldsymbol{x}_{k_i}-\hat{\boldsymbol{x}}\|\leqslant\varepsilon(\hat{\boldsymbol{x}}).$$

再注意到 $\boldsymbol{x}_{k_i+1}\in A(\boldsymbol{x}_{k_i})$，即可由式(1.9)推得

$$f(\boldsymbol{x}_{k_i+1})-f(\boldsymbol{x}_{k_i})\leqslant\delta(\hat{\boldsymbol{x}}).$$

算法 2 既然是下降算法，便有

$$\begin{aligned}f(\boldsymbol{x}_{k_{i+1}})-f(\boldsymbol{x}_{k_i})&=[f(\boldsymbol{x}_{k_{i+1}})-f(\boldsymbol{x}_{k_{i+1}-1})]+[f(\boldsymbol{x}_{k_{i+1}-1})\\&\quad-f(\boldsymbol{x}_{k_{i+1}-2})]+\cdots+[f(\boldsymbol{x}_{k_i+1})-f(\boldsymbol{x}_{k_i})]\\&<f(\boldsymbol{x}_{k_i+1})-f(\boldsymbol{x}_{k_i})\leqslant\delta(\hat{\boldsymbol{x}})<0.\end{aligned}$$

在此不等式两端对 i 从 i_0 到∞求和．根据式(1.8)及 $f(\boldsymbol{x})$ 在点 $\hat{\boldsymbol{x}}$ 处连续知，左端趋向于 $f(\hat{\boldsymbol{x}})-f(\boldsymbol{x}_{k_{i_0}})$，而右端趋向于 $-\infty$．这个矛盾说明必有 $\hat{\boldsymbol{x}}\in\Omega^*$．定理证毕．

请读者注意上述定理之结论的含义：它仅仅保证了当 $\{\boldsymbol{x}_k\}$ 为无穷序列时，$\{\boldsymbol{x}_k\}$ 的任一极限点都属于 Ω^*；并未涉及 $\{\boldsymbol{x}_k\}$ 是否有极限点的问题．

定理 4 是关于全局收敛性的，它与定义 3 相对应．下面给出与定义 4 对应的收敛定理．

定理 5. 考虑把算法 2 应用于 R^n 上的连续函数 $f(\boldsymbol{x})$．设 Ω^* 是 R^n 的一个子集，并设对于 R^n 中某元素 $\bar{\boldsymbol{x}}$ 来说，集合

$$\tilde{C}(\bar{\boldsymbol{x}})=\{\boldsymbol{x}\,|\,f(\boldsymbol{x})<f(\bar{\boldsymbol{x}})\}^{1)}$$

---

1) 这里引入 $\tilde{C}(\bar{\boldsymbol{x}})$ 的记号表示开集 $\{\boldsymbol{x}|f(\boldsymbol{x})<f(\bar{\boldsymbol{x}})\}$．以后还将用 $C(\bar{\boldsymbol{x}})$ 表示基准集 $\{\boldsymbol{x}|f(\boldsymbol{x})\leqslant f(\bar{\boldsymbol{x}})\}$．请读者注意它们的区别．

非空，且对于 $\widetilde{C}(\bar{\boldsymbol{x}})$ 中不属于 Ω^* 的任意点 $\boldsymbol{x}$ 来说，都存在着 $\varepsilon = \varepsilon(\boldsymbol{x}) > 0$ 和 $\delta = \delta(\boldsymbol{x}) < 0$，使得当 $\|\boldsymbol{x}' - \boldsymbol{x}\| < \varepsilon(\boldsymbol{x})$ 且 $\boldsymbol{y}' \in A(\boldsymbol{x}')$ 时，

$$f(\boldsymbol{y}') - f(\boldsymbol{x}') \leqslant \delta(\boldsymbol{x}),$$

则当初始点 $\boldsymbol{x}_1 \in \widetilde{C}(\bar{\boldsymbol{x}})$ 时，算法 2 构造的序列 $\{\boldsymbol{x}_k\}$ 满足

i) 当 $\{\boldsymbol{x}_k\}$ 为有穷序列 $\{\boldsymbol{x}_1, \cdots, \boldsymbol{x}_{m-1}, \boldsymbol{x}_m\}$ 时，$\boldsymbol{x}_{m-1} \in \Omega^*$；

ii) 当 $\{\boldsymbol{x}_k\}$ 为无穷序列时，它的任一极限点 $\hat{\boldsymbol{x}} \in \Omega^*$.

证明. 注意到 $\boldsymbol{x}_1 \in \widetilde{C}(\bar{\boldsymbol{x}})$ 而且算法 2 是下降算法，因而

$$\boldsymbol{x}_k \in \widetilde{C}(\bar{\boldsymbol{x}}) \qquad (k = 1, 2, \cdots).$$

于是用证明定理 4 的类似方法便能证明定理5. 定理证毕.

2.4. 下降算法的实用收敛准则

算法 1 至算法 3 都含有一个停止继续计算的条件——若

$$f(\boldsymbol{x}_{k+1}) \geqslant f(\boldsymbol{x}_k),$$

则停止计算. 我们称这类条件为收敛准则. 上述收敛准则的含义很清楚：如果能使目标函数值下降(不管下降量是多少)，就继续做下去，直至不能使函数值下降为止. 这样考虑问题是合理的，有时也是实用的. 但在许多实际问题中，往往并不需要非常精确地找出极小点，而只要达到一定的精度要求就行了. 这时，为了节省计算时间，可以考虑用下列较松的条件作为收敛准则:

函数值的下降量充分小. 即

$$f(\boldsymbol{x}_k) - f(\boldsymbol{x}_{k+1}) < \varepsilon_1 \tag{1.10}$$

或

$$\frac{f(\boldsymbol{x}_k) - f(\boldsymbol{x}_{k+1})}{|f(\boldsymbol{x}_k)|} < \varepsilon_2. \tag{1.11}$$

自变量的改变量充分小. 即 $\boldsymbol{x}_{k+1}$ 和 $\boldsymbol{x}_k$ 的距离充分小

$$\|\boldsymbol{x}_{k+1} - \boldsymbol{x}_k\| < \varepsilon_3, \tag{1.12}$$

或它们之间的相对距离充分小

$$\frac{\|\boldsymbol{x}_{k+1}-\boldsymbol{x}_k\|}{\|\boldsymbol{x}_k\|}<\varepsilon_4. \tag{1.13}$$

梯度充分接近于零. 即

$$\|\boldsymbol{g}(\boldsymbol{x}_k)\|=\|\nabla f(\boldsymbol{x}_k)\|<\varepsilon_5. \tag{1.14}$$

式(1.10)—(1.14)中的 ε_1—ε_5 都是事先给定的适当正数. 它们与欲达到的精度有关.

很明显，在实际计算过程中满足这些收敛准则，只能说明"可能已经接近了极小点"，并不能保证确实接近了极小点. 因此对于计算结果进行具体分析，是完全必要的.

另外，当求函数值的次数过多、而仍未接近极小点时，也要停止计算，以免计算时间过长.

第二章　一 维 搜 索

本书主要研究第一章的算法 3 所描述的算法类．这类算法都要用到一维搜索，本章就专门讨论这个问题．我们进行一维搜索的目的是求多变量函数 $f(\boldsymbol{x})$ 在某个一维线性流形上的极小点，它等价于求单变量函数

$$\varphi(\lambda)=f(\boldsymbol{x}_k+\lambda\boldsymbol{p}_k)$$

(其中 $\boldsymbol{x}_k$ 为 R^n 中某一点，$\boldsymbol{p}_k$ 是某一非零方向，λ 是纯量)的极小点．应该指出，即使多变量函数 $f(\boldsymbol{x})$ 有唯一的极小点，仍然不能保证它在一维流形上的极小点唯一．也就是说，单变量函数

$$\varphi(\lambda)=f(\boldsymbol{x}_k+\lambda\boldsymbol{p}_k)$$

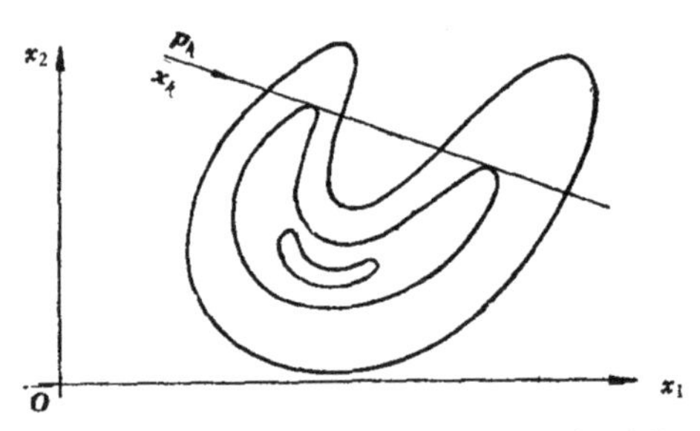

图 2.1　具有多个一维极小点的二元函数等高线

仍然可能有着多个极小点，从图 2.1可以清楚地看出这一点．给定 $\boldsymbol{x}_k$ 和 $\boldsymbol{p}_k$ 后，也许有许多理由应该去寻找 $\varphi(\lambda)=f(\boldsymbol{x}_k+\lambda\boldsymbol{p}_k)$ 在 $(-\infty,\infty)$ 上的整体极小点．但是在实际计算时，我们却总是满足于近似地找出 $\varphi(\lambda)$ 的任一极小点(或者近似地找出从 $\boldsymbol{x}_k$ 出发沿 $\boldsymbol{p}_k$ 方向的第一个极小点)．求解这类问题的方法大体可分为两类：试探法和插值法．前者比较简单可靠；但后者由于利用了函数的光滑性(例如导数信息)等条件常更加有效．

§1. 试 探 法

首先介绍最简单的一种试探法——进退法，然后介绍两种更

加有效的方法——分数法和 0.618 法.

1.1. 进 退 法

进退法的思想非常简单，假设已经取定了初始点 a 和初始步长 α，我们取 $a+\alpha$ 为新试探点. 比较点 a 和点 $a+\alpha$ 处的函数值，若

$$\varphi(a+\alpha)<\varphi(a),$$

则取 $a+\alpha$ 为新出发点，把步长增加为 $\beta_1\alpha$（例如取 $\beta_1=2$），继续前进；如果上式不成立，则仍以 a 为出发点，把步长缩短为 $\beta_2\alpha$（例如取 $\beta_2=1/4$），向后倒退. 这样不断迭代，直到步长下降到预先给定的要求为止，其具体做法如下：

算法 1（进退法） 见图 2.2 所示的框图.

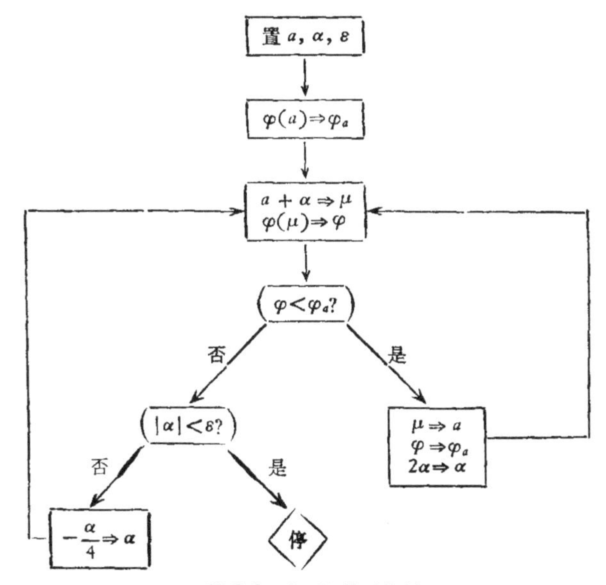

图 2.2 进退法框图

一般来说，用进退法求函数极小点效率较低，实用意义不大. 但是把这个算法稍加改造，即可用于寻找包含函数极小点的区间.

在以后介绍的一维搜索方法中，有些方法只能寻求函数在某个区间上的极小点．找出一个包含极小点的区间，可以为使用那些一维搜索方法作准备，这倒是很有价值的．下面给出了一个确定极小点存在区间的进退算法．这个算法的功能是，从某初始点 a 和某一试探步长 α 出发，求出一个包含函数极小点的区间 $[\mu_1, \mu_3]$（或 $[\mu_3, \mu_1]$）．

算法 2（确定搜索区间的进退算法） 见图 2.3 所示的框图．

上述算法最后得到的 μ_1、μ_2 和 μ_3 可能是等距的三点，也可能是不等距的三点． 算法结束时的 k 值标明了这一区别：$k=2$ 表示是前一情况；$k>2$ 则对应后一情况．

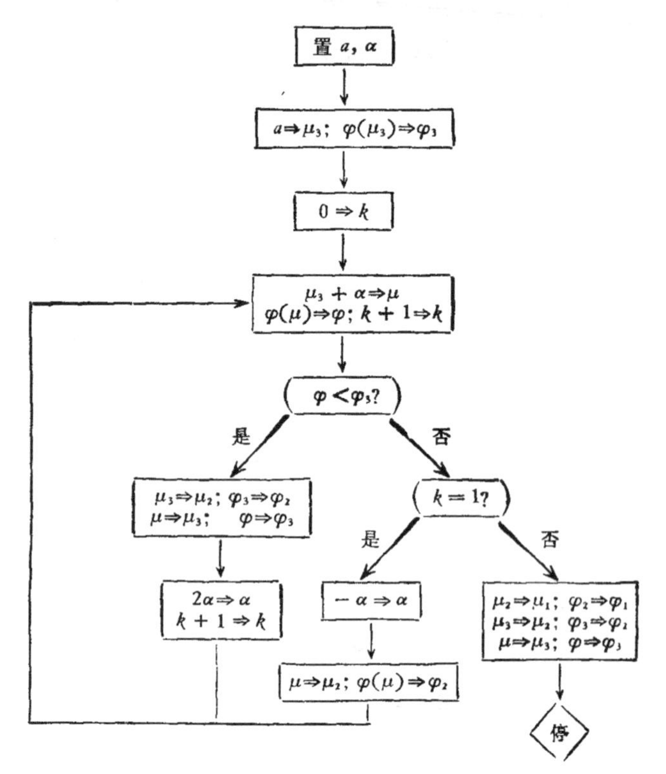

图 2.3　确定搜索区间的进退算法框图

1.2. 分数法（Fibonacci 法）

分数法所解决的问题是求函数在给定区间 $[a, b]$ 上的极小点. 它是根据单峰函数的性态构造出来的. 顾名思义，单峰函数是指只有一个峰值的函数，其严格定义如下.

定义 1. 设 $\varphi(\lambda)$ 是定义在 $[a, b]$ 上的函数，若

i）存在着 $\lambda^* \in [a, b]$，使得 $\varphi(\lambda^*) = \min\limits_{\lambda \in [a,b]} \varphi(\lambda)$；

ii）对任意的 $a \leqslant \lambda_1 < \lambda_2 \leqslant b$，当 $\lambda_2 \leqslant \lambda^*$ 时，$\varphi(\lambda_1) > \varphi(\lambda_2)$；当 $\lambda^* \leqslant \lambda_1$ 时，$\varphi(\lambda_2) > \varphi(\lambda_1)$，

则称 $\varphi(\lambda)$ 为 $[a, b]$ 上的单峰函数.

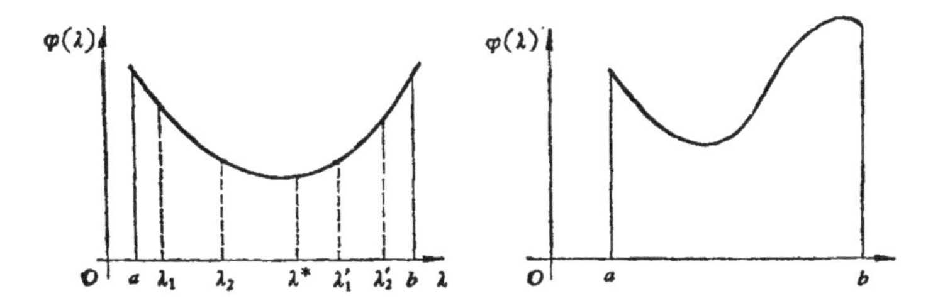

图 2.4 单峰函数和非单峰函数

图 2.4 展示了单峰函数与非单峰函数的区别.

假定 $\varphi(\lambda)$ 是搜索区间 $[a, b]$ 上的单峰函数，并记其极小点为 λ^*. 容易看出，对于 $[a, b]$ 上的任意两点 $\lambda_1 < \lambda_2$ 来说，若 $\varphi(\lambda_1) < \varphi(\lambda_2)$，则 $\lambda^* \in [a, \lambda_2]$；若 $\varphi(\lambda_1) \geqslant \varphi(\lambda_2)$，则 $\lambda^* \in [\lambda_1, b]$. 这就是说，计算出搜索区间内两个点处的函数值，就能把搜索区间缩短. 可以期望，反复多次比较试探点处的函数值，能够越来越精确地估计出 λ^* 的位置.

从理论上说，上述作法可以无限精确地求得 λ^*，但实际计算时却只能达到一定的精度. 其原因是计算机中能寄存的数总共只有有限个，所有函数在计算机上表示时都是阶梯函数（参看图 2.5），因此存在着一个能分辨函数值大小的间隔，当两试探点间

的距离小于这个间隔时，再比较其函数值的大小往往就没有什么意义了．这意味着试探点间应该拉开一定的距离．确切地说，我们可对单峰函数 $\varphi(\lambda)$ 定义最小间隔 δ：

$\delta=\sup\{\Delta|$ 存在着相距 Δ 的 λ_1 和 λ_2，使得 $\varphi(\lambda_1)=\varphi(\lambda_2)$，但 $\lambda^*\bar{\in}[\lambda_1,\lambda_2]\}$

（在图 2.5 所示的情形中，δ 就是各区间 $[a_i,a_{i+1}]$ $(i=1,2,\cdots,9)$的最大长度）．在选取试探点时，不应使其间隔小于 δ．

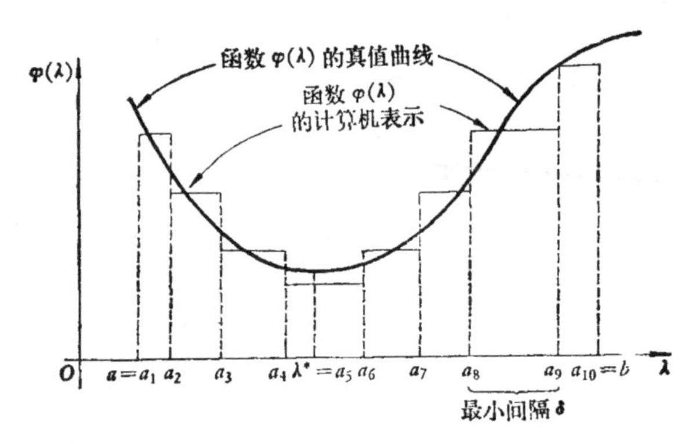

图 2.5　函数值及其计算机表示

除了对于试探点间隔的这个限制外，我们要计算哪些点的函数值是完全任意的．很明显，试探点的位置不同时效果也会有所差异．下面我们介绍一种“最优”的选点方式——分数法[32]．

分数法的导出　在求函数值次数一定的情况下，最初搜索区间与最终搜索区间长度之比，可以作为衡量取点方式优劣的一个标准——这个比值越大，意味着相应的取点方式越好．或者换一个说法：设 L_n 是这样一个区间的长度——按某种取点方式求 n 次函数值后，在可能遇到的各种情况下，总能把搜索区间的长度缩短为 1，最优取点方式应该保证使 L_n 最大．

为导出最优取点方式，先估计一下 L_n 的上界．设 L_i 的上确界为 U_i $(i=1,\cdots,n)$．显然 U_i 就是计算 i 次函数值后总能把搜索区间缩短到 1 的最大区间长度．由于至少要计算二次函数值

才能缩短区间，所以

$$U_0 = U_1 = 1. \tag{2.1}$$

现在估计对应于计算 n 次函数值的上界 U_n. 设最初的两个试探点为 x_1 和 x_2 $(x_1 < x_2)$，那末余下还可以计算 $n-2$ 次函数值. 极小点可能位于区间 $[a, x_1]$，也可能位于区间 $[x_1, b]$. 当极小点位于 $[a, x_1]$ 上时，我们必须能够借助于在其中计算 $n-2$ 次函数值，把这个区间缩短为 1，故应有

$$x_1 - a \leqslant U_{n-2}.$$

当极小点位于 $[x_1, b]$ 上时，除了可再计算 $n-2$ 次函数值外，还能利用其中已计算的一点 (x_2) 处的函数值，所以总共可以利用 $(n-2)+1 = n-1$ 个函数值，故应有

$$b - x_1 \leqslant U_{n-1}.$$

于是得知

$$L_n = b - a \leqslant U_{n-2} + U_{n-1},$$

$$U_n \leqslant U_{n-2} + U_{n-1}. \tag{2.2}$$

这启发我们去构造下面的数列.

定义 2. 按递推关系

$$F_0 = F_1 = 1, \tag{2.3}$$

$$F_n = F_{n-1} + F_{n-2} \qquad (n = 2, 3, \cdots) \tag{2.4}$$

产生的数，称为 Fibonacci 数.

下表列出了前边几个 Fibonacci 数.

n	0	1	2	3	4	5	6	7	8	9	10
F_n	1	1	2	3	5	8	13	21	34	55	89
n	11	12	13	14	15	16	17	18	19	20	21
F_n	141	233	377	610	987	1597	2584	4181	6765	10946	17711

由式 (2.1)—(2.4) 易见 $U_n \leqslant F_n$. 因此倘若某种取点方式能保证求 n 次函数值后，可把搜索区间缩减为最初区间长度的 $1/F_n$，那么就有理由认为这种取点方式是最优的. 下面介绍的策略基本

上能够做到这一点，不过它需要事先给定求函数值的次数 N. 这个数可以根据寻求极小点的精度要求确定，例如当欲使最终区间长度不超过 ε 时，只需取满足 $F_N \geqslant \frac{1}{\varepsilon}(b-a)$ 的 N 即可.

算法 3（分数法）

1. 置初始区间左右端点 a, b，置精度要求 ε（最终区间的最大允许长度）和能够分辨函数值的最小间隔 δ.

2. 求计算函数值的次数 N，即求使

$$F_N \geqslant (b-a)/\varepsilon$$

成立的最小整数.

3. 置 $k = N$，并按下列两式计算区间 $[a, b]$ 的两个内点

$$\lambda_l = a + \frac{F_{k-2}}{F_k}(b-a), \tag{2.5}$$

$$\lambda_r = a + \frac{F_{k-1}}{F_k}(b-a). \tag{2.6}$$

4. 置 $k = k-1$.

5. 若 $\varphi(\lambda_l) \geqslant \varphi(\lambda_r)$，则转 6；否则

(1) 置 $b = \lambda_r, \lambda_r = \lambda_l$.

(2) 根据 k 的大小，分别执行下列步骤：当 $k < 2$ 时，停止计算；当 $k > 2$ 时，按 (2.5) 计算 λ_l；当 $k = 2$ 时，置 $\lambda_l = \lambda_r - \delta$.

(3) 转 4.

6. 置 $a = \lambda_l, \lambda_l = \lambda_r$. 然后根据 k 的大小分别执行下列步骤：当 $k < 2$ 时，停止计算；当 $k > 2$ 时，按式 (2.6) 计算 λ_r；当 $k = 2$ 时，置 $\lambda_r = \lambda_l + \delta$.

7. 转 4.

图 2.6 给出了分数法搜索过程的一个例子 ($N = 5$).

容易看出，从理论上讲，当 δ 无限接近零(但 $\delta > 0$) 时，分数法经 n 次函数求值能保证把搜索区间的长度缩短为原来的 $1/F_n$. 因此对于单峰函数来说，在事先给定求函数值次数的条件下，可以认为分数法是最优策略.

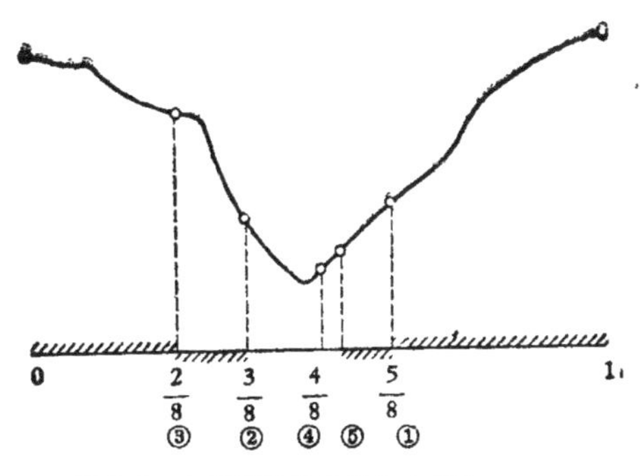

图 2.6　应用于单峰函数的分数法

分数法的改进　现在介绍分数法的一个改进形式，它在实际计算中常常比通常的分数法更加有效．我们知道，通常的分数法是基于求单峰函数极小点而导出的方法，然而实际进行一维搜索时所遇到的函数并不一定是单峰的．如果这时直接套用分数法，就有可能使最终搜索区间上的函数值反而大于初始区间端点处的函数值(例如图 2.7 所示的情形)．为克服这个缺点，文献 [33] 建议增加计算初始区间两个端点处的函数值，而在缩减区间时，不要只比较两内点处的两个函数值，而是比较两内点、两端点处的 4 个函数值：当左边第一个或第二个点是这 4 个点中的最小点时，丢弃右端点，构成新的搜索区间；否则丢弃左端点，构成新的搜索区间，这个策略导致下列算法．

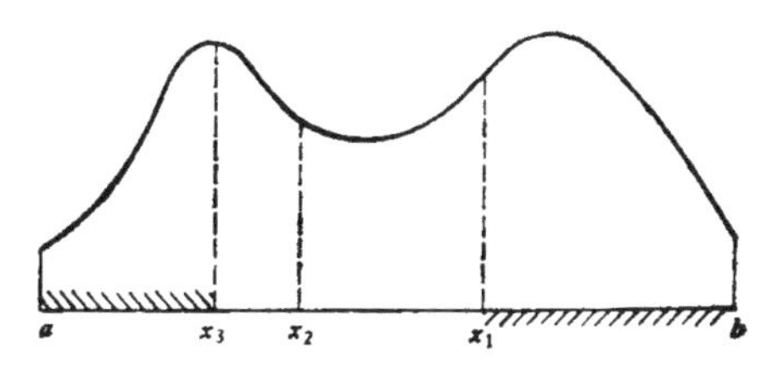

图 2.7　应用于非单峰函数的分数法

算法 4（改进分数法）　这个算法略同于通常的分数法（算法 3)，只是缩减区间的方式有所改变．我们这里仅对这一点加以说明. 完整的改进分数法见图 2.8 所示的框图.

我们记第 k 次迭代的搜索区间为 $[\mu_1^{(k)}, \mu_4^{(k)}]$，其中的两个内点为 $\mu_2^{(k)}$, $\mu_3^{(k)}$，它们满足

$$\mu_1^{(k)} < \mu_2^{(k)} < \mu_3^{(k)} < \mu_4^{(k)}.$$

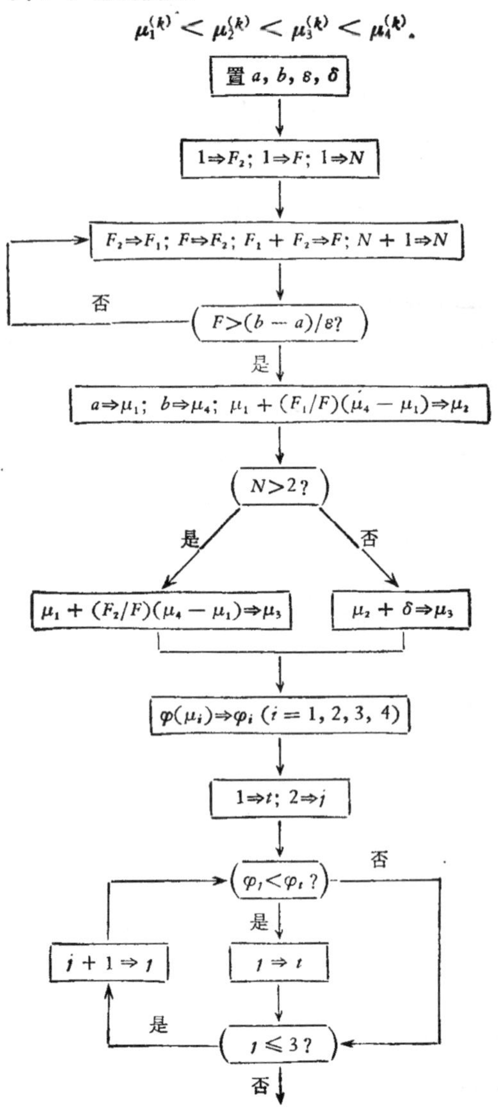

接上页

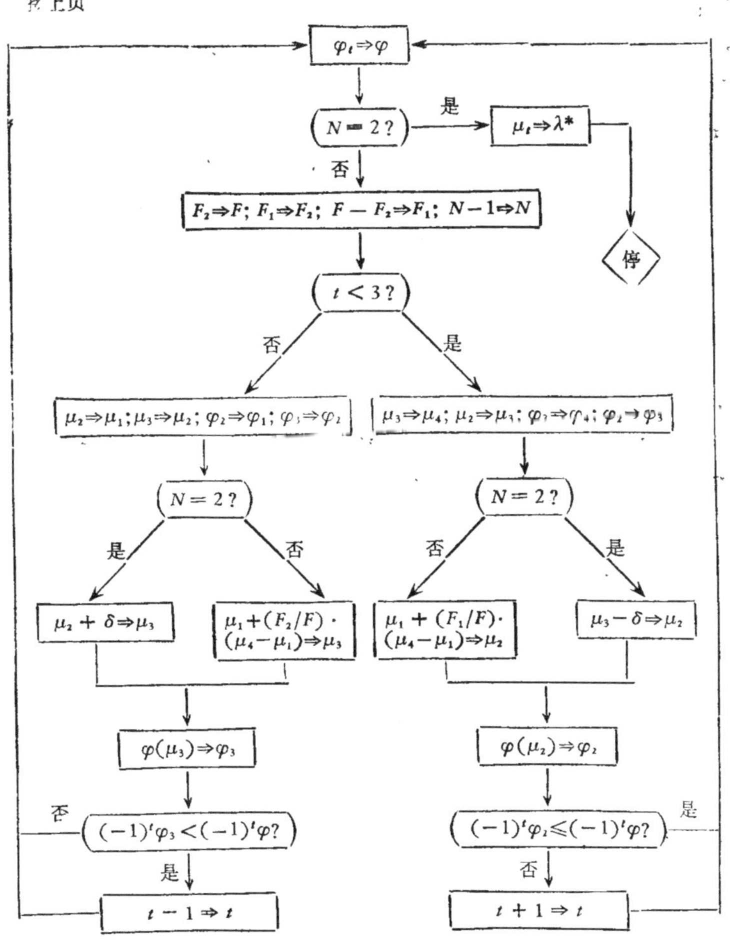

图 2.8　改进分数法框图

记 $t^{(k)}$ 为这 4 个点中函数取最小值的那个点的下标．在计算开始时，首先比较 4 个点 $\mu_1^{(1)}=a$, $\mu_2^{(1)}$, $\mu_3^{(1)}$ 和 $\mu_4^{(1)}=b$ 处的四个函数值，得到 $t^{(1)}$．一般第 k 次迭代则采用下列方式缩减区间：

当 $t^{(k)}=1$ 或 2 时，置 $\mu_1^{(k+1)}=\mu_1^{(k)}$, $\mu_4^{(k+1)}=\mu_3^{(k)}$．而确定新搜索区间 $[\mu_1^{(k+1)}, \mu_4^{(k+1)}]$ 的两内点的办法是：置 $\mu_3^{(k+1)}=\mu_2^{(k)}$，计

算新内点 $\mu_2^{(k+1)}$. 另外，为给下次迭代时缩减区间做准备，还需确定 $t^{(k+1)}$. 这只要比较 $\varphi(\mu_{t(k)}^{(k)})$ 和新内点处函数值 $\varphi(\mu_2^{(k+1)})$. 即当 $(-1)^{t(k)}\varphi(\mu_2^{(k+1)}) \leqslant (-1)^{t(k)}\varphi(\mu_{t(k)}^{(k)})$ 时，置 $t^{(k+1)} = t^{(k)}$; 否则置 $t^{(k+1)} = t^{(k)} + 1$.

当 $t^{(k)} = 3$ 或 4 时，置 $\mu_1^{(k+1)} = \mu_2^{(k)}$, $\mu_4^{(k+1)} = \mu_4^{(k)}$, $\mu_2^{(k+1)} = \mu_3^{(k)}$, 计算新内点 $\mu_3^{(k+1)}$. 此时确定 $t^{(k+1)}$ 的办法是：当

$$(-1)^{t(k)}\varphi(\mu_3^{(k+1)}) < (-1)^{t(k)}\varphi(\mu_{t(k)}^{(k)})$$

时，置 $t^{(k+1)} = t^{(k)} - 1$; 否则置 $t^{(k+1)} = t^{(k)}$.

1.3. 0.618 法（黄金分割法）

0.618 法的导出 首先我们给出 Fibonacci 数的直接表达式. 考虑满足递推关系 (2.4) 的序列. 显然序列

$$F_n = \gamma^n \ (n = 0, 1, \cdots)$$

满足式 (2.4) 的充分必要条件是 γ 满足

$$\gamma^2 - \gamma - 1 = 0. \tag{2.7}$$

这个方程称为递推关系 (2.4) 的特征方程. 它的两个根是

$$\gamma_1 = \frac{1+\sqrt{5}}{2}, \quad \gamma_2 = \frac{1-\sqrt{5}}{2}. \tag{2.8}$$

因此由它们构成的序列

$$F_n = \gamma_1^n \text{ 和 } F_n = \gamma_2^n \ (n = 0, 1, \cdots)$$

都满足式 (2.4). 进而可见其线性组合

$$F_n = A\gamma_1^n + B\gamma_2^n \ (n = 0, 1, \cdots) \tag{2.9}$$

也满足式 (2.4). 同时反过来我们还可以验证，满足式 (2.4) 的序列都可以表成式 (2.9) 的形式. 特别地，为把 Fibonacci 数表成式 (2.9) 的形式，只需其中的 A 和 B 满足

$$\begin{cases} A\gamma_1^0 + B\gamma_2^0 = 1, \\ A\gamma_1 + B\gamma_2 = 1. \end{cases}$$

由此解出 A 和 B, 代入式 (2.9), 即得 Fibonacci 数的表达式

$$F_n = \frac{1}{\sqrt{5}}\left\{\left(\frac{1+\sqrt{5}}{2}\right)^{n+1} - \left(\frac{1-\sqrt{5}}{2}\right)^{n+1}\right\}. \tag{2.10}$$

容易看出当 $n\to\infty$ 时,比值 $\tau_n=F_{n-1}/F_n$ 有极限

$$\tau_n=\frac{F_{n-1}}{F_n}\to\tau=\frac{1}{\gamma_1}\doteq 0.618.$$

如果用 $\tau=\dfrac{1}{\gamma_1}$ 代替分数法中的 F_{k-1}/F_k，就得到了通常所说的 0.618 法.

算法 5 (0.618 法)

1. 置初始搜索区间 $[a, b]$，并置精度要求 ε.

2. 用下列公式计算试探点

$$\lambda_r=a+\tau(b-a), \tag{2.11}$$

$$\lambda_l=a+(1-\tau)(b-a), \tag{2.12}$$

其中

$$\tau=\frac{2}{1+\sqrt{5}}\doteq 0.618.$$

3. 若 $\varphi(\lambda_r)>\varphi(\lambda_l)$，则置 $b=\lambda_r$，$\lambda_r=\lambda_l$，并用式(2.12)计算新内点 λ_l；否则置 $a=\lambda_l$，$\lambda_l=\lambda_r$，并用式(2.11)计算新内点 λ_r.

4. 检验终止准则是否成立. 例如检验是否有

$$b-a<\varepsilon.$$

若成立,则停止计算;否则转 3.

0.618 法的最优性　设目标函数为单峰函数.仍考虑逐次选取试探点而缩短其搜索区间的方法.我们已经知道,若以"最坏"情况下的最初搜索区间与最终搜索区间长度之比为标准，则在给定求函数值次数 n 时,基于比值 F_{n-1}/F_n 的分数法是最优策略.注意到

$$\tau=\lim_{n\to\infty}F_{n-1}/F_n,$$

便容易推想,当 $n\to\infty$ 时 0.618 法应该是最优策略. 事实上,我们有下列定理[34].

定理1.　任何一个不断选取试探点而逐次缩短搜索区间的方法(记作 ψ)，若它不是 0.618 法(记作 ω),则存在着正整数 N，使得当求函数值次数 n 大于N时,

$$\eta_n(\psi) > \eta_n(\omega),$$

其中 $\eta_n(\psi)$ 是用方法 ψ 于单峰函数求 n 次函数值后，在最坏情况下的最初与最终搜索区间长度的比值，$\eta_n(\omega)$ 是用 0.618 法时的相应量.

这一定理的证明此处从略.

我国近年来对于与此有关的某些优选方法开展了不少的研究工作，有兴趣的同志可参看文献[35]—[40].

现在对于给定的求函数值次数 n，比较一下 0.618 法和分数法"优劣"程度上的差异. 为此我们令

$$G_n = \frac{1}{\tau^{n-1}} = \gamma_1^{n-1}. \tag{2.13}$$

显然按 0.618 法计算 n 次函数值后，所得搜索区间的长度为最初区间长度的 $1/G_n$. 但由式(2.13)知

$$G_0 = \tau,\ G_1 = 1, \tag{2.14}$$

再注意到 γ_1 是方程(2.7)的根，即知 G_n 满足

$$G_n = G_{n-1} + G_{n-2},\ (n = 2, 3, \cdots). \tag{2.15}$$

比较式(2.14)、(2.15)与式(2.3)、(2.4)可得

$$G_n < F_n < G_{n+1},\ \frac{1}{G_n} > \frac{1}{F_n} > \frac{1}{G_{n+1}}. \tag{2.16}$$

这说明在计算有限次函数值时，0.618 法虽不是最优策略，但是要达到同样的精度，它最多比分数法多计算一次函数值. 由于它更加简单，求函数值次数不需事先取定，因而在实际计算时更常使用.

0.618 法的改进　和分数法类似，0.618 法也有与算法 4 相应的改进形式[33].

算法 6（**改进 0.618 法**）　见图 2.9 所示的框图.

0.618 法的一个终止准则　在改进的 0.618 法的框图中，用虚线围成的形部分对应于终止准则检验，它是以搜索区间缩减到事先给定的长度为标准的. 自然也还有其它准则可供选用. 假若像在算法 3 中那样，知道能够分辨函数值的最小间隔 δ，而又希

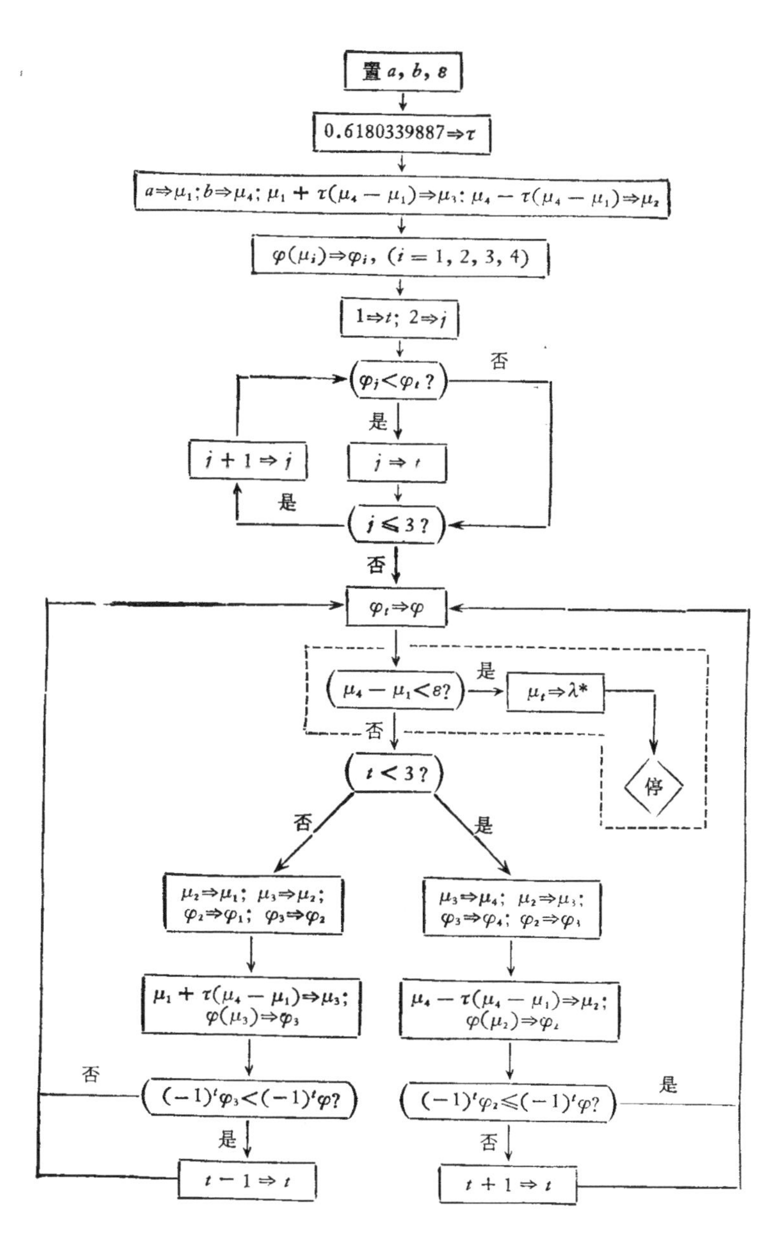

图 2.9　改进 0.618 法框图

望达到尽可能高的精度，就可以用图 2.10 代替图 2.9 中的 [虚线框] 形部分[41]. 现在说明一下这样做的根据. 设第 k 次迭代的搜索区

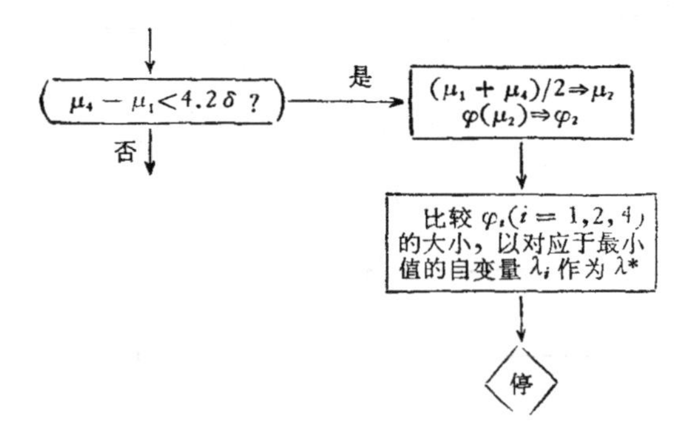

图 2.10 一个高精度的终止准则

间为 $[\mu_1^{(k)}, \mu_4^{(k)}]$，两内点为 $\mu_2^{(k)}$ 和 $\mu_3^{(k)}$. 显然这 4 个点中距离最的近两点是 $\mu_2^{(k)}$ 和 $\mu_3^{(k)}$，而

$$\mu_3^{(k)}-\mu_2^{(k)}=\frac{2-\gamma_1}{\gamma_1}(\mu_4^{(k)}-\mu_1^{(k)}),$$

其中 $\gamma_1=\frac{1+\sqrt{5}}{2}$. 要保证比较 $\mu_2^{(k)}$ 和 $\mu_3^{(k)}$ 两点处的函数值有意义，应该使 $\mu_2^{(k)}$ 和 $\mu_3^{(k)}$ 之间的距离大于 δ: $\mu_3^{(k)}-\mu_2^{(k)}>\delta$，或应使

$$\mu_4^{(k)}-\mu_1^{(k)}>\frac{\gamma_1}{2-\gamma_1}\delta\doteq 4.2\delta. \tag{2.17}$$

而当式 (2.17) 第一次被破坏时，前一次搜索区间长度满足

$$\mu_4^{(k-1)}-\mu_1^{(k-1)}>\frac{\gamma_1}{2-\gamma_1}\delta.$$

因 $\mu_4^{(k)}-\mu_1^{(k)}=[\mu_4^{(k-1)}-\mu_1^{(k-1)}]/\gamma_1$，故有

$$\mu_4^{(k)}-\mu_1^{(k)}>\frac{\gamma_1}{2-\gamma_1}\cdot\frac{1}{\gamma_1}\delta=\frac{1}{2-\gamma_1}\delta\doteq 2.6\delta.$$

若取 $[\mu_1^{(k)}, \mu_4^{(k)}]$ 的中点为新试探点，它与两端点的距离仍超过 δ，

所以可再比较一下这三点处的函数值.

§ 2. 插 值 法

插值法的基本思想是根据 $\varphi(\lambda)$ 在某些试探点处的信息，构造一个与它近似的函数 $\hat{\varphi}(\lambda)$. 在一定条件下可以期望 $\hat{\varphi}(\lambda)$ 的极小点会接近于 $\varphi(\lambda)$ 的极小点. 因此可取 $\hat{\varphi}(\lambda)$ 的极小点作为一个新的试探点,然后设法缩减搜索区间. 显然 $\hat{\varphi}(\lambda)$ 应该充分简单，以便能够很容易地求出它的极小点来.鉴于这一点,一般常取 $\hat{\varphi}(\lambda)$ 为二次或三次函数.下面介绍的试位法和二次插值法属于前者;三次插值法属于后者.

2.1. 试 位 法

试位法的导出 当函数 $\varphi(\lambda)$ 可微时，常常可以通过找出它的稳定点获得其极小点. 也就是说，可以把求极小点的问题转化为求方程

$$\varphi'(\lambda) = 0$$

的根. 试位法就是一种最简单的求根法. 在这个意义上，它也是一个一维搜索方法.

假定知道 $\varphi'(\lambda)$ 在两点 μ_{k-1} 和 μ_k 处的值 $\varphi'(\mu_{k-1})$ 和 $\varphi'(\mu_k)$，可以作出 $\varphi'(\lambda)$ 的线性插值函数 $\hat{\varphi}'(\lambda)$ 于是

$$\varphi'(\lambda) \doteq \hat{\varphi}'(\lambda) \equiv A(\lambda - \mu_k) + B,$$

其中 A、B 应使 $\varphi'(\mu_k) = \hat{\varphi}'(\mu_k)$, $\varphi'(\mu_{k-1}) = \hat{\varphi}'(\mu_{k-1})$, 即

$$B = \varphi'(\mu_k),$$

$$-A(\mu_k - \mu_{k-1}) + B = \varphi'(\mu_{k-1}).$$

由此容易解出 $\hat{\varphi}'(\lambda)$ 的零点 μ_{k+1},

$$\mu_{k+1} = \mu_k - \varphi'(\mu_k)\left[\frac{\mu_k - \mu_{k-1}}{\varphi'(\mu_k) - \varphi'(\mu_{k-1})}\right]. \tag{2.18}$$

这个公式称为试位公式,它的几何意义如图 2.11 所示. 图中划出

的是 $\varphi'(\mu_{k-1})$ 与 $\varphi'(\mu_k)$ 反号的情况．一般来说，只要 $\varphi'(\mu_{k-1}) \neq \varphi'(\mu_k)$ 试位公式就有确定的意义．因此倘若从适当的 μ_1, μ_2 出发，就可用它求出 μ_3，接着又可以由 μ_2, μ_3 求出 μ_4，如此计算下去就有可能逐步接近极小点．这就是通常所谓的试位法．

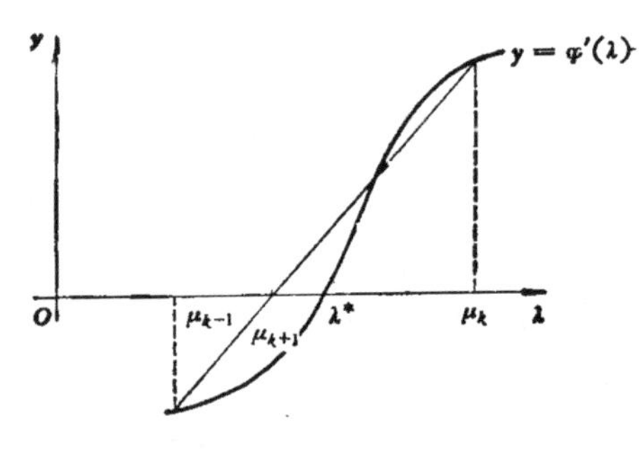

图2.11 试位法

试位法的收敛速率

现证明下列关于试位法收敛速率的定理．

定理 2. 设 $\varphi(\lambda)$ 有连续三阶导数，并设 λ^* 满足 $\varphi'(\lambda^*)=0$，但 $\varphi''(\lambda^*) \neq 0$．若初始点 μ_1、μ_2 充分接近 λ^*，则按试位法构造的序列 $\{\mu_k\}$ 收敛到 λ^*，且收敛的级是 $\gamma_1 = \dfrac{1+\sqrt{5}}{2} \doteq 1.618$.

证明．记 $\psi(\lambda) = \varphi'(\lambda)$．若采用均差记号

$$\psi(a, b) = \frac{\psi(b)-\psi(a)}{b-a}, \quad \psi(a, b, c) = \frac{\psi(b, c)-\psi(a, b)}{c-a}, \tag{2.19}$$

则由式(2.18)算出的 μ_{k+1} 满足

$$\mu_{k+1}-\lambda^* = (\mu_k-\lambda^*)(\mu_{k-1}-\lambda^*) \cdot \frac{\psi(\mu_{k-1}, \mu_k, \lambda^*)}{\psi(\mu_{k-1}, \mu_k)}. \tag{2.20}$$

我们知道

$$\psi(\mu_{k-1}, \mu_k) = \psi'(\xi_k), \tag{2.21}$$

$$\psi(\mu_{k-1}, \mu_k, \lambda^*) = \frac{1}{2}\psi''(\eta_k)^{1)}, \tag{2.22}$$

---

1) 根据定义容易验证均差是对称的，即改变其中自变量的次序，对其值没有影响．因此若分别记 μ_{k-1}, μ_k, λ^* 中的最小元素、中间元素和最大元素为 x_0, x_1 和 x_2，则有

$$\psi(\mu_{k-1}, \mu_k, \lambda^*) = \psi(x_0, x_1, x_2) \quad (x_0 < x_1 < x_2).$$ （接下页脚注）

其中

$$\min(\mu_{k-1}, \mu_k) < \xi_k < \max(\mu_{k-1}, \mu_k),$$
$$\min(\mu_{k-1}, \mu_k, \lambda^*) < \eta_k < \max(\mu_{k-1}, \mu_k, \lambda^*).$$

因此若令 $e_k = |\mu_k - \lambda^*|$，则式(2.20)可以写为

$$e_{k+1} = \left|\frac{\psi''(\eta_k)}{2\psi'(\xi_k)}\right| e_k e_{k-1}, \tag{2.23}$$

可见只要初始点 μ_1，μ_2 充分接近 λ^*，序列 $\{\mu_k\}$ 就收敛到 λ^*. 注意到

$$\lim_{k\to\infty}\frac{\psi''(\eta_k)}{2\psi'(\xi_k)} = \frac{\psi''(\lambda^*)}{2\psi'(\lambda^*)},$$

可以期望由下式导出 $\{\mu_k\}$ 的收敛速率:

$$e_{k+1} = M e_k \cdot e_{k-1}, \tag{2.24}$$

其中 $M = \left|\frac{\psi''(\lambda^*)}{2\psi'(\lambda^*)}\right|$. 令 $\varepsilon_k = M e_k$，$y_k = \ln \varepsilon_k$，则 ε_k 和 y_k 分别满足

$$\varepsilon_{k+1} = \varepsilon_k \cdot \varepsilon_{k-1}$$

为证式(2.22)只需证明

$$\psi(x_0, x_1, x_2) = \frac{1}{2}\psi''(\eta_k), \eta_k \in (x_0, x_2).$$

考虑二次多项式

$$p_2(x) = \psi(x_0) + \psi(x_0, x_1)(x - x_0) + \psi(x_0, x_1, x_2)(x - x_0)(x - x_1),$$

不难验证它在 x_0，x_1，x_2 三点处与 $\psi(x)$ 取相同的值. 这表明函数

$$R(x) = \psi(x) - p_2(x)$$

有三个零点 x_0，x_1，x_2. 分别在区间 $[x_0, x_1]$ 和 $[x_1, x_2]$ 上对 $R(x)$ 用 Role 定理知，存在着 η' 和 η'' 使

$$R'(\eta') = 0,\ \eta' \in (x_0, x_1);$$
$$R'(\eta'') = 0,\ \eta'' \in (x_1, x_2).$$

再在区间 $[\eta', \eta'']$ 上对函数 $R'(x)$ 用 Role 定理，即知存在着 $\eta_k \in (\eta', \eta'')$ 使

$$R''(\eta_k) = 0,$$

此式等价于 $\psi''(\eta_k) = p_2''(\eta_k)$. 再注意到 $p_2''(x) = 2\psi(x_0, x_1, x_2)$，即知

$$\psi(x_0, x_1, x_2) = \frac{1}{2}\psi''(\eta_k), \eta_k \in (x_0, x_2).$$

于是式(2.22)得证.

和

$$y_{k+1}=y_k+y_{k-1}. \tag{2.25}$$

式(2.25)正是 Fibonacci 数所满足的递推关系(2.4)，其特征方程为(2.7)，因此 y_k 可由式(2.9)表出．当 $k\to\infty$ 时，

$$\ln\varepsilon_k=y_k\sim A\gamma_1^k,$$

$$\frac{\varepsilon_{k+1}}{\varepsilon_k^{\gamma_1}}\sim\frac{\exp\left(A\gamma_1^{k+1}\right)}{\left[\exp\left(A\gamma_1^k\right)\right]^{\gamma_1}}=1.$$

定理证毕．

一个实用的试位法 上面介绍的试位法虽然收敛速率较高，但并不具有全局收敛性．它可能永远在远离极小点的范围内徘徊不前．而且即使能够收敛到极小点，计算初始阶段的进展也可能很不理想．为克服这些缺点，我们对试位法进行下列改造：

(1) 选择适当的初始点．即选取 μ_1 和 μ_2，使得这两点的导数值异号

$$\varphi'(\mu_1)\cdot\varphi'(\mu_2)<0.$$

(2) 改变选取新搜索区间的方式．设第 k 次迭代搜索区间的端点为 μ_{k-1} 和 μ_k，该区间的新试探点为 μ_{k+1}．若 $\varphi'(\mu_{k+1})$ 与 $\varphi'(\mu_{k-1})$ 同号，则用 μ_{k+1} 和 μ_k 构成新搜索区间；否则用 μ_{k+1} 和 μ_{k-1} 构成新区间．

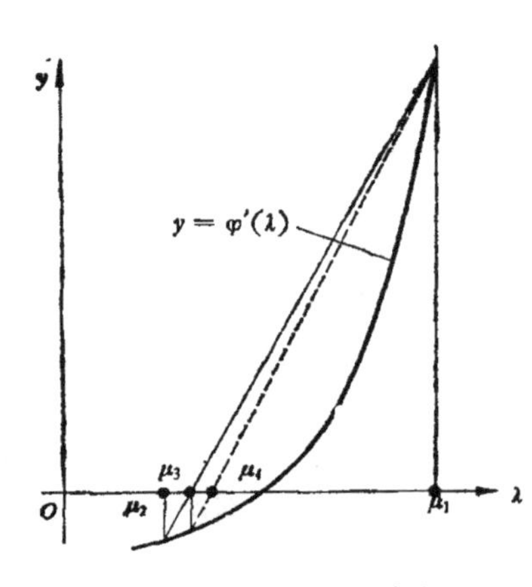

图 2.12 单纯使用试位公式的一种可能情形

(3) 改变确定新试探点的方式．即使采取了以上两点改进措施，试位法仍然有可能连续多次进展缓慢．例如图 2.12 所示的情形就是如此．因此可以考虑交替使用试位公式和平分公式确定新的试探点，以便更快地接近 $\varphi'(\lambda)$ 的零点．

算法 7 (实用的试位法) 见图 2.13 所示的框图．

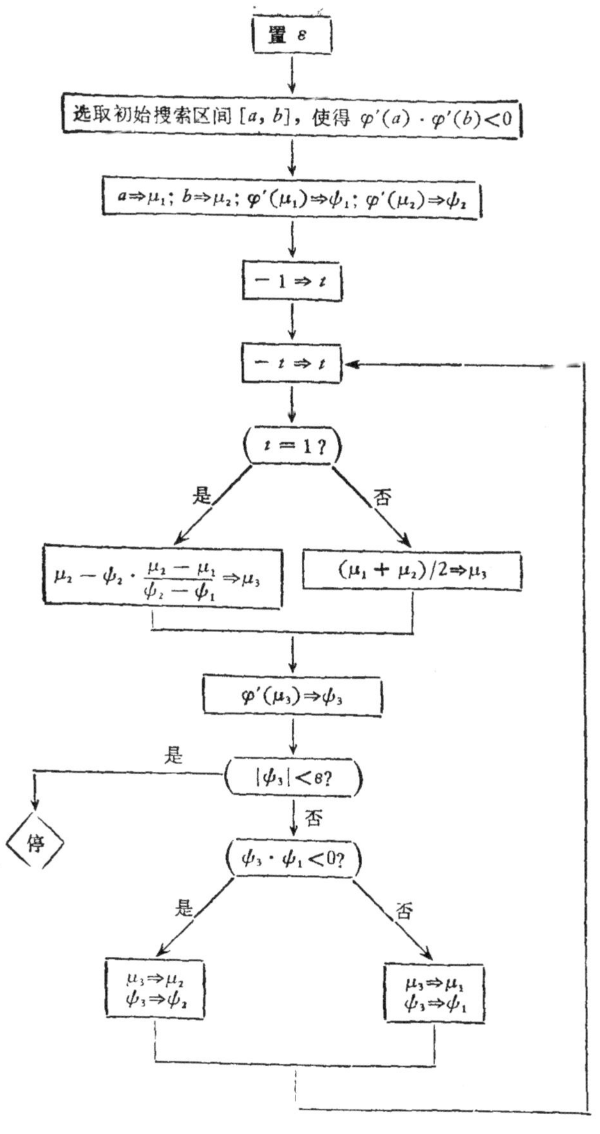

图 2.13　实用的试位法框图

2.2. 三点二次插值

在只能计算函数值、不易求得其导数值的情况下，常常使用二次插值求函数的极小点.

二次插值公式 假若已知函数 $\varphi(\lambda)$ 在三点 μ_1, μ_2 和 μ_3 处的函数值 φ_1, φ_2 和 φ_3, 并过 (μ_1, φ_1), (μ_2, φ_2) 和 (μ_3, φ_3) 三点做二次插值曲线，那么可以认为这条二次曲线能够在一定程度上近似 $\varphi(\lambda)$, 因此不妨以它的极小点作为 $\varphi(\lambda)$ 的极小点的新估计值.

显然以 (μ_i, φ_i) $(i=1, 2, 3)$ 为数据的二次插值多项式为

$$
\begin{aligned}
\hat{\varphi}(\lambda) &= \sum_{i=1}^{3} \varphi_i \frac{\prod_{j \neq i} (\lambda - \mu_j)}{\prod_{j \neq i} (\mu_i - \mu_j)} \\
&= \varphi_1 \frac{(\lambda - \mu_2)(\lambda - \mu_3)}{(\mu_1 - \mu_2)(\mu_1 - \mu_3)} + \varphi_2 \frac{(\lambda - \mu_3)(\lambda - \mu_1)}{(\mu_2 - \mu_3)(\mu_2 - \mu_1)} \\
&\quad + \varphi_3 \frac{(\lambda - \mu_1)(\lambda - \mu_2)}{(\mu_3 - \mu_1)(\mu_3 - \mu_2)}. \qquad (2.26)
\end{aligned}
$$

求解方程 $\hat{\varphi}'(\lambda) = 0$, 得

$$
\mu_4 = \frac{\varphi_1(\mu_2^2 - \mu_3^2) + \varphi_2(\mu_3^2 - \mu_1^2) + \varphi_3(\mu_1^2 - \mu_2^2)}{2[\varphi_1(\mu_2 - \mu_3) + \varphi_2(\mu_3 - \mu_1) + \varphi_3(\mu_1 - \mu_2)]}. \qquad (2.27)
$$

于是一旦取定三个初始点 μ_1, μ_2 和 μ_3, 就可以考虑按递推公式

$$
\mu_{j+4} = \frac{\varphi_{j+1}(\mu_{j+2}^2 - \mu_{j+3}^2) + \varphi_{j+2}(\mu_{j+3}^2 - \mu_{j+1}^2) + \varphi_{j+3}(\mu_{j+1}^2 - \mu_{j+2}^2)}{2[\varphi_{j+1}(\mu_{j+2} - \mu_{j+3}) + \varphi_{j+2}(\mu_{j+3} - \mu_{j+1}) + \varphi_{j+3}(\mu_{j+1} - \mu_{j+2})]}
$$

$$
(j = 0, 1, 2, \cdots) \qquad (2.28)
$$

构造出 $\varphi(\lambda)$ 的极小点估计值序列 $\{\mu_k\}$ $(k = 1, 2, \cdots)$.

三点二次插值的收敛速率 按递推公式 (2.28) 构造序列 $\{\mu_k\}$, 存在着不收敛的危险. 这里，在假定它收敛的条件下，讨论其收敛速率. 设 $\{\mu_k\}$ 收敛到 λ^*. 象讨论试位法的收敛速率时一

样，令 $e_k=|\mu_k-\lambda^*|$. 若再假定 $e_{k+1}<e_k$，则当 $\varphi(\lambda)$ 满足一定条件时，与式(2.24)类似，有(详见文献[42])

$$e_{k+2}=Me_k\cdot e_{k-1},$$

其中 $M=\left|\dfrac{\varphi^{(3)}(\lambda^*)}{6\varphi^{(2)}(\lambda^*)}\right|$. 相应的特征方程为

$$\gamma^3-\gamma-1=0.$$

此方程有两个模小于 1 的复根，一个大于 1 的实根——这个实根约等于 1.3. 所以 $\{\mu_k\}$ 收敛的级大致为 1.3.

一个实用的二次插值算法 与试位法类似，在实用的二次插值算法中，初始点 μ_1,μ_2 和 μ_3 的选取并不是任意的，我们要求它们满足条件

$$\mu_1<\mu_2<\mu_3,\ \varphi(\mu_1)\geqslant\varphi(\mu_2),\ \varphi(\mu_3)\geqslant\varphi(\mu_2),$$

或

$$\mu_1>\mu_2>\mu_3,\ \varphi(\mu_1)\geqslant\varphi(\mu_2),\ \varphi(\mu_3)\geqslant\varphi(\mu_2).$$

即从“两头高中间低”的搜索区间开始二次插值. 另外，也不是简单地使用递推公式(2.28). 在选取新搜索区间的方式上，也有所改动. 这些考虑导致下列算法.

算法 8(二次插值算法) 见图 2.14 所示的框图.

基于比较函数值的一个终止准则 到目前为止所介绍的一维搜索终止准则，都是根据自变量的改变量确定的. 我们也可以根据函数值的改变量规定终止条件. 例如在算法 8 中，不妨改为检验 $\varphi(\mu)$ 和 $\varphi(\mu_2)$ 之间的差别，当这一差别在某一预先指定的限度之内时，即停止继续计算. 具体地说，可以先根据精度要求选定一个 $\varepsilon>0$，再取一个上界 $\bar{\varphi}>0$(例如取 $\bar{\varphi}=1$). 当 $|\varphi(\mu_2)|<\bar{\varphi}$ 时，考虑 $\varphi(\mu)$ 对 $\varphi(\mu_2)$ 的绝对误差；当 $|\varphi(\mu_2)|\geqslant\bar{\varphi}$ 时，考虑其相对误差. 也就是说定义 $\varphi(\mu)$ 对 $\varphi(\mu_2)$的误差 e，

$$e=\begin{cases}|\varphi(\mu)-\varphi(\mu_2)|, & |\varphi(\mu_2)|<\bar{\varphi};\\ \dfrac{|\varphi(\mu)-\varphi(\mu_2)|}{|\varphi(\mu_2)|}, & \text{其它}.\end{cases}$$

当 $e<\varepsilon$ 时，即停止计算. 与此相应的二次插值算法的 FORTRAN

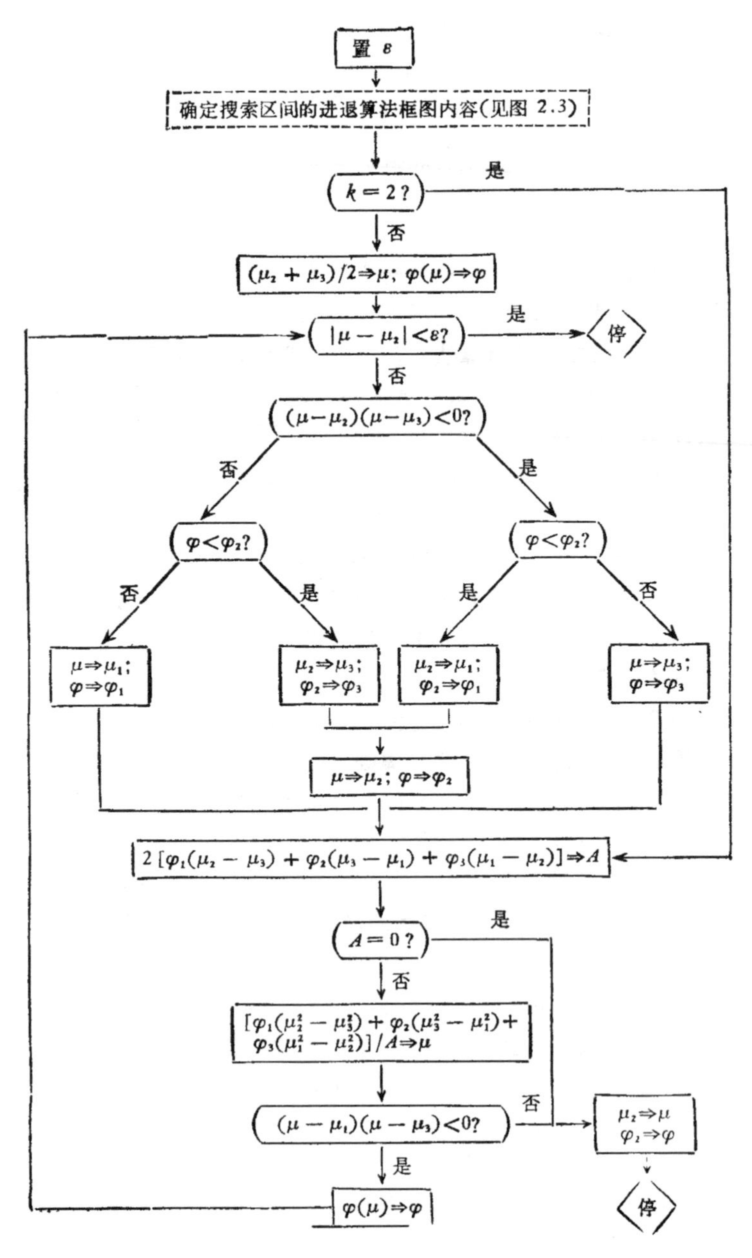

图 2.14　二次插值算法框图

程序可见文献 [11].

2.3. 两点三次插值

在容易求得函数的导数值的情况下，下面讲的三次插值算法常常十分有效. 这个方法最初是 Davidon[25] 使用的.

三次插值公式的导出 与二次插值不同，这里是用三次插值函数逼近 $\varphi(\lambda)$，然后以这个三次函数的极小点作为新的估计值.

设给定两点 μ_1, $\mu_2(\mu_1 < \mu_2)$, 并设已知 $\varphi(\lambda)$ 在这两点的函数值和导数值 $\varphi_1=\varphi(\mu_1)$, $\varphi_2=\varphi(\mu_2)$, $\varphi_1'=\varphi'(\mu_1)$ 和 $\varphi_2'=\varphi'(\mu_2)$. 为保证 $\varphi(\lambda)$ 在 (μ_1, μ_2) 内有极小点，假定 $\varphi_1' < 0$ 和 $\varphi_2' > 0$. 记用来近似 $\varphi(\lambda)$ 的三次插值函数为

$$\hat{\varphi}(\lambda) = A(\lambda-\mu_1)^3 + B(\lambda-\mu_1)^2 + C(\lambda-\mu_1) + D. \tag{2.29}$$

在 μ_1 和 μ_2 处，它应与 $\varphi(\lambda)$ 有相同的函数值和导数值

$$D = \varphi_1, \tag{2.30}$$

$$A(\mu_2-\mu_1)^3 + B(\mu_2-\mu_1)^2 + C(\mu_2-\mu_1) + D=\varphi_2, \tag{2.31}$$

$$C = \varphi_1', \tag{2.32}$$

$$3A(\mu_2-\mu_1)^2 + 2B(\mu_2-\mu_1) + C = \varphi_2'. \tag{2.33}$$

而函数 $\hat{\varphi}(\lambda)$ 的极小点 μ 必定满足

$$\hat{\varphi}'(\mu) = 3A(\mu-\mu_1)^2 + 2B(\mu-\mu_1) + C = 0, \tag{2.34}$$

$$\hat{\varphi}''(\mu) = 6A(\mu-\mu_1) + 2B \geqslant 0. \tag{2.35}$$

从式 (2.34) 可以解出极小点 μ. 对于 A 为零和不为零这两种情况，它有着不同的表达式. 当 $A=0$ 时，

$$\mu-\mu_1 = -\frac{C}{2B}; \tag{2.36}$$

当 $A \neq 0$ 时，

$$\mu-\mu_1 = \frac{-B \pm \sqrt{B^2-3AC}}{3A}. \tag{2.37}$$

式 (2.37) 中的加减号应如何选取呢？为解决这个问题，我们把式 (2.37) 代入极小点的必要条件 (2.35) 得

$$\frac{6A[-B\pm\sqrt{B^2-3AC}]}{3A}+2B=\pm 2\sqrt{B^2-3AC}\geqslant 0 .$$

可见对应于极小点的 μ 应取加号. 而在式(2.37)右端取加号时，得到

$$\mu-\mu_1=-\frac{C}{B+\sqrt{B^2-3AC}}. \tag{2.38}$$

注意到假设条件 $\varphi_1'<0$, $\varphi_2'>0$,可知当 $A=0$ 时,由式(2.32)和(2.33)确定的 B 应取正值，所以此时式(2.38)恰与式(2.36)一致. 这表明式(2.38)是极小点在 $A=0$ 和 $A\neq 0$ 两种情形下的统一表达式.

从原则上说,由式(2.30)—(2.33)能够解出 A, B, C, D,进而不难用式(2.38)算出 $\hat{\varphi}(\lambda)$ 的极小点. 但是为了简化计算，我们希望直接导出用 φ_1, φ_2, φ_1', φ_2' 表示的这个极小点的公式. 为此，引进变量 s 和 z:

$$s=\frac{3(\varphi_2-\varphi_1)}{\mu_2-\mu_1},\ z=s-\varphi_1'-\varphi_2'. \tag{2.39}$$

根据式(2.30)—(2.33)有

$$s=3[A(\mu_2-\mu_1)^2+B(\mu_2-\mu_1)+C],$$

$$z=B(\mu_2-\mu_1)+C,\ B=\frac{z-\varphi_1'}{\mu_2-\mu_1}. \tag{2.40}$$

因为 $\varphi_1'\cdot\varphi_2'<0$, $z^2-\varphi_1'\cdot\varphi_2'$ 取正值,故还可以引进 w:

$$w^2=z^2-\varphi_1'\cdot\varphi_2'>0. \tag{2.41}$$

把式(2.40),(2.32),(2.33)代入式(2.41)可得

$$w^2=(\mu_2-\mu_1)^2(B^2-3AC),$$

或

$$B^2-3AC=\frac{w^2}{(\mu_2-\mu_1)^2}. \tag{2.42}$$

再把式(2.32),(2.40)和(2.42)代入式(2.38)，即得极小点 μ 的表达式

$$\mu - \mu_1 = \frac{\varphi_1'}{\dfrac{z - \varphi_1'}{\mu_2 - \mu_1} + \sqrt{\dfrac{w^2}{(\mu_2 - \mu_1)^2}}},$$

其中的根式应取正号. 因此若把满足式(2.41)的w取为

$$w = \operatorname{sign}\ (\mu_2 - \mu_1) \cdot \sqrt{z^2 - \varphi_1' \cdot \varphi_2'}^{\,1)}, \tag{2.43}$$

则有

$$\mu - \mu_1 = -\frac{(\mu_2 - \mu_1)\varphi_1'}{z - \varphi_1' + w}, \tag{2.44}$$

或者

$$\mu - \mu_1 = -\frac{(\mu_2 - \mu_1)\varphi_1' \cdot \varphi_2'}{(z + w - \varphi_1') \cdot \varphi_2'} = -\frac{(\mu_2 - \mu_1)(z^2 - w^2)}{\varphi_2'(z + w) - (z^2 - w^2)}$$

$$= \frac{(\mu_2 - \mu_1)(w - z)}{\varphi_2' + w - z}.$$

将式(2.44)和上式右端的分子分母分别相加有

$$\mu - \mu_1 = \frac{(\mu_2 - \mu_1)(w - z - \varphi_1')}{\varphi_2' - \varphi_1' + 2w}$$

$$= (\mu_2 - \mu_1)\left(1 - \frac{\varphi_2' + w + z}{\varphi_2' - \varphi_1' + 2w}\right).$$

于是最后得到

$$\mu = \mu_1 + (\mu_2 - \mu_1)\left(1 - \frac{\varphi_2' + w + z}{\varphi_2' - \varphi_1' + 2w}\right), \tag{2.45}$$

其中z和w如式(2.39)和(2.43)所示.

二点三次插值的收敛速率 和二次插值一样，也可以用讨论试位法收敛速率的方法处理三次插值. 与式(2.24)对应，此时有

$$e_{k+1} = M(e_k e_{k-1}^2 + e_k^2 e_{k-1}),$$

其中M是某个确定的常数. 据此可以推断，三次插值算法收敛的级是2，详论从略.

---

1) 这里的推导是在假定$\mu_2 > \mu_1$的条件下进行的，这时式(2.43)可简化为

$$w = \sqrt{z^2 - \varphi_1' \cdot \varphi_2'}\ .$$

鉴于在以下算法中允许出现$\mu_2 < \mu_1$的情形，所以这里增加了因子 sign $(\mu_2 - \mu_1)$.

两个实用的三次插值算法 现在给出两个实用的三次插值算法.

算法 9（三次插值算法 I） 详见图 2.15 所示的框图. 这里只叙述一下它的大略步骤:

1. 置初始点 a, 初始步长 α 和精度要求 ε.

2. 寻找 μ_1, μ_2, 使得

$$\mu_1 < \mu_2, \varphi'(\mu_1) < 0 < \varphi'(\mu_2),$$

或者

$$\mu_1 > \mu_2, \varphi'(\mu_1) > 0 > \varphi'(\mu_2).$$

3. 对以 μ_1 和 μ_2 为端点的搜索区间进行三次插值, 求得新估值点.

4. 检验终止准则是否成立. 若成立, 则停止计算;否则把步长 α 缩减为原来的 1/10, 转入下次迭代.

算法 10（三次插值算法 II） 详见图 2.16 所示的框图, 其大略步骤可以描述如下:

1. 置初始点 a, 函数极小值的估值 φ_{est} 以及精度要求 ε 和 ρ. 置 $\mu_1 = a$, $\bar{\varphi}' = \varphi'(a)$.

2. 计算初始步长 α.

3. 取 $\mu_2 = \mu_1 + \alpha$ 作为试探点.

4. 根据函数在 μ_1、μ_2 两点的信息分别处理以下五种情况:

(1) 当 $\varphi_2 \geqslant \varphi_1$, $\varphi_1' \cdot \varphi_2' \geqslant 0$ 时,压缩步长;

(2) 当 $\varphi_2 \geqslant \varphi_1$, $\varphi_1' \cdot \varphi_2' < 0$ 时,对以 μ_1, μ_2 为端点的区间进行三次插值,求得新步长 α;

(3) 当 $\varphi_2 < \varphi_1$, $|\varphi_2'/\bar{\varphi}'| < \rho$ 时,结束计算;

(4) 当 $\varphi_2 < \varphi_1$, $|\varphi_2'/\bar{\varphi}'| \geqslant \rho$, $\varphi_1' \cdot \varphi_2' < 0$ 时,对以 μ_1, μ_2 为端点的区间进行三次插值,求得新步长 α;

(5) 当 $\varphi_2 < \varphi_1$, $|\varphi_2'/\bar{\varphi}'| \geqslant \rho$, $\varphi_1' \cdot \varphi_2' \geqslant 0$ 时,进行外推, 求得新步长 α.

5. 若尚未结束计算,则转 3, 进行下一次迭代.

算法 10 还有三点需要说明:

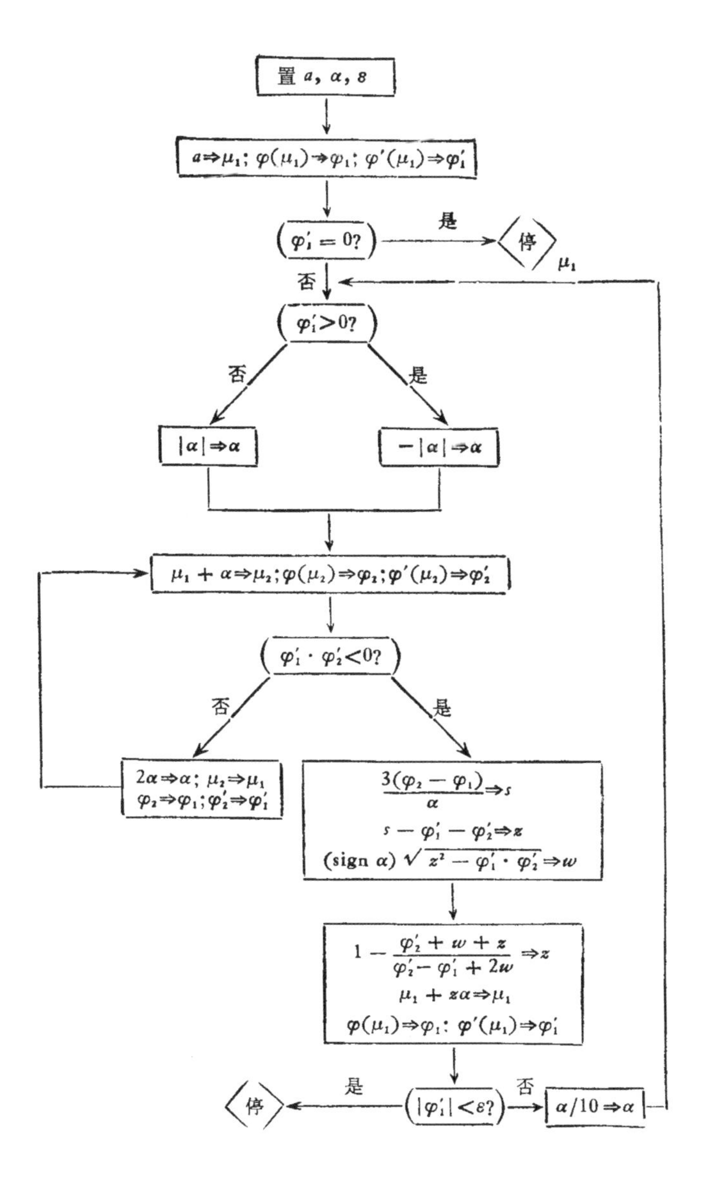

图 2.15　三次插值算法 I 框图

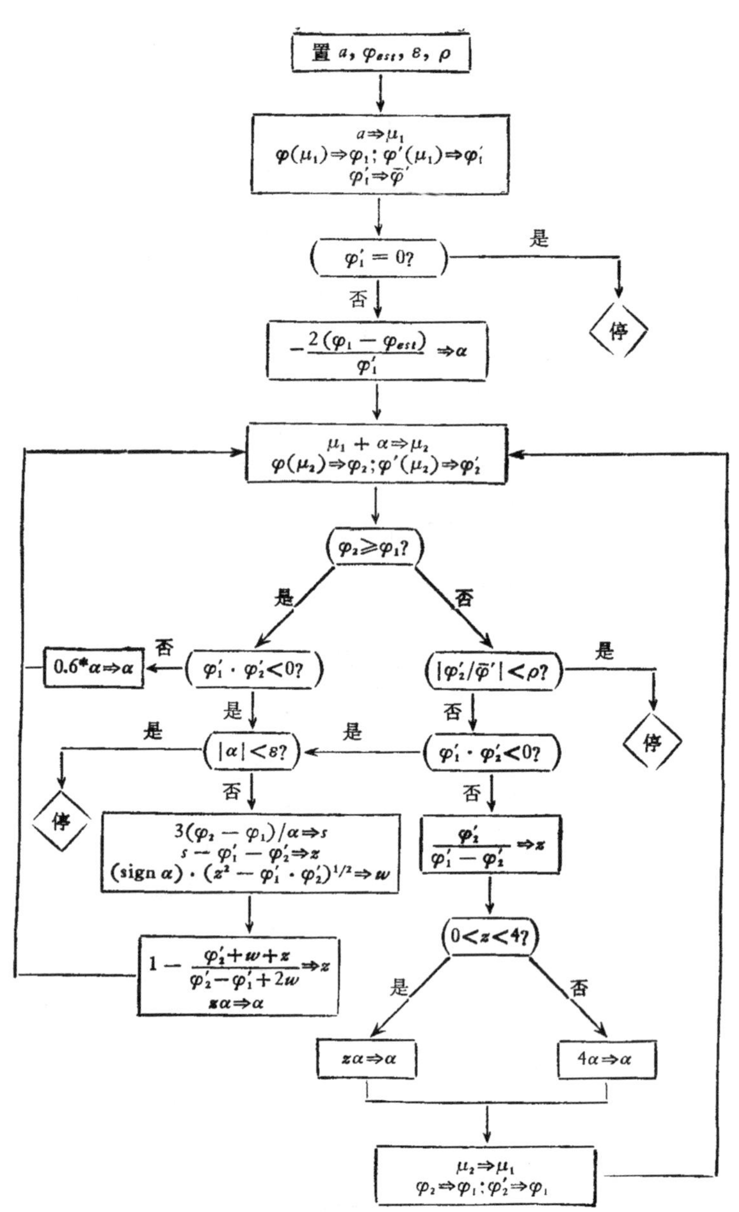

图 2.16　三次插值算法 II 框图

(1) 关于初始步长的计算. 算法在求初始步长 α 时,用到了 φ_{est}. 它是函数 $\varphi(\lambda)$ 的极小值的一个估值. 倘若 $\varphi(\lambda)$ 能用二次函数 $\hat{\varphi}(\lambda)$ 近似,则不难用其 μ_1 处的函数值 φ_1 和导数值 φ_1', 以及它的最小值 φ_{est} 定出这个二次多项式. 事实上,令

$$\hat{\varphi}(\lambda)=A(\lambda-\mu_1)^2+B(\lambda-\mu_1)+C,$$

我们有

$$C=\hat{\varphi}(\mu_1)=\varphi_1,\quad B=\hat{\varphi}'(\mu_1)=\varphi_1'. \tag{2.46}$$

$\hat{\varphi}(\lambda)$ 的极小点 μ 由 $\hat{\varphi}'(\mu)=2A(\mu-\mu_1)+B=0$ 确定:

$$\mu-\mu_1=-\frac{B}{2A}. \tag{2.47}$$

当 $\lambda=\mu$ 时应有

$$\hat{\varphi}(\mu)=A\left(-\frac{B}{2A}\right)^2-\frac{B^2}{2A}+C=\varphi_{est}. \tag{2.48}$$

根据式 (2.46) 可把此式改写为

$$-\frac{B}{2A}\cdot\frac{\varphi_1'}{2}=\varphi_{est}-\varphi_1.$$

因此由式 (2.47) 知, $\hat{\varphi}(\lambda)$ 的极小点应满足

$$\mu-\mu_1=-\frac{2[\varphi_1-\varphi_{est}]}{\varphi_1'}. \tag{2.49}$$

这就是计算初始步长的公式.

(2) 关于外推步长的选取. 算法进行外推时, 是用试位公式 (2.18) 计算外推步长的. 但为避免所得步长过大,这里采取了"截断"措施.

(3) 关于终止准则,当试探点处的函数值已有所下降,而且当该点处的导数已相当小时, 即停止计算. 另外, 当步长已充分小时,也停止计算.

两个利用导数信息的终止准则 在算法 10 中已经采用了利用导数信息的终止准则.这里再介绍两个类似的准则供读者选用. 为叙述方便,假定在初始点 μ_1 附近函数值是下降的

$$\varphi'(\mu_1)<0. \tag{2.50}$$

我们的目的是寻找一个大于 μ_1 的极小点.

(1) 一个比较稳妥的终止准则. 算法 10 中所使用的终止准则有着简单易行的优点，但并不十分可靠. 例如在图 2.17 所示的

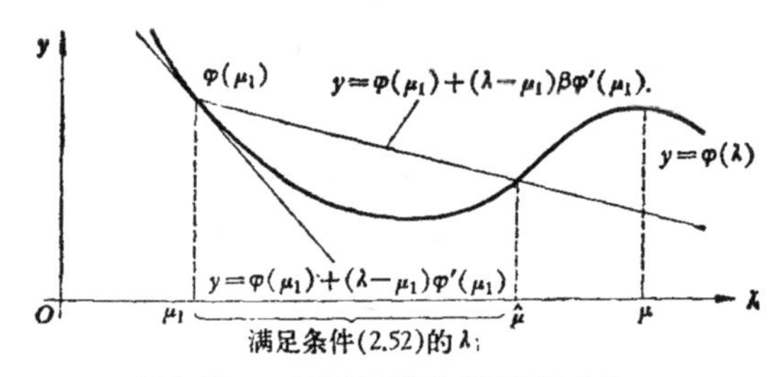

图 2.17 一个限制函数值下降量的条件

情形中，由于 $\varphi(\mu)<\varphi(\mu_1)$, $\varphi'(\mu)=0$, 所以当试探点取到点 μ 时，一维搜索也会终止. 然而从 $\varphi(\mu_1)$ 到 $\varphi(\mu)$ 的下降量却非常小. 为预防这种情况发生，除了规定导数值必须减小到一定程度

$$|\varphi'(\lambda)|<\rho|\varphi'(\mu_1)|=-\rho\varphi'(\mu_1),\ (0<\rho<\ ) \tag{2.51}$$

外，我们可以再加上条件

$$\varphi(\lambda)<\varphi(\mu_1)+(\lambda-\mu_1)\beta\varphi'(\mu_1),\ (0<\beta<\rho) \tag{2.52}$$

(参看图 2.17). 即直到找出同时满足式 (2.51) 和 (2.52) 的大于 μ_1 的 λ, 才结束一维搜索.

另外我们指出，如果单单以式 (2.52) 作为终止条件，那也是不妥的. 因为从图 2.17 易见，整个区间 $(\mu_1, \hat{\mu})$ 内的 λ 都满足它，因而不论多么接近 μ_1 的 λ 都是可以接受的. 这可能使经一维搜索求得的点与初始点没有多大差别. 但条件 (2.51) 却排除了这种情况. 因此式 (2.51) 和 (2.52) 所示的两个条件是相辅相成的.

(2) Goldstein 准则. 前面的讨论表明，应该从两方面对于可以接受的极小点估值加以限制. 在刚刚讲过的终止准则里，条件 (2.51) 和 (2.52) 就分别是这两方面的具体体现. 我们可以把条件 (2.51) 也改换成 (2.52) 的形式，即用下列两个条件作为一维搜索的终止准则:

$$\varphi(\lambda)>\varphi(\mu_1)+(\lambda-\mu_1)\beta_2\varphi'(\mu_1), \tag{2.53}$$

$$\varphi(\lambda) < \varphi(\mu_1) + (\lambda - \mu_1)\beta_1\varphi'(\mu_1), \tag{2.54}$$

其中 β_1 和 β_2 是两个适当常数，它们应满足

$$0 < \beta_1 < \beta_2 < 1. \tag{2.55}$$

这一准则的几何意义如图 2.18 所示. 在那里划出了从 $(\mu_1, \varphi(\mu_1))$ 出发的两条射线

$$y = \varphi(\mu_1) + (\lambda - \mu_1)\beta_1\varphi'(\mu_1),$$
$$y = \varphi(\mu_1) + (\lambda - \mu_1)\beta_2\varphi'(\mu_1).$$

对应于 $y = \varphi(\lambda)$ 在这两条射线之间的 λ 值是可以接受的.

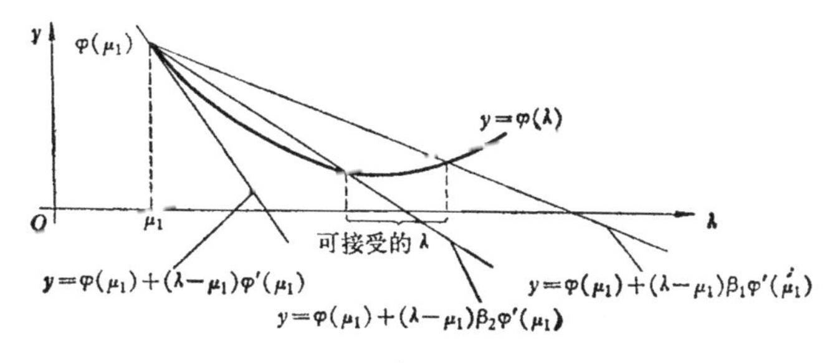

图 2.18　增量比准则 $\left(0<\beta_1<\frac{1}{2}<\beta_2<1\right)$

常数 β_1 和 β_2 应该如何选取是一个值得讨论的问题. 因为即使函数 $\varphi(\lambda)$ 的性态很好，倘若 β_1 和 β_2 选得不适当，函数的真正极小点也可能并不满足条件 (2.53) 和 (2.54). 这显然是不合理的. 我们至少希望当 $\varphi(\lambda)$ 为凸的二次函数时，它的极小点 λ^* 满足条件 (2.53) 和 (2.54). 由此不难导出 β_1 和 β_2 应满足的一些条件. 事实上，若 $\varphi(\lambda)$ 为凸二次函数

$$\varphi(\lambda) = \varphi(\mu_1) + \varphi'(\mu_1)(\lambda - \mu_1) + \frac{1}{2}\varphi''(\mu_1)(\lambda - \mu_1)^2,$$
$$(\varphi''(\mu_1) > 0),$$

则其极小点 λ^* 和极小值 $\varphi(\lambda^*)$ 可表为

$$\lambda^* = \mu_1 - \varphi'(\mu_1)/\varphi''(\mu_1),$$
$$\varphi(\lambda^*) = \varphi(\mu_1) - \frac{1}{2}\varphi'^2(\mu_1)/\varphi''(\mu_1).$$

考虑从点 $(\mu_1, \varphi(\mu_1))$ 到点 $(\lambda^*, \varphi(\lambda^*))$ 的直线，其斜率为

$$\frac{\varphi(\lambda^*)-\varphi(\mu_1)}{\lambda^*-\mu_1}=\frac{1}{2}\varphi'(\mu_1).$$

所以要保证极小点 λ^* 满足条件 (2.53) 和 (2.54)，应把式 (2.55) 加强为

$$0<\beta_1<\frac{1}{2}<\beta_2<1. \tag{2.56}$$

总之，式 (2.53)，(2.54) 和 (2.56) 完整地表述了一个终止准则——增量比准则[43]．特别地，若取 $\beta_1\in\left(0, \frac{1}{2}\right)$，$\beta_2=1-\beta_1$ 时，就是通常文献上所说的 Goldstein 准则[44]．

评　　注

1. 一维搜索的直接目的是寻求单变量函数的极小点，但在本书中，主要是作为求多变量函数的极小点的一种手段而进行研究的．应该指出，所选用的一维搜索方法是否恰当，常常对于整个计算的进程影响极大．一般来说，对于性态较好、比较光滑的函数，可以用插值法，这样可能较快地逼近极小点；而对于性态较差的函数，则可用试探法，这样得到的结果比较可靠．当容易求得目标函数的梯度时，我们推荐读者采用二点三次插值算法，因为它常常是最有效的．

2. 除本章介绍的几个方法外，还有两个算法值得注意．一个是有理插值法，这个算法是在文献 [45] 中首次提出的，其出发点是用连分式逼近目标函数，读者可以在文献 [2] 中找到对这一方法的清晰的论述；另一个是带保护的混合算法[46]，它引入一个人工界，并结合使用试探法和插值法．根据介绍其效果很好，只是方法和程序都比较复杂．另外还有一些针对某些特殊用途的一维搜索方法，例如求拦截函数 (例如参看文献 [8] 或[47]) 的极小点的方法[48]等．

3. 本章在介绍一维搜索方法的同时，穿插介绍了一些终止准则. 读者可以根据具体情况对这些方法和准则进行适当的搭配. 应当指出，在求解多变量函数极小点的问题时，往往没有必要把其中的一维搜索搞得十分准确，特别在计算的初始阶段更是如此. 这时试探点离目标函数的极小点尚远，过分追求一维搜索的精度反而会降低整个算法的效率. 看来，随着试探点逐渐靠拢极小点，而不断提高对一维搜索精度的要求是有益的，但这方面的工作还见得不多.

第三章 最速下降法和 Newton 法

§1. 最速下降法

我们已经说过，本书主要研究的是第一章算法 3 所示的算法类．选择搜索方向是这类算法的一个关键．现在就开始考虑这个问题．为直观起见，还是从二个变量的函数入手．假定目标函数为

$$f(\boldsymbol{x}) = f(x_1, x_2),$$

它的图象可能是如第一章图 1.1 (第 5 页)所示的曲面．从初始点 $\boldsymbol{x}_1$ 出发寻找极小点 $\boldsymbol{x}^*$，对应于从曲面上的点 $(\boldsymbol{x}_1, f(\boldsymbol{x}_1))^T$ 依次下降到 $(\boldsymbol{x}_2, f(\boldsymbol{x}_2))^T$, $(\boldsymbol{x}_3, f(\boldsymbol{x}_3))^T$, $\cdots$，最后达到或接近 $(\boldsymbol{x}^*, f(\boldsymbol{x}^*))^T$．从 $\boldsymbol{x}_k$ 出发，沿 x_1x_2 平面上哪个方向搜索"最好"呢？一个自然的想法是选取使函数值下降最快的那个方向．设 $\boldsymbol{p} = (p_1, p_2)^T$ 为 x_1x 平面上的某一单位向量，考察当点 $\boldsymbol{x}$ 从 $\boldsymbol{x}_k$ 出发沿 $\boldsymbol{p}$ 方向移动时函数值 $f(\boldsymbol{x})$ 的变化速率．若 $f(\boldsymbol{x})$ 连续可微，则有

$$\begin{aligned} f(\boldsymbol{x}_k + \varepsilon \boldsymbol{p}) &= f(\boldsymbol{x}_k) + \frac{\partial f}{\partial x_1} \varepsilon p_1 + \frac{\partial f}{\partial x_2} \varepsilon p_2 + o(\varepsilon) \\ &= f(\boldsymbol{x}_k) + \varepsilon \langle \boldsymbol{g}_k, \boldsymbol{p} \rangle + o(\varepsilon), \end{aligned} \tag{3.1}$$

其中 $\boldsymbol{g}_k$ 为 $f(\boldsymbol{x})$ 在 $\boldsymbol{x}_k$ 处的梯度 $\boldsymbol{g}_k = \boldsymbol{g}(\boldsymbol{x}_k) = \nabla f(\boldsymbol{x}_k)$，$\langle \cdot, \cdot \rangle$ 表示通常意义下的内积．因此 $f(\boldsymbol{x})$ 在 $\boldsymbol{x}_k$ 处沿方向 $\boldsymbol{p}$ 的变化速率为

$$\lim_{\varepsilon \to 0} \frac{f(\boldsymbol{x}_k + \varepsilon \boldsymbol{p}) - f(\boldsymbol{x}_k)}{\varepsilon} = \langle \boldsymbol{g}_k, \boldsymbol{p} \rangle. \tag{3.2}$$

即 $f(\boldsymbol{x})$ 在 $\boldsymbol{x}_k$ 处沿 $\boldsymbol{p}$ 的方向导数为该点处梯度 $\boldsymbol{g}_k$ 与 $\boldsymbol{p}$ 之内积．欲使函数值减少得"最快"，就要选择 $\boldsymbol{p}$，使得 $\langle \boldsymbol{g}_k, \boldsymbol{p} \rangle$ 最小．而

$$\langle \boldsymbol{g}_k, \boldsymbol{p} \rangle = \|\boldsymbol{g}_k\| \cdot \|\boldsymbol{p}\| \cos \gamma = \|\boldsymbol{g}_k\| \cos \gamma,$$

其中 γ 是 $\boldsymbol{p}$ 与 $\boldsymbol{g}_k$ 的夹角．显然当 $\gamma = \pi$ 即 $\boldsymbol{p}$ 恰与 $\boldsymbol{g}_k$ 反向时，

$\langle \boldsymbol{g}_k, \boldsymbol{p} \rangle$ 取最小值. 这说明负梯度方向是使函数值下降最快的方向. 虽然这一结论是对两个变量的函数导出的，但用同样的方法不难证明它对于一般 n 个变量的函数均成立:

定理 1. 设 $f(\boldsymbol{x})$ 是 R^n 上的连续可微函数. 若它在某点 $\boldsymbol{x}_k$ 处的梯度 $\boldsymbol{g}(\boldsymbol{x}_k) \neq \boldsymbol{0}$，则负梯度方向 $-\boldsymbol{g}(\boldsymbol{x}_k)$ 是点 $\boldsymbol{x}_k$ 处的最速下降方向.

定理 1 表明，取负梯度方向作为搜索方向是有一定道理的. 在第一章算法 3 中按这种方式选择搜索方向，就是最速下降算法.

算法 1（最速下降算法）

1. 取初始点 $\boldsymbol{x}_1$. 置 $k=1$.

2. 计算 $\boldsymbol{g}_k = \boldsymbol{g}(\boldsymbol{x}_k)$.

3. 若 $\boldsymbol{g}_k = \boldsymbol{0}$，则停止计算；否则从 $\boldsymbol{x}_k$ 出发，沿 $\boldsymbol{p}_k = -\boldsymbol{g}_k$ 进行一维搜索，即求 λ_k，使得

$$f(\boldsymbol{x}_k + \lambda_k \boldsymbol{p}_k) = \min\{f(\boldsymbol{x}_k + \lambda \boldsymbol{p}_k) \mid \lambda \geqslant 0\}. \tag{3.3}$$

4. 置 $\boldsymbol{x}_{k+1} = \boldsymbol{x}_k + \lambda_k \boldsymbol{p}_k$，置 $k = k+1$，转 2.

下面再用一个简单的例子说明一下上述算法的实际计算过程.

例 1. 求函数 $f(\boldsymbol{x}) = f(x_1, x_2) = \dfrac{1}{3}x_1^2 + \dfrac{1}{2}x_2^2$ 的极小点.

设初始点取为 $\boldsymbol{x}_1 = (x_1^{(1)}, x_2^{(1)})^T = (3, 2)^T$. 直接计算易得

$$\boldsymbol{g}_1 = \boldsymbol{g}(\boldsymbol{x}_1) = (2, 2)^T \neq \boldsymbol{0}, \ \boldsymbol{p}_1 = (-2, -2)^T,$$

$$f(\boldsymbol{x}_1 + \lambda \boldsymbol{p}_1) = \frac{10}{3}\lambda^2 - 8\lambda + 5.$$

函数 $\varphi_1(\lambda) = f(\boldsymbol{x}_1 + \lambda \boldsymbol{p}_1)$ 的极小点为 $\lambda_1^* = \dfrac{6}{5}$，因此

$$\boldsymbol{x}_2 = \boldsymbol{x}_1 + \lambda_1^* \boldsymbol{p}_1 = \left(\frac{3}{5}, -\frac{2}{5}\right)^T.$$

再用同样步骤迭代一次，便得

$$\boldsymbol{x}_3 = \left(\frac{3}{5^2}, \frac{2}{5^2}\right)^T.$$

一般地我们有

$$x_k = \left(\frac{3}{5^{k-1}}, (-1)^{k-1}\frac{2}{5^{k-1}}\right).$$

容易看出,这里所论及的目标函数 $f(\boldsymbol{x})$ 是三维空间中的椭圆抛物面,其等高线是一族椭圆(参看图 3.1). $f(\boldsymbol{x})$的极小点就是这族椭圆的中心 $\boldsymbol{x}^* = (0, 0)^T$. 我们构造的点列 $\{\boldsymbol{x}_k\}$ 是步步逼近 $\boldsymbol{x}^*$ 的.

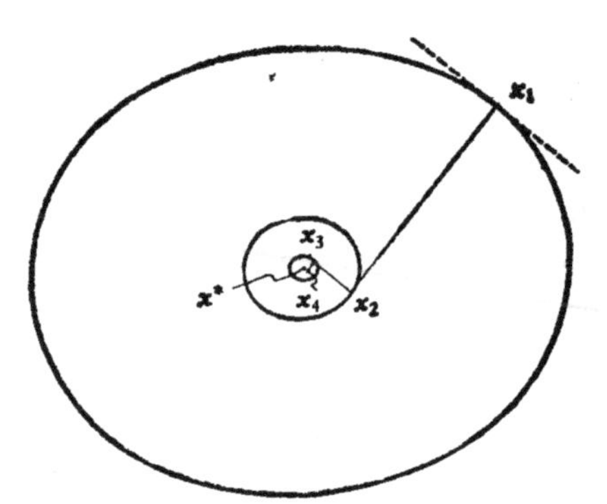

图 3.1 最速下降法的行进路线

§2. 一类下降算法的收敛性质

在上面介绍的最速下降法中，其搜索方向就取为当前点的负梯度方向. 另外还有一些算法(例如后面要介绍的 Newton 法,共轭梯度法等),虽然并不简单地把搜索方向取为负梯度方向,但其搜索方向是与梯度密切相关的. 这些算法与最速下降法所选取的搜索方向之间有着某些共同的特点，可以把它们归入同一类而进行研究. 下面我们先描述这类算法的特征，然后讨论它的收敛性质.

算法 2

1. 取初始点 $\boldsymbol{x}_1$, 置 $k = 1$,

2. 计算 $\boldsymbol{g}_k = \boldsymbol{g}(\boldsymbol{x}_k)$.

3. 若 $\boldsymbol{g}_k=\boldsymbol{0}$，则停止计算；否则取满足

$$\left\langle -\frac{\boldsymbol{g}_k}{\|\boldsymbol{g}_k\|}, \frac{\boldsymbol{p}_k}{\|\boldsymbol{p}_k\|}\right\rangle \geqslant \rho$$

的搜索方向 $\boldsymbol{p}_k$，其中的 $\rho\in(0,1]$ 是一个与 k 无关的常数.

4. 一维搜索：求 λ_k，使得

$$f(\boldsymbol{x}_k+\lambda_k\boldsymbol{p}_k)=\min\{f(\boldsymbol{x}_k+\lambda\boldsymbol{p}_k)\mid\lambda\geqslant 0\}.$$

5. 置 $\boldsymbol{x}_{k+1}=\boldsymbol{x}_k+\lambda_k\boldsymbol{p}_k$，置 $k=k+1$，转 2.

很明显，这一类下降算法的特点是把搜索方向与负梯度方向之间的夹角 α 限制在小于 $\frac{\pi}{2}$ 的一定的范围之内. 特别地当

$$\rho=\cos\alpha=\left\langle -\frac{\boldsymbol{g}_k}{\|\boldsymbol{g}_k\|}, \frac{\boldsymbol{p}_k}{\|\boldsymbol{p}_k\|}\right\rangle=1$$

时，$\alpha=0$，就是最速下降法.

为了证明关于这类算法的收敛性质的定理，我们先证以下的引理.

引理. 设函数 $\varphi(\lambda)$ 在闭区间 $[0,b]$ 上二次连续可微，且 $\varphi'(0)<0$. 若 $\varphi(\lambda)$ 在 $[0,b]$ 上的整体极小点 $\lambda^*\in(0,b)$，则有

$$\lambda^*\geqslant\tilde{\lambda}=\frac{-\varphi'(0)}{Q},$$

其中 Q 是 $\varphi''(\lambda)$ 在区间 $[0,b]$ 上的任一正上界.

证明. 我们证明比引理所述更强一些的结论，即证明在引理的条件下，$\varphi'(\lambda)$ 的任一零点 μ 都满足

$$\mu\geqslant\tilde{\lambda}=\frac{-\varphi'(0)}{Q}. \tag{3.4}$$

事实上，构造辅助函数

$$\psi(\lambda)=\varphi'(0)+Q\lambda,$$

显然它有着唯一的零点

$$\tilde{\lambda}=\frac{-\varphi'(0)}{Q}.$$

另外，根据假定 $\varphi''(\lambda)\leqslant Q$，我们有

$$\varphi'(\lambda)=\varphi'(0)+\int_0^\lambda\varphi''(\lambda)d\lambda\leqslant\varphi'(0)+\int_0^\lambda Qd\lambda=\phi(\lambda),$$

$$\lambda\in[0,b].$$

这表明函数 $\varphi'(\lambda)$ 的图象永远不会超出 $\phi(\lambda)$ 的图象之上(参看图 3.2). 由此即可断言式(3.4)成立. 引理证毕.

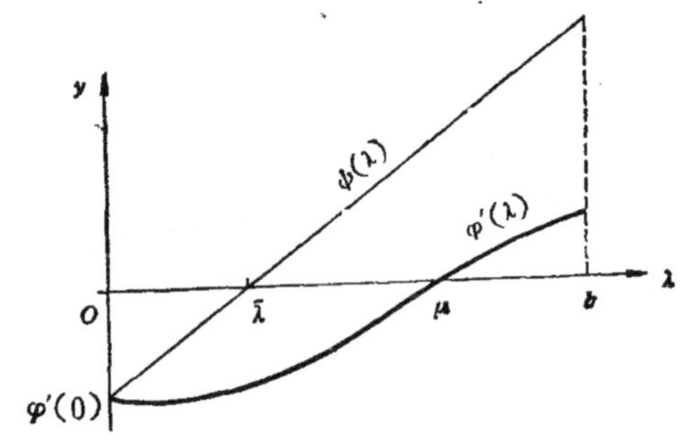

图 3.2 定理 2 的引理的证明

定理 2. 若目标函数 $f(\boldsymbol{x})$ 满足

i) $f(\boldsymbol{x})$ 在 R^n 上二次连续可微;

ii) 存在着 $\bar{\boldsymbol{x}}\in R^n$, 使得基准集 $C(\bar{\boldsymbol{x}})=\{\boldsymbol{x}|f(\boldsymbol{x})\leqslant f(\bar{\boldsymbol{x}})\}$ 是有界凸闭集;

则当初始点 $\boldsymbol{x}_1\in\widetilde{C}(\bar{\boldsymbol{x}})=\{\boldsymbol{x}|f(\boldsymbol{x})<f(\bar{\boldsymbol{x}})\}$ 时，由算法 2 产生的点列 $\{\boldsymbol{x}_k\}$ 满足

i) 当 $\{\boldsymbol{x}_k\}$ 为有穷序列时，其最后一个元素必为 $f(\boldsymbol{x})$ 的稳定点;

ii) 当 $\{\boldsymbol{x}_k\}$ 为无穷序列时，它必有极限点，而且所有极限点都是稳定点.

证明. 只考虑 $\{\boldsymbol{x}_k\}$ 是无穷序列的情况. 现利用第一章定理 5 来证明本定理的结论. 为此，令

$$\Omega^*=\{\boldsymbol{x}|\boldsymbol{g}(\boldsymbol{x})=\boldsymbol{0}\}.$$

然后按下述方式定义点到集合的映射 A: 当点 $\boldsymbol{x}$ 处的梯度 $\boldsymbol{g}(\boldsymbol{x})=\boldsymbol{0}$ 时，令

$$A(\boldsymbol{x})=\boldsymbol{x};$$

当点 $\boldsymbol{x}$ 处的梯度 $\boldsymbol{g}(\boldsymbol{x}) \neq \boldsymbol{0}$ 时，令

$$A(\boldsymbol{x}) = \{\boldsymbol{x} + \lambda^* \boldsymbol{p}\},$$

其中 $\boldsymbol{p}$ 和 λ^* 分别满足

$$\left\langle -\frac{\boldsymbol{g}(\boldsymbol{x})}{\|\boldsymbol{g}(\boldsymbol{x})\|}, \frac{\boldsymbol{p}}{\|\boldsymbol{p}\|} \right\rangle \geqslant \rho, \quad \rho \in (0, 1] \tag{3.5}$$

和

$$f(\boldsymbol{x} + \lambda^* \boldsymbol{p}) = \min\{f(\boldsymbol{x} + \lambda \boldsymbol{p}) \mid \lambda \geqslant 0\}. \tag{3.6}$$

为了验证定理 5 的条件成立．我们在 $\tilde{C}(\bar{\boldsymbol{x}})$ 中任取一个不属于 Ω^* 的点 $\boldsymbol{x}$．显然 $\boldsymbol{g}(\boldsymbol{x}) \neq \boldsymbol{0}$．由 $f(\boldsymbol{x})$ 和 $\boldsymbol{g}(\boldsymbol{x})$ 的连续性知，存在着 $\varepsilon = \varepsilon(\boldsymbol{x}) > 0$，使当 $\boldsymbol{x}' \in N_\varepsilon(\boldsymbol{x}) = \{\boldsymbol{z} \mid \boldsymbol{z} \in R^n, \|\boldsymbol{z} - \boldsymbol{x}\| < \varepsilon(\boldsymbol{x})\}$ 时，

$$\boldsymbol{x}' \in \tilde{C}(\bar{\boldsymbol{x}}), \text{ 且 } \|\boldsymbol{g}(\boldsymbol{x}')\|^2 > \frac{1}{2}\|\boldsymbol{g}(\boldsymbol{x})\|^2 > 0. \tag{3.7}$$

对于 $\boldsymbol{x}$ 的邻域 $N_\varepsilon(\boldsymbol{x})$ 中的任意点 $\boldsymbol{x}'$，取 $\boldsymbol{y}' \in A(\boldsymbol{x}')$，我们来估计 $f(\boldsymbol{y}') - f(\boldsymbol{x}')$ 的大小．注意到 $\boldsymbol{y}'$ 可表为

$$\boldsymbol{y}' = \boldsymbol{x}' + \lambda^* \boldsymbol{p}'$$

（其中 $\boldsymbol{p}'$ 和 λ^* 分别满足式 (3.5) 和 (3.6)），考虑单变量函数

$$\varphi(\lambda) = f(\boldsymbol{x}' + \lambda \boldsymbol{p}'),$$

就可以把 $f(\boldsymbol{y}') - f(\boldsymbol{x}')$ 表为

$$f(\boldsymbol{y}') - f(\boldsymbol{x}') = f(\boldsymbol{x}' + \lambda^* \boldsymbol{p}') - f(\boldsymbol{x}') = \varphi(\lambda^*) - \varphi(0).$$

以下先估计引理中的 $\tilde{\lambda}$ 的大小，然后借助于估算 $\varphi(\tilde{\lambda})$ 导出

$$\varphi(\lambda^*) - \varphi(0)$$

的界．

既然函数 $f(\boldsymbol{x})$ 的基准集 $C(\bar{\boldsymbol{x}}) = \{\boldsymbol{x} \mid f(\boldsymbol{x}) \leqslant f(\bar{\boldsymbol{x}})\}$ 是有界凸闭集，那么函数 $\varphi(\lambda)$ 的基准集 $\{\lambda \mid \varphi(\lambda) \leqslant f(\bar{\boldsymbol{x}})\}$ 必为某个有界闭区间．记此区间为 $[a, b]$．式 (3.7) 表明

$$\varphi(0) = f(\boldsymbol{x}') < f(\bar{\boldsymbol{x}}),$$

所以必有 $0 \in (a, b)$．我们对 $\varphi(\lambda)$ 在区间 $[0, b]$ 上应用引理．由 $f(\boldsymbol{x})$ 在 R^n 上二次连续可微，易见 $\varphi(\lambda)$ 在 $[a, b]$ 上二次连续可微，进而在 $[0, b]$ 也是如此．而根据式 (3.5) 又有

$$\varphi'(0)=\langle g(x'),p'\rangle\leqslant-\rho\|g(x')\|\|p'\|<0. \qquad (3.8)$$

另外，显然还有 $\varphi(\lambda)$ 在 $[0,b]$ 上的整体极小点 $\lambda^*\in(0,b)$. 最后我们不难估计出 $\varphi''(\lambda)$ 在 $[0,b]$ 上的一个上界. 事实上，注意到 $f(x)$ 在有界闭集 $C(\bar{x})$ 上二次连续可微，因而其 Hessian 矩阵的范数 $\|G(x)\|$ 在 $C(\bar{x})$ 上有上界 $M>0$，故

$$\varphi''(\lambda)=\langle p',G(x'+\lambda p')p'\rangle\leqslant M\|p'\|^2,\ \lambda\in[0,b]. \qquad (3.9)$$

根据以上讨论，便能由引理得知

$$\lambda^*\geqslant\tilde{\lambda}=\frac{-\varphi'(0)}{M\|p'\|^2}$$

因此

$$\tilde{\lambda}=\frac{-\varphi'(0)}{M\|p'\|^2}\in(0,b). \qquad (3.10)$$

现在考察 $\varphi(\tilde{\lambda})-\varphi(0)$. 按 Taylor 展开式，我们有

$$\varphi(\tilde{\lambda})-\varphi(0)=\varphi'(0)\tilde{\lambda}+\frac{1}{2}\varphi''(\theta\tilde{\lambda})\tilde{\lambda}^2,$$

其中 $\theta\in(0,1)$. 利用式 (3.7)—(3.10) 进一步可得

$$\begin{aligned}\varphi(\tilde{\lambda})-\varphi(0)&\leqslant\varphi'(0)\tilde{\lambda}+\frac{1}{2}M\|p'\|^2\tilde{\lambda}^2=\frac{-\{\varphi'(0)\}^2}{2M\|p'\|^2}\\&\leqslant-\frac{1}{2M\|p'\|^2}\rho^2\|g(x')\|^2\|p'\|^2\\&=-\frac{\rho^2}{2M}\|g(x')\|^2\leqslant-\frac{\rho^2}{4M}\|g(x)\|^2. \qquad (3.11)\end{aligned}$$

取 $\delta(x)=-\frac{\rho^2}{4M}\|g(x)\|^2$，便得到

$$f(y')-f(x')=\varphi(\lambda^*)-\varphi(0)\leqslant\varphi(\tilde{\lambda})-\varphi(0)\leqslant\delta(x).$$

至此第一章定理 5 的条件检验完毕，遂知按算法 2 构造的序列 $\{x_k\}$ 的任何极限点 $\hat{x}\in\Omega^*$. 又根据 $x_1\in\widetilde{C}(\bar{x})$ 而算法是下降的，知 $\{x_k\}\subset C(\bar{x})$. 故无穷序列 $\{x_k\}$ 一定有极限点存在. 定理证毕.

定理 3. 若目标函数 $f(x)$ 满足

i) $f(x)$ 是 R^n 上的二次连续可微函数；

ii) 对于任意的 $\boldsymbol{x}' \in R^n$，存在着常数 $m>0$，使当 $\boldsymbol{x} \in C(\boldsymbol{x}') = \{\boldsymbol{x} \mid f(\boldsymbol{x}) \leqslant f(\boldsymbol{x}')\}$，$\boldsymbol{y} \in R^n$ 时，有

$$m\|\boldsymbol{y}\|^2 \leqslant \langle \boldsymbol{y}, G(\boldsymbol{x})\boldsymbol{y} \rangle \tag{3.12}$$

（其中 $G(\boldsymbol{x})$ 是 $f(\boldsymbol{x})$ 在点 $\boldsymbol{x}$ 处的 Hessian 阵）．则由算法 2 构造的序列 $\{\boldsymbol{x}_k\}$ 满足

i) 当 $\{\boldsymbol{x}_k\}$ 为有穷序列时，其最后一个元素就是 $f(\boldsymbol{x})$ 在 R^n 上的唯一极小点；

ii) 当 $\{\boldsymbol{x}_k\}$ 为无穷序列时，它收敛于 $f(\boldsymbol{x})$ 在 R^n 上的唯一极小点．

证明． 对于由算法 2 构造的 $\{\boldsymbol{x}_k\}$，考察基准集

$$C(\boldsymbol{x}_1) = \{\boldsymbol{x} \mid f(\boldsymbol{x}) \leqslant f(\boldsymbol{x}_1)\},$$

根据条件 i), ii)，由附录 II 的定理 4 知 $C(\boldsymbol{x}_1)$ 是有界凸闭集．考虑到 $\boldsymbol{g}(\boldsymbol{x}_1) \neq \boldsymbol{0}$，由算法的下降性有 $f(\boldsymbol{x}_2) < f(\boldsymbol{x}_1)$，因而 $\boldsymbol{x}_2 \in \tilde{C}(\boldsymbol{x}_1)$．利用定理 2，知 $\{\boldsymbol{x}_k\}$ 停止或收敛到稳定点．又由附录 II 的定理 4 和定理 3 知 $f(\boldsymbol{x})$ 的稳定点唯一，而且它就是 R^n 上的唯一极小点．定理证毕．

定理 4． 设由算法 2 构造的序列 $\{\boldsymbol{x}_k\}$ 收敛于 $f(\boldsymbol{x})$ 的极小点 $\boldsymbol{x}^*$．若 $f(\boldsymbol{x})$ 在 $\boldsymbol{x}^*$ 的某一邻域内二次连续可微，且存在着 $\varepsilon > 0$ 和 $m > 0$，使当 $\|\boldsymbol{x} - \boldsymbol{x}^*\| < \varepsilon$，$\boldsymbol{y} \in R^n$ 时，有

$$m\|\boldsymbol{y}\|^2 \leqslant \langle \boldsymbol{y}, G(\boldsymbol{x})\boldsymbol{y} \rangle \tag{3.13}$$

（其中 $G(\boldsymbol{x})$ 是 $f(\boldsymbol{x})$ 在点 $\boldsymbol{x}$ 处的 Hessian 矩阵），则 $\{\boldsymbol{x}_k\}$ 线性收敛到 $\boldsymbol{x}^*$．

显然当 $f(\boldsymbol{x})$ 在 $\boldsymbol{x}^*$ 的某一邻域内二次连续可微时，式 (3.13) 所描述的条件蕴含着存在 $\varepsilon > 0$，使当 $\|\boldsymbol{x} - \boldsymbol{x}^*\| < \varepsilon$ 时，有

$$m\|\boldsymbol{y}\|^2 \leqslant \langle \boldsymbol{y}, G(\boldsymbol{x})\boldsymbol{y} \rangle \leqslant M\|\boldsymbol{y}\|^2 \tag{3.14}$$

（其中 $M = \max\{\|G(\boldsymbol{x})\| \mid \|\boldsymbol{x} - \boldsymbol{x}^*\| \leqslant \varepsilon\}$ 是一个常数）．因此我们以下在条件 (3.14) 下证明定理 4 成立．但在这之前要先证一个引理．

引理． 若定理 4 所述的条件成立，则存在着 $\varepsilon > 0$，使当 $\|\boldsymbol{x} - \boldsymbol{x}^*\| < \varepsilon$ 时，恒有

$$\frac{1}{2}m\|\boldsymbol{x}-\boldsymbol{x}^*\|^2 \leqslant f(\boldsymbol{x})-f(\boldsymbol{x}^*) \leqslant \frac{1}{2}M\|\boldsymbol{x}-\boldsymbol{x}^*\|^2, \tag{3.15}$$

$$\|\boldsymbol{g}(\boldsymbol{x})\| \geqslant m\|\boldsymbol{x}-\boldsymbol{x}^*\|, \tag{3.16}$$

其中 M 是某个正数.

证明. 由 Taylor 展开式(参看附录 I 的定理 4) 得

$$\begin{aligned} & f(\boldsymbol{x})-f(\boldsymbol{x}^*) \\ &= \langle \boldsymbol{g}(\boldsymbol{x}^*), \boldsymbol{x}-\boldsymbol{x}^*\rangle \\ &\qquad + \int_0^1 (1-t)\langle \boldsymbol{x}-\boldsymbol{x}^*, G(t\boldsymbol{x}+(1-t)\boldsymbol{x}^*)(\boldsymbol{x}-\boldsymbol{x}^*)\rangle dt \\ &= \int_0^1 (1-t)\langle \boldsymbol{x}-\boldsymbol{x}^*, G(t\boldsymbol{x}+(1-t)\boldsymbol{x}^*)(\boldsymbol{x}-\boldsymbol{x}^*)\rangle dt. \end{aligned} \tag{3.17}$$

上式中后一等号成立是由于在极小点 $\boldsymbol{x}^*$ 处梯度 $\boldsymbol{g}(\boldsymbol{x}^*)=\boldsymbol{0}$. 据此并注意到条件 (3.14), 即知式 (3.15) 成立.

另外, 对梯度函数 $\boldsymbol{g}(\boldsymbol{x})$ 进行 Taylor 展开(参看附录 I 的定理 2) 有

$$\boldsymbol{g}(\boldsymbol{x})=\boldsymbol{g}(\boldsymbol{x})-\boldsymbol{g}(\boldsymbol{x}^*)=\int_0^1 G(t\boldsymbol{x}+(1-t)\boldsymbol{x}^*)(\boldsymbol{x}-\boldsymbol{x}^*)dt. \tag{3.18}$$

用 $\boldsymbol{x}-\boldsymbol{x}^*$ 与此式两端作内积, 再利用 Schwarz 不等式[1] 和条件 (3.14) 可得

$$\begin{aligned} \|\boldsymbol{g}(\boldsymbol{x})\|\cdot\|\boldsymbol{x}-\boldsymbol{x}^*\| &\geqslant \langle \boldsymbol{x}-\boldsymbol{x}^*, \boldsymbol{g}(\boldsymbol{x})\rangle \\ &= \int_0^1 \langle \boldsymbol{x}-\boldsymbol{x}^*, G(t\boldsymbol{x}+(1-t)\boldsymbol{x}^*)(\boldsymbol{x}-\boldsymbol{x}^*)\rangle dt \\ &\geqslant m\|\boldsymbol{x}-\boldsymbol{x}^*\|^2. \end{aligned}$$

因此式 (3.16) 成立. 引理证毕.

---

1) 这里只用到如下形式的 Schwarz 不等式: 对任意的 $\boldsymbol{a}, \boldsymbol{b} \in R^n$, 都有

$$\langle \boldsymbol{a},\boldsymbol{a}\rangle\langle \boldsymbol{b},\boldsymbol{b}\rangle \geqslant \langle \boldsymbol{a},\boldsymbol{b}\rangle^2.$$

第五章还要用到其更广泛的形式:

$$\langle \boldsymbol{a},\boldsymbol{a}\rangle_H\langle \boldsymbol{b},\boldsymbol{b}\rangle_H \geqslant \langle \boldsymbol{a},\boldsymbol{b}\rangle_H^2,$$

其中 $\boldsymbol{H}$ 为任意正定矩阵, $\langle\cdot,\cdot\rangle_H$ 表示向量在 H 度量下的内积: $\langle \boldsymbol{a},\boldsymbol{b}\rangle_H=\langle \boldsymbol{a},H\boldsymbol{b}\rangle$. 以上两个不等式都是当且仅当 $\boldsymbol{a}$ 与 $\boldsymbol{b}$ 共线时等号成立.

这个引理表明，当 $f(\boldsymbol{x})$ 满足定理 4 的条件时，粗略地讲，它在极小点 $\boldsymbol{x}^*$ 附近大体相当于一个正定二次函数.

定理 4 的证明. 已知 $\lim\limits_{k\to\infty}\boldsymbol{x}_k=\boldsymbol{x}^*$，故不妨假定

$$\|\boldsymbol{x}_k-\boldsymbol{x}^*\|<\varepsilon\quad(k=1,2,\cdots). \tag{3.19}$$

我们先估计 $f(\boldsymbol{x}_{k+1})=f(\boldsymbol{x}_k+\lambda_k\boldsymbol{p})$，然后导出收敛速率.

由 $\|\boldsymbol{x}_{k+1}-\boldsymbol{x}^*\|<\varepsilon$ 知，存在一个小正数 δ，使得

$$\|\boldsymbol{x}_k+(\lambda_k+\delta)\boldsymbol{p}_k-\boldsymbol{x}^*\|=\|\boldsymbol{x}_{k+1}-\boldsymbol{x}^*+\delta\boldsymbol{p}_k\|<\varepsilon.$$

考虑对 $\varphi(\lambda)=f(\boldsymbol{x}_k+\lambda\boldsymbol{p}_k)$ 在区间 $[0,\lambda_k+\delta]$ 上应用定理 2 的引理. 根据式 (3.5) 有

$$\varphi'(0)=\langle\boldsymbol{g}(\boldsymbol{x}_k),\boldsymbol{p}_k\rangle<0.$$

另外 $\varphi(\lambda)$ 在 $[0,\lambda_k+\delta]$ 上二次连续可微是显然的，加之由式 (3.14) 还可知

$$\varphi''(\lambda)=\langle\boldsymbol{p}_k,G(\boldsymbol{x}_k+\lambda\boldsymbol{p}_k)\boldsymbol{p}_k\rangle\leqslant M\|\boldsymbol{p}_k\|^2.$$

因此利用定理 2 的引理便知，$\varphi(\lambda)$ 在 $[0,\lambda_k+\delta]$ 上的整体极小点 λ_k 满足

$$\lambda_k\geqslant\tilde{\lambda}_k=\frac{-\varphi'(0)}{M\|\boldsymbol{p}_k\|^2}\geqslant\frac{\rho\|\boldsymbol{g}_k\|}{M\|\boldsymbol{p}_k\|}. \tag{3.20}$$

故若记

$$\bar{\lambda}_k=\frac{\rho\|\boldsymbol{g}_k\|}{M\|\boldsymbol{p}_k\|},$$

则知点 $\bar{\boldsymbol{x}}_k=\boldsymbol{x}_k+\bar{\lambda}_k\boldsymbol{p}_k$ 位于从 $\boldsymbol{x}_k$ 到 $\boldsymbol{x}_{k+1}$ 的闭线段上，即有 $\|\bar{\boldsymbol{x}}_k-\boldsymbol{x}^*\|<\varepsilon$. 于是利用 $f(\boldsymbol{x}_k+\lambda\boldsymbol{p}_k)$ 在点 $\boldsymbol{x}_k$ 处的展开式(参看附录 I 的定理 4)

$$\begin{aligned}&f(\boldsymbol{x}_k+\lambda\boldsymbol{p}_k)-f(\boldsymbol{x}_k)\\&\quad=\lambda\langle\boldsymbol{g}(\boldsymbol{x}_k),\boldsymbol{p}_k\rangle+\lambda^2\int_0^1(1-t)\langle\boldsymbol{p}_k,G(\boldsymbol{x}_k+t\lambda\boldsymbol{p}_k)\boldsymbol{p}_k\rangle dt,\end{aligned}$$

并注意到式 (3.14) 便有

$$\begin{aligned}f(\boldsymbol{x}_k+\lambda_k\boldsymbol{p}_k)-f(\boldsymbol{x}_k)&\leqslant f(\boldsymbol{x}_k+\bar{\lambda}_k\boldsymbol{p}_k)-f(\boldsymbol{x}_k)\\&\leqslant\bar{\lambda}_k(-\rho)\|\boldsymbol{g}_k\|\|\boldsymbol{p}_k\|+\frac{1}{2}M\bar{\lambda}_k^2\|\boldsymbol{p}_k\|^2\end{aligned}$$

用 $\lambda_k = \rho\|\boldsymbol{g}_k\|/M\|\boldsymbol{p}_k\|$ 代入此式，即得

$$f(\boldsymbol{x}_k + \lambda_k \boldsymbol{p}_k) - f(\boldsymbol{x}_k) \leqslant -\frac{\rho^2}{2M}\|\boldsymbol{g}(\boldsymbol{x}_k)\|^2.$$

再用刚刚证明的引理可进一步得到

$$\begin{aligned} f(\boldsymbol{x}_{k+1}) - f(\boldsymbol{x}_k) &\leqslant -\frac{\rho^2}{2M} m^2 \|\boldsymbol{x}_k - \boldsymbol{x}^*\|^2. \\ &\leqslant -\left(\frac{\rho m}{M}\right)^2 [f(\boldsymbol{x}_k) - f(\boldsymbol{x}^*)]. \end{aligned} \tag{3.21}$$

于是可以断言

$$f(\boldsymbol{x}_{k+1}) - f(\boldsymbol{x}^*) \leqslant \left[1 - \left(\frac{\rho m}{M}\right)^2\right][f(\boldsymbol{x}_k) - f(\boldsymbol{x}^*)]. \tag{3.22}$$

令 $\theta = \left[1 - \left(\frac{\rho m}{M}\right)^2\right]^{\frac{1}{2}}$，则有

$$\begin{aligned} f(\boldsymbol{x}_{k+1}) - f(\boldsymbol{x}^*) &\leqslant \theta^2[f(\boldsymbol{x}_k) - f(\boldsymbol{x}^*)] \leqslant \cdots \\ &\leqslant \theta^{2k}[f(\boldsymbol{x}_1) - f(\boldsymbol{x}^*)]. \end{aligned}$$

再用一次引理即得

$$\begin{aligned} \|\boldsymbol{x}_{k+1} - \boldsymbol{x}^*\|^2 &\leqslant \frac{2}{m}[f(\boldsymbol{x}_{k+1}) - f(\boldsymbol{x}^*)] \\ &\leqslant \frac{2}{m}[f(\boldsymbol{x}_1) - f(\boldsymbol{x}^*)]\theta^{2k}. \end{aligned}$$

此式可改写为

$$\|\boldsymbol{x}_{k+1} - \boldsymbol{x}^*\| \leqslant K\theta^k \quad (k = 0, 1, 2, \cdots), \tag{3.23}$$

其中 $K = \sqrt{\frac{2}{m}}[f(\boldsymbol{x}_1) - f(\boldsymbol{x}^*)]^{\frac{1}{2}}$. 这就是说序列 $\{\boldsymbol{x}_k\}$ 线性收敛于 $\boldsymbol{x}^*$. 定理 4 证毕.

§3. 关于最速下降法的一些理论问题

3.1. 最速下降算法的收敛性质

现在我们回过头来讨论算法 1（最速下降算法）的全局收敛性

及其收敛速率．前一问题实际上已为定理 3 所解决——最速下降算法是算法 2 当 $\rho=1$ 时的特殊情形．因此我们有

定理 5. 若目标函数 $f(\boldsymbol{x})$ 满足

i）$f(\boldsymbol{x})$ 是 R^n 上的二次连续可微函数；

ii）对于任意的 $\boldsymbol{x}'\in R^n$，存在着常数 $m>0$，使当 $\boldsymbol{x}\in C(\boldsymbol{x}')$，$\boldsymbol{y}\in R^n$ 时，恒有

$$m\|\boldsymbol{y}\|^2\leqslant\langle\boldsymbol{y},G(\boldsymbol{x})\boldsymbol{y}\rangle,\tag{3.24}$$

其中 $G(\boldsymbol{x})$ 是 $f(\boldsymbol{x})$ 在点 $\boldsymbol{x}$ 处的 Hessian 矩阵，$C(\boldsymbol{x}')$ 为相对于 $\boldsymbol{x}'$ 的基准集，

$$C(\boldsymbol{x}')=\{\boldsymbol{x}\,|\,f(\boldsymbol{x})\leqslant f(\boldsymbol{x}')\},$$

则从 R^n 中任一点 $\boldsymbol{x}_1$ 出发，当按最速下降算法迭代时，或者在有限步内达到 $f(\boldsymbol{x})$ 的唯一极小点，或者所构造的序列 $\{\boldsymbol{x}_k\}$ 收敛于 $f(\boldsymbol{x})$ 的唯一极小点．

关于最速下降法的收敛速率问题，和处理其全局收敛性类似．把它看成定理 4 的特殊情形，可得下列定理．

定理 6. 设目标函数 $f(\boldsymbol{x})$ 满足定理 4 的条件． 若最速下降法构造的序列 $\{\boldsymbol{x}_k\}$ 收敛于 $\boldsymbol{x}^*$，则它至少是线性收敛的．

定理 6 只是说明最速下降法至少线性收敛，是否有可能证明它具有更快的收敛速率呢？要回答这个问题，只需回顾一下本章 §1 中给出的例子，那里按最速下降法构造出的序列 $\{\boldsymbol{x}_k\}$ 满足

$$\|\boldsymbol{x}_{k+1}-\boldsymbol{x}^*\|=\sqrt{13}\cdot\left(\frac{1}{5}\right)^k=5\sqrt{13}\left(\frac{1}{5}\right)^{k+1}=L\cdot\theta^{k+1}$$

（其中 $L=5\sqrt{13}$，$\theta=\dfrac{1}{5}<1$），可见它的确只是线性收敛的．因此定理 6 的结论已无改进的余地．

3.2. 矩阵 A 度量意义下的最速下降法[49]

以上所述的“最速”下降法，是在欧氏度量意义下（或者说是在 l_2 范数意义下）讲的． 作为它的推广，可以在更一般的度量意义

下考虑这个问题．例如对于某个正定对称矩阵 A，定义 A 度量意义下的范数

$$\|\boldsymbol{x}\|_A = \sqrt{\langle \boldsymbol{x}, A\boldsymbol{x}\rangle},\quad \boldsymbol{x}\in R^n$$

(参看附录 III 的定义 3)．寻找在该度量意义下的最速下降方向，也能建立相应的最速下降法．

A 度量意义下的最速下降法　设目标函数为 $f(\boldsymbol{x})$，$\boldsymbol{x}_1$ 为 R^n 中某一点，$\boldsymbol{p}$ 是 R^n 中 A 度量意义下的单位向量．我们要寻找使

$$\lim_{\varepsilon\to 0}\frac{1}{\varepsilon}[f(\boldsymbol{x}_1+\varepsilon\boldsymbol{p})-f(\boldsymbol{x}_1)]$$

取最小值的 $\boldsymbol{p}$ 的方向．这一问题可以借助于定理 1 求解．事实上，做自变量的变换

$$\boldsymbol{y}=\sqrt{A}\boldsymbol{x},^{1)} \tag{3.25}$$

则 $\boldsymbol{x}$ 在 A 度量意义下的范数等于 $\boldsymbol{y}$ 在通常欧氏度量意义下的范数

$$\|\boldsymbol{x}\|_A=\sqrt{\langle \boldsymbol{x},A\boldsymbol{x}\rangle}=\sqrt{\langle \sqrt{A}\boldsymbol{x},\sqrt{A}\boldsymbol{x}\rangle}=\|\boldsymbol{y}\|. \tag{3.26}$$

令

$$\boldsymbol{y}_1=\sqrt{A}\boldsymbol{x}_1,\quad \boldsymbol{q}=\sqrt{A}\boldsymbol{p}, \tag{3.27}$$

则 $\boldsymbol{q}$ 是欧氏度量意义下的单位向量，且

$$\frac{1}{\varepsilon}[f(\boldsymbol{x}_1+\varepsilon\boldsymbol{p})-f(\boldsymbol{x}_1)]=\frac{1}{\varepsilon}[F(\boldsymbol{y}_1+\varepsilon\boldsymbol{q})-F(\boldsymbol{y}_1)], \tag{3.28}$$

---

1) 若存在正定矩阵 H，使得 $H\cdot H=A$，则称 H 为 A 的平方根，并记 $H=\sqrt{A}$ 或 $H=A^{1/2}$．不难证明，对于正定对称矩阵 A 来说，$\sqrt{A}$ 总有确定的意义．事实上，设 A 的特征值为 $0<\lambda_1\leqslant\lambda_2\leqslant\cdots\leqslant\lambda_n$，必存在着正交矩阵 U，使得

$$A=U\begin{pmatrix}\lambda_1 & & 0\\ & \ddots & \\ 0 & & \lambda_n\end{pmatrix}U^T.$$

取

$$H=U\begin{pmatrix}\sqrt{\lambda_1} & & 0\\ & \ddots & \\ 0 & & \sqrt{\lambda_n}\end{pmatrix}U^T,$$

显然 H 是正定矩阵，而且容易验证

$$H\cdot H=U\begin{pmatrix}\sqrt{\lambda_1} & & 0\\ & \ddots & \\ 0 & & \sqrt{\lambda_n}\end{pmatrix}U^TU\begin{pmatrix}\sqrt{\lambda_1} & & 0\\ & \ddots & \\ 0 & & \sqrt{\lambda_n}\end{pmatrix}U^T=U\begin{pmatrix}\lambda_1 & & 0\\ & \ddots & \\ 0 & & \lambda_n\end{pmatrix}U^T=A.$$

所以 $\sqrt{A}$ 存在．同时可以证明它是唯一的．

其中

$$F(\boldsymbol{y}) = f(A^{-\frac{1}{2}}\boldsymbol{y}). \tag{3.29}$$

因此使 $\lim\limits_{\varepsilon \to 0} \frac{1}{\varepsilon}[f(\boldsymbol{x}_1 + \varepsilon \boldsymbol{p}) - f(\boldsymbol{x}_1)]$ 取最小值的 $\boldsymbol{p}$，就对应 $F(\boldsymbol{y})$ 在欧氏度量意义下的最速下降方向 $\boldsymbol{q}$. 根据定理 1 知，这个 $\boldsymbol{q}$ 的方向为

$$-\nabla_{\boldsymbol{y}} F(\boldsymbol{y}_1) = -A^{-\frac{1}{2}}\nabla_{\boldsymbol{x}} f.$$

按式(3.27)，它所对应的在 A 度量意义下的最速下降方向 $\boldsymbol{p}$ 为

$$-A^{-\frac{1}{2}}(A^{-\frac{1}{2}}\nabla_{\boldsymbol{x}} f) = -A^{-1}\boldsymbol{g}_1. \tag{3.30}$$

这一结论可表成下列定理.

定理 7. 设 $f(\boldsymbol{x})$ 是 R^n 上的连续可微函数. A 是一个 $n \times n$ 阶正定对称矩阵. 若 $f(\boldsymbol{x})$ 在某点 $\boldsymbol{x}_k$ 处的梯度 $\boldsymbol{g}(\boldsymbol{x}_k) \neq \boldsymbol{0}$，则在点 $\boldsymbol{x}_k$ 处，A 度量意义下的最速下降方向为 $-A^{-1}\boldsymbol{g}(\boldsymbol{x}_k)$.

于是自然地，可以建立下列算法.

算法 3（A 度量意义下的最速下降法）

该算法与算法 1 基本相同. 不同之处仅在于这里需要先取定一个正定对称矩阵 A，并用 $\boldsymbol{p}_k = -A^{-1}\boldsymbol{g}_k$ 代替算法 1 中选择搜索方向的公式 $\boldsymbol{p}_k = -\boldsymbol{g}_k$. 详细步骤从略.

虽然 A 度量意义下的最速下降法本身并没有多大实用价值，但是它对于拟 Newton 法(变度量法)收敛性质的研究等方面，有着重要的启发作用. 所以我们再对它进行一些分析.

算法 3 的效率 我们局限于考虑目标函数是正定二次函数的特殊情形. 即设

$$f(\boldsymbol{x}) = \frac{1}{2}\boldsymbol{x}^T G \boldsymbol{x} + \boldsymbol{r}^T \boldsymbol{x} + \delta, \tag{3.31}$$

其中 G 是正定对称矩阵，$\boldsymbol{r}$ 和 δ 分别为常向量和常数. 把 $f(\boldsymbol{x})$ 改写为

$$f(\boldsymbol{x}) = \frac{1}{2}(\boldsymbol{x} + G^{-1}\boldsymbol{r})^T G(\boldsymbol{x} + G^{-1}\boldsymbol{r}) + \delta - \frac{1}{2}\boldsymbol{r}^T G^{-1}\boldsymbol{r},$$

即可看出 $f(\boldsymbol{x})$ 的极小点是

$$\boldsymbol{x}^* = -G^{-1}\boldsymbol{r}.$$

于是 $f(\boldsymbol{x})$ 还可表为

$$f(\boldsymbol{x})=\frac{1}{2}(\boldsymbol{x}-\boldsymbol{x}^*)^TG(\boldsymbol{x}-\boldsymbol{x}^*)+f(\boldsymbol{x}^*). \qquad (3.32)$$

假定已选定某正定对称矩阵 A，现在估计用算法 3 进行一次迭代后函数值的下降量．记初始点为 $\boldsymbol{x}_1$，搜索方向则为

$$\boldsymbol{p}_A=-A^{-1}\boldsymbol{g}_1, \qquad (3.33)$$

其中

$$\boldsymbol{g}_1=\nabla f(\boldsymbol{x}_1)=G(\boldsymbol{x}_1-\boldsymbol{x}^*). \qquad (3.34)$$

一维搜索对应的一元函数是

$$\begin{aligned}\varphi(\lambda)&=f(\boldsymbol{x}_1+\lambda\boldsymbol{p}_A)\\&=\frac{1}{2}(\boldsymbol{x}_1-\boldsymbol{x}^*-\lambda A^{-1}\boldsymbol{g}_1)^TG(\boldsymbol{x}_1-\boldsymbol{x}^*-\lambda A^{-1}\boldsymbol{g}_1)+f(\boldsymbol{x}^*)\\&=\frac{1}{2}[\lambda^2(A^{-1}\boldsymbol{g}_1)^TG(A^{-1}\boldsymbol{g}_1)-2\lambda(\boldsymbol{x}_1-\boldsymbol{x}^*)^TG(A^{-1}\boldsymbol{g}_1)]+f(\boldsymbol{x}_1).\end{aligned}$$

注意到式 (3.34) 即可推知其极小点为

$$\lambda_A=\frac{(\boldsymbol{x}_1-\boldsymbol{x}^*)^TGA^{-1}\boldsymbol{g}_1}{\boldsymbol{g}_1^TA^{-1}GA^{-1}\boldsymbol{g}_1}=\frac{\boldsymbol{g}_1^TA^{-1}\boldsymbol{g}_1}{\boldsymbol{g}_1^TA^{-1}GA^{-1}\boldsymbol{g}_1}.$$

因此进行一次迭代后函数值的下降量是

$$\begin{aligned}f(\boldsymbol{x}_1)-f(\boldsymbol{x}_1+\lambda_A\boldsymbol{p}_A)&=f(\boldsymbol{x}_1)-\varphi(\lambda_A)\\&=\frac{(\boldsymbol{g}_1^TA^{-1}\boldsymbol{g}_1)^2}{2\boldsymbol{g}_1^TA^{-1}GA^{-1}\boldsymbol{g}_1}.\end{aligned} \qquad (3.35)$$

我们考察使目标函数下降最多的 A．显然它应该使

$$(\boldsymbol{g}_1^TA^{-1}\boldsymbol{g}_1)^2/(\boldsymbol{g}_1^TA^{-1}GA\boldsymbol{g}_1)$$

取最大值．不难验证当 $A=G$ 时就能满足这个条件．事实上，当 $A=G$ 时，

$$f(\boldsymbol{x}_1)-f(\boldsymbol{x}_1+\lambda_G\boldsymbol{p}_G)=\frac{(\boldsymbol{g}_1^TG^{-1}\boldsymbol{g}_1)^2}{\boldsymbol{g}_1^TG^{-1}\boldsymbol{g}_1}=\boldsymbol{g}_1^TG^{-1}\boldsymbol{g}_1. \qquad (3.36)$$

因此若令式 (3.35) 所描述的量与式 (3.36) 所描述的量之比为 η

$$\eta=\frac{(\boldsymbol{g}_1^TA^{-1}\boldsymbol{g}_1)^2}{(\boldsymbol{g}_1^TA^{-1}GA^{-1}\boldsymbol{g}_1)(\boldsymbol{g}_1^TG^{-1}\boldsymbol{g}_1)}, \qquad (3.37)$$

则只要验证

$$\eta \leqslant 1 \tag{3.38}$$

成立就行了．为此先把 η 的表达式 (3.37) 改写一下．注意到

$$\boldsymbol{g}_1^T A^{-1}\boldsymbol{g}_1 = (G^{-\frac{1}{2}}\boldsymbol{g}_1)^T(G^{\frac{1}{2}}A^{-1}G^{\frac{1}{2}})(G^{-\frac{1}{2}}\boldsymbol{g}_1),$$
$$\boldsymbol{g}_1^T A^{-1}GA^{-1}\boldsymbol{g}_1 = (G^{-\frac{1}{2}}\boldsymbol{g}_1)^T(G^{\frac{1}{2}}A^{-1}G^{\frac{1}{2}})^2(G^{-\frac{1}{2}}\boldsymbol{g}_1),$$
$$\boldsymbol{g}_1^T G^{-1}\boldsymbol{g}_1 = (G^{-\frac{1}{2}}\boldsymbol{g}_1)^T(G^{-\frac{1}{2}}\boldsymbol{g}_1),$$

知

$$\eta = \frac{\langle \boldsymbol{u}, M\boldsymbol{u}\rangle^2}{\langle \boldsymbol{u}, M^2\boldsymbol{u}\rangle\langle \boldsymbol{u}, \boldsymbol{u}\rangle},$$

其中

$$M = G^{\frac{1}{2}}A^{-1}G^{\frac{1}{2}}, \ \boldsymbol{u} = G^{-\frac{1}{2}}\boldsymbol{g}_1,$$

若再进行变换

$$\sqrt{M}\boldsymbol{u} = \boldsymbol{v} \text{ 或 } \boldsymbol{u} = \sqrt{M}^{-1}\boldsymbol{v},$$

可得

$$\eta = \frac{\langle \boldsymbol{v}, \boldsymbol{v}\rangle^2}{\langle \boldsymbol{v}, M\boldsymbol{v}\rangle\langle \boldsymbol{v}, M^{-1}\boldsymbol{v}\rangle}.$$

或者令 $N = M^{-1} = G^{-\frac{1}{2}}AG^{-\frac{1}{2}}$，把 η 最后写为

$$\eta = \frac{\langle \boldsymbol{v}, \boldsymbol{v}\rangle^2}{\langle \boldsymbol{v}, N^{-1}\boldsymbol{v}\rangle\langle \boldsymbol{v}, N\boldsymbol{v}\rangle}, \tag{3.39}$$

其中

$$N = G^{-\frac{1}{2}}AG^{-\frac{1}{2}}. \tag{3.40}$$

根据 Schwarz 不等式，就有

$$\begin{aligned}\langle \boldsymbol{v}, \boldsymbol{v}\rangle^2 &= \langle N^{\frac{1}{2}}\boldsymbol{v}, N^{-\frac{1}{2}}\boldsymbol{v}\rangle^2 \\ &\leqslant \langle N^{\frac{1}{2}}\boldsymbol{v}, N^{\frac{1}{2}}\boldsymbol{v}\rangle \cdot \langle N^{-\frac{1}{2}}\boldsymbol{v}, N^{-\frac{1}{2}}\boldsymbol{v}\rangle \\ &= \langle \boldsymbol{v}, N\boldsymbol{v}\rangle\langle \boldsymbol{v}, N^{-1}\boldsymbol{v}\rangle.\end{aligned}$$

因而式 (3.38) 成立． 这就证明了对于形如 (3.31) 的正定二次目标函数来说，当 $A = G$ 时，A 度量意义下的最速下降方向使函数值下降得最多(这个方向实际上就是本章后面要讲的 Newton 方向)．因此相应于任意正定对称矩阵 A 的"效率"可定义为

$$\eta = \frac{f(\boldsymbol{x}_1) - f(\boldsymbol{x}_1 + \lambda_A\boldsymbol{p}_A)}{f(\boldsymbol{x}_1) - f(\boldsymbol{x}_1 + \lambda_G\boldsymbol{p}_G)} = \frac{\langle \boldsymbol{v}, \boldsymbol{v}\rangle^2}{\langle \boldsymbol{v}, N^{-1}\boldsymbol{v}\rangle\langle \boldsymbol{v}, N\boldsymbol{v}\rangle}. \tag{3.41}$$

其中N如式(3.40)所示．设λ_1和λ_n分别是N的最小和最大特征值，易见

$$\langle \boldsymbol{v}, N\boldsymbol{v}\rangle \leqslant \lambda_n \|\boldsymbol{v}\|^2, \langle \boldsymbol{v}, N^{-1}\boldsymbol{v}\rangle \leqslant \lambda_1^{-1}\|\boldsymbol{v}\|^2,$$

因此有

$$\frac{\lambda_1}{\lambda_n} \leqslant \frac{\langle \boldsymbol{v}, \boldsymbol{v}\rangle^2}{\langle \boldsymbol{v}, N^{-1}\boldsymbol{v}\rangle\langle \boldsymbol{v}, N\boldsymbol{v}\rangle} = \eta.$$

再注意到式(3.38)便知

$$\frac{\lambda_1}{\lambda_n} \leqslant \eta \leqslant 1. \tag{3.42}$$

由此可见，相应于度量矩阵A的效率，可以用矩阵

$$N = G^{-\frac{1}{2}}AG^{-\frac{1}{2}}$$

的最小最大特征值之比λ_1/λ_n来控制．如果λ_1/λ_n接近于1，就可以期望得到较好的效果． 特别地当取$A=G$时，$N=I$，$\lambda_1/\lambda_n=1$，便能得到最高的效率． 而这样的考虑恰恰与下一节中所要介绍的 Newton 法一致．

§4. Newton 法及其改进

4.1. Newton 法

Newton 法的基本思想是用一个二次函数去近似目标函数，然后精确地求出这个二次函数的极小点，以它作为欲求函数极小点$\boldsymbol{x}^*$的近似值．具体地说，假设目标函数$f(\boldsymbol{x})$二次连续可微，若已知$\boldsymbol{x}^*$的第k次近似为$\boldsymbol{x}_k$，则可把$f(\boldsymbol{x})$在$\boldsymbol{x}_k$附近展开到二次项

$$f(\boldsymbol{x}) \doteq f(\boldsymbol{x}_k) + \boldsymbol{g}_k^T(\boldsymbol{x}-\boldsymbol{x}_k) + \frac{1}{2}(\boldsymbol{x}-\boldsymbol{x}_k)^T G_k(\boldsymbol{x}-\boldsymbol{x}_k), \tag{3.43}$$

其中$\boldsymbol{g}_k$和G_k分别为$f(\boldsymbol{x})$在点$\boldsymbol{x}_k$处的梯度和 Hessian 矩阵．当G_k正定时，上式右端的二次函数有极小点．原始的 Newton 法就取这个极小点作为$\boldsymbol{x}^*$的第$k+1$次近似$\boldsymbol{x}_{k+1}$． 按第一章定理 1

(极小点的一阶必要条件)知，$\boldsymbol{x}_{k+1}$ 应满足

$$G_k(\boldsymbol{x}_{k+1}-\boldsymbol{x}_k)+\boldsymbol{g}_k=\boldsymbol{0}.$$

因此我们若从方程

$$G_k\boldsymbol{p}_k=-\boldsymbol{g}_k \tag{3.44}$$

解出 $\boldsymbol{p}_k$，就可以从 $\boldsymbol{x}_k$ 得到 $\boldsymbol{x}_{k+1}$

$$\boldsymbol{x}_{k+1}=\boldsymbol{x}_k+\boldsymbol{p}_k. \tag{3.45}$$

或者

$$\boldsymbol{x}_{k+1}=\boldsymbol{x}_k-G_k^{-1}\boldsymbol{g}_k. \tag{3.46}$$

式(3.44)，(3.45)就是 Newton 法的迭代公式.

以二元函数为例，可以说明 Newton 法的几何意义．如果 G_k 正定，则式(3.43)右端所表示的二次函数的等高线是一族椭圆．由式(3.45)或(3.46)得到的 $\boldsymbol{x}_{k+1}$ 恰好是这族椭圆的中心(参看图 3.3).

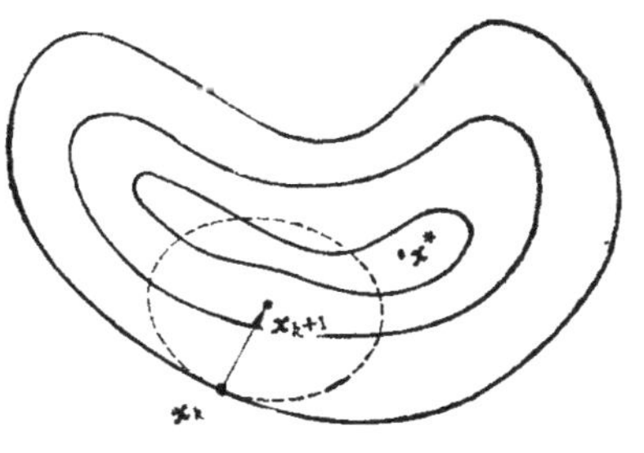

图 3.3　Newton 法的几何意义

算法 4 (Newton 法).

1．取初始点 $\boldsymbol{x}_1$．置 $k=1$.

2．计算 $\boldsymbol{g}_k=\boldsymbol{g}(\boldsymbol{x}_k)$.

3．若 $\boldsymbol{g}_k=\boldsymbol{0}$，则停止计算；否则计算 $G_k=G(\boldsymbol{x}_k)$ 并求 $\boldsymbol{p}_k$，使

$$G_k\boldsymbol{p}_k=-\boldsymbol{g}_k.$$

4．置 $\boldsymbol{x}_{k+1}=\boldsymbol{x}_k+\boldsymbol{p}_k$，置 $k=k+1$，转 2.

例 2．　求 $f(\boldsymbol{x})=f(x_1,x_2)=(x_1-2)^4+(x_1-2x_2)^2$ 的极小点.

设初始点取为 $\boldsymbol{x}_1=(x_1^{(1)},x_2^{(1)})^T=(0,3)^T$．直接计算可得

$$\boldsymbol{g}_1=\boldsymbol{g}(\boldsymbol{x}_1)=(-44,24)^T\neq\boldsymbol{0}.$$

而

$$G_1=G(\boldsymbol{x}_1)=\begin{pmatrix}50&-4\\-4&8\end{pmatrix},$$

求解方程

$$G_1 \boldsymbol{p}_1 = -\boldsymbol{g}_1.$$

因为

$$G_1^{-1} = \frac{1}{384}\begin{pmatrix} 8 & 4 \\ 4 & 50 \end{pmatrix},$$

故

$$\boldsymbol{p}_1 = -G_1^{-1}\boldsymbol{g}_1 = (0.67, -2.67)^T,$$

于是

$$\boldsymbol{x}_2 = \boldsymbol{x}_1 + \boldsymbol{p}_1 = (0.67, 0.33)^T.$$

至此,算法 4 的第一次迭代执行完毕. 把 $\boldsymbol{x}_1$, $\boldsymbol{x}_2$ 的值代入 $f(\boldsymbol{x})$ 可以算出

$$f(\boldsymbol{x}_1) = 52,\ f(\boldsymbol{x}_2) = 3.13.$$

这说明迭代一次后函数值确实是下降了. 按照同样的步骤, 只要 $\boldsymbol{g}_k \neq \boldsymbol{0}$, 迭代就可以继续下去,而得到点列 $\boldsymbol{x}_1, \boldsymbol{x}_2, \cdots, \boldsymbol{x}_k, \cdots$. 下面列出前六次迭代得到的结果以及相应的函数值:

k	1	2	3	4	5	6	7
$\boldsymbol{x}_k$	$\begin{pmatrix}0.00\\3.00\end{pmatrix}$	$\begin{pmatrix}0.67\\0.33\end{pmatrix}$	$\begin{pmatrix}1.11\\0.56\end{pmatrix}$	$\begin{pmatrix}1.41\\0.70\end{pmatrix}$	$\begin{pmatrix}1.61\\0.80\end{pmatrix}$	$\begin{pmatrix}1.74\\0.87\end{pmatrix}$	$\begin{pmatrix}1.83\\0.91\end{pmatrix}$
$f(\boldsymbol{x}_k)$	52	3.13	0.63	0.12	0.02	0.005	0.0009

直接观察不难看出, 这个问题在点 $\boldsymbol{x} = (2, 1)^T$ 处达到其极小值 0. 看来序列 $\{\boldsymbol{x}_k\}$ 是能够无限靠近或者取到极小点的.

显然当目标函数 $f(\boldsymbol{x})$ 是正定二次函数时, 式 (3.43) 就是一个精确的等式, 因而用式 (3.46) 进行一次迭代就能达到极小点. 这就是说, Newton 法具有二次终止性. 下面我们证明它收敛的级是 2. 这是 Newton 法的最大的优点,就这点来说,其它方法大都不能与它相比.

定理 8. 设目标函数 $f(\boldsymbol{x})$ 是某一开域内的三次连续可微函数,且它在该开域内有极小点 $\boldsymbol{x}^*$. 若存在着 $\varepsilon > 0$ 和 $m > 0$, 使当

$$\|\boldsymbol{x} - \boldsymbol{x}^*\| \leqslant \varepsilon,\ \boldsymbol{y} \in R^n$$

时，有

$$m\|\boldsymbol{y}\|^2 \leqslant \langle \boldsymbol{y}, G(\boldsymbol{x})\boldsymbol{y}\rangle$$

（其中 $G(\boldsymbol{x})$ 是 $f(\boldsymbol{x})$ 在点 $\boldsymbol{x}$ 处的 Hessian 矩阵），则当初始点 $\boldsymbol{x}_1$ 充分接近 $\boldsymbol{x}^*$ 时，由算法 4 产生的序列 $\{\boldsymbol{x}_k\}$ 收敛于 $\boldsymbol{x}^*$，且收敛的级是 2.

证明．显然定理条件中之不等式可加强为：当 $\|\boldsymbol{x}-\boldsymbol{x}^*\|<\varepsilon$，$\boldsymbol{y}\in R^n$ 时有

$$m\|\boldsymbol{y}\|^2 \leqslant \langle \boldsymbol{y}, G(\boldsymbol{x})\boldsymbol{y}\rangle \leqslant M\|\boldsymbol{y}\|^2. \tag{3.47}$$

同时还可看出，当 $\|\boldsymbol{x}-\boldsymbol{x}^*\|\leqslant\varepsilon$ 时，$G(\boldsymbol{x})$ 的最小特征值 $\lambda_1\geqslant m$．因而 $G^{-1}(\boldsymbol{x})$ 的最大特征值 $\frac{1}{\lambda_1}=\|G^{-1}(\boldsymbol{x})\|\leqslant\frac{1}{m}$，故

$$\|G^{-1}(\boldsymbol{x})\boldsymbol{g}(\boldsymbol{x})\| \leqslant \|G^{-1}(\boldsymbol{x})\|\|\boldsymbol{g}(\boldsymbol{x})\| \leqslant \frac{1}{m}\|\boldsymbol{g}(\boldsymbol{x})\|. \tag{3.48}$$

由 $\boldsymbol{g}(\boldsymbol{x})$ 的连续性及 $\boldsymbol{g}(\boldsymbol{x}^*)=\boldsymbol{0}$ 知，必存在着 $\varepsilon'\in\left(0, \frac{\varepsilon}{2}\right)$，使当 $\|\boldsymbol{x}-\boldsymbol{x}^*\|<\varepsilon'$ 时有

$$\|\boldsymbol{g}(\boldsymbol{x})\| \leqslant \frac{m\varepsilon}{2}. \tag{3.49}$$

这意味着当 $\boldsymbol{x}_k$ 满足

$$\|\boldsymbol{x}_k-\boldsymbol{x}^*\|<\varepsilon' \tag{3.50}$$

时，$\boldsymbol{x}_{k+1}$ 满足

$$\begin{aligned}\|\boldsymbol{x}_{k+1}-\boldsymbol{x}^*\| &= \|\boldsymbol{x}_k - G^{-1}(\boldsymbol{x}_k)\boldsymbol{g}(\boldsymbol{x}_k)-\boldsymbol{x}^*\| \\ &\leqslant \|\boldsymbol{x}_k-\boldsymbol{x}^*\| + \|G^{-1}(\boldsymbol{x}_k)\boldsymbol{g}(\boldsymbol{x}_k)\| \\ &\leqslant \frac{\varepsilon}{2}+\frac{1}{m}\cdot\frac{m\varepsilon}{2}=\frac{\varepsilon}{2}+\frac{\varepsilon}{2}=\varepsilon. \end{aligned}\tag{3.51}$$

现在着手建立 $\|\boldsymbol{x}_k-\boldsymbol{x}^*\|$ 和 $\|\boldsymbol{x}_{k+1}-\boldsymbol{x}^*\|$ 之间的估计式．我们将以 $\boldsymbol{g}(\boldsymbol{x})$ 作为联系上述二个量的媒介．把 $\boldsymbol{g}(\boldsymbol{x})$ 记为

$$\boldsymbol{g}(\boldsymbol{x})=\left(\frac{\partial f(\boldsymbol{x})}{\partial x_1},\cdots,\frac{\partial f(\boldsymbol{x})}{\partial x_n}\right)^T=(\phi_1(\boldsymbol{x}),\cdots,\phi_n(\boldsymbol{x}))^T, \tag{3.52}$$

先在 $\boldsymbol{x}_k$ 满足式(3.50)的条件下估计 $\boldsymbol{g}(\boldsymbol{x}_{k+1})$. 考虑其第 s 个分量 $\phi_s(\boldsymbol{x}_{k+1})$, 由 Taylor 展开式得

$$\begin{aligned}\phi_s(\boldsymbol{x}_{k+1}) &= \phi_s(\boldsymbol{x}_k - G^{-1}(\boldsymbol{x}_k)\boldsymbol{g}(\boldsymbol{x}_k)) \\ &= \phi_s(\boldsymbol{x}_k) - \nabla\phi_s^T(\boldsymbol{x}_k)\cdot G^{-1}(\boldsymbol{x}_k)\boldsymbol{g}(\boldsymbol{x}_k) \\ &\quad + \frac{1}{2}[G^{-1}(\boldsymbol{x}_k)\boldsymbol{g}(\boldsymbol{x}_k)]^T G_{\phi_s}(\tilde{\boldsymbol{x}}_k)G^{-1}(\boldsymbol{x}_k)\boldsymbol{g}(\boldsymbol{x}_k).\end{aligned} \tag{3.53}$$

其中 $G_{\phi_s}(\boldsymbol{x})$ 是函数 $\phi_s(\boldsymbol{x})$ 在点 $\boldsymbol{x}$ 处的 Hessian 矩阵, $\tilde{\boldsymbol{x}}_k$ 是连接 $\boldsymbol{x}_k$ 和 $\boldsymbol{x}_{k+1}$ 的线段上的某一点. 式(3.53)还可以化简. 事实上,若记 $\boldsymbol{e}_s$ 为第 s 个元素为 1, 其它元素为零的 n 维向量,则

$$G(\boldsymbol{x}_k)\cdot\boldsymbol{e}_s = \left(\frac{\partial^2 f(\boldsymbol{x}_k)}{\partial x_1\partial x_s}, \cdots, \frac{\partial^2 f(\boldsymbol{x}_k)}{\partial x_n\partial x_s}\right)^T = \nabla\phi_s(\boldsymbol{x}_k),$$

因而

$$\boldsymbol{e}_s = G^{-1}(\boldsymbol{x}_k)\nabla\phi_s(\boldsymbol{x}_k),$$
$$\nabla\phi_s^T(\boldsymbol{x}_k)\cdot G^{-1}(\boldsymbol{x}_k) = \boldsymbol{e}_s^T.$$

再注意到式(3.52)即有

$$\nabla\phi_s^T(\boldsymbol{x}_k)G^{-1}(\boldsymbol{x}_k)\boldsymbol{g}(\boldsymbol{x}_k) = \phi_s(\boldsymbol{x}_k).$$

于是式(3.53)便可写为

$$\phi_s(\boldsymbol{x}_{k+1}) = \frac{1}{2}[G^{-1}(\boldsymbol{x}_k)\boldsymbol{g}(\boldsymbol{x}_k)]^T G_{\phi_s}(\tilde{\boldsymbol{x}}_k)G^{-1}(\boldsymbol{x}_k)\boldsymbol{g}(\boldsymbol{x}_k). \tag{3.54}$$

矩阵 $G_{\phi_s}(\boldsymbol{x})$ 的第 i 行第 j 列元素为 $\dfrac{\partial^2\phi_s}{\partial x_i\partial x_j} = \dfrac{\partial^3 f(\boldsymbol{x})}{\partial x_i\partial x_j\partial x_s}$. 因为 $f(\boldsymbol{x})$ 三次连续可微,故在 $\|\boldsymbol{x}-\boldsymbol{x}^*\|\leqslant\varepsilon$ 上有

$$\|G_{\phi_s}(\boldsymbol{x})\|\leqslant\gamma \quad (s=1,2,\cdots,n)$$

(其中 γ 为某一正数). 因此由式(3.48)推得

$$|\phi_s(\boldsymbol{x}_{k+1})|\leqslant\frac{\gamma}{2}\|G^{-1}(\boldsymbol{x}_k)\|^2\|\boldsymbol{g}(\boldsymbol{x}_k)\|^2\leqslant\frac{\gamma}{2m^2}\|\boldsymbol{g}(\boldsymbol{x}_k)\|^2 \tag{3.55}$$

或者

$$\|\boldsymbol{g}(\boldsymbol{x}_{k+1})\| = \sqrt{\sum_{s=1}^n\phi_s^2(\boldsymbol{x}_{k+1})}\leqslant\frac{\sqrt{n}\,\gamma}{2m^2}\|\boldsymbol{g}(\boldsymbol{x}_k)\|^2. \tag{3.56}$$

我们再进一步估计一下此式右端的 $\boldsymbol{g}(\boldsymbol{x}_k)$. 因当 $t\in(0,1)$ 时，$\|\boldsymbol{x}^*+t(\boldsymbol{x}_k-\boldsymbol{x}^*)-\boldsymbol{x}^*\|=\|t(\boldsymbol{x}_k-\boldsymbol{x}^*)\|\leqslant\|\boldsymbol{x}_k-\boldsymbol{x}^*\|\leqslant\varepsilon'\leqslant\varepsilon$，故根据条件(3.47)有 $\|G(\boldsymbol{x}^*+t(\boldsymbol{x}_k-\boldsymbol{x}^*))\|\leqslant M$. 利用 Taylor 展开式(参阅附录 I 的定理 2) 便得

$$\begin{aligned}\|\boldsymbol{g}(\boldsymbol{x}_k)\| &\leqslant \|\boldsymbol{g}(\boldsymbol{x}^*)\| + \int_0^1\|G(\boldsymbol{x}^*+t(\boldsymbol{x}_k-\boldsymbol{x}^*))\|\|\boldsymbol{x}_k-\boldsymbol{x}^*\|dt \\ &\leqslant M\|\boldsymbol{x}_k-\boldsymbol{x}^*\|. \end{aligned}\tag{3.57}$$

再代入式(3.56)即知

$$\|\boldsymbol{g}(\boldsymbol{x}_{k+1})\|\leqslant\frac{\sqrt{n}M^2\gamma}{2m^2}\|\boldsymbol{x}_k-\boldsymbol{x}^*\|^2. \tag{3.58}$$

另一方面，由式(3.51)知对一切 $t\in(0,1)$，$\|\boldsymbol{x}^*+t(\boldsymbol{x}_{k+1}-\boldsymbol{x}^*)-\boldsymbol{x}^*\|<\|\boldsymbol{x}_{k+1}-\boldsymbol{x}^*\|\leqslant\varepsilon$，故 $\|G(\boldsymbol{x}^*+t(\boldsymbol{x}_{k+1}-\boldsymbol{x}^*))\|\geqslant m$，利用 Taylor 展开式

$$\boldsymbol{g}(\boldsymbol{x}_{k+1})=\boldsymbol{g}(\boldsymbol{x}^*)+\int_0^1 G(\boldsymbol{x}^*+t(\boldsymbol{x}_{k+1}-\boldsymbol{x}^*))(\boldsymbol{x}_{k+1}-\boldsymbol{x}^*)dt,$$

得

$$\begin{aligned}&\langle\boldsymbol{x}_{k+1}-\boldsymbol{x}^*,\boldsymbol{g}(\boldsymbol{x}_{k+1})\rangle\\ &=\int_0^1\langle\boldsymbol{x}_{k+1}-\boldsymbol{x}^*,G(\boldsymbol{x}^*+t(\boldsymbol{x}_{k+1}-\boldsymbol{x}^*))(\boldsymbol{x}_{k+1}-\boldsymbol{x}^*)\rangle dt\\ &\geqslant m\|\boldsymbol{x}_{k+1}-\boldsymbol{x}^*\|^2.\end{aligned}\tag{3.59}$$

从而推得

$$m\|\boldsymbol{x}_{k+1}-\boldsymbol{x}^*\|\leqslant\|\boldsymbol{g}(\boldsymbol{x}_{k+1})\|.$$

代入式(3.58)便知

$$\|\boldsymbol{x}_{k+1}-\boldsymbol{x}^*\|\leqslant\frac{\sqrt{n}\gamma M^2}{2m^3}\|\boldsymbol{x}_k-\boldsymbol{x}^*\|^2.$$

于是，令 $C=\dfrac{\sqrt{n}\gamma M^2}{2m^3}$，当 $\|\boldsymbol{x}_k-\boldsymbol{x}^*\|<\varepsilon'$ 时，就有

$$\|\boldsymbol{x}_{k+1}-\boldsymbol{x}^*\|\leqslant C\|\boldsymbol{x}_k-\boldsymbol{x}^*\|^2. \tag{3.60}$$

故若取 $\delta=\min(1/C,\varepsilon')$，则只要初始点 $\boldsymbol{x}_1$ 满足 $\|\boldsymbol{x}_1-\boldsymbol{x}^*\|<\delta$，就能推得对一切 k 有

$$\|\boldsymbol{x}_{k+1}-\boldsymbol{x}^*\|\leqslant\|\boldsymbol{x}_k-\boldsymbol{x}^*\|\leqslant\cdots\leqslant\|\boldsymbol{x}_1-\boldsymbol{x}^*\|<\delta\leqslant\varepsilon',$$

因而条件(3.50)对一切 k 成立．于是式(3.60)也对一切 k 成立．由此便得

$$\|\boldsymbol{x}_{k+1}-\boldsymbol{x}^*\| \leqslant C^{2^k-1}\|\boldsymbol{x}_1-\boldsymbol{x}^*\|^{2^k}=\frac{1}{C}(C\|\boldsymbol{x}_1-\boldsymbol{x}^*\|)^{2^k}. \tag{3.61}$$

所以当 $\|\boldsymbol{x}_1-\boldsymbol{x}^*\|<\delta$ 时，$\{\boldsymbol{x}_k\}$ 收敛于 $\boldsymbol{x}^*$，同时由式(3.60)得知算法具有二级收敛性．定理证毕．

4.2. 阻尼 Newton 法

定理 8 表明 Newton 法具有很好的局部收敛性质——在一定条件下，当初始点充分接近极小点时，它是二级收敛的．但若初始点 $\boldsymbol{x}_1$ 离极小点比较远，就不能保证它产生的序列 $\{\boldsymbol{x}_k\}$ 收敛了，甚至其中某些次迭代反而会使函数值上升：$f(\boldsymbol{x}_{k+1})>f(\boldsymbol{x}_k)$，以致新得到的点还不如原来的点．为克服这一缺点，可以考虑改进确定 $\boldsymbol{x}_{k+1}$ 的式(3.45)，即只把增量的方向限定为 $\boldsymbol{p}_k$ 的方向，而其长度则由一维搜索确定：

$$\boldsymbol{x}_{k+1}=\boldsymbol{x}_k+\lambda_k\boldsymbol{p}_k, \tag{3.62}$$

其中 λ_k 是一维搜索得到的步长因子

$$f(\boldsymbol{x}_k+\lambda_k\boldsymbol{p}_k)=\min\{f(\boldsymbol{x}_k+\lambda\boldsymbol{p}_k)\,|\,\lambda\geqslant 0\}.$$

这样修改后的算法称为阻尼 Newton 法．它能保证每次迭代都使函数值下降(至少不上升)．如下列定理所示，这使得该算法具有了全局收敛性．

定理 9. 设函数 $f(\boldsymbol{x})$ 是 R^n 上的二次连续可微函数，且对任意的 $\boldsymbol{x}'\in R^n$，存在着常数 $m>0$，使当 $\boldsymbol{x}\in C(\boldsymbol{x}')$，$\boldsymbol{y}\in R^n$ 时，有

$$m\|\boldsymbol{y}\|^2\leqslant\langle\boldsymbol{y},G(\boldsymbol{x})\boldsymbol{y}\rangle$$

(其中 $G(\boldsymbol{x})$ 是 $f(\boldsymbol{x})$ 的 Hessian 矩阵)，则从任意的初始点 $\boldsymbol{x}_1$ 出发，按阻尼 Newton 法构造的序列 $\{\boldsymbol{x}_k\}$ 满足

i) 当 $\{\boldsymbol{x}_k\}$ 为有穷序列时，其最后一个元素即为 $f(\boldsymbol{x})$ 的唯一极小点．

ii) 当 $\{\boldsymbol{x}_k\}$ 为无穷序列时，它收敛于 $f(\boldsymbol{x})$ 的唯一极小点.

证明. 本定理实际是后边定理 11 的一个自然推论. 读者在读了定理 11 之后很容易结合附录 II 的定理 4 给出本定理的证明. 此处从略.

倘若总限定式 (3.62) 中的 λ_k 取 1, 我们就回到了原始的 Newton 法. 显然阻尼 Newton 法每次迭代比原始的 Newton 法下降得更多(至少不会更少)，所以它常常收敛得更快.

4.3. 改进 Newton 法的一个途径——强迫矩阵正定策略

尽管相对于原始 Newton 法而言，阻尼 Newton 法是前进了一步，但是它仍然存在着明显的缺点. 第一，我们并不是总能由方程 (3.44) 确定出搜索方向 $\boldsymbol{p}_k$，例如当矩阵 G_k 是奇异矩阵时就做不到这一点；第二，即使能由方程 (3.44) 定出搜索方向，也不能保证它是一个下降方向. 我们可以以目标函数

$$f(\boldsymbol{x}) = f(x_1, x_2) = x_1^4 + x_1x_2 + (1 + x_2)^2 \tag{3.63}$$

为例，说明上述第二点. 取 $\boldsymbol{x}_1 = (0,0)^T$. 此时,

$$\boldsymbol{g}_1 = (0, 2)^T,\ G_1 = \begin{pmatrix} 0 & 1 \\ 1 & 2 \end{pmatrix}.$$

由方程 (3.44) 解得 $\boldsymbol{p}_1 = (-2, 0)^T$, 函数

$$f(\boldsymbol{x}_1 + \lambda \boldsymbol{p}_1) = f(-2\lambda, 0) = 16\lambda^4 + 1$$

的极小值在 $\lambda = 0$ 时达到. 可见用迭代公式 (3.62) 并不能产生新的点，从而并不能使函数值下降. 产生以上两个缺点的原因，可以归结为用来确定方向 $\boldsymbol{p}_k$ 的方程 (3.44) 中, G_k 可能不正定. 因为正如下列定理所示, G_k 正定能保证上述两种情况都不会发生.

定理 10. 若矩阵 G_k 正定且 $\boldsymbol{g}_k \neq \boldsymbol{0}$, 则由方程 (3.44) 能够确定唯一的一个方向 $\boldsymbol{p}_k$, 而且这个方向是下降方向.

证明. 在定理的条件下，方程 (3.44) 有且仅有一个解 $\boldsymbol{p}_k =$

$-G_k^{-1}\boldsymbol{g}_k$，因而能够确定唯一的一个方向 $\boldsymbol{p}_k$. 现在证明这个方向是下降方向. 令

$$\boldsymbol{x}=\boldsymbol{x}_k+\lambda\boldsymbol{p}_k=\boldsymbol{x}_k-\lambda G_k^{-1}\boldsymbol{g}_k, \tag{3.64}$$

则根据 Taylor 展开式有

$$f(\boldsymbol{x})=f(\boldsymbol{x}_k)-\lambda\langle\boldsymbol{g}_k, G_k^{-1}\boldsymbol{g}_k\rangle+o(\lambda^2).$$

注意到矩阵 G_k 正定可保证

$$\langle\boldsymbol{g}_k, G_k^{-1}\boldsymbol{g}_k\rangle>0,$$

所以当式 (3.64) 中的 λ 为充分小的正数时，总可使 $f(\boldsymbol{x})<f(\boldsymbol{x}_k)$，这就表明 $\boldsymbol{p}_k=-G_k^{-1}\boldsymbol{g}_k$ 是一个下降方向. 定理证毕.

现在回过头来继续讨论如何改进 Newton 法的问题. 上述定理启发我们，为了在梯度不为零的点 $\boldsymbol{x}_k$ 处找到一个下降方向，可以强迫方程 (3.44) 中的 G_k 恒取正定矩阵——当 G_k 不正定时，强行把它改换成一个正定矩阵 M_k，而由方程

$$M_k\boldsymbol{p}_k=-\boldsymbol{g}_k$$

确定搜索方向. 这样一来，我们就总是根据一个正定矩阵来确定搜索方向. 因而总能得到一个下降方向. 不仅如此，在一定条件下按这样的搜索方向构造的序列 $\{\boldsymbol{x}_k\}$ 也是收敛的.

定理 11. 设对于 R^n 上二次连续可微函数 $f(\boldsymbol{x})$ 来说，存在着 $\bar{\boldsymbol{x}}\in R^n$，使得基准集 $C(\bar{\boldsymbol{x}})=\{\boldsymbol{x}|f(\boldsymbol{x})\leqslant f(\bar{\boldsymbol{x}})\}$ 是有界凸闭集. 而对于矩阵序列 $\{M_k\}$ 来说，存在着常数 $M\geqslant m>0$，使对任意的 $\boldsymbol{y}\in R^n$ 都满足

$$m\|\boldsymbol{y}\|^2\leqslant\langle\boldsymbol{y}, M_k\boldsymbol{y}\rangle\leqslant M\|\boldsymbol{y}\|^2.$$

若初始点 $\boldsymbol{x}_1\in\widetilde{C}(\bar{\boldsymbol{x}}_1)=\{\boldsymbol{x}|f(\boldsymbol{x})<f(\bar{\boldsymbol{x}})\}$，则用迭代公式

$$\boldsymbol{p}_k=-M_k^{-1}\boldsymbol{g}_k,$$

$$\boldsymbol{x}_{k+1}=\boldsymbol{x}_k+\lambda_k\boldsymbol{p}_k$$

(其中 λ_k 是用一维搜索得到的步长因子)构造的序列 $\{\boldsymbol{x}_k\}$ 满足

i) 当 $\{\boldsymbol{x}_k\}$ 为有穷序列时，其最后一个元素必是 $f(\boldsymbol{x})$ 的稳定点；

ii) 当 $\{\boldsymbol{x}_k\}$ 为无穷序列时，它必有极限点且所有极限点都是稳定点.

证明. 根据所述迭代公式构造的搜索方向 $\boldsymbol{p}_k$ 显然满足方程 $M_k\boldsymbol{p}_k = -\boldsymbol{g}_k$，再利用已知条件即得

$$\langle \boldsymbol{p}_k, \boldsymbol{g}_k\rangle = -\langle \boldsymbol{p}_k, M_k\boldsymbol{p}_k\rangle \leqslant -m\|\boldsymbol{p}_k\|^2. \tag{3.65}$$

另外还可得 $\|\boldsymbol{g}_k\| \leqslant \|M_k\|\|\boldsymbol{p}_k\| \leqslant M\|\boldsymbol{p}_k\|$，因而 $\|\boldsymbol{p}_k\| \geqslant \frac{\|\boldsymbol{g}_k\|}{M}$. 代入式 (3.65) 便有

$$\langle \boldsymbol{p}_k, \boldsymbol{g}_k\rangle \leqslant -\frac{m}{M}\|\boldsymbol{p}_k\|\|\boldsymbol{g}_k\|.$$

令 $\rho = \frac{m}{M} \in (0, 1]$，最后得到

$$\left\langle -\frac{\boldsymbol{g}_k}{\|\boldsymbol{g}_k\|}, \frac{\boldsymbol{p}_k}{\|\boldsymbol{p}_k\|}\right\rangle \geqslant \rho.$$

根据定理 2 可知欲证之结论成立. 定理证毕.

4.4. 改进 Newton 法之一——Gill-Murray 方法[50,51]

很明显，在采用强迫矩阵正定的策略改进 Newton 法时，关键的问题是如何选择正定矩阵 M_k. 对此，Gill-Murray 提出，当 G_k 不正定时把 M_k 取为形如

$$\bar{G}_k = G_k + E_k \tag{3.66}$$

的正定对称矩阵，其中 E_k 是某一对角矩阵. 这个正定矩阵 $\bar{G}_k$ 可以通过下述强迫矩阵正定的 Cholesky 分解法得到.

强迫矩阵正定的 Cholesky 分解法 我们知道，当矩阵 $G=(g_{ij})$ 正定对称时，总能进行 Cholesky 分解

$$G = LDL^T. \tag{3.67}$$

其中

$$L = \begin{pmatrix} 1 & 0 & \cdots & \cdots & \cdots & 0 \\ l_{21} & 1 & 0 & \cdots & \cdots & 0 \\ l_{31} & l_{32} & 1 & 0 & \cdots & 0 \\ \vdots & \vdots & \ddots & \ddots & \ddots & \vdots \\ \vdots & \vdots & & \ddots & \ddots & 0 \\ l_{n1} & l_{n2} & \cdots & \cdots & l_{nn-1} & 1 \end{pmatrix}, \quad D = \begin{pmatrix} d_1 & & 0 \\ & \ddots & \\ 0 & & d_n \end{pmatrix},$$

且 $d_i > 0\ (i = 1, 2, \cdots, n)$. 这里,单位下三角阵 L 和对角阵 D 可通过下列步骤唯一确定:

$$d_j = g_{jj} - \sum_{r=1}^{j-1} l_{jr}^2 d_r, \tag{3.68}$$

$$l_{ij} d_j = g_{ij} - \sum_{r=1}^{j-1} l_{ir} l_{jr} d_r,\ i \geqslant j+1. \tag{3.69}$$

令 $c_{ij} = l_{ij} d_j$, 上列两式可改写为

$$d_j = g_{jj} - \sum_{r=1}^{j-1} c_{jr}^2 d_r^{-1}, \tag{3.70}$$

$$c_{ij} = g_{ij} - \sum_{r=1}^{j-1} c_{ir} c_{jr} d_r^{-1},\ i \geqslant j+1. \tag{3.71}$$

"强迫矩阵正定的 Cholesky 分解法"就是对一般的对称矩阵 G, 求出单位下三角形阵 L 和正定的对角阵 D, 使 $\bar{G} = LDL^T$ 正定,且它与矩阵 G 仅相差一个对角阵 E,

$$\bar{G} = LDL^T = G + E. \tag{3.72}$$

当 G 充分正定时, E 为零矩阵. 这里所谓"G 充分正定"是指 G 是这样的正定矩阵,它经过正规 Cholesky 分解后,相应对角阵的每一个对角元素都不小于事先指定的小正数 δ (例如取 $\delta = 2^{-t}$, 其中 t 是所使用的浮点机的二进制字长尾数). 同时,从定理 11 看出,为了保证收敛, 还要使 $\|\bar{G}\|$ 有界. 考虑到对 $\bar{G}$ 进行分解时, 我们仍拟用类似于式 (3.68) 的分解公式

$$d_j = \bar{g}_{jj} - \sum_{r=1}^{j-1} l_{jr}^2 d_r,$$

由式 (3.72) 中 $d_i > 0\ (i = 1, 2, \cdots, n)$ 知上式右端为正数,故应有

$$l_{jr}^2 d_r < \bar{g}_{jj},$$

因而需要对 $l_{jr}^2 d_r$ 作一限制. 为此,设

$$l_{sr}^2 d_r \leqslant \beta^2 \quad (s = 1, 2, \cdots, n;\ r = 1, 2, \cdots, s-1), \tag{3.73}$$

其中 β 为一确定的数,其值如何选择将在下面给出.

这样对于任一对称矩阵 $G = (g_{ij})$ 来说, 倘若预先已经选定

了两个正数 δ 和 β，就可以用下列算法对它进行分解。

算法 5（强迫矩阵正定的 Cholesky 分解算法）.

1. 置 $j=1$.
2. 计算 $d'_j=\max\{\delta, |g_{jj}-\sum_{r=1}^{j-1}c_{jr}^2 d_r^{-1}|\}$. (3.74)
3. 计算 $c_{ij}=g_{ij}-\sum_{r=1}^{j-1}l_{jr}c_{ir}\ (i=j+1,\cdots,n)$. (3.75)
4. 计算 $Q_j=\max\{|c_{ij}|\quad i>j\}$. (3.76)
5. 计算 $d_j=\max\{d'_j, Q_j^2/\beta^2\}$. (3.77)
6. 计算 $l_{ij}=c_{ij}/d_j\quad(i=j+1,\cdots,n)$.
7. 若 $j+1\leqslant n$，则置 $j=j+1$，然后转 2；否则置

$$L=\begin{pmatrix}1 & & 0\\ & 1 & \\ & \ddots & \\ l_{ij} & & 1\end{pmatrix},\ D=\begin{pmatrix}d_1 & & 0\\ & \ddots & \\ 0 & & d_n\end{pmatrix}$$

后停止计算.

容易验证这个算法满足我们前边提出的各项要求. 事实上，若记 $\bar{G}=LDL^T$，显而易见 $\bar{G}$ 是充分正定的. 并且从式（3.75）和（3.71）中看到 $\bar{G}$ 的非对角线元素就是 G 的相应位置的非对角线元素. 因此，$\bar{G}$ 满足

$$\bar{G}=LDL^T=G+E,$$

其中 E 是对角阵. 又从式（3.76）和（3.77）易见

$$d_j\geqslant Q_j^2/\beta^2,$$

$$\beta^2\geqslant Q_j^2/d_j\geqslant c_{ij}^2/d_j=l_{ij}^2 d_j,\ i>j+1.$$

这说明算法的结果满足所加设的限制 $l_{ij}^2 d_j\leqslant\beta^2$.

现在来讨论如何确定 β 的值. β 值的选取应当遵循两条准则. 第一，β 应足够大，使 Q_j^2/β^2 适当小以保证当 G 充分正定时，式（3.77）中 $d'_j\geqslant Q_j^2/\beta^2$，从而所得的 $\bar{G}=G+E$ 中的 E 为零矩阵，亦即 $d_j=d'_j\ (j=1,2,\cdots,n)$. 第二，$\beta$ 的选取应使所得的 d_j 和 d'_j 的差尽可能小. Gill-Murray 建议取

$$\beta^2=\max\left\{\gamma,\ \frac{\xi}{n}\right\}, \tag{3.78}$$

其中 $\gamma = \max\{|g_{jj}|, j = 1, 2, \cdots, n\}$, $\xi = \max\{|g_{ij}|, i > j\}$.
以下我们证明这样选取 β 满足第一个准则、并粗略地说明这样取法也大体上满足第二个准则.

定理 12. 若在算法5中按式(3.78)选取 β，则当对称矩阵 G 充分正定时，$E = 0$.

证明. 由于 G 是一个充分正定的矩阵，故存在 Cholesky 分解 $G = \tilde{L}\tilde{D}\tilde{L}^T$，由式(3.68)知

$$g_{ii} = \tilde{d}_i + \sum_{r=1}^{i-1} \tilde{l}_{ir}^2 \tilde{d}_r \quad (i = 1, 2, \cdots, n).$$

当 $i \geqslant j + 1$ 时有

$$\tilde{l}_{ij}^2 \tilde{d}_j \leqslant g_{ii} \leqslant \gamma \leqslant \beta^2,$$

进一步可得

$$\tilde{l}_{ij}^2 \tilde{d}_j^2 \leqslant \beta^2 \tilde{d}_j. \tag{3.79}$$

为证定理的结论，只要证明 $d_j = d'_j$ $(j = 1, \cdots, n)$ 就行了. 现在用归纳法证明这一事实.

当 $j = 1$ 时，由算法5中式(3.74)和(3.75)知

$$d'_1 = g_{11}, \; c_{i1} = g_{i1} \quad (i = 2, 3, \cdots, n).$$

由于 G 是正定矩阵，任意二阶主子式 $\begin{vmatrix} g_{11} & g_{1i} \\ g_{i1} & g_{ii} \end{vmatrix} > 0$，即 $g_{11}g_{ii} > g_{i1}^2$，故

$$g_{11} > \frac{g_{i1}^2}{g_{ii}} \geqslant \frac{c_{i1}^2}{\gamma} \quad (i = 2, 3, \cdots, n).$$

所以

$$d'_1 = g_{11} \geqslant \frac{Q_1^2}{\beta^2}.$$

根据式(3.77)有 $d_1 = d'_1$. 同时，注意到 $G = \tilde{L}\tilde{D}\tilde{L}^T$ 的分解式(3.70), (3.71)中 $\tilde{d}_1 = g_{11}$, $\tilde{c}_{i1} = g_{i1}$ $(i = 2, \cdots, n)$，则得

$$d_1 = d'_1 = \tilde{d}_1, \; c_{i1} = \tilde{c}_{i1} \quad (i = 2, \cdots, n).$$

现假设当 $k < j$ 时，$d'_k \geqslant \dfrac{Q_k^2}{\beta^2}$ 且

$$d_k = d'_k = \tilde{d}_k, \; c_{ik} = \tilde{c}_{ik} \quad (i = k+1, \cdots, n).$$

由式(3.70),(3.71),(3.74),(3.75)及归纳假设知

$$c_{ij} = g_{ij} - \sum_{r=1}^{j-1} l_{jr} c_{ir} = g_{ij} - \sum_{r=1}^{j-1} \tilde{l}_{jr} \tilde{c}_{ir} = \tilde{c}_{ij} \quad (i > j),$$

$$d'_j = g_{jj} - \sum_{r=1}^{j-1} c_{jr}^2 d_r^{-1} = g_{jj} - \sum_{r=1}^{j-1} \tilde{c}_{jr}^2 \tilde{d}_r^{-1} = \tilde{d}_j > \delta.$$

代入式(3.79)并注意到 $\tilde{c}_{ij} = \tilde{l}_{ij}\tilde{d}_j$ 得

$$c_{ij}^2 \leqslant \beta^2 d'_j \quad (i > j),$$

从而推知

$$d'_j \geqslant \frac{c_{ij}^2}{\beta^2} \quad (i > j).$$

于是有 $d'_j \geqslant \dfrac{Q_j^2}{\beta^2}$，故 $d'_j = d_j$. 定理证毕.

按式(3.78)是选 γ 和 $\dfrac{\xi}{n}$ 中较大的数作为 β^2. 现在粗略地说明当取 $\beta^2 = \dfrac{\xi}{n}$ 时能满足前面所述的第二个准则. 由式(3.75)有

$$|c_{ij}| \leqslant |g_{ij}| + \sum_{r=1}^{j-1} l_{jr} d_r^{\frac{1}{2}} l_{ir} d_r^{\frac{1}{2}} \leqslant \xi_j + (j-1)\beta^2, \qquad (3.80)$$

其中 $\xi_j = \max\limits_i \{|g_{ij}|, i > j\}$. 再用式(3.77),(3.76)及(3.80)便得

$$d_j - d'_j \leqslant \frac{Q_j^2}{\beta^2} \leqslant (\xi_j + (j-1)\beta^2)^2/\beta^2 \leqslant \left(\frac{\xi}{\beta} + n\beta\right)^2, \qquad (3.81)$$

其中 $\xi = \max\limits_{i,j} \{|g_{ij}|, i > j\}$.

由此式右端对 β 求导可知，当 $\beta^2 = \dfrac{\xi}{n}$ 时，可以得到 $d_j - d'_j$ 的尽可能小的上界，因此满足第二个准则.

择一搜索 我们知道，在 Hessian 阵 G_k 不正定或者 $\boldsymbol{g}_k$ 变为零这两种情况下，都会使阻尼 Newton 法遇到困难. 强迫矩阵正定的 Cholesky 分解法可以用来处理前一情况，择一搜索则是用来处

理后一情况的一种方法．设点 $\boldsymbol{x}$ 从 $\boldsymbol{x}_k$ 出发沿某方向 $\boldsymbol{p}_k$ 移动

$$\boldsymbol{x}=\boldsymbol{x}_k+\lambda\boldsymbol{p}_k,$$

则有

$$f(\boldsymbol{x})=f(\boldsymbol{x}_k)+\lambda\langle\boldsymbol{g}_k,\boldsymbol{p}_k\rangle+\lambda^2/2\langle\boldsymbol{p}_k,G_k\boldsymbol{p}_k\rangle+\cdots.$$

当 $\boldsymbol{g}_k=0$ 时，

$$f(\boldsymbol{x})=f(\boldsymbol{x}_k)+\lambda^2/2\langle\boldsymbol{p}_k,G_k\boldsymbol{p}_k\rangle+\cdots,$$

这表明函数值在点 $\boldsymbol{x}_k$ 的邻域内的变化主要由二阶项决定．显而易见，如果 G_k 正定，$\boldsymbol{x}_k$ 就已经是极小点了．但若 G_k 不正定，则不能保证这一点．这促使我们继续寻找能使函数值进一步下降的搜索方向．

定义 1. 设 $G(\boldsymbol{x})$ 为目标函数 $f(\boldsymbol{x})$ 的 Hessian 矩阵．若方向 $\boldsymbol{p}$ 满足

$$\langle\boldsymbol{p},G(\boldsymbol{x})\boldsymbol{p}\rangle<0,\tag{3.82}$$

则称 $\boldsymbol{p}$ 为 $f(\boldsymbol{x})$ 在点 $\boldsymbol{x}$ 处的负曲率方向．

显然，在稳定点处，负曲率方向是能使函数值下降的方向．当 G_k 为不定矩阵时，我们就可以考虑寻找负曲率方向，用它作为搜索方向．设已知 G_k 的强迫矩阵正定的 Cholesky 分解为

$$G_k+E_k=L_kD_kL_k^T,$$

其中 $D_k=\operatorname{diag}(d_1,d_2,\cdots,d_n)$，$E_k=\operatorname{diag}(\eta_1,\cdots,\eta_n)$．据此可构造求负曲率方向的下列算法：

算法 6

1. 置 $\psi_j=d_j-\eta_j\ (j=1,\cdots,n)$．
2. 求下标 s，使 $\psi_s=\min\{\psi_j|j=1,\cdots,n\}$．
3. 若 $\psi_s\geqslant 0$，则停止计算；否则解方程组

$$L_k^T\boldsymbol{p}_k=\boldsymbol{e}_s\tag{3.83}$$

（其中 $\boldsymbol{e}_s$ 为第 s 个元素是 1 的单位向量），求得方向 $\boldsymbol{p}_k$．

对于算法 6，我们可以证明下列定理．

定理 13. 设 G_k 为 $f(\boldsymbol{x})$ 在点 $\boldsymbol{x}_k$ 处的 Hessian 矩阵，

$$L_kD_kL_k^T=G_k+E_k$$

为 G_k 的强迫矩阵正定的 Cholesky 分解．若能由算法 6 求得方向

$\boldsymbol{p}_k$，则所求得的 $\boldsymbol{p}_k$ 是点 $\boldsymbol{x}_k$ 处的负曲率方向．而且 $\boldsymbol{p}_k$ 和 $-\boldsymbol{p}_k$ 中至少有一个是点 $\boldsymbol{x}_k$ 处的下降方向．

证明．因为 L_k 是单位下三角阵，方程 (3.83) 的解 $\boldsymbol{p}_k$ 有如下形式：

$$\boldsymbol{p}_k=(\rho_1,\cdots,\rho_{s-1},1,0,\cdots,0)^T.$$

于是有

$$\begin{aligned}\boldsymbol{p}_k^T G_k \boldsymbol{p}_k &= \boldsymbol{p}_k^T \overline{G}_k \boldsymbol{p}_k - \boldsymbol{p}_k^T E_k \boldsymbol{p}_k \\ &= \boldsymbol{p}_k^T L_k D_k L_k^T \boldsymbol{p}_k - \boldsymbol{p}_k^T E_k \boldsymbol{p}_k = \boldsymbol{e}_s^T D_k \boldsymbol{e}_s - \left(\sum_{r=1}^{s-1}\rho_r^2\eta_r+\eta_s\right) \\ &= d_s-\eta_s-\sum_{r=1}^{s-1}\rho_r^2\eta_r=\psi_s-\sum_{r=1}^{s-1}\rho_r^2\eta_r. \end{aligned} \tag{3.84}$$

但根据式 (3.74),(3.77),

$$\eta_j=\bar{g}_{jj}-g_{jj}=d_j+\sum_{r=1}^{j-1}l_{jr}^2 d_r-g_{jj}\geqslant d_j-d_j'\geqslant 0, \tag{3.85}$$

故式 (3.84) 中 $\sum_{r=1}^{s-1}\rho_r^2\eta_r\geqslant 0$．注意到 $\psi_s<0$，便知

$$\langle \boldsymbol{p}_k, G_k\boldsymbol{p}_k\rangle<0.$$

即 $\boldsymbol{p}_k$ 是负曲率方向．显然 $-\boldsymbol{p}_k$ 也是负曲率方向．据此易见，若 $\langle \boldsymbol{g}_k,\boldsymbol{p}_k\rangle\leqslant 0$，则 $\boldsymbol{p}_k$ 是下降方向；否则 $-\boldsymbol{p}_k$ 是下降方向．定理证毕．

Gill-Murray 算法的基本步骤与计算框图

算法 7（改进 Newton 算法 I—Gill-Murray 方法）

1．置精度要求 ε，取初始点 $\boldsymbol{x}_1$，置 $k=1$．

2．计算 $f(\boldsymbol{x})$ 在点 $\boldsymbol{x}_k$ 处的梯度 $\boldsymbol{g}_k$ 和 Hessian 矩阵 G_k．

3．用算法 5 对 G_k 进行强迫矩阵正定的 Cholesky 分解

$$L_k D_k L_k^T=G_k+E_k.$$

4．若 $\|\boldsymbol{g}_k\|>\varepsilon$，则解方程

$$L_k D_k L_k^T\boldsymbol{p}_k=-\boldsymbol{g}_k,$$

求出搜索方向 $\boldsymbol{p}_k$．然后转 6；否则转 5．

5．执行算法 6．若不能求得方向 $\boldsymbol{p}_k$，则停止计算；否则再根据 $\|\boldsymbol{g}_k\|$ 是否为零，置

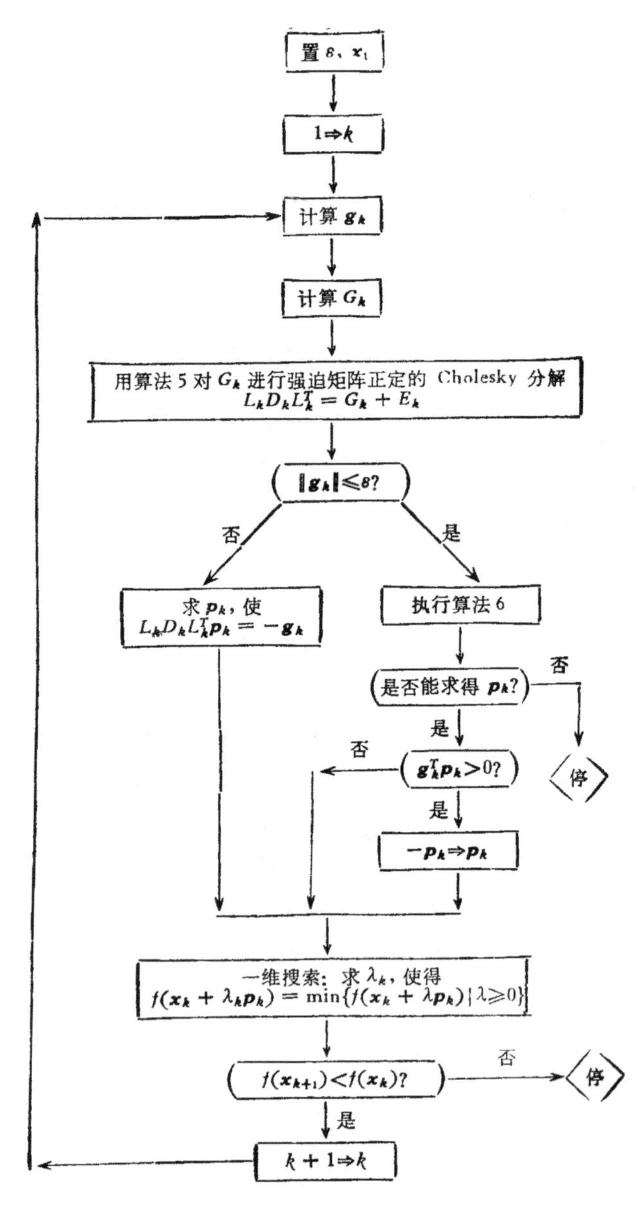

图 3.4　改进 Newton 算法 I (Gill-Murray).

$$\boldsymbol{p}_k=\begin{cases}-\operatorname{sign}(\boldsymbol{p}_k^{\mathrm{T}}\boldsymbol{g}_k)\boldsymbol{p}_k, & \text{当 } \|\boldsymbol{g}_k\|\neq 0 \text{ 时;}\\ \boldsymbol{p}_k, & \text{其它.}\end{cases}$$

6. 一维搜索：求 λ_k，使得

$$f(\boldsymbol{x}_k+\lambda_k\boldsymbol{p}_k)=\min\{f(\boldsymbol{x}_k+\lambda\boldsymbol{p}_k)\,|\,\lambda\geqslant 0\}.$$

7. 置 $\boldsymbol{x}_{k+1}=\boldsymbol{x}_k+\lambda_k\boldsymbol{p}_k$. 若 $f(\boldsymbol{x}_{k+1})\geqslant f(\boldsymbol{x}_k)$，则停止计算；否则置 $k=k+1$，转 2.

Gill-Murray 方法的计算步骤可用框图表示(见图 3.4).

关于算法 7 的收敛性 我们证明，若在算法 7 中取 $\varepsilon=0$，则在一定条件下，它所构造的序列必然收敛到目标函数的稳定点. 为此先证明一个引理.

引理. 设 $\{G_k\}$ 为一个对称矩阵序列，我们选取

$$\beta_k^2=\max\left\{\gamma_k,\ \frac{\xi_k}{n}\right\}$$

(其中 $\gamma_k=\max\limits_{j}\{|g_{jj}^{(k)}|\}$，$\xi_k=\max\limits_{i,j}\{|g_{ij}^{(k)}|\,i>j\}$)，并按算法 5 对 G_k 进行强迫矩阵正定的 Cholesky 分解

$$\bar{G}_k=L_kD_kL_k^{\mathrm{T}}=G_k+E_k.$$

若矩阵序列 $\{G_k\}$ 有界

$$\|G_k\|<N\quad(k=1,2,\cdots),$$

则必存在两个正数 M 和 m，使得对任意的 $\boldsymbol{x}\in R^n$ 有

$$m\|\boldsymbol{x}\|^2\leqslant\langle\boldsymbol{x},\bar{G}_k\boldsymbol{x}\rangle\leqslant M\|\boldsymbol{x}\|^2\quad(k=1,2,\cdots).$$

证明. 先证明对一切 k，$\|\bar{G}_k\|\leqslant M$. 因为 $\beta_k^2\geqslant\gamma_k$，$\beta_k^2\geqslant\dfrac{\xi_k}{n}$，故由式(3.81)得

$$\begin{aligned}d_j^{(k)}&\leqslant(j\beta_k+(j-1)\beta_k)^2+|g_{jj}^{(k)}|+\sum_{r=1}^{j-1}l_{jr}^{(k)2}d_r^{(k)}+\delta\\&\leqslant(j\beta_k+(j-1)\beta_k)^2+\beta_k^2+(j-1)\beta_k^2+\delta\\&\leqslant(4n^2-3n+1)\beta_k^2+\delta\quad(j=1,2,\cdots,n).\end{aligned}\tag{3.86}$$

根据式(3.68)并注意到 $\eta_j^{(k)}=\bar{g}_{jj}^{(k)}-g_{jj}^{(k)}$ 即得

$$\eta_j^{(k)}=d_j^{(k)}+\sum_{r=1}^{j-1}l_{jr}^{(k)2}d_r^{(k)}-g_{jj}^{(k)}.\tag{3.87}$$

由式(3.86)及 $l_{ir}^{(k)2}d_r^{(k)}\leqslant\beta_k^2$ 得

$$\eta_j^{(k)}\leqslant(4n^2-2n+1)\beta_k^2+\delta\quad(j=1,2,\cdots,n).\tag{3.88}$$

因为 $\|G_k\|$ 是有界的,而 $\beta_k^2=\max\left\{\gamma_k,\ \dfrac{\xi_k}{n}\right\}$, 故 β_k^2 也有界, 即对一切 k, 有 $\beta>0$, 使 $\beta_k^2\leqslant\beta^2$. 于是由式(3.88)及(3.85)得

$$|\eta_j^{(k)}|<T\quad(j=1,2,\cdots,n;\ k=1,2,\cdots),$$

其中 T 是一常数. 由此即得

$$\|\bar{G}_k\|\leqslant\|G_k\|+\|E_k\|\leqslant M\quad(k=1,2,\cdots),$$

其中 M 是一个常数.

现在完成引理的证明. 若记 D_k 的最小特征值为 $d_m^{(k)}$, 则

$$\langle\boldsymbol{x},\bar{G}_k\boldsymbol{x}\rangle=\boldsymbol{x}^TL_kD_kL_k^T\boldsymbol{x}\geqslant d_m^{(k)}\|L_k^T\boldsymbol{x}\|^2.\tag{3.89}$$

由式(3.74)可保证

$$d_m^{(k)}\geqslant\delta\quad(k=1,2,\cdots),\tag{3.90}$$

再根据 $l_{ij}^{(k)2}d_j^{(k)}\leqslant\beta_k^2$, 并注意到 β_k^2 有界 $\beta_k^2\leqslant\beta^2$, 即可推出 L_k 的元素一致有界

$$l_{ij}^{(k)2}\leqslant\frac{\beta_k^2}{d_j^{(k)}}\leqslant\frac{\beta^2}{\delta}\quad(i>j,\ k=1,2,\cdots,n).\tag{3.91}$$

进一步考察逆矩阵 L_k^{-1}, 有

$$L_k^{-T}=\left(\frac{|L_{ij}^{(k)}|}{|L_k|}\right)^T,$$

其中 $|L_{ij}^{(k)}|$ 表示 $l_{ij}^{(k)}$ 的代数余子式. 因 L_k 是单位下三角阵,故有 $|L_k|=1$. 从式(3.91)得行列式 $|L_{ij}^{(k)}|$ 一致有界,从而得 $\|L_k^{-T}\|$ 也必有界. 设 $\|L_k^{-T}\|\leqslant\dfrac{1}{\sigma}$, 则对任意的 $\boldsymbol{x}\in R^n$, 有

$$\|\boldsymbol{x}\|=\|L_k^{-T}(L_k^T\boldsymbol{x})\|\leqslant\frac{1}{\sigma}\|L_k^T\boldsymbol{x}\|,$$

或

$$\|L_k^T\boldsymbol{x}\|\geqslant\sigma\|\boldsymbol{x}\|.\tag{3.92}$$

令 $\delta\sigma^2=m$, 则式(3.89)可改写为

$$\langle\boldsymbol{x},\bar{G}_k\boldsymbol{x}\rangle\geqslant m\|\boldsymbol{x}\|^2.$$

引理证毕.

定理 14. 设 $f(\boldsymbol{x})$ 满足

i) $f(\boldsymbol{x})$ 在 R^n 上二次连续可微;

ii) 存在 $\bar{\boldsymbol{x}} \in R^n$, 使基准集 $C(\bar{\boldsymbol{x}}) = \{\boldsymbol{x} \mid f(\boldsymbol{x}) \leqslant f(\bar{\boldsymbol{x}})\}$ 为有界凸闭集.

假定在算法 7 中 β_k 取值如同引理且取 $\varepsilon = 0$. 若初始点

$$\boldsymbol{x}_1 \in \widetilde{C}(\bar{\boldsymbol{x}}) = \{\boldsymbol{x} \mid f(\boldsymbol{x}) < f(\bar{\boldsymbol{x}})\},$$

则按算法 7 构造的序列 $\{\boldsymbol{x}_k\}$ 满足

i) 当 $\{\boldsymbol{x}_k\}$ 为有穷序列时,其最后一个元素必为 $f(\boldsymbol{x})$ 的稳定点;

ii) 当 $\{\boldsymbol{x}_k\}$ 为无穷序列时, 它必有极限点且所有极限点都是稳定点.

证明. 由于 $f(\boldsymbol{x})$ 二次连续可微, 因而它的 Hessian 矩阵 $G(\boldsymbol{x})$ 在 $C(\bar{\boldsymbol{x}})$ 上有界,而 $\{\boldsymbol{x}_k\} \in C(\bar{\boldsymbol{x}})$, 故 $\|G_k\|$ 是有界的. 根据引理知,存在着 M, $m > 0$, 使对一切 $\boldsymbol{x} \in R^n$, 有

$$m\|\boldsymbol{x}\|^2 \leqslant \langle \boldsymbol{x}, \bar{G}_k \boldsymbol{x} \rangle \leqslant M\|\boldsymbol{x}\|^2 \quad (k = 1, 2, \cdots),$$

其中 $\bar{G}_k$ 是对 G_k 进行强迫矩阵正定的 Cholesky 分解所得的矩阵. 据此用证明本章定理 2 的方法就可以证明结论 ii)成立. 结论 i)成立是显然的. 定理证毕.

对于不限定算法 7 中 ε 取零值的一般情形, Gill-Murray 还进一步证明了当稳定点集合有限时,有

$$\lim_{\varepsilon \to 0} \lim_{k \to \infty} \{\boldsymbol{x}_k(\varepsilon)\} = \boldsymbol{x}^*,$$

其中 $\boldsymbol{x}^*$ 是 $f(\boldsymbol{x})$ 的一个极小点. 有兴趣的读者可参阅 Gill-Murray 的文章[50].

4.5 改进 Newton 法之二——Fletcher-Freeman 方法

我们知道,当 $f(\boldsymbol{x})$ 的 Hessian 矩阵 G_k 为不定矩阵时,原始的 Newton 法和阻尼 Newton 法都会遇到困难. 刚刚介绍的 Gill-Murray 方法解决这一问题的办法是, 通过强行把 G_k 调整为正定矩

阵，从而找到一个下降方向 $\boldsymbol{p}_k$. 现在介绍 Flecher-Freeman[21] 最近提出的一种新的处理方法. 这一方法的特点是，根据对不定对称矩阵的一种新的分解方法，直接求出一个负曲率方向，进而找到合理的搜索方向. 其实以负曲率方向作为搜索方向的思想，在 Gill-Murray 方法的择一搜索中已有所体现，这里不过是其进一步的发展和完善罢了. 以下先讨论一般对称矩阵的分解方法，然后讲述 Fletcher-Freeman 方法.

对称矩阵的 Bunch-Parlett 分解 Bunch-Parlett[52] 提出了一个将对称矩阵分解的新方法，它可以用以下引理和定理的形式给出.

引理 1. 设 $r\times r$ 阶($r\geqslant 1$)对称矩阵 $\bar{A}_k$ 可分成下列形式的子块:

$$\bar{A}_k=\begin{pmatrix} a_{11} & A_{21}^T \\ A_{21} & A_{22}^{(k)} \end{pmatrix},$$

其中 $A_{22}^{(k)}$ 是 $(r-1)\times(r-1)$ 阶矩阵，且 $a_{11}\neq 0$. 若令

$$D_{k+1}=a_{11},\ \bar{\boldsymbol{l}}_{k+1}=\begin{pmatrix} a_{11} \\ A_{21} \end{pmatrix}D_{k+1}^{-1}=\begin{pmatrix} 1 \\ A_{21}a_{11}^{-1} \end{pmatrix}, \quad (3.93)$$

则矩阵 $\bar{A}_k-\bar{\boldsymbol{l}}_{k+1}D_{k+1}\bar{\boldsymbol{l}}_{k+1}^T$ 的第一行和第一列的元素都是零，即

$$A_{k+1}=\bar{A}_k-\bar{\boldsymbol{l}}_{k+1}D_{k+1}\bar{\boldsymbol{l}}_{k+1}^T=\begin{pmatrix} 0 & 0 \\ 0 & \bar{A}_{k+1} \end{pmatrix},$$

其中 $\bar{A}_{k+1}$ 为 $(r-1)\times(r-1)$ 阶对称矩阵.

请读者自行验证.

引理 2. 设 $r\times r$ 阶($r\geqslant 2$)对称矩阵 $\bar{A}_k$ 可分成下列形式的子块:

$$\bar{A}_k=\begin{pmatrix} A_{11} & A_{21}^T \\ A_{21} & A_{22}^{(k)} \end{pmatrix},$$

其中 $A_{22}^{(k)}$ 是 $(r-2)\times(r-2)$ 阶矩阵，且

$$\det\ A_{11}=\det\begin{pmatrix} a_{11} & a_{21} \\ a_{21} & a_{22} \end{pmatrix}<0.$$

若令

$$D_{k+1}=A_{11},\ \bar{\boldsymbol{l}}_{k+1}=\begin{pmatrix} A_{11} \\ A_{21} \end{pmatrix}D_{k+1}^{-1}=\begin{pmatrix} I_2 \\ A_{21}A_{11}^{-1} \end{pmatrix}, \quad (3.94)$$

则矩阵 $\bar{A}_k - \bar{l}_{k+1}D_{k+1}\bar{l}_{k+1}^T$ 的第一、二行和第一、二列元素都是零，即有

$$A_{k+1} = \bar{A}_k - l_{k+1}D_{k+1}\bar{l}_{k+1}^T = \begin{pmatrix} 0 & 0 \\ 0 & \bar{A}_{k+1} \end{pmatrix},$$

其中 $\bar{A}_{k+1}$ 是 $(r-2)\times(r-2)$ 阶对称矩阵.

请读者自行验证.

现在说明利用以上两个引理就能将任一对称矩阵分解. 事实上，若 $A_0 = (a_{ij}^{(0)})$ 是一个非零对称矩阵，则它必定或者有非零的一阶主子阵，或者有行列式为负值的二阶主子阵. 因此适当交换 A_0 的某些行，并同时交换其相应的列，总能把上述的一阶或二阶主子阵调整到 A_0 的左上角，从而得到一个满足引理 1 或引理 2 条件的矩阵 A'_0. 显然 A'_0 可写为

$$A'_0 = E_0A_0E_0^T,$$

其中 E_0 为对 A_0 施行行交换的初等矩阵. 对于矩阵 A'_0 应用引理 1 或引理 2 便知，按式 (3.93) 或 (3.94) 计算出的 D_1 和 $\bar{l}_1$ 便满足

$$A_1 = A'_0 - \bar{l}_1D_1\bar{l}_1^T = \begin{pmatrix} 0 & 0 \\ 0 & \bar{A}_1 \end{pmatrix}. \tag{3.95}$$

自然还可以考虑继续化简 $\bar{A}_1$. 为此，可能需要适当交换它的行和列，使交换后的矩阵满足引理 1 或引理 2 的条件. 设相应的行的交换可用初等矩阵 $\bar{E}_1$ 来描述

$$\bar{E}_1\bar{A}_1\bar{E}_1^T = \bar{A}'_1,$$

则由式 (3.95) 可知

$$A'_1 = E_1A_1E_1^T = E_1E_0A_0E_0^TE_1^T - (E_1\bar{l}_1)D_1(E_1\bar{l}_1)^T$$
$$= E_1\begin{pmatrix} 0 & 0 \\ 0 & \bar{A}_1 \end{pmatrix}E_1^T = \begin{pmatrix} 0 & 0 \\ 0 & \bar{A}'_1 \end{pmatrix},$$

其中 E_1 也是描述行交换的初等矩阵，

$$E_1 = \begin{pmatrix} I & 0 \\ 0 & \bar{E}_1 \end{pmatrix}.$$

对 $\bar{A}'_1$ 用引理 1 或引理 2 算出的 D_2 和 $\bar{l}'_2$ 满足

$$\bar{A}'_1 - \bar{\boldsymbol{l}}'_2 D_2 \bar{\boldsymbol{l}}'^T_2 = \begin{pmatrix} 0 & 0 \\ 0 & \bar{A}_2 \end{pmatrix},$$

其中 $\bar{\boldsymbol{l}}'_2$ 的行数与 $\bar{A}'_1$ 的阶数相同，是小于 n 的. 令 $\bar{\boldsymbol{l}}_2 = (\boldsymbol{o}^T, \bar{\boldsymbol{l}}'^T_2)^T \in R^n$，得

$$\begin{aligned} A_2 &= A'_1 - \bar{\boldsymbol{l}}_2 D_2 \bar{\boldsymbol{l}}^T_2 \\ &= E_1 E_0 A_0 E^T_0 E^T_1 - (E_1 \bar{\boldsymbol{l}}_1) D_1 (E_1 \boldsymbol{l}_1)^T - \boldsymbol{l}_2 D_2 \boldsymbol{l}^T_2 \\ &= \begin{pmatrix} 0 & 0 \\ 0 & \bar{A}_2 \end{pmatrix}, \end{aligned}$$

$$\begin{aligned} \boldsymbol{A}_m = & E_{m-1} \cdot \cdots \cdot E_0 A_0 E^T_0 \cdot \cdots \cdot E^T_{m-1} \\ & - \sum_{i=m-1}^{1} \left(\prod_{j=m-1}^{i} E_j \right) \bar{\boldsymbol{l}}_i D_i \bar{\boldsymbol{l}}^T_i \left(\prod_{j=m-1}^{i} E_j \right)^T \\ & - \bar{\boldsymbol{l}}_m D \bar{\boldsymbol{l}}^T_m = 0 \end{aligned}$$

或

$$\left(\prod_{j=m-1}^{0} E_j \right) A_0 \left(\prod_{j=m-1}^{0} E_j \right)^T = \sum_{i=1}^{m} \boldsymbol{l}_i D_i \boldsymbol{l}^T_i, \qquad (3.96)$$

其中

$$\boldsymbol{l}_i = \begin{cases} E_{m-1} \cdot E_{m-2} \cdot \cdots \cdot E_i \bar{\boldsymbol{l}}_i, & i = 1, \cdots, m-1; \\ \bar{\boldsymbol{l}}_m, & i = m. \end{cases}$$

我们根据所得的 D_i 构造一个 $n \times n$ 阶准对角型矩阵 D——它以 D_i 为其对角块；当所有的 D_i 阶数之和小于 n 时，补加零元素：

$$D = \mathrm{diag}\{D_1, \cdots, D_m\} \text{或} D = \mathrm{diag}\{D_1, \cdots, D_m, 0, \cdots, 0\}. \quad (3.97)$$

同时根据所得的 $\boldsymbol{l}_i$ 构造一个 $n \times n$ 阶单位下三角阵 L——它以 $\boldsymbol{l}_i$ 为其列，当所有 $\boldsymbol{l}_i$ 的列数之和 s 小于 n 时，补加若干单位向量：

$$L = (\boldsymbol{l}_1, \cdots, \boldsymbol{l}_m) \text{或} L = (\boldsymbol{l}_1, \cdots, \boldsymbol{l}_m, \boldsymbol{e}_{s+1}, \cdots, \boldsymbol{e}_n). \quad (3.98)$$

这样，就可以把式(3.96)写为

$$\left(\prod_{j=m-1}^{0} E_j \right) A_0 \left(\prod_{j=m-1}^{0} E_j \right)^T = LDL^T.$$

由于 D 中的二阶对角块 D_i 是按引理 2 构造出来的，它总满足 $\det D_i < 0$，这蕴含着 D_i 的两个特征值一正一负. 综上所述，可以得到如下的定理.

定理 15 (**Bunch-Parlett**). 若 A_0 为一个 $n\times n$ 阶对称矩阵,则适当交换其若干行,同时交换其相应的若干列之后,所得矩阵 $\bar{A}$ 总能分解成

$$\bar{A}=LDL^T,$$

其中 L 是单位下三角阵,D 是对角块为一阶或二阶的准对角阵,且 D 中负特征值的个数等于其一阶块中负元素的个数与二阶块的块数之和.

考虑到数值稳定性,在具体实现上述分解时应采用选主元的策略,并用一个 n 维向量 y 记录对矩阵 A 施行的行列交换.

算法 8 (**Bunch-Parlett 分解算法**).

1. 置 $\bar{A}_0=A$, 置 $\boldsymbol{y}=(1,2,\cdots,n)^T$,并置 $k=0,m=0$.

2. 选出 $n-m$ 阶矩阵 $\bar{A}_k$ 的对角元素中绝对值最大的元素 $a_{tt}^{(k)}$:
$$|a_{tt}^{(k)}|=\max\{|a_{ii}^{(k)}|\,|\,i=1,2,\cdots,n-m\}.$$

3. 若 $m=n-1$, 则置 $a_{ls}^{(k)}=0$;否则选出矩阵 $\bar{A}_k$ 的非对角元素中绝对值最大的元素 $a_{ls}^{(k)}$:
$$|a_{ls}^{(k)}|=\max\{|a_{ij}^{(k)}|\,|\,i>j\}.$$

4. 若 $a_{tt}^{(k)}=a_{ls}^{(k)}=0$, 则转 8;否则比较 $|a_{tt}^{(k)}|$ 和 $|a_{ls}^{(k)}|$: 若 $|a_{tt}^{(k)}|\geqslant\frac{2}{3}|a_{ls}^{(k)}|$,则转 5;否则转 6.

5. 交换 $\bar{A}_k$ 的行列,使 $a_{tt}^{(k)}$ 位于左上角,同时对 $\boldsymbol{y}$ 的相应各行和已经求出的 $\boldsymbol{l}_i(i\leqslant k)$ 的相应各行施行相应的交换,用式(3.93)求出 $D_{k+1},\bar{\boldsymbol{l}}_{k+1}$ 和 $\bar{A}_{k+1}$, 并进而求出 $\boldsymbol{l}_{k+1}$. 置 $m=m+1$,转7.

6. 交换 $\bar{A}_k$ 的行列,使
$$\begin{pmatrix} a_{ss} & a_{ls} \\ a_{ls} & a_{ll} \end{pmatrix}$$
位于左上角,同时对 $\boldsymbol{y}$ 的相应各行和已经求出的 $\boldsymbol{l}_i(i\leqslant k)$ 的相应各行施行相应的交换. 再用式(3.94)求出 $D_{k+1},\bar{\boldsymbol{l}}_{k+1}$ 和 $\bar{A}_{k+1}$, 并进而求出 $\boldsymbol{l}_{k+1}$. 置 $m=m+2$,转 7.

7. 若 $m=n$, 则转 8;否则置 $k=k+1$,转 2.

8. 分别用式(3.97)和(3.98)构造 D 和 L, 然后停止计算.

Fletcher-Freeman 方法. 设 $f(\boldsymbol{x})$ 二次连续可微. 我们仍记 $f(\boldsymbol{x})$ 在点 $\boldsymbol{x}_k$ 处的 Hessian 阵为 G_k,并考虑对 G_k 进行 Bunch-Parlett 分解. 这时可能需要交换 G_k 的若干行并同时交换其相应的若干列. 显然这种交换等价于适当地改变自变量 $\boldsymbol{x}$ 的分量的顺序，所以不妨假定这里的 G_k 已经完成了分解中所有必要的行列交换,即 G_k 可分解为

$$G_k = LDL^T, \tag{3.99}$$

其中 L 和 D 满足式(3.98)中的相应量所满足的条件.

以下从分解式(3.99)出发，分三种不同的情况讨论其确定搜索方向的方法.

(1) D 的特征值全为正数,此时根据定理可知,D 中全是一阶块,这表明 D 是一对角矩阵. 其实这时的 Bunch-Parlett 分解就是通常的 Cholesky 分解. 我们可取 Newton 方向为搜索方向 $\boldsymbol{p}_k$,

$$LDL^T\boldsymbol{p}_k = G_k\boldsymbol{p}_k = -\boldsymbol{g}_k,$$

或

$$\boldsymbol{p}_k = -L^{-T}D^{-1}L^{-1}\boldsymbol{g}_k. \tag{3.100}$$

(2) D 的特征值中有负数. 此时我们提供两种确定搜索方向的方法.

第一种方法. 设法求出一个能使函数值下降的负曲率方向，以此作为搜索方向 $\boldsymbol{p}_k$. 我们分三步完成这一工作.

首先,根据矩阵 D 构造一个 n 维向量 $\boldsymbol{a}$, 该向量的分量按下述方式确定: 对于与 D 中一阶子块 d_{ii} 相应的下标 i, 令

$$a_i = \begin{cases} 1, & \text{当 } d_{ii} \leqslant 0; \\ 0, & \text{其它}. \end{cases}$$

相应于 D 中二阶子块

$$\begin{pmatrix} d_{jj} & d_{j,j+1} \\ d_{j+1,j} & d_{j+1,j+1} \end{pmatrix},$$

则取该二阶矩阵的负特征值所对应的单位特征向量作为 $\begin{pmatrix} a_j \\ a_{j+1} \end{pmatrix}$.

其次,求出适合下式方程的向量 $\bar{\boldsymbol{p}}_k$:

$$L^T\bar{\boldsymbol{p}}_k = \boldsymbol{a}.$$

最后，令搜索方向 $\boldsymbol{p}_k$ 为

$$\boldsymbol{p}_k = \begin{cases} \bar{\boldsymbol{p}}_k, & \text{当} \langle \boldsymbol{g}_k, \bar{\boldsymbol{p}}_k \rangle \leqslant 0; \\ -\bar{\boldsymbol{p}}_k, & \text{其它}. \end{cases} \tag{3.101}$$

容易看出，这样确定的 $\boldsymbol{p}_k$ 显然满足

$$\langle \boldsymbol{g}_k, \boldsymbol{p}_k \rangle \leqslant 0. \tag{3.102}$$

另外，我们有

$$\begin{aligned} \langle \boldsymbol{p}_k, G_k \boldsymbol{p}_k \rangle &= \langle \boldsymbol{p}_k, LDL^T \boldsymbol{p}_k \rangle \\ &= \langle L^T \boldsymbol{p}_k, DL^T \boldsymbol{p}_k \rangle = \langle \boldsymbol{a}, D\boldsymbol{a} \rangle. \end{aligned}$$

而由向量 $\boldsymbol{a}$ 的定义可知 $\langle \boldsymbol{a}, D\boldsymbol{a} \rangle$ 恰好是 D 中所有的负特征值之和，因而总是负值．这说明 $\boldsymbol{p}_k$ 还是点 $\boldsymbol{x}_k$ 处的一个负曲率方向．根据 Taylor 展开式即知满足式(3.102)的负曲率方向是一个能使函数值下降的方向．

第二种方法．这一方法分两步进行．

首先，根据 D 构造一个矩阵 $\widetilde{D}$，再计算出 $\widetilde{D}$ 的广义逆 $\widetilde{D}^+$．其具体作法如下：当 D_i 为 D 的一阶子块 $D_i = d_{ii}$ 时，令

$$\widetilde{D}_i = \begin{cases} d_{ii}, & \text{当 } d_{ii} > 0 \text{ 时}, \\ 0, & \text{其它}. \end{cases} \tag{3.103}$$

$$\widetilde{D}_i^+ = \begin{cases} \dfrac{1}{d_{ii}}, & \text{当 } d_{ii} > 0 \text{ 时}; \\ 0, & \text{其它}. \end{cases} \tag{3.104}$$

当 D_j 为 D 的二阶子块时，已知 D_j 的特征值为一正一负．若分别记它们为 λ_j 和 μ_j，而记其相应的单位特征向量为 $\boldsymbol{u}_j$ 和 $\boldsymbol{v}_j$，则有

$$D_j = (\boldsymbol{u}_j, \boldsymbol{v}_j) \begin{pmatrix} \lambda_j & 0 \\ 0 & \mu_j \end{pmatrix} \begin{pmatrix} \boldsymbol{u}_j^T \\ \boldsymbol{v}_j^T \end{pmatrix}.$$

我们令

$$\widetilde{D}_j = (\boldsymbol{u}_j, \boldsymbol{v}_j) \begin{pmatrix} \lambda_j & 0 \\ 0 & 0 \end{pmatrix} \begin{pmatrix} \boldsymbol{u}_j^T \\ \boldsymbol{v}_j^T \end{pmatrix}, \tag{3.105}$$

$$\widetilde{D}_j^+ = (\boldsymbol{u}_j, \boldsymbol{v}_j) \begin{pmatrix} \dfrac{1}{\lambda_j} & 0 \\ 0 & 0 \end{pmatrix} \begin{pmatrix} \boldsymbol{u}_j^T \\ \boldsymbol{v}_j^T \end{pmatrix} = \frac{1}{\lambda_j} \boldsymbol{u}_j \boldsymbol{u}_j^T. \tag{3.106}$$

然后令

$$\widetilde{D}=\operatorname{diag}\ \{\widetilde{D}_1,\cdots,\widetilde{D}_m\},\tag{3.107}$$

$$\widetilde{D}^+=\operatorname{diag}\ \{\widetilde{D}_1^+,\cdots,\widetilde{D}_m^+\}.\tag{3.108}$$

有了 $\widetilde{D}^+$ 后，就用

$$\boldsymbol{p}_k=-L^{-T}\widetilde{D}^+L^{-1}\boldsymbol{g}_k\tag{3.109}$$

确定搜索方向 $\boldsymbol{p}_k$.

我们可以证明，只要由式(3.109)确定的 $\boldsymbol{p}_k$ 非零，那么它一定是下降方向．事实上，$\widetilde{D}^+$ 既然是半正定矩阵，它的平方根 $\sqrt{\widetilde{D}^+}$ 是有意义的，于是有

$$\boldsymbol{p}_k=-L^{-T}\sqrt{\widetilde{D}^+}(\sqrt{\widetilde{D}^+}L^{-1}\boldsymbol{g}_k)\neq\mathbf{0},$$

因而 $\sqrt{\widetilde{D}^+}L^{-1}\boldsymbol{g}_k\neq\mathbf{0}$. 从而得知

$$\begin{aligned}\langle\boldsymbol{g}_k,\boldsymbol{p}_k\rangle&=\langle\boldsymbol{g}_k,-L^{-T}\sqrt{\widetilde{D}^+}\sqrt{\widetilde{D}^+}L^{-1}\boldsymbol{g}_k\rangle\\&=-\|\sqrt{\widetilde{D}^+}L^{-1}\boldsymbol{g}_k\|^2<0.\end{aligned}$$

即 $\boldsymbol{p}_k$ 是一个下降方向.

若连续不断地使用由式(3.101)确定的负曲率方向为搜索方向，则有可能使搜索局限在某一个子空间上．因此，Fletcher-Freeman 建议当 D 有负特征值时，交替使用上述两个方法(即交替使用式(3.101)和式(3.109))计算搜索方向.

(3) D 中没有负特征值，但既有正特征值又有零特征值．此时也有两种确定搜索方向的方法.

第一种方法，与前述(2)中的第二种方法相同，只不过此时由于没有负特征值，因而 D 中只有一阶子块，计算会更简单一些．前面已经证明了这样确定的 $\boldsymbol{p}_k$ 是下降方向．但是应该注意到这一结论是在 $\boldsymbol{p}_k$ 非零的假定下导出的．然而上述作法并不能保证 $\boldsymbol{p}_k$ 非零，同时考虑到按上述方式确定的搜索方向有可能局限在某一子空间上，因而还需考虑按下述第二种方法选择搜索方向.

第二种方法．求解满足

$$G_k\boldsymbol{p}_k=LDL^T\boldsymbol{p}_k=\mathbf{0},\ \langle\boldsymbol{g}_k,\boldsymbol{p}_k\rangle<0\tag{3.110}$$

的 $\boldsymbol{p}_k$，以此作为搜索方向，不难证明，只要 $\boldsymbol{g}_k\neq\mathbf{0}$，当由式(3.109)

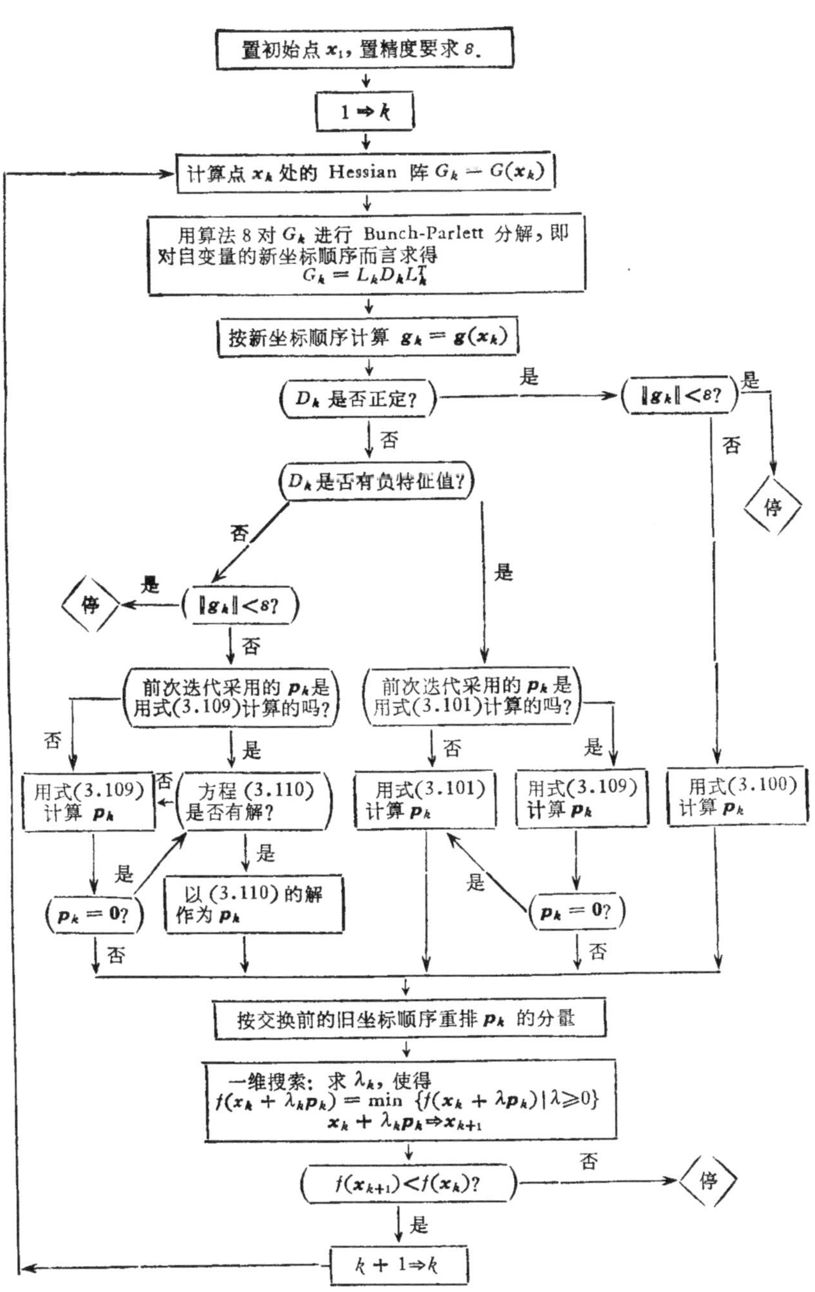

图 3.5　改进 Newton 算法 II (Fletcher-Freeman)

求得的 $\boldsymbol{p}_k$ 为零时，方程(3.110)必然有解. 事实上，L^{-T} 非奇异表明，式(3.109)求得的 $\boldsymbol{p}_k$ 为零蕴含着 $\tilde{D}^+L^{-1}\boldsymbol{g}_k=\mathbf{0}$. 令 $\boldsymbol{p}_k=-L^{-T}L^{-1}\boldsymbol{g}_k$，注意到 $D=\tilde{D}=D\tilde{D}\tilde{D}^+$ 便知

$$G_k\boldsymbol{p}_k=-LDL^T(L^{-T}L^{-1}\boldsymbol{g}_k)=-LD\tilde{D}(\tilde{D}^+L^{-1}\boldsymbol{g}_k)=\mathbf{0},$$

而

$$\langle\boldsymbol{g}_k,\boldsymbol{p}_k\rangle=\langle\boldsymbol{g}_k,-L^{-T}L^{-1}\boldsymbol{g}_k\rangle=-\|L^{-1}\boldsymbol{g}_k\|^2<0.$$

这就证明了结论.

至此,我们可以把以上结论归纳成下列定理.

定理 16. 设 D 中没有负特征值,但它既有正特征值又有零特征值. 考虑按式(3.109)或者(3.110)寻求搜索方向. 若 $\boldsymbol{g}_k\neq\mathbf{0}$，则至少能从其中之一确定出一个下降方向.

与处理 D 中有负特征值时的情形类似，Fletcher-Freeman 也建议交替使用式(3.109)和(3.110).

根据以上讨论,我们就能导出如下算法.

算法 9(**改进 Newton 算法 II——Fletcher-Freeman 方法**). 见图 3.5 所示的框图.

评　　注

1. 关于最速下降法

最速下降法是最古老的一个下降算法[18]. 虽然它具有简单易行的优点,但由于其收敛速度慢,人们已经不大使用它了. 然而从理论上说，它却有着重要的意义：不仅有助于理解以下各章所讲的许多算法,而且最速下降法的变种(在某种度量意义下的最速下降法)与 Newton 法、拟 Newton 法都存在着紧密的联系，因而应该引起我们的注意.

2. Newton 型方法

本章 § 4 所讲的 Newton 法及其改进形式,都可称之为 Newton 型方法. 这类方法的一个特点是需要计算目标函数 $f(\boldsymbol{x})$ 的 Hessian 矩阵 $G(\boldsymbol{x})$，即需要计算 $f(\boldsymbol{x})$ 的二阶导数. 因此使用起来不

如后面介绍的方法(只用 $f(\boldsymbol{x})$ 的一阶导数甚至只用 $f(\boldsymbol{x})$ 的函数值的方法)方便. 但是它也具有独特的优点. 例如对于用 Newton 型方法求得的点 $\hat{\boldsymbol{x}}$ 来说，不仅很容易验证它是否满足极小点的必要条件(第一章定理 1,2),而且比较容易验证它是否满足极小点的充分条件(第一章定理 3). 另外，它的收敛速度很快,与其它方法相比，达到同样精度所需的迭代次数往往要少得多. 因此一般说来,如果能够求出目标函数的二阶导数,使用改进的 Newton 法往往比其它方法都更加有效. 甚至在不能直接得到二阶导数的某些情况下,也可以考虑用差商代替导数,而仍然使用 Newton 法.

3. Newton 法的其它改进形式

Newton 法有许多改进形式. 本章介绍的 Fletcher-Freeman 方法和 Gill-Murray 方法是其中比较有效的,我们推荐读者使用. 另外还有两种有代表性的方法值得介绍一下:

Goldstein-Price[53] 方法. 当 G_k 正定时用

$$G_k \boldsymbol{p}_k = -\boldsymbol{g}_k$$

确定搜索方向 $\boldsymbol{p}_k$; 当 G_k 非正定时采用最速下降方向为搜索方向. 显然当 G_k 非正定时，这个方法没有利用 G_k 中的有用信息，这使得它常常不那么有效.

Greenstadt 方法[49]. 这是一个强迫矩阵正定的方法. 若矩阵 G_k 的特征值为 λ_j ($j=1,\cdots,n$)、相应的单位特征向量为 $\boldsymbol{v}_j$($j=1,\cdots,n$), 则 G_k 可表为

$$G_k = \sum_{j=1}^{n} \lambda_j \boldsymbol{v}_j \boldsymbol{v}_j^{\mathrm{T}},$$

令

$$\bar{G}_k = \sum_{j=1}^{n} \beta_j \boldsymbol{v}_j \boldsymbol{v}_j^{\mathrm{T}},$$

其中

$$\beta_j = \max\ (|\lambda_j|,\ \delta)$$

(这里 δ 是某个小正数). 显然，这样定义的 $\bar{G}_k$ 是正定对称矩阵，而且当 G_k 正定时，$\bar{G}_k = G_k$. 于是搜索方向由求出求解方程

$$\bar{G}_k \boldsymbol{p}_k = -\boldsymbol{g}_k$$

确定.

这个方法每次迭代都要计算矩阵 G_k 的特征值和特征向量，工作量很大，这是该方法的主要缺点.

第四章　共轭梯度法

第三章 §4 所述的 Newton 法的一个重要特征．是把求二次函数极小点的方法用于求一般函数的极小点．本章和下一章将进一步发挥这一思想．

§1. 共轭方向及其基本性质

考虑正定二次函数

$$f(\boldsymbol{x})=\frac{1}{2}\boldsymbol{x}^{T}G\boldsymbol{x}+\boldsymbol{r}^{T}\boldsymbol{x}+\delta, \tag{4.1}$$

其中 G 是 $n\times n$ 阶正定对称矩阵，$\boldsymbol{r}$ 是 n 维向量，δ 是常数．与导出的表达式 (3.32) 类似，可把 $f(\boldsymbol{x})$ 改写为

$$f(\boldsymbol{x})=\frac{1}{2}E(\boldsymbol{x})+f(\boldsymbol{x}^{*}), \tag{4.2}$$

其中 $\boldsymbol{x}^{*}=-G^{-1}\boldsymbol{r}$ 是 $f(\boldsymbol{x})$ 的极小点，而

$$\begin{aligned}&E(\boldsymbol{x})=(\boldsymbol{x}-\boldsymbol{x}^{*})^{T}G(\boldsymbol{x}-\boldsymbol{x}^{*})=\|\boldsymbol{x}-\boldsymbol{x}^{*}\|_{G}^{2},\\&f(\boldsymbol{x}^{*})=\delta-\frac{1}{2}\boldsymbol{x}^{*T}G\boldsymbol{x}^{*}.\end{aligned} \tag{4.3}$$

这里 $\|\cdot\|_{G}$ 是向量在 G 度量意义下的范数(参看附录 III 的定义 3)．设欲求函数 (4.1) 的极小点．我们的问题是设法找出有效的搜索方向．与 Newton 法不同，这里只假定目标函数具有式(4.1)那样的形式，并不认为知道其中的矩阵 G.

1.1. 一类特殊的正定二次函数和正交方向

我们考虑一类特殊的正定二次函数

$$f(\boldsymbol{y})=\frac{1}{2}\boldsymbol{y}^T\boldsymbol{y}+\boldsymbol{r}^T\boldsymbol{y}+\delta, \tag{4.4}$$

其中 $\boldsymbol{r}$ 和 δ 的意义和式(4.1)中的相同.与式(4.2)对应，$f(\boldsymbol{y})$ 还可表示为

$$\begin{aligned}f(\boldsymbol{y})&=\frac{1}{2}(\boldsymbol{y}-\boldsymbol{y}^*)^T(\boldsymbol{y}-\boldsymbol{y}^*)+f(\boldsymbol{y}^*)\\&=\frac{1}{2}\|\boldsymbol{y}-\boldsymbol{y}^*\|^2+f(\boldsymbol{y}^*),\end{aligned} \tag{4.5}$$

这里 $\boldsymbol{y}^*$ 是函数(4.4)的极小点. 可见此时目标函数 $f(\boldsymbol{y})$ 的等高面是一族(超)球面,其中心为 $\boldsymbol{y}^*$. $f(\boldsymbol{y})$ 的梯度向量为

$$\boldsymbol{g}(\boldsymbol{y})=\boldsymbol{y}-\boldsymbol{y}^*. \tag{4.6}$$

因此,对于目标函数(4.4)来说,任一点处的负梯度方向都恰好对准 $\boldsymbol{y}^*$,沿这个方向进行一次一维搜索就能达到极小点.由此可见,以负梯度方向作为搜索方向确实是一个好方法. 但可惜不易把它推广,使之对一般正定二次函数(4.1)都有效,所以还需另作考虑.

我们先研究二维情形. 此时目标函数(4.4)的等高线是一族同心圆，其圆心为 $\boldsymbol{y}^*$(参看图4.1). 直观上容易看出，若有两个互相正交的非零方向 $\boldsymbol{q}_1$, $\boldsymbol{q}_2$,则从任意的初始点 $\boldsymbol{y}_1$ 出发,依次沿 $\boldsymbol{q}_1$, $\boldsymbol{q}_2$ 进行一维搜索，就能达到极小点 $\boldsymbol{y}^*$. 现在考查这一事实在一般 n 维情形的表现形式.

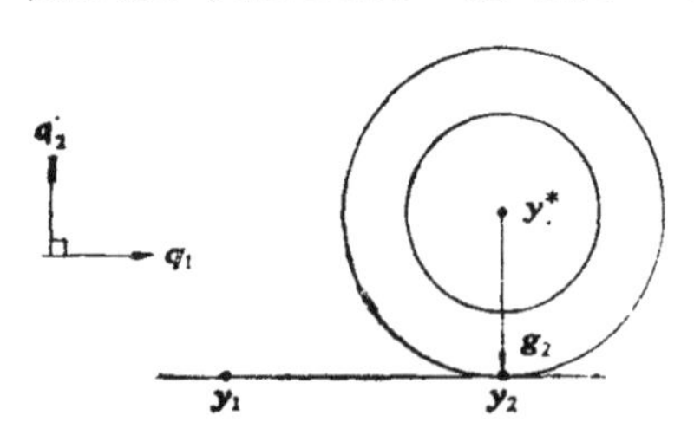

图 4.1 形如(4.4)的二维目标函数的等高线

定义 1. 若 R^n 中的 k 个方向两两正交，则称它们为 k 个正交方向. 若这 k 个方向都是非零的，则称它们为 k 个非零正交方向.

定理 1. 考虑形如(4.4)的正定二次函数.设 $\boldsymbol{q}_1,\cdots,\boldsymbol{q}_k$ 是 k 个非零正交方向. 若从 R^n 中任意点 $\boldsymbol{y}_1$ 出发,依次沿 $\boldsymbol{q}_1,\cdots,\boldsymbol{q}_k$ 进行一维搜索得点列 $\{\boldsymbol{y}_2,\cdots,\boldsymbol{y}_{k+1}\}$，则 $\boldsymbol{y}_{k+1}$ 是 $f(\boldsymbol{y})$ 在线性流

形 $\boldsymbol{y}_1+\mathscr{C}_k$ 上唯一的极小点，这里 $\mathscr{C}_k$ 是由 $\boldsymbol{q}_1,\cdots,\boldsymbol{q}_k$ 张成的子空间．因而特别地当 $k=n$ 时，$\boldsymbol{y}_{n+1}$ 就是 $f(\boldsymbol{y})$ 在整个 R^n 上唯一的极小点 $\boldsymbol{y}^*$.

证明． 用归纳法． 当 $k=1$ 时结论显然成立． 现设 $k=m$ 时结论成立，试证 $k=m+1$ 时结论也成立．由于只需在线性流形 $\boldsymbol{y}_1+\mathscr{C}_{m+1}$ 上讨论，我们把 $\boldsymbol{y},\boldsymbol{q}_1,\cdots,\boldsymbol{q}_{m+1}$ 看做该流形上的 $m+1$ 维向量，把由 $f(\boldsymbol{y})$ 确定的在该流形上的函数记为 $f^{(m+1)}(\boldsymbol{y})$．它仍然是形如(4.4)的特殊正定二次函数，不过其独立自变量的个数不再是 n，而是 $m+1$．根据归纳假设知道，依次沿 $\boldsymbol{q}_1,\cdots,\boldsymbol{q}_m$ 搜索得到的点 $\boldsymbol{y}_{m+1}$，是 $f^{(m+1)}(\boldsymbol{y})$ 在线性流形 $\boldsymbol{y}_1+\mathscr{C}_m$ 上的极小点．现在要证明的是：从 $\boldsymbol{y}_{m+1}$ 出发，沿非零方向 $\boldsymbol{q}_{m+1}$ 搜索得到的点 $\boldsymbol{y}_{m+2}$，必为 $f^{(m+1)}(\boldsymbol{y})$ 在线性流形 $\boldsymbol{y}_1+\mathscr{C}_{m+1}$ 上的极小点 $\boldsymbol{y}^*_{m+1}$．为此只需证明，从 $\boldsymbol{y}_{m+1}$ 出发的方向 $\boldsymbol{q}_{m+1}$ 恰好对准 $\boldsymbol{y}^*_{m+1}$． 或者证明 $\boldsymbol{q}_{m+1}$ 与

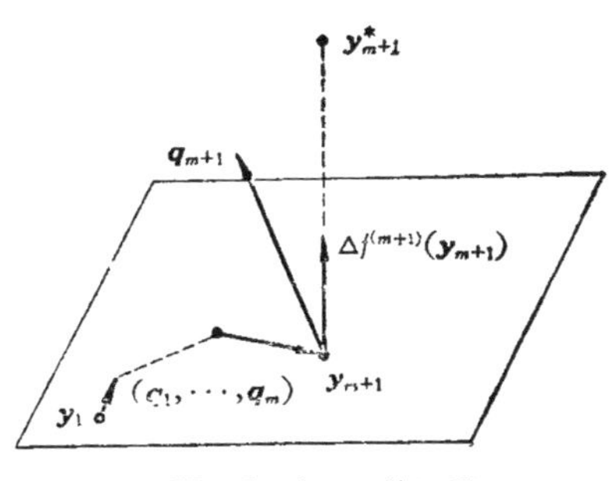

图 4.2　定理 1 的证明

$$\overrightarrow{\boldsymbol{y}_{m+1}\boldsymbol{y}^*_{m+1}}=\boldsymbol{y}^*_{m+1}-\boldsymbol{y}_{m+1}$$

共线．由式(4.6)知，$\boldsymbol{y}_{m+1}-\boldsymbol{y}^*_{m+1}$ 恰为 $f^{(m+1)}(\boldsymbol{y})$ 在点 $\boldsymbol{y}_{m+1}$ 处的梯度

$$\boldsymbol{y}_{m+1}-\boldsymbol{y}^*_{m+1}=\nabla f^{(m+1)}(\boldsymbol{y}_{m+1}). \tag{4.7}$$

而 $\boldsymbol{y}_{m+1}$ 是 $f^{(m+1)}(\boldsymbol{y})$ 在线性流形

$$\boldsymbol{y}_1+\mathscr{C}_m=\left\{\boldsymbol{y}_1+\sum_{i=1}^{m}\lambda_i\boldsymbol{q}_i \quad -\infty<\lambda_i<\infty\right\}$$

上的极小点，所以 $f^{(m+1)}(\boldsymbol{y})$ 在 $\boldsymbol{y}_{m+1}$ 处沿 $\boldsymbol{q}_1,\cdots,\boldsymbol{q}_m$ 的方向导数应为零．即

$$\langle\nabla f^{(m+1)}(\boldsymbol{y}_{m+1}),\boldsymbol{q}_i\rangle=0\quad(i=1,\cdots,m). \tag{4.8}$$

于是结合式(4.7)知 $\boldsymbol{y}_{m+1}-\boldsymbol{y}^*_{m+1}$ 满足

$$\langle \boldsymbol{y}_{m+1} - \boldsymbol{y}_{m+1}^*, \boldsymbol{q}_i \rangle = 0 \quad (i = 1, \cdots, m). \tag{4.9}$$

另一方面按照定理的条件，$\boldsymbol{q}_{m+1}$ 也满足

$$\langle \boldsymbol{q}_{m+1}, \boldsymbol{q}_i \rangle = 0 \quad (i = 1, \cdots, m)$$

再注意到 $\boldsymbol{q}_1, \cdots, \boldsymbol{q}_m$ 是 $m+1$ 维子空间 $\mathscr{C}_{m+1}$ 中的 m 个正交向量，而 $\boldsymbol{y}_{m+1}-\boldsymbol{y}_{m+1}^*$ 和 $\boldsymbol{q}_{m+1}$ 也都是 $\mathscr{C}_{m+1}$ 中的向量，即知 $\boldsymbol{y}_{m+1}-\boldsymbol{y}_{m+1}^*$ 和 $\boldsymbol{q}_{m+1}$ 共线．定理证毕．

定理 1 是图 4.1 所示的二维情形到高维情形的推广．这种推广不仅说明，对于形如 (4.4) 的正定二次函数来说，依次沿 n 个非零正交方向搜索必然达到它在 R^n 上的极小点；而且说明，搜索过程中所得到的点总是相应线性流形上的极小点——每进行一次一维搜索，相应的线性流形便扩大一维．

1.2. 正定二次函数和共轭方向

现在把前段关于特殊正定二次函数的结果，推广到形如式 (4.1) 的一般正定二次函数上去．这两类函数只是二次项有所不同．我们把式 (4.1) 的二次项改写为

$$\frac{1}{2}\boldsymbol{x}^T G \boldsymbol{x} = \frac{1}{2}(\sqrt{G}\boldsymbol{x})^T(\sqrt{G}\boldsymbol{x})^{1)}. \tag{4.10}$$

这样，若引进非退化线性变换

$$\boldsymbol{y} = \sqrt{G}\boldsymbol{x},$$

就能把式 (4.1) 变成式 (4.4) 的形式．定理 1 表明，极小化函数 (4.4) 时，$\boldsymbol{y}$ 空间的正交性有着特别重要的作用．现在我们来考察 $\boldsymbol{y}$ 空间的正交性在 $\boldsymbol{x}$ 空间中的表现形式．设 $\boldsymbol{q}_1, \boldsymbol{q}_2$ 是 $\boldsymbol{y}$ 空间的两个正交向量，它们在 $\boldsymbol{x}$ 空间中的对应向量 $\boldsymbol{p}_1, \boldsymbol{p}_2$ 满足

$$\boldsymbol{q}_1 = \sqrt{G}\boldsymbol{p}_1, \quad \boldsymbol{q}_2 = \sqrt{G}\boldsymbol{p}_2. \tag{4.11}$$

显然

---

1) 参看第 60 页脚注．

$$0 = \langle \boldsymbol{q}_1, \boldsymbol{q}_2 \rangle = \langle \sqrt{G}\boldsymbol{p}_1, \sqrt{G}\boldsymbol{p}_2 \rangle$$
$$= \langle \boldsymbol{p}_1, G\boldsymbol{p}_2 \rangle = \langle \boldsymbol{p}_1, \boldsymbol{p}_2 \rangle_G \qquad (4.12)$$

其中 $\langle \cdot, \cdot \rangle_G$ 为 G 度量下的内积[1]. 因此与 $\boldsymbol{y}$ 空间中的正交性对应,我们定义 $\boldsymbol{x}$ 空间中的如下关系:

定义 2. 对于 $n \times n$ 阶正定对称矩阵 G 来说,若 R^n 中的两个方向 $\boldsymbol{p}_1, \boldsymbol{p}_2$ 满足

$$\langle \boldsymbol{p}_1, G\boldsymbol{p}_2 \rangle = 0,$$

则称它们关于 G 共轭. 由于上式等价于 $\boldsymbol{p}_1$ 和 $\boldsymbol{p}_2$ 在 G 度量意义下正交,即

$$\langle \boldsymbol{p}_1, \boldsymbol{p}_2 \rangle_G = 0,$$

所以也称它们关于 G 正交.

定义 3. 若 R^n 中的 k 个方向两两关于 G 共轭,则称它们为 G 的 k 个共轭方向,或 k 个 G 正交方向. 若这 k 个方向还都是非零的,则称它们为 G 的 k 个非零共轭方向,或 k 个非零 G 正交方向.

既然 $\boldsymbol{x}$ 空间的"共轭"完全相当于 $\boldsymbol{y}$ 空间的"正交",我们就能从定理 1 推知下列定理成立.

定理 2(扩展子空间定理). 考虑形如式 (4.1) 的正定二次函数. 设 $\boldsymbol{p}_1, \cdots, \boldsymbol{p}_k$ 为 G 的 k 个非零共轭方向. 若从 R^n 中任意点 $\boldsymbol{x}_1$ 出发,依次沿 $\boldsymbol{p}_1, \cdots, \boldsymbol{p}_k$ 进行一维搜索,得点列 $\boldsymbol{x}_2, \cdots, \boldsymbol{x}_{k+1}$,则 $\boldsymbol{x}_{k+1}$ 是 $f(\boldsymbol{x})$ 在线性流形 $\boldsymbol{x}_1 + \mathscr{B}_k$ 上唯一的极小点,这里 $\mathscr{B}_k$ 是由 $\boldsymbol{p}_1, \cdots, \boldsymbol{p}_k$ 张成的子空间. 因而特别地当 $k = n$ 时,$\boldsymbol{x}_{n+1}$ 就是 $f(\boldsymbol{x})$ 在整个 R^n 上唯一的极小点 $\boldsymbol{x}^*$.

推论. 在定理 2 所述条件下,$f(\boldsymbol{x})$ 在 $\boldsymbol{x}_k$ 处的梯度 $\boldsymbol{g}_k$ 满足

$$\langle \boldsymbol{g}_k, \boldsymbol{p}_i \rangle = 0 \quad (i < k). \qquad (4.13)$$

证明. 由定理 2 知,$\boldsymbol{x}_k$ 是线性流形

$$\boldsymbol{x}_1 + \mathscr{B}_{k-1} = \left\{ \boldsymbol{x}_1 + \sum_{i=1}^{k-1} \lambda_i \boldsymbol{p}_i \,\middle|\, -\infty < \lambda_i < \infty \right\}$$

上的极小点. 因而 $f(\boldsymbol{x})$ 在 $\boldsymbol{x}_k$ 处沿 $\boldsymbol{p}_1, \cdots, \boldsymbol{p}_{k-1}$ 的方向导数应为

1) 向量 $\boldsymbol{u}, \boldsymbol{v}$ 在 G 度量意义下的内积 $\langle \boldsymbol{u}, \boldsymbol{v} \rangle_G$ 定义为 $\langle \boldsymbol{u}, \boldsymbol{v} \rangle_G = \langle \boldsymbol{u}, G\boldsymbol{v} \rangle$.

零．这就说明式(4.13)成立．推论证毕．

§2. 对正定二次函数的共轭梯度法

前节的定理2(扩展子空间定理)告诉我们，对于形如式(4.1)的正定二次函数来说，依次沿 n 个非零共轭方向进行搜索，就能达到它的极小点．与最速下降法比较(参看第三章§1中的例1)，可以明显地感到，沿非零共轭方向搜索的效果要好得多．但是怎样寻找非零的共轭方向呢？本节介绍一个构造非零共轭方向的方法，因为它要用到目标函数的梯度，所以通常称这个方法为共轭梯度法．

2.1. 共轭梯度算法

共轭梯度法的导出 "共轭"既然是一种正交关系，我们就可以利用熟知的 Gram-Schmidt 正交化过程[1]，把方向"共轭"化，从而得到共轭方向．其具体做法是：

取初始点 $\boldsymbol{x}_1$，若 $\boldsymbol{g}_1=\boldsymbol{g}(\boldsymbol{x}_1)=\boldsymbol{0}$，则表明 $\boldsymbol{x}_1$ 已经是函数(4.1)的极小点了，此时停止计算；若 $\boldsymbol{g}_1\neq\boldsymbol{0}$，则取

$$\boldsymbol{p}_1=-\boldsymbol{g}_1. \tag{4.14}$$

从 $\boldsymbol{x}_1$ 出发，沿 $\boldsymbol{p}_1$ 搜索得新点 $\boldsymbol{x}_2$．这就完成了第一次迭代．一般第 k 次迭代过程可以描述如下：设已依次沿 $\boldsymbol{p}_1,\cdots,\boldsymbol{p}_{k-1}$ 搜索得点 $\boldsymbol{x}_k$．若 $\boldsymbol{g}_k=\boldsymbol{g}(\boldsymbol{x}_k)=\boldsymbol{0}$，则表明 $\boldsymbol{x}_k$ 已经是函数(4.1)的极小

1) Gram-Schmidt 正交化过程是构造一组正交向量的方法．具体地说，设给定了 n 维欧氏空间 R^n 中 m 个线性无关的向量 $\boldsymbol{v}_1,\cdots,\boldsymbol{v}_m$ $(m\leqslant n)$，则可以按下列方式构造出 R^n 中 m 个互相正交的向量 $\boldsymbol{p}_1,\cdots,\boldsymbol{p}_m$．令

$$\boldsymbol{p}_1=\boldsymbol{v}_1,$$

$$\boldsymbol{p}_k=\boldsymbol{v}_k+\sum_{j=1}^{k-1}\beta_j^{(k)}\boldsymbol{p}_j \quad (k=2,\cdots,m),$$

其中 $\beta_j^{(k)}$ 是待定系数，它们可以由 $\boldsymbol{p}_k$ 与 $\boldsymbol{p}_j$ 相互正交而确定：

$$0=\langle\boldsymbol{p}_k,\boldsymbol{p}_j\rangle=\langle\boldsymbol{v}_k,\boldsymbol{p}_j\rangle+\beta_j^{(k)}\langle\boldsymbol{p}_j,\boldsymbol{p}_j\rangle(j<k)$$

$$\beta_j^{(k)}=-\langle\boldsymbol{v}_k,\boldsymbol{p}_j\rangle/\langle\boldsymbol{p}_j,\boldsymbol{p}_j\rangle.$$

点,不需再继续计算;当 $\boldsymbol{g}_k \neq \boldsymbol{0}$ 时,确定下一个搜索方向 $\boldsymbol{p}_k$ 和下一个点 $\boldsymbol{x}_{k+1}$ 的方式是:令

$$\boldsymbol{p}_k = -\boldsymbol{g}_k + \beta_1^{(k)}\boldsymbol{p}_1 + \cdots + \beta_{k-1}^{(k)}\boldsymbol{p}_{k-1}, \tag{4.15}$$

其中 $\beta_j^{(k)}(1 \leqslant j \leqslant k-1)$ 由正交性条件 $\langle \boldsymbol{p}_k, \boldsymbol{p}_j\rangle_G = 0$ 定出

$$\beta_j^{(k)} = \frac{\langle \boldsymbol{g}_k, \boldsymbol{p}_j\rangle_G}{\langle \boldsymbol{p}_j, \boldsymbol{p}_j\rangle_G}, \tag{4.16}$$

取从 $\boldsymbol{x}_k$ 出发沿 $\boldsymbol{p}_k$ 搜索得到的点为 $\boldsymbol{x}_{k+1}$.

这样构造搜索方向序列 $\{\boldsymbol{p}_k\}$ 和点列 $\{\boldsymbol{x}_k\}$ 的方法,就是针对正定二次函数的共轭梯度法. 我们再举例说明一下共轭梯度法的计算过程.

例 1. 设初始点为 $\boldsymbol{x}_1 = (-2, 4)^T$. 试用共轭梯度法求

$$f(\boldsymbol{x}) = f(x_1, x_2) = \frac{3}{2}x_1^2 + \frac{1}{2}x_2^2 - x_1x_2 - 2x_1$$

的极小点[1].

目标函数是形如式(4.1)的正定二次函数,此时

$$G = \begin{pmatrix} 3 & -1 \\ -1 & 1 \end{pmatrix}, \quad \boldsymbol{r} = \begin{pmatrix} -2 \\ 0 \end{pmatrix}, \quad \delta = 0.$$

它的梯度向量是

$$\boldsymbol{g} = \boldsymbol{g}(\boldsymbol{x}) = G\boldsymbol{x} + \boldsymbol{r} = (3x_1 - x_2 - 2, -x_1 + x_2)^T.$$

可见

$$\boldsymbol{g}_1 = \boldsymbol{g}(\boldsymbol{x}_1) = 6(-2, 1)^T \neq \boldsymbol{0}.$$

这表明 $\boldsymbol{x}_1$ 不是 $f(\boldsymbol{x})$ 的极小点. 我们取搜索方向

$$\boldsymbol{p}_1 = -\boldsymbol{g}_1 = 6(2, -1)^T.$$

从 $\boldsymbol{x}_1 = (-2, 4)^T$ 出发沿 $\boldsymbol{p}_1 = 6(2, -1)^T$ 搜索,即求

$$\varphi_1(\lambda) = f(\boldsymbol{x}_1 + \lambda\boldsymbol{p}_1) = 306\lambda^2 - 180\lambda + 26$$

的极小点 λ_1^*. 容易解出 $\lambda_1^* = 5/17$. 于是得到 $\boldsymbol{x}_2 = \boldsymbol{x}_1 + \lambda_1^*\boldsymbol{p}_1 = \frac{1}{17}(26, 38)^T$. 再求出点 $\boldsymbol{x}_2$ 处的梯度 $\boldsymbol{g}_2$

---

1) 显然,求这样一个正定二次目标函数的极小,存在着更简单的方法. 但由于我们的目的是要说明共轭梯度法的计算过程,所以这里不考虑其它解法.

$$g_2 = \frac{6}{17}(1, 2)^T.$$

同样，$g_2 \neq 0$ 意味着 x_2 仍然不是 $f(x)$ 的极小点. 可再取搜索方向

$$p_2 = -g_2 + \beta_1^{(2)} p_1,$$

其中 $\beta_1^{(2)}$ 由式(4.16)确定

$$\beta_1^{(2)} = \frac{\langle g_2, p_1 \rangle_G}{\langle p_1, p_1 \rangle_G} = \frac{g_2^T G p_1}{p_1^T G p_1} = \frac{1}{17^2}.$$

因此

$$p_2 = \frac{30}{17^2}(-3, -7)^T.$$

再求

$$\varphi_2(\lambda) = f(x_2 + \lambda p_2)$$

的极小点 λ_2^*. 解之得 $\lambda_2^* = 17/10$. 于是得 $x_3 = x_2 + \lambda_2^* p_2 = (1, 1)^T$. 按照上述共轭梯度法的步骤，下面应该看 x_3 处的梯度 g_3 是否为零. 若不为零，则继续按式(4.15)求搜索方向 p_3. 但这里 $g_3 = 0$，算法终止(参看图4.3). 实际上，下面我们立刻就会明白，对于二维空间的正定二次函数来说，从任一点 x_1 出发，用共轭梯度法迭代二次得到的 x_3 一定是极小点.

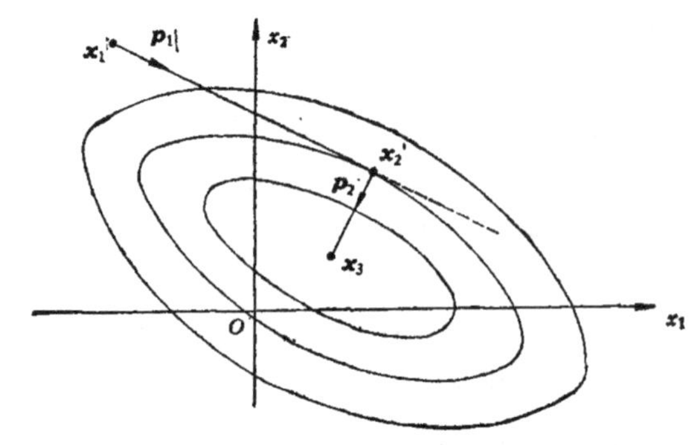

图 4.3　用共轭梯度法求 $f(x) = \frac{3}{2}x_1^2 + \frac{1}{2}x_2^2 - x_1x_2 - 2x_1$ 的极小点

二次终止性　很明显，上述共轭梯度算法构造出的所有搜索

方向 $\{\boldsymbol{p}_1, \boldsymbol{p}_2, \cdots\}$ 都是互相共轭的.同时综合式 (4.15) 和 (4.13) 得知

$$\langle \boldsymbol{g}_k, \boldsymbol{p}_k \rangle = \left\langle \boldsymbol{g}_k, -\boldsymbol{g}_k + \sum_{j=1}^{k-1} \beta_j^{(k)} \boldsymbol{p}_j \right\rangle = -\|\boldsymbol{g}_k\|^2 < 0. \quad (4.17)$$

由此可见,当梯度 $\boldsymbol{g}_k$ 不等于零时,所得方向 $\boldsymbol{p}_k$ 也不为零.据此直接由定理 2 推得下列定理.

定理 3. 若用共轭梯度法极小化形如式 (4.1) 的正定二次函数,则最终只有两种可能:或者在进行第 n 次一维搜索前已达到其极小点;或者可以构造出 n 个非零共轭方向,因而在第 n 次搜索时达到其极小点.

$\boldsymbol{p}_k$ 的计算公式的简化 粗看起来,用公式 (4.15) 计算搜索方向 $\boldsymbol{p}_k$ 时,需要计算 $k-1$ 个系数 $\beta_j^{(k)}$ $(j=1, \cdots, k-1)$. 然而这是不必要的——因为实际上,除最后一个系数 $\beta_{k-1}^{(k)}$ 外,所有其它系数都是零. 为证明这一点,我们先导出式 (4.16) 中隐含的 $G\boldsymbol{p}_j$ 的一个表达式. 既然算法需要计算 $\boldsymbol{p}_k$,那就意味着

$$\boldsymbol{g}_j \neq \boldsymbol{0} \qquad (j=1, \cdots, k).$$

因此根据式 (4.17) 我们有

$$\langle \boldsymbol{g}_j, \boldsymbol{p}_j \rangle = -\|\boldsymbol{g}_j\|^2 < 0 \qquad (j=1, \cdots, k).$$

注意到 $\left\langle \boldsymbol{g}_j, \dfrac{\boldsymbol{p}_j}{\|\boldsymbol{p}_j\|} \right\rangle$ 是目标函数 $f(\boldsymbol{x})$ 在 $\boldsymbol{x}_j$ 处沿 $\boldsymbol{p}_j$ 的方向导数,可知 $\boldsymbol{p}_j$ 必为函数值下降的方向. 故有 $\boldsymbol{x}_{j+1} \neq \boldsymbol{x}_j$,或

$$\boldsymbol{x}_{j+1} - \boldsymbol{x}_j = \lambda_j \boldsymbol{p}_j, \ \lambda_j \neq 0 \ (j=1, \cdots, k).$$

利用上式及 $\boldsymbol{g}(\boldsymbol{x}) = G\boldsymbol{x} + \boldsymbol{r}$ 可得

$$\begin{aligned} \boldsymbol{g}_{j+1} - \boldsymbol{g}_j &= (G\boldsymbol{x}_{j+1} + \boldsymbol{r}) - (G\boldsymbol{x}_j + \boldsymbol{r}) \\ &= G\lambda_j \boldsymbol{p}_j \qquad (j=1, \cdots, k). \end{aligned} \quad (4.18)$$

或

$$G\boldsymbol{p}_j = \frac{1}{\lambda_j}(\boldsymbol{g}_{j+1} - \boldsymbol{g}_j).$$

利用 $G\boldsymbol{p}_j$ 的这个表达式,可以把式 (4.16) 的分子改写为

$$\langle \boldsymbol{g}_k, \boldsymbol{p}_j \rangle_G = \langle \boldsymbol{g}_k, G\boldsymbol{p}_j \rangle$$

$$= \frac{1}{\lambda_j} \langle \boldsymbol{g}_k, \boldsymbol{g}_{j+1} \rangle - \frac{1}{\lambda_j} \langle \boldsymbol{g}_k, \boldsymbol{g}_j \rangle \quad (j = 1, \cdots, k-1).$$

现在考查 $\langle \boldsymbol{g}_k, \boldsymbol{g}_j \rangle$ 的值. 因式 (4.15) 等价于

$$\boldsymbol{g}_j = -\boldsymbol{p}_j + \sum_{i=1}^{j-1} \beta_i^{(j)} \boldsymbol{p}_i,$$

利用式 (4.13) 即知,当 $j \leqslant k-1$ 时,

$$\langle \boldsymbol{g}_k, \boldsymbol{g}_j \rangle = -\langle \boldsymbol{g}_k, \boldsymbol{p}_j \rangle + \sum_{i=1}^{j-1} \beta_i^{(j)} \langle \boldsymbol{g}_k, \boldsymbol{p}_i \rangle = 0. \qquad (4.19)$$

因而当 $j \leqslant k-2$ 时,

$$\langle \boldsymbol{g}_k, \boldsymbol{g}_{j+1} \rangle = \langle \boldsymbol{g}_k, \boldsymbol{g}_j \rangle = 0.$$

再注意到 $\boldsymbol{p}_j$ 永远非零,即可断言当 $j \leqslant k-2$ 时,

$$\beta_j^{(k)} = \frac{\langle \boldsymbol{g}_k, \boldsymbol{p}_j \rangle_G}{\langle \boldsymbol{p}_j, \boldsymbol{p}_j \rangle_G} = 0.$$

于是式 (4.15) 可简化为

$$\boldsymbol{p}_k = -\boldsymbol{g}_k + \beta_{k-1} \boldsymbol{p}_{k-1}, \qquad (4.20)$$

其中 β_{k-1} 就是式 (4.15) 中的 $\beta_{k-1}^{(k)}$. 我们不难导出 β_{k-1} 的更直接的表达式. 事实上,根据式 (4.18), (4.19) 以及 (4.13) 可见

$$\langle \boldsymbol{g}_k, G\boldsymbol{p}_{k-1} \rangle = \frac{1}{\lambda_{k-1}} \langle \boldsymbol{g}_k, \boldsymbol{g}_k - \boldsymbol{g}_{k-1} \rangle = \frac{1}{\lambda_{k-1}} \langle \boldsymbol{g}_k, \boldsymbol{g}_k \rangle,$$

$$\begin{aligned} \langle \boldsymbol{p}_{k-1}, G\boldsymbol{p}_{k-1} \rangle &= \frac{1}{\lambda_{k-1}} \langle \boldsymbol{p}_{k-1}, \boldsymbol{g}_k - \boldsymbol{g}_{k-1} \rangle \\ &= \frac{1}{\lambda_{k-1}} \langle \boldsymbol{g}_{k-1}, \boldsymbol{g}_{k-1} \rangle. \end{aligned}$$

因而式 (4.20) 中的 β_{k-1} 可表为

$$\beta_{k-1} = \frac{\boldsymbol{g}_k^{\mathrm{T}} (\boldsymbol{g}_k - \boldsymbol{g}_{k-1})}{\|\boldsymbol{g}_{k-1}\|^2}, \qquad (4.21)$$

或

$$\beta_{k-1} = \frac{\|\boldsymbol{g}_k\|^2}{\|\boldsymbol{g}_{k-1}\|^2}. \qquad (4.22)$$

显然用式 (4.20) 和 (4.21) 或 (4.22) 计算 $\boldsymbol{p}_k$, 要比原来的式 (4.15) 和 (4.16) 简单得多.

在以上推导过程中，曾用到了 $\boldsymbol{g}_k$ 和 $\boldsymbol{g}_i$ 的正交关系(4.19). 结合式(4.13)及序列 $\{\boldsymbol{p}_k\}$ 的共轭性，我们可以把有关的正交关系归纳如下：

$$
\begin{aligned}
&\langle \boldsymbol{g}_k, \boldsymbol{p}_j\rangle = 0 \qquad (j<k),\\
&\langle \boldsymbol{p}_i, \boldsymbol{p}_j\rangle_G = \langle \boldsymbol{p}_i, G\boldsymbol{p}_j\rangle = 0 \qquad (i\neq j),\\
&\langle \boldsymbol{g}_k, \boldsymbol{g}_j\rangle = 0 \qquad (j<k).
\end{aligned} \tag{4.23}
$$

2.2. 共轭梯度法的最优性

容易看出，共轭梯度法是沿着互相共轭的方向搜索的. 因而对于形如式(4.1)的目标函数来说，k 次迭代后必然达到线性流形 $\boldsymbol{x}_1+\mathscr{B}_k$ 上的极小点，其中 $\mathscr{B}_k$ 是由 $\boldsymbol{p}_1, \cdots, \boldsymbol{p}_k$ 张成的子空间. 现在据此阐明该算法的最优性.

引理. 若共轭梯度算法在点 $\boldsymbol{x}_{k+1}(k+1\leqslant n)$ 处仍未终止，则

$$
\begin{aligned}
[\boldsymbol{g}_1, \boldsymbol{g}_2, \cdots, \boldsymbol{g}_{k+1}] &= [\boldsymbol{g}_1, G\boldsymbol{g}_1, \cdots, G^k\boldsymbol{g}_1]\\
&= [\boldsymbol{p}_1, \boldsymbol{p}_2, \cdots, \boldsymbol{p}_{k+1}],
\end{aligned} \tag{4.24}
$$

其中 $[\cdot, \cdot, \cdots, \cdot]$ 表示由方括号中所有元素张成的子空间.

证明. 采用归纳法. 当 $k=0$ 时，式(4.24)中的两个等式显然都成立. 设当 $k=m-1$ 时结论成立，试证当 $k=m$ 时有

$$
\begin{aligned}
[\boldsymbol{g}_1, \cdots, \boldsymbol{g}_m, \boldsymbol{g}_{m+1}] &= [\boldsymbol{g}_1, \cdots, G^{m-1}\boldsymbol{g}_1, G^m\boldsymbol{g}_1]\\
&= [\boldsymbol{p}_1, \cdots, \boldsymbol{p}_m, \boldsymbol{p}_{m+1}].
\end{aligned} \tag{4.25}
$$

为证第一个等式成立只需证明

$$
\boldsymbol{g}_{m+1}\in[\boldsymbol{g}_1, \cdots, G^{m-1}\boldsymbol{g}_1, G^m\boldsymbol{g}_1] \tag{4.26}
$$

和

$$
\boldsymbol{g}_{m+1}\in[\boldsymbol{g}_1, \cdots, G^{m-1}\boldsymbol{g}_1] \tag{4.27}
$$

成立即可. 由式(4.18)知 $\boldsymbol{g}_{m+1}=\boldsymbol{g}_m+\lambda_m G\boldsymbol{p}_m$. 注意到归纳假设意味着 $\boldsymbol{g}_m\in[\boldsymbol{g}_1, \cdots, G^{m-1}\boldsymbol{g}_1]$，$\boldsymbol{p}_m\in[\boldsymbol{g}_1, \cdots, G^{m-1}\boldsymbol{g}_1]$ 以及 $G\boldsymbol{p}_m\in[G\boldsymbol{g}_1, \cdots, G^m\boldsymbol{g}_1]$，即知式(4.26)成立. 同时根据式(4.23)有

$$
\boldsymbol{g}_{m+1}\perp[\boldsymbol{p}_1, \cdots, \boldsymbol{p}_m]=[\boldsymbol{g}_1, \cdots, G^{m-1}\boldsymbol{g}_1].
$$

另外，由于 $m=k$，算法在点 $\boldsymbol{x}_{m+1}$ 处尚未终止，这保证了 $\boldsymbol{g}_{m+1}\neq\mathbf{0}$. 因而式(4.27)成立. 于是式(4.25)中第一个等式得证.

其次，根据 $\boldsymbol{p}_{m+1}=-\boldsymbol{g}_{m+1}+\beta_m\boldsymbol{p}_m$，利用式(4.26),(4.27)以及归纳假设

$$\boldsymbol{p}_m\in[\boldsymbol{g}_1,\cdots,G^{m-1}\boldsymbol{g}_1],$$

易见

$$\boldsymbol{p}_{m+1}\in[\boldsymbol{g}_1,\cdots,G^{m-1}\boldsymbol{g}_1,G^m\boldsymbol{g}_1],$$

$$\boldsymbol{p}_{m+1}\in[\boldsymbol{g}_1,\cdots,G^{m-1}\boldsymbol{g}_1],$$

由此可知式(4.25)的第二个等式成立. 引理证毕.

上述引理表明，倘若共轭梯度法进行了 $k+1$ 次迭代(这意味着引理条件成立)，那么这 $k+1$ 次迭代是在 $k+1$ 维线性流形 $\boldsymbol{x}_1+\mathscr{B}_{k+1}$ 上进行的，其中

$$\mathscr{B}_{k+1}=[\boldsymbol{g}_1,G\boldsymbol{g}_1,\cdots,G^k\boldsymbol{g}_1].\tag{4.28}$$

显然这个线性流形上的任一点都能表为

$$\boldsymbol{x}=\boldsymbol{x}_1+P_k(G)\boldsymbol{g}_1,\tag{4.29}$$

其中 $P_k(G)$ 是矩阵 G 的一个 k 次多项式

$$P_k(G)=\gamma_kG^k+\gamma_{k-1}G^{k-1}+\cdots+\gamma_1G+\gamma_0.$$

根据定理 2 可知，算法第 $k+1$ 次迭代得到的 $\boldsymbol{x}_{k+2}$，对应于某个特定的 k 次多项式 $\tilde{P}_k$

$$\boldsymbol{x}_{k+2}=\boldsymbol{x}_1+\tilde{P}_k(G)\boldsymbol{g}_1\tag{4.30}$$

它使目标函数(4.1)或者(4.2)取到在 $\boldsymbol{x}_1+\mathscr{B}_{k+1}$ 上的极小值，

$$f(\boldsymbol{x}_{k+2})=\min_{P_k}f(\boldsymbol{x}_1+P_k(G)\boldsymbol{g}_1).\tag{4.31}$$

此式右端的极小值是对一切 k 次多项式 P_k 而言的. 据此，我们有下列定理:

定理 4. 对式(4.2)中的函数 $E(\boldsymbol{x})$ 来说，从 $\boldsymbol{x}_1$ 出发，由共轭梯度法算出的 $\boldsymbol{x}_{k+2}$ 满足

$$E(\boldsymbol{x}_{k+2})=\min_{P_k}(\boldsymbol{x}_1-\boldsymbol{x}^*)^TG[I+GP_k(G)]^2(\boldsymbol{x}_1-\boldsymbol{x}^*),\tag{4.32}$$

这里极小值是对一切 k 次多项式 P_k 而言的.

证明. 利用 $\boldsymbol{g}(\boldsymbol{x}^*)=\mathbf{0}$ 可知

$$\boldsymbol{g}_1 = \boldsymbol{g}(\boldsymbol{x}_1) - \boldsymbol{g}(\boldsymbol{x}^*) = (G\boldsymbol{x}_1 + \boldsymbol{r}) - (G\boldsymbol{x}^* + \boldsymbol{r})$$
$$= G(\boldsymbol{x}_1 - \boldsymbol{x}^*).$$

因而

$$\boldsymbol{x}_1 + P_k(G)\boldsymbol{g}_1 = \boldsymbol{x}_1 + P_k(G)G(\boldsymbol{x}_1 - \boldsymbol{x}^*),$$
$$\boldsymbol{x}_1 + P_k(G)\boldsymbol{g}_1 - \boldsymbol{x}^* = [I + GP_k(G)](\boldsymbol{x}_1 - \boldsymbol{x}^*).$$

据此按式 (4.3) 我们有

$$E(\boldsymbol{x}_1 + P_k(G)\boldsymbol{g}_1)$$
$$= (\boldsymbol{x}_1 + P_k(G)\boldsymbol{g}_1 - \boldsymbol{x}^*)^T G(\boldsymbol{x}_1 + P_k(G)\boldsymbol{g}_1 - \boldsymbol{x}^*)$$
$$= (\boldsymbol{x}_1 - \boldsymbol{x}^*)^T G[I + GP_k(G)]^2(\boldsymbol{x}_1 - \boldsymbol{x}^*).$$

于是最后由式 (4.2) 和 (4.31) 可推知

$$E(\boldsymbol{x}_{k+2}) = \min_{P_k} E(\boldsymbol{x}_1 + P_k(G)\boldsymbol{g}_1)$$
$$= \min_{P_k} (\boldsymbol{x}_1 - \boldsymbol{x}^*)^T G[I + GP_k(G)]^2(\boldsymbol{x}_1 - \boldsymbol{x}^*).$$

定理证毕.

2.3. 共轭梯度法的下降速率

利用定理 4 可以估计出共轭梯度法的下降速率.

引理. 设 $\boldsymbol{x}_{k+2}$ 是从 $\boldsymbol{x}_1$ 出发，用共轭梯度法进行 $k+1$ 次迭代得到的点，则对任意的常数项为 1 的 $k+1$ 次多项式 Q_{k+1} 都有

$$E(\boldsymbol{x}_{k+2}) \leqslant \max_{\lambda_i} Q_{k+1}^2(\lambda_i) \cdot E(\boldsymbol{x}_1), \qquad (4.33)$$

这里极大值是对 G 的所有特征值 λ_i 取的.

证明. 设 $\boldsymbol{e}_1, \cdots, \boldsymbol{e}_n$ 为 G 的 n 个正交规范特征向量，其相应的特征值为 $\lambda_1, \cdots, \lambda_n$. 若记

$$\boldsymbol{x}_1 - \boldsymbol{x}^* = \xi_1\boldsymbol{e}_1 + \cdots + \xi_n\boldsymbol{e}_n, \qquad (4.34)$$

则

$$E(\boldsymbol{x}_1) = (\boldsymbol{x}_1 - \boldsymbol{x}^*)^T G(\boldsymbol{x}_1 - \boldsymbol{x}^*) = \sum_{i=1}^{n} \lambda_i\xi_i^2. \qquad (4.35)$$

对于任意的常数项为 1 的 $k+1$ 次多项式 $Q_{k+1}(\lambda)$，令

$$P_k(\lambda) = \frac{1}{\lambda}(Q_{k+1}(\lambda) - 1).$$

显然 P_k 是 k 次多项式. 于是根据定理 4 及式 (4.35) 知

$$\begin{aligned}
E(\boldsymbol{x}_{k+2}) &\leqslant (\boldsymbol{x}_1 - \boldsymbol{x}^*)^T G[I + GP_k(G)]^2(\boldsymbol{x}_1 - \boldsymbol{x}^*) \\
&= \sum_{i=1}^{n} \lambda_i [1 + \lambda_i P_k(\lambda_i)]^2 \xi_i^2 \\
&\leqslant \left(\max_{\lambda_i} [1 + \lambda_i P_k(\lambda_i)]^2\right)\left(\sum_{i=1}^{n} \lambda_i \xi_i^2\right) \\
&= \max_{\lambda_i} Q_{k+1}^2(\lambda_i) \cdot E(\boldsymbol{x}_1).
\end{aligned}$$

引理证毕.

定理 5. 若记 G 的特征值为

$$0 < \lambda_1 \leqslant \cdots \leqslant \lambda_{n-k} \leqslant \lambda_{n-k+1} \leqslant \cdots \leqslant \lambda_n, \tag{4.36}$$

则从 $\boldsymbol{x}_1$ 出发，用共轭梯度法经 $k+1$ 次迭代得到的点 $\boldsymbol{x}_{k+2}$ 满足

$$E(\boldsymbol{x}_{k+2}) \leqslant \left(\frac{\lambda_{n-k} - \lambda_1}{\lambda_{n-k} + \lambda_1}\right)^2 E(\boldsymbol{x}_1) = \left(\frac{1 - \lambda_1/\lambda_{n-k}}{1 + \lambda_1/\lambda_{n-k}}\right)^2 E(\boldsymbol{x}_1) \tag{4.37}$$

证明. 我们从引理出发，通过选择特定的 Q_{k+1}，证明本定理. 记

$$\mu = \frac{1}{2}(\lambda_1 + \lambda_{n-k}) \tag{4.38}$$

(参看图 4.4)，考虑以 μ 和 $\lambda_{n-k+1}, \lambda_{n-k+2}, \cdots, \lambda_n$ 为零点的多项式

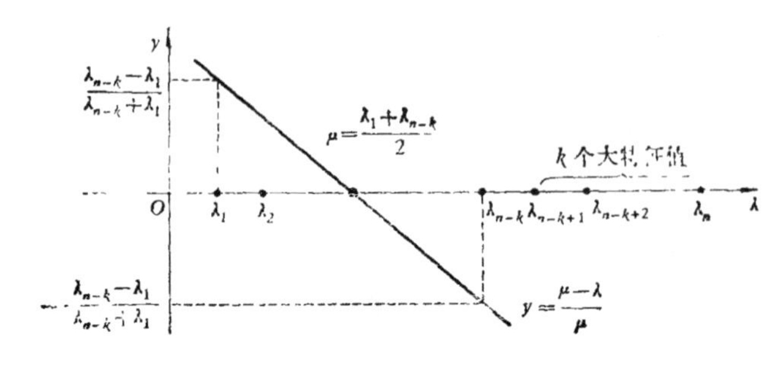

图 4.4 定理 5 的证明

$$q(\lambda)=\left(1-\frac{\lambda}{\mu}\right)\prod_{j=n-k+1}^{n}\left(1-\frac{\lambda}{\lambda_j}\right), \tag{4.39}$$

显然它是 $k+1$ 次的，且其常数项是 1. 我们就取 $q(\lambda)$ 作为 Q_{k+1}. 根据引理知，要证明式 (4.37) 只需证明当 $i=1,\cdots,n$ 时，

$$|q(\lambda_i)|\leqslant\frac{\lambda_{n-k}-\lambda_1}{\lambda_{n-k}+\lambda_1}. \tag{4.40}$$

因为

$$q(\lambda_i)=0\quad(i=n-k+1,n-k+2,\cdots,n),$$

故又只需对 $i=1,\cdots,n-k$ 证明式 (4.40) 成立. 事实上，由式 (4.36) 易见当 $i=1,\cdots,n-k$ 时总有

$$0\leqslant\prod_{j=n-k+1}^{n}\left(1-\frac{\lambda_i}{\lambda_j}\right)\leqslant 1.$$

代入式 (4.39) 得知，此时必有

$$|q(\lambda_i)|\leqslant\left|1-\frac{\lambda_i}{\mu}\right|.$$

于是可进一步知

$$|q(\lambda_i)|\leqslant\max_{\lambda\in[\lambda_1,\lambda_{n-k}]}\left|1-\frac{\lambda}{\mu}\right|=\frac{\lambda_{n-k}-\lambda_1}{\lambda_{n+k}+\lambda_1}.$$

定理证毕.

定理 5 告诉我们：进行第一次迭代(对应 $k=0$)后得到的点 $\boldsymbol{x}_2$ 满足

$$E(\boldsymbol{x}_2)\leqslant\left(\frac{\lambda_n-\lambda_1}{\lambda_n+\lambda_1}\right)^2E(\boldsymbol{x}_1)=\left(\frac{1-\lambda_1/\lambda_n}{1+\lambda_1/\lambda_n}\right)^2E(\boldsymbol{x}_1).$$

因为共轭梯度法的第一次迭代是沿最速下降方向进行的，因此上式也就是最速下降法迭代一次的估计值. 从估计式可以看出，当 G 的最大特征值和最小特征值相差很大（二次函数的等高面非常扁平)时，这一次迭代的进展可能很不理想. 但若按共轭梯度法再进行一次迭代(即共进行两次迭代，对应于 $k=1$)，就有

$$E(\boldsymbol{x}_3)\leqslant\left(\frac{\lambda_{n-1}-\lambda_1}{\lambda_{n-1}+\lambda_1}\right)^2E(\boldsymbol{x}_1)=\left(\frac{1-\lambda_1/\lambda_{n-1}}{1+\lambda_1/\lambda_{n-1}}\right)^2E(\boldsymbol{x}_1),$$

与只进行第一次迭代时的估计值相比，此时已经消除了最大的特征值 λ_n 的影响．而且，定理5表明，每多进行一次迭代，就能多消除一个大特征值的影响．这使我们又一次看到，共轭梯度法和最速下降法是很不相同的．共轭梯度法能够处理等高面非常扁平的二次函数．

同时由定理5可以再一次证明算法具有二次终止性．事实上倘若能进行 n 次迭代则总有

$$E(\boldsymbol{x}_{n+1}) \leqslant \left(\frac{\lambda_1 - \lambda_1}{\lambda_1 + \lambda_1}\right)^2 E(\boldsymbol{x}_1) = 0.$$

这蕴含着

$$\boldsymbol{x}_{n+1} = \boldsymbol{x}^*.$$

换句话说，最多进行 n 次迭代就能达到目标函数的极小点．而且特别地当矩阵 G 的 l 个最小特征值相同，即

$$\lambda_1 = \lambda_2 = \cdots = \lambda_l \leqslant \lambda_{l+1} \leqslant \cdots \leqslant \lambda_n$$

时，最多进行 $n - l + 1$ 次迭代就能达到函数的极小点：

$$E(\boldsymbol{x}_{n-l+2}) \leqslant \left(\frac{\lambda_l - \lambda_1}{\lambda_l + \lambda_1}\right)^2 E(\boldsymbol{x}_1) = 0.$$

§3. 应用于一般目标函数的共轭梯度法

3.1. PRP 算法和 FR 算法

当上述针对二次函数的共轭梯度法应用于一般目标函数时，可以考虑采取下列两种形式．

算法1（PRP 算法）

1. 取初始点 $\boldsymbol{x}_1$，置 $k = 1$.
2. 计算 $\boldsymbol{g}_k = \boldsymbol{g}(\boldsymbol{x}_k)$.
3. 若 $\boldsymbol{g}_k = \boldsymbol{0}$，则停止计算；否则置

$$\boldsymbol{p}_k = -\boldsymbol{g}_k + \beta_{k-1}\boldsymbol{p}_{k-1}, \tag{4.41}$$

其中

$$\beta_{k-1}=\begin{cases}0, & \text{当 } k=1 \text{ 时};\\ \dfrac{\boldsymbol{g}_k^T[\boldsymbol{g}_k-\boldsymbol{g}_{k-1}]}{\|\boldsymbol{g}_{k-1}\|^2}, & \text{当 } k>1 \text{ 时}.\end{cases} \tag{4.42}$$

4. 一维搜索：求 λ_k 使得

$$f(\boldsymbol{x}_k+\lambda_k\boldsymbol{p}_k)=\min\{f(\boldsymbol{x}_k+\lambda\boldsymbol{p}_k)\mid\lambda\geqslant 0\}. \tag{4.43}$$

5. 置 $\boldsymbol{x}_{k+1}=\boldsymbol{x}_k+\lambda_k\boldsymbol{p}_k$，置 $k=k+1$，转 2.

在上述算法中，计算系数 β_{k-1} 的公式(4.42)是与式(4.21)相对应的. 类似地，与式(4.22)相对应，可以建立下列算法.

算法 2(FR 算法) 在算法 1(PRP 算法)中用

$$\beta_{k-1}=\begin{cases}0, & \text{当 } k=1 \text{ 时};\\ \dfrac{\|\boldsymbol{g}_k\|^2}{\|\boldsymbol{g}_{k-1}\|^2}, & \text{当 } k>1 \text{ 时}\end{cases} \tag{4.44}$$

代替式(4.42)就是 FR 算法. 详细步骤从略.

很明显，对于一般的连续可微函数来说，PRP 算法和 FR 算法所构造的搜索方向 $\boldsymbol{p}_k$ 都满足

$$\langle\boldsymbol{g}_k,\boldsymbol{p}_k\rangle=\langle\boldsymbol{g}_k,-\boldsymbol{g}_k+\beta_{k-1}\boldsymbol{p}_{k-1}\rangle=\langle\boldsymbol{g}_k,-\boldsymbol{g}_k\rangle=-\|\boldsymbol{g}_k\|^2.$$

这表明若在 $\boldsymbol{x}_k$ 处梯度非零，则在 $\boldsymbol{x}_k$ 处沿 $\boldsymbol{p}_k$ 的方向导数取负值，因而 $\boldsymbol{p}_k$ 总是下降方向.

对于正定二次函数来说，PRP 算法与 FR 算法等价. 对于一般目标函数，两个算法每进行一次迭代的计算量也大体相同，但计算效果有时却会有不小的差异. 一般说来，PRP 算法优于 FR 算法. 为帮助读者理解这两个算法效果上的差别，我们考虑定义在 R^2 上的这样一个目标函数，它在以原点为圆心的某个圆 $\mathscr{D}$ 内是二次函数

$$f(\boldsymbol{x})=\frac{1}{2}(x_1^2+x_2^2). \tag{4.45}$$

但在 $\mathscr{D}$ 的外边是某一个连续可微函数，而且在 $\mathscr{D}$ 的边界上是光滑连接的. 我们设想从 $\mathscr{D}$ 外某一点出发，经过若干次迭代后达到了 $\mathscr{D}$ 内某点 $\boldsymbol{x}_k$，并且已经确定了搜索方向 $\boldsymbol{p}_k$（假定它满足

式(4.41). 现在从 $\boldsymbol{x}_k$ 出发,分别继续用 FR 算法和 PRP 算法进行计算并对它们的进展情况进行一些比较.

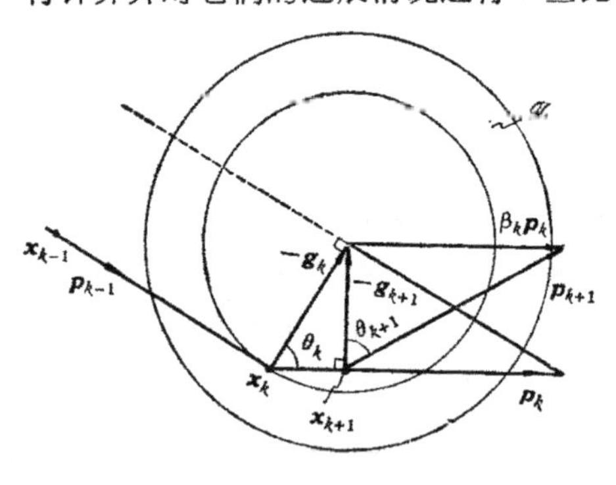

图 4.5 FR 算法和 PRP 算法的比较

用 θ_k 表示搜索方向 $\boldsymbol{p}_k$ 与负梯度 $-\boldsymbol{g}_k$ 之间的夹角. 考查用 FR 算法和 PRP 算法进行迭代时, θ_k 随 k 的变化规律. 由式(4.41)及

$$\langle \boldsymbol{g}_k, \boldsymbol{p}_{k-1} \rangle = 0$$

知

$$\|\boldsymbol{p}_k\| \cdot \|\boldsymbol{g}_k\| \cos\theta_k = \langle \boldsymbol{p}_k, -\boldsymbol{g}_k \rangle = \|\boldsymbol{g}_k\|^2.$$

故有

$$\sec\theta_k = \|\boldsymbol{p}_k\| / \|\boldsymbol{g}_k\|. \tag{4.46}$$

另一方面,由图 4.5 易见

$$\operatorname{tg}\theta_{k+1} = \|\beta_k \boldsymbol{p}_k\| / \|\boldsymbol{g}_{k+1}\|. \tag{4.47}$$

对于 FR 算法来说, $\beta_k = \|\boldsymbol{g}_{k+1}\|^2 / \|\boldsymbol{g}_k\|^2$ 因而

$$\operatorname{tg}\theta_{k+1} = \frac{\|\boldsymbol{g}_{k+1}\|^2}{\|\boldsymbol{g}_k\|^2} \|\boldsymbol{p}_k\| / \|\boldsymbol{g}_{k+1}\| = \frac{\|\boldsymbol{g}_{k+1}\|}{\|\boldsymbol{g}_k\|} \cdot \frac{\|\boldsymbol{p}_k\|}{\|\boldsymbol{g}_k\|}$$
$$= \sin\theta_k \sec\theta_k = \operatorname{tg}\theta_k.$$

即

$$\theta_{k+1} = \theta_k. \tag{4.48}$$

这说明即使对于性态像(4.45)那样好的函数,倘若某次搜索方向很不理想,仍会使得以后的每次迭代都只能取得很小的进展. 但是对于 PRP 算法,情形则大不相同. 由图 4.5 不难看出,对于目标函数(4.45)来说, $\boldsymbol{g}_{k+1} - \boldsymbol{g}_k \perp \boldsymbol{g}_{k+1}$, 因而 $\beta_k = 0$. 于是有

$$\theta_{k+1} = 0. \tag{4.49}$$

由此可见, PRP 算法具有自动地使搜索方向朝着最速下降方向靠拢的性质, 较易克服接连多次进展缓慢的弱点. 对于一般目标函数实际计算的经验,也证实了这一点.

3.2. PRP 算法的收敛问题

定理 3 告诉我们，用 PRP 算法求解正定二次目标函数时，最多 n 步就能达到其极小点. 因而这个算法具有二次终止性. 现在证明它还具有全局收敛性，并且具有线性收敛速率. 为此先证明下列引理.

引理. 设 $f(\boldsymbol{x})$ 满足

i）$f(\boldsymbol{x})$ 是 R^n 上的二次连续可微函数；

ii）对任意的 $\boldsymbol{x}' \in R^n$，存在着常数 $m > 0$，使得当 $\boldsymbol{x} \in C(\boldsymbol{x}')$，$\boldsymbol{y} \in R^n$ 时有

$$m\|\boldsymbol{y}\|^2 \leqslant \langle \boldsymbol{y}, G(\boldsymbol{x})\boldsymbol{y} \rangle, \tag{4.50}$$

其中 $G(\boldsymbol{x})$ 是 $f(\boldsymbol{x})$ 在点 $\boldsymbol{x}$ 处的 Hessian 矩阵，$C(\boldsymbol{x}')$ 是 $f(\boldsymbol{x})$ 相对于 $\boldsymbol{x}'$ 的基准集：

$$C(\boldsymbol{x}') = \{\boldsymbol{x} | f(\boldsymbol{x}) \leqslant f(\boldsymbol{x}')\}.$$

若从某点 $\boldsymbol{x}_1 \in R^n$ 出发，按算法 1（PRP 算法）构造的 $\{\boldsymbol{x}_k\}$ 是无穷序列，则存在着常数 $\rho \in (0, 1]$，使得对一切 k 均有

$$\left\langle -\frac{\boldsymbol{g}_k}{\|\boldsymbol{g}_k\|}, \frac{\boldsymbol{p}_k}{\|\boldsymbol{p}_k\|} \right\rangle \geqslant \rho.$$

证明. 由

$$\boldsymbol{p}_k = -\boldsymbol{g}_k + \beta_{k-1}\boldsymbol{p}_{k-1}, \tag{4.51}$$

易见

$$\langle \boldsymbol{g}_k, \boldsymbol{p}_k \rangle = \langle \boldsymbol{g}_k, -\boldsymbol{g}_k + \beta_{k-1}\boldsymbol{p}_{k-1} \rangle = -\|\boldsymbol{g}_k\|^2,$$

所以有

$$\frac{\langle -\boldsymbol{g}_k, \boldsymbol{p}_k \rangle}{\|\boldsymbol{g}_k\| \cdot \|\boldsymbol{p}_k\|} = \frac{\|\boldsymbol{g}_k\|^2}{\|\boldsymbol{g}_k\|\|\boldsymbol{p}_k\|} = \frac{\|\boldsymbol{g}_k\|}{\|\boldsymbol{p}_k\|}. \tag{4.52}$$

因此只需证明存在着 $\rho \in (0, 1]$，使得

$$\frac{\|\boldsymbol{g}_k\|}{\|\boldsymbol{p}_k\|} \geqslant \rho. \tag{4.53}$$

注意到 $\boldsymbol{p}_k$ 与 $\boldsymbol{g}_k$ 的关系式 (4.51)，我们需要估计 β_{k-1}

$$\beta_{k-1} = \langle \boldsymbol{g}_k, \boldsymbol{g}_k - \boldsymbol{g}_{k-1} \rangle / \|\boldsymbol{g}_{k-1}\|^2. \tag{4.54}$$

由 Taylor 展开式(参看附录 I 的定理 2) 知,

$$\boldsymbol{g}_k - \boldsymbol{g}_{k-1} = \boldsymbol{g}(\boldsymbol{x}_{k-1} + \lambda_{k-1}\boldsymbol{p}_{k-1}) - \boldsymbol{g}(\boldsymbol{x}_{k-1}) = \lambda_{k-1} G_{k-1} \boldsymbol{p}_{k-1}, \tag{4.55}$$

其中

$$G_{k-1} = \int_0^1 G(\boldsymbol{x}_{k-1} + t\lambda_{k-1}\boldsymbol{p}_{k-1}) dt.$$

将式 (4.55) 两端与 $\boldsymbol{p}_{k-1}$ 做内积得

$$\begin{aligned} \lambda_{k-1}\langle G_{k-1}\boldsymbol{p}_{k-1}, \boldsymbol{p}_{k-1}\rangle &= \langle \boldsymbol{g}_k - \boldsymbol{g}_{k-1}, \boldsymbol{p}_{k-1}\rangle \\ &= -\langle \boldsymbol{g}_{k-1}, \boldsymbol{p}_{k-1}\rangle = \langle \boldsymbol{g}_{k-1}, \boldsymbol{g}_{k-1}\rangle, \end{aligned}$$

$$\lambda_{k-1} = \|\boldsymbol{g}_{k-1}\|^2 / \langle \boldsymbol{p}_{k-1}, G_{k-1}\boldsymbol{p}_{k-1}\rangle. \tag{4.56}$$

把式 (4.55), (4.56) 代入 β_{k-1} 的表达式 (4.54), 有

$$\begin{aligned} \beta_{k-1} = \lambda_{k-1} \frac{\langle \boldsymbol{g}_k, G_{k-1}\boldsymbol{p}_{k-1}\rangle}{\|\boldsymbol{g}_{k-1}\|^2} &= \frac{\|\boldsymbol{g}_{k-1}\|^2}{\langle \boldsymbol{p}_{k-1}, G_{k-1}\boldsymbol{p}_{k-1}\rangle} \\ \cdot \frac{\langle \boldsymbol{g}_k, G_{k-1}\boldsymbol{p}_{k-1}\rangle}{\|\boldsymbol{g}_{k-1}\|^2} &= \frac{\langle \boldsymbol{g}_k, G_{k-1}\boldsymbol{p}_{k-1}\rangle}{\langle \boldsymbol{p}_{k-1}, G_{k-1}\boldsymbol{p}_{k-1}\rangle}. \end{aligned}$$

因条件 (4.50) 可加强为: 当 $\boldsymbol{x} \in C(\boldsymbol{x}')$, $\boldsymbol{y} \in R^n$ 时,

$$m\|\boldsymbol{y}\|^2 \leqslant \langle \boldsymbol{y}, G(\boldsymbol{x})\boldsymbol{y}\rangle \leqslant M\|\boldsymbol{y}\|^2$$

(其中 $M = \max\{\|G(x)\| \mid x \in C(x')\} < \infty$),故有

$$\begin{aligned} \langle \boldsymbol{p}_{k-1}, G_{k-1}\boldsymbol{p}_{k-1}\rangle &= \int_0^1 \langle \boldsymbol{p}_{k-1}, G(\boldsymbol{x}_{k-1} + t\lambda_{k-1}\boldsymbol{p}_{k-1})\boldsymbol{p}_{k-1}\rangle dt \\ &\geqslant \int_0^1 m\langle \boldsymbol{p}_{k-1}, \boldsymbol{p}_{k-1}\rangle dt = m\|\boldsymbol{p}_{k-1}\|^2, \end{aligned}$$

$$\begin{aligned} \|G_{k-1}\boldsymbol{p}_{k-1}\| &= \left\|\int_0^1 G(\boldsymbol{x}_{k-1} + t\lambda_{k-1}\boldsymbol{p}_{k-1}) dt \boldsymbol{p}_{k-1}\right\| \\ &= \left\|\int_0^1 G(\boldsymbol{x}_{k-1} + t\lambda_{k-1}\boldsymbol{p}_{k-1})\boldsymbol{p}_{k-1} dt\right\| \leqslant M\|\boldsymbol{p}_{k-1}\|. \end{aligned}$$

因而

$$|\beta_{k-1}| \leqslant \frac{\|\boldsymbol{g}_k\| \cdot \|G_{k-1}\boldsymbol{p}_{k-1}\|}{m\|\boldsymbol{p}_{k-1}\|^2} \leqslant \frac{M}{m} \frac{\|\boldsymbol{g}_k\|}{\|\boldsymbol{p}_{k-1}\|}.$$

代入式 (4.51) 可得

$$\|\boldsymbol{p}_k\| \leqslant \|\boldsymbol{g}_k\| + |\beta_{k-1}| \cdot \|\boldsymbol{p}_{k-1}\| \leqslant \|\boldsymbol{g}_k\| + \frac{M}{m}\|\boldsymbol{g}_k\|$$

$$= \left(1 + \frac{M}{m}\right)\|\boldsymbol{g}_k\|$$

或

$$\frac{\|\boldsymbol{g}_k\|}{\|\boldsymbol{p}_k\|} \geqslant \left(1 + \frac{M}{m}\right)^{-1}.$$

即式(4.53)成立. 引理证毕.

这个引理表明算法 1(PRP 算法)属于第三章所描述的算法类,因此由第三章的定理3和定理 4 立即可以得到关于算法 1 的收敛定理:

定理 6. 在 $f(\boldsymbol{x})$ 满足引理所述的条件下,算法 1 具有全局收敛性. 即从任意初始点 $\boldsymbol{x}_1$ 出发,按算法构造的序列,或终止于或收敛于 $f(\boldsymbol{x})$ 在 R^n 上的唯一极小点 $\boldsymbol{x}^*$.

定理 7. 设由算法 1 构造的序列 $\{\boldsymbol{x}_k\}$ 收敛于 $\boldsymbol{x}^*$, 若 $f(\boldsymbol{x})$ 满足第三章定理 4 所述条件,则 $\{\boldsymbol{x}_k\}$ 线性收敛于 $\boldsymbol{x}^*$.

一个例子 我们直觉上可以明显地感到,算法 1(PRP 算法)远远优于最速下降法. 似乎应该能够证明它的收敛速率高于线性收敛. 但文献 [54] [55] 给出了一个它仅仅线性收敛的例子,从而否定了这一想法. 现在介绍这个反例.

考虑 R^3 上的目标函数

$$f(\boldsymbol{x}) = \begin{cases} \dfrac{1}{2}\boldsymbol{x}^T G\boldsymbol{x}, & \boldsymbol{x}^T G\boldsymbol{x} \leqslant 4; \\ \dfrac{1}{2}\boldsymbol{x}^T G\boldsymbol{x} + (\mathbf{c}^T\boldsymbol{x})(\boldsymbol{x}^T G\boldsymbol{x} - 4)^2, & \text{其它}, \end{cases} \tag{4.57}$$

其中

$$\mathbf{c} = \left(\frac{\sqrt{6}}{12}, \frac{4}{9}\sqrt{\frac{6}{5}}, \frac{-41\sqrt{5}}{90}\right)^T, \quad G = \operatorname{diag}\left\{\frac{1}{10}, 1, 1\right\}.$$

初始点取为

$$\boldsymbol{x}_1=\left(\frac{5\sqrt{6}}{2},\ 0,\ \frac{\sqrt{5}}{2}\right)^T.$$

我们用 PRP 算法求 $f(\boldsymbol{x})$ 的极小点.

首先取搜索方向

$$\boldsymbol{p}_1=-\boldsymbol{g}_1=\left(-\frac{4}{9}\sqrt{6},\ -\frac{4}{9}\sqrt{\frac{6}{5}},\ -\frac{4\sqrt{5}}{15}\right)^T.$$

为从 $\boldsymbol{x}_1$ 出发沿方向 $\boldsymbol{p}_1$ 搜索,需将

$$\boldsymbol{x}=\left(\frac{5\sqrt{6}}{2}-\frac{4}{9}\sqrt{6}\lambda,\ -\frac{4}{9}\sqrt{\frac{6}{5}}\lambda,\frac{\sqrt{5}}{2}-\frac{4\sqrt{5}}{15}\lambda\right)^T \tag{4.58}$$

代入目标函数 (4.57), 以求得 $\varphi_1(\lambda)=f(\boldsymbol{x}_1+\lambda\boldsymbol{p}_1)$ 的表达式. 由于函数 (4.57) 是分段表示的函数,我们先把式 (4.58) 代入方程

$$x^TG\boldsymbol{x}=4,$$

解出对应于分界点的两个 λ 值

$$\lambda=\frac{15\pm3\sqrt{15}}{8}.$$

于是有

$$\varphi_1(\lambda)=f(\boldsymbol{x}_1+\lambda\boldsymbol{p}_1)$$

$$=\begin{cases}\dfrac{16}{45}\lambda^2-\dfrac{4}{3}\lambda+\dfrac{5}{2}, & \lambda\in\left[\dfrac{15-3\sqrt{15}}{8},\dfrac{15+3\sqrt{15}}{8}\right];\\ \dfrac{32^2\times4}{45^2\times27}\lambda^5-\dfrac{32^2}{45^2}\lambda^4 & \\ \quad+\dfrac{32^2}{45\times27}\lambda^3+\dfrac{16\times13}{45\times9}\lambda^2 & \\ \quad-\dfrac{16}{9}\lambda+\dfrac{47}{18}, & \text{其它}.\end{cases}$$

经过直接但比较冗长的计算, 可以判定 $\varphi_1(\lambda)$ 在 $[0,\infty)$ 上有唯一的极小点

$$\lambda_1=\frac{15}{8}.$$

因此

$$\boldsymbol{x}_2 = \boldsymbol{x}_1 + \lambda_1 \boldsymbol{p}_1 = \frac{1}{\sqrt{6}}(10, -\sqrt{5}, 0)^T.$$

求出点 $\boldsymbol{x}_2$ 处的梯度

$$\boldsymbol{g}_2 = \left(\frac{1}{\sqrt{6}}, -\sqrt{\frac{5}{6}}, 0\right)^T,$$

并注意到

$$\beta_1 = \frac{\boldsymbol{g}_2^T(\boldsymbol{g}_2 - \boldsymbol{g}_1)}{\|\boldsymbol{g}_1\|^2} = \frac{9}{16},$$

即知

$$\boldsymbol{p}_2 = -\boldsymbol{g}_2 + \beta_1 \boldsymbol{p}_1 = \frac{1}{4\sqrt{30}}(-10\sqrt{5}, 14, -3\sqrt{6})^T.$$

可以证明,此后用 PRP 算法产生的点列 $\{\boldsymbol{x}_k\}$ 满足

$$\boldsymbol{x}_k = \gamma R \boldsymbol{x}_{k-1} \qquad (k = 3, 4, \cdots), \tag{4.59}$$

其中 $\gamma = \frac{3}{5}$, R 是正交矩阵

$$R = \begin{pmatrix} 1 & 0 & 0 \\ 0 & -\frac{1}{5} & -\frac{2\sqrt{6}}{5} \\ 0 & \frac{2\sqrt{6}}{5} & -\frac{1}{5} \end{pmatrix}.$$

事实上,由于 $\boldsymbol{x}_2^T G \boldsymbol{x}_2 < 4$, 所以以后的搜索都是在区域

$$\{\boldsymbol{x} \mid \boldsymbol{x}^T G \boldsymbol{x} \leqslant 4\}$$

内进行的. 所以不妨认为目标函数就是二次函数 $\frac{1}{2}\boldsymbol{x}^T G \boldsymbol{x}$. 此时可将 PRP 算法的计算公式进行如下变形:

$$\boldsymbol{x}_k = \boldsymbol{x}_{k-1} + \lambda_{k-1} \boldsymbol{p}_{k-1}, \tag{4.60}$$

其中 λ_{k-1} 是 $\varphi_{k-1}(\lambda) = \frac{1}{2}(\boldsymbol{x}_{k-1} + \lambda \boldsymbol{p}_{k-1})^T G(\boldsymbol{x}_{k-1} + \lambda \boldsymbol{p}_{k-1})$ 的极小点

$$\lambda_{k-1} = -\langle \boldsymbol{p}_{k-1}, G\boldsymbol{x}_{k-1} \rangle / \langle \boldsymbol{p}_{k-1}, G\boldsymbol{p}_{k-1} \rangle.$$

因 $\boldsymbol{g}_{k-1}=G\boldsymbol{x}_{k-1}$，故上式可写为

$$\lambda_{k-1}=-\langle\boldsymbol{g}_{k-1},\boldsymbol{p}_{k-1}\rangle/\langle\boldsymbol{p}_{k-1},G\boldsymbol{p}_{k-1}\rangle.$$

若继续构造搜索方向则应取

$$\boldsymbol{p}_k=-\boldsymbol{g}_k+\beta_{k-1}\boldsymbol{p}_{k-1},\tag{4.61}$$

其中

$$\beta_{k-1}=\frac{\boldsymbol{g}_k^{\mathrm{T}}[\boldsymbol{g}_k-\boldsymbol{g}_{k-1}]}{\|\boldsymbol{g}_{k-1}\|^2}.$$

注意到 $\langle\boldsymbol{g}_{k-1},\boldsymbol{p}_{k-2}\rangle=0$，$\langle\boldsymbol{g}_k,\boldsymbol{p}_{k-1}\rangle=0$，我们有

$$\boldsymbol{g}_k-\boldsymbol{g}_{k-1}=G(\boldsymbol{x}_k-\boldsymbol{x}_{k-1})=\lambda_{k-1}G\boldsymbol{p}_{k-1},$$

$$\begin{aligned}\langle\boldsymbol{g}_{k-1},\boldsymbol{g}_{k-1}\rangle&=\langle-\boldsymbol{p}_{k-1},\boldsymbol{g}_{k-1}\rangle=\langle\boldsymbol{p}_{k-1},\boldsymbol{g}_k-\boldsymbol{g}_{k-1}\rangle\\&=\lambda_{k-1}\langle\boldsymbol{p}_{k-1},G\boldsymbol{p}_{k-1}\rangle,\end{aligned}$$

因而

$$\beta_{k-1}=\frac{\langle\boldsymbol{g}_k,G\boldsymbol{p}_{k-1}\rangle}{\langle\boldsymbol{p}_{k-1},G\boldsymbol{p}_{k-1}\rangle}.$$

现在我们来证明式(4.59)成立. 根据上述公式考查迭代过程中的各个量,不难用归纳法证明下述较式(4.59)更广泛的结论：对于 $k=2,3,\cdots$，有

$$\begin{gathered}\lambda_k=\frac{8}{5},\quad\beta_k=\frac{9}{25},\\ \boldsymbol{x}_{k+1}=\gamma R\boldsymbol{x}_k,\quad\boldsymbol{g}_{k+1}=\gamma R\boldsymbol{g}_k,\quad\boldsymbol{p}_{k+1}=\gamma R\boldsymbol{p}_k.\end{gathered}\tag{4.62}$$

事实上,当 $k=2$ 时,容易直接验证式(4.62)成立. 现设 $k=i-1$ 时结论成立,要证明 $k=i$ 时结论也成立. 依据式(4.60),(4.61)和归纳假设得

$$\begin{aligned}\lambda_i&=-\frac{\langle\boldsymbol{g}_i,\boldsymbol{p}_i\rangle}{\langle\boldsymbol{p}_i,G\boldsymbol{p}_i\rangle}=-\frac{\langle\gamma R\boldsymbol{g}_{i-1},\gamma R\boldsymbol{p}_{i-1}\rangle}{\langle\gamma R\boldsymbol{p}_{i-1},G\gamma R\boldsymbol{p}_{i-1}\rangle}\\&=\frac{\langle R\boldsymbol{g}_{i-1},R\boldsymbol{p}_{i-1}\rangle}{\langle R\boldsymbol{p}_{i-1},RG\boldsymbol{p}_{i-1}\rangle}=\frac{\langle\boldsymbol{g}_{i-1},\boldsymbol{p}_{i-1}\rangle}{\langle\boldsymbol{p}_{i-1},G\boldsymbol{p}_{i-1}\rangle}=\lambda_{i-1}=\frac{8}{5},\end{aligned}$$

$$\boldsymbol{x}_{i+1}=\boldsymbol{x}_i+\lambda_i\boldsymbol{p}_i=\gamma R\boldsymbol{x}_{i-1}+\lambda_{i-1}\gamma R\boldsymbol{p}_{i-1}=\gamma R\boldsymbol{x}_i,$$

$$\boldsymbol{g}_{i+1}=G\boldsymbol{x}_{i+1}=G(\gamma R\boldsymbol{x}_i)=\gamma R\boldsymbol{g}_i,$$

$$\beta_i=\frac{\langle\boldsymbol{g}_{i+1},G\boldsymbol{p}_i\rangle}{\langle\boldsymbol{p}_i,G\boldsymbol{p}_i\rangle}=\frac{\langle\gamma R\boldsymbol{g}_i,G\gamma R\boldsymbol{p}_{i-1}\rangle}{\langle\gamma R\boldsymbol{p}_{i-1},G\gamma R\boldsymbol{p}_{i-1}\rangle}$$

$$= \frac{\langle \boldsymbol{g}_i, G\boldsymbol{p}_{i-1}\rangle}{\langle \boldsymbol{p}_{i-1}, G\boldsymbol{p}_{i-1}\rangle} = \beta_{i-1} = \frac{9}{25},$$

$$\boldsymbol{p}_{i+1} = -\boldsymbol{g}_{i+1} + \beta_i \boldsymbol{p}_i = -\gamma R\boldsymbol{g}_i + \beta_{i-1}\gamma R\boldsymbol{p}_{i-1} = \gamma R\boldsymbol{p}_i.$$

这就完全证明了式(4.62)，从而得知式(4.59)成立.

式(4.59)有着明显的几何意义：把 $\boldsymbol{x}_{k-1}$ 绕第一个坐标轴(即椭球 $\boldsymbol{x}^T G\boldsymbol{x} = 4$ 的长轴)旋转一个定角 $\alpha = \cos^{-1}\left(-\frac{1}{5}\right)$，然后向坐标原点(即极小点 $\boldsymbol{x}^* = \boldsymbol{0}$)压缩 γ 倍,就得到 $\boldsymbol{x}_k$，显然，

$$\|\boldsymbol{x}_k - \boldsymbol{x}^*\| = \|\boldsymbol{x}_2 - \boldsymbol{x}^*\|\gamma^{k-2} = \sqrt{\frac{105}{6}}\left(\frac{3}{5}\right)^{k-2}, \quad (4.63)$$

这意味着点列 $\{\boldsymbol{x}_k\}$ 的确只是线性收敛到 $\boldsymbol{x}^* = \boldsymbol{0}$.

3.3. 带重新开始步骤的 PRP 算法

n 步重新开始的 PRP 算法 现在考虑改进 PRP 算法，以提高其收敛速率. 我们知道，对一般目标函数来说，PRP 算法很可能只线性收敛,因而可能收敛速度很慢. 如果在迭代过程中,目标函数始终不能用二次函数较好地近似，那么收敛慢的原因可归结为目标函数“性态不好”. 但是前段给出的例子表明，对于某些性态很好的函数,算法仍然可能收敛很慢——实际上,在那里,从某次迭代开始就已进入了目标函数是一个正定二次函数的区域,而收敛速率仅仅是线性的. 这时收敛慢的原因只能归结为我们的策略不佳——当迭代进入二次函数的区域后，未能及时找到 n 个共轭方向. 我们知道，标准开始的 PRP 算法应用于二次函数时,之所以能陆续构造出 n 个共轭方向，一个关键是取负梯度方向作为第一个搜索方向. 这使我们想到，为加快收敛速率可采取如下措施：每经若干次(例如 n 次或 $n+1$ 次)迭代后，整个重新开始计算——重置当前点的负梯度方向为 $\boldsymbol{p}_1$，然后再按式(4.41),(4.42)或(4.41),(4.44)构造一系列 $\boldsymbol{p}_k$，并依次沿这些方向进行一维搜索. FR 算法[27]和 PRP 算法[56][57]的最初形式都采用了这种

策略，下面我们叙述一个这样的算法.

算法 3（n 步重新开始的 PRP 算法）

1. 取初始点 $\boldsymbol{x}_1$，置 $k=1$.

2. 计算 $\boldsymbol{g}_k=\boldsymbol{g}(\boldsymbol{x}_k)$.

3. 若 $\boldsymbol{g}_k=\boldsymbol{0}$，则停止计算；否则置

$$\boldsymbol{p}_k=-\boldsymbol{g}_k+\beta_{k-1}\boldsymbol{p}_{k-1}. \tag{4.64}$$

其中

$$\beta_{k-1}=\begin{cases}0, & \text{当 } k-1 \text{ 是 } n \text{ 的整数倍时；}\\ \dfrac{\boldsymbol{g}_k^T[\boldsymbol{g}_k-\boldsymbol{g}_{k-1}]}{\|\boldsymbol{g}_{k-1}\|^2}, & \text{其它.}\end{cases} \tag{4.65}$$

4. 一维搜索：求 λ_k 使得

$$f(\boldsymbol{x}_k+\lambda_k\boldsymbol{p}_k)=\min\{f(\boldsymbol{x}_k+\lambda\boldsymbol{p}_k)\mid\lambda\geqslant 0\}.$$

5. 置 $\boldsymbol{x}_{k+1}=\boldsymbol{x}_k+\lambda_k\boldsymbol{p}_k$，置 $k=k+1$，转 2.

下页框图给出了实现这个算法的一个方案.

现在简略地讨论一下上述算法的收敛性问题. 和算法 1 一样. 对于算法 3 来说，定理 6 和 7 的引理仍然成立. 即当 $f(\boldsymbol{x})$ 满足引理所述的条件时，若算法构造的 $\{\boldsymbol{x}_k\}$ 是无穷序列，则对任意的 k 恒有

$$\langle-\boldsymbol{g}_k,\boldsymbol{p}_k\rangle\geqslant\rho\|\boldsymbol{g}_k\|\|\boldsymbol{p}_k\|, \tag{4.66}$$

其中 $\rho=\left(1+\dfrac{M}{m}\right)^{-1}$，因此应用第三章的定理 3 可得下述定理.

定理 8. 若 $f(\boldsymbol{x})$ 满足定理 6 和 7 的引理中的条件，则算法 3 具有全局收敛性.

至于收敛速率问题，与导出定理 7 类似，基于式 (4.66) 可以证明算法 3 线性收敛. 然而我们有理由期望它有更快的收敛速率. 事实上，对于正定二次函数来说，算法经过 n 次一维搜索（我们称之为一个大循环）就能达到它的极小点. 因此每一大循环相当于用 Newton 法迭代一次. 可以猜想，如果把一个大循环看作一步的话，算法应该是二级收敛的. 这一想法虽很自然，但是直到 1972 年才为 Cohen[58] 所证明. 确切地说，我们有下述结论.

定理 9. 设算法 3 构造的 $\{\boldsymbol{x}_k\}$ 收敛于极小点 $\boldsymbol{x}^*$. 若 $f(\boldsymbol{x})$ 在

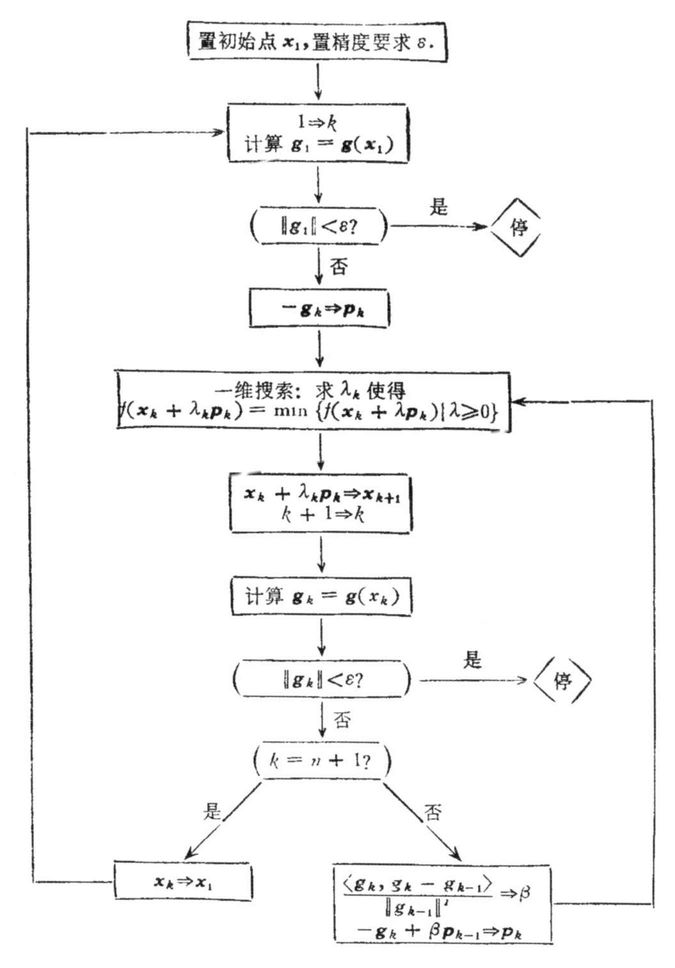

图 4.6　n 步重新开始的 PRP 算法框图

x^* 的某一邻域内三次连续可微，且存在着 $\varepsilon > 0$ 和 $m > 0$，使得当 $\|x - x^*\| < \varepsilon$，$y \in R^n$ 时，

$$m\|y\|^2 \leqslant \langle y, G(x)y \rangle \tag{4.67}$$

（其中 $G(x)$ 是 $f(x)$ 在点 x 处的 Hessian 矩阵），则有常数 K 和 q 存在，使得对于所有大于 K 的整数 i 有

$$\|\boldsymbol{x}_{n(j+1)+1}-\boldsymbol{x}^*\| \leqslant q\|\boldsymbol{x}_{nj+1}-\boldsymbol{x}^*\|^2. \tag{4.68}$$

这个定理的证明较繁，此处从略，有兴趣的读者可参阅[10].

重新开始策略的改进 究竟何时重新开始更加合理是很值得研究的. 算法3采用的是 n 次迭代后重新开始(即以 n 次迭代作为一个大循环). 这样做的根据是，二次函数经 n 次迭代能够达到其极小点. 但是定理5告诉我们，对于某些二次函数可能并不需要进行 n 次迭代就能接近极小点. 另外，对于一般非二次函数 $f(\boldsymbol{x})$ 来说，可能在一个大循环的初始点 $\boldsymbol{x}_1$ 附近，能够用某个二次函数 $q_1(\boldsymbol{x})$ 来近似它. 但在迭代若干次后而尚未完成这个大循环时，$q_1(\boldsymbol{x})$和$f(\boldsymbol{x})$也许已经相差得很远了. 这时如果继续依据求"共轭"方向的原则确定新的搜索方向，就毫无意义了. 综上所述，为加速收敛，需要适当地增加重新开始的"频率"，及时开始新的循环.

另一方面，重置当前点的负梯度方向为新的搜索方向也未必是最好的选择. 实际计算表明，在每次重置负梯度方向 $-\boldsymbol{g}_t=-\boldsymbol{g}(\boldsymbol{x}_t)$ 的开始阶段，其效果往往不如继续沿着 PRP 算法构造的方向搜索好. 所以当需要在点 $\boldsymbol{x}_t$ 处重新开始时，最好以继续按 PRP 算法构造出的 $\boldsymbol{p}_t$ 作为第一个搜索方向而开始下一个新的循环. 假若从点 $\boldsymbol{x}_t$ 开始迭代进入了这样的区域，在该区域内目标函数是一个正定二次函数，我们希望依次构造出的搜索方向

$$\boldsymbol{p}_t, \boldsymbol{p}_{t+1}, \boldsymbol{p}_{t+2}, \cdots,$$

是相互共轭的. 显然直接按前面所述的方式确定搜索方向 $\boldsymbol{p}_{t+1}$, $\boldsymbol{p}_{t+2}, \cdots$ 一般不能满足这个要求. 为此我们需要导出从任意方向 $\boldsymbol{p}_t$ 出发构造共轭方向的公式. 而这正是下面 Beale 方法所要解决的问题.

Beale 方法[59] 在本章§2已讨论过寻找目标函数(4.1)的共轭方向问题. 不过那里是以负梯度方向 $-\boldsymbol{g}_t$ 为第一个方向，现在则要求以任意方向 $\boldsymbol{p}_t$ 为第一个方向. 但是二者本质相同，都可以用 Gram-Schmidt 正交化过程求解. 现在我们令

$$\boldsymbol{p}_{t+1}=-\boldsymbol{g}_{t+1}+\beta_t\boldsymbol{p}_t,$$

$$\boldsymbol{p}_k = -\boldsymbol{g}_k + \gamma_{k-1}\boldsymbol{p}_t + \alpha_{t+1}^{(k)}\boldsymbol{p}_{t+1} + \cdots + \alpha_{k-2}^{(k)}\boldsymbol{p}_{k-2} + \beta_{k-1}\boldsymbol{p}_{k-1} \quad (n + t - 1 \geqslant k \geqslant t + 2). \tag{4.69}$$

与导出式(4.20)类似，不难由 $\boldsymbol{p}_{t+1}$ 与 $\boldsymbol{p}_t$ 共轭，$\boldsymbol{p}_k$ 与 $\boldsymbol{p}_t, \boldsymbol{p}_{t+1}, \cdots, \boldsymbol{p}_{k-2}, \boldsymbol{p}_{k-1}$ 共轭导出

$$\beta_{k-1} = \frac{\langle \boldsymbol{g}_k, \boldsymbol{p}_{k-1}\rangle_G}{\langle \boldsymbol{p}_{k-1}, \boldsymbol{p}_{k-1}\rangle_G}, \quad \gamma_{k-1} = \frac{\langle \boldsymbol{g}_k, \boldsymbol{p}_t\rangle_G}{\langle \boldsymbol{p}_t, \boldsymbol{p}_t\rangle_G},$$

并且可证

$$\alpha_j^{(k)} = 0 \quad (j = t + 1, \cdots, k - 2).$$

于是式(4.69)简化为

$$\boldsymbol{p}_k = -\boldsymbol{g}_k + \beta_{k-1}\boldsymbol{p}_{k-1} + \gamma_{k-1}\boldsymbol{p}_t, \tag{4.70}$$

其中

$$\beta_{k-1} = \frac{\boldsymbol{g}_k^{\mathrm{T}}[\boldsymbol{g}_k - \boldsymbol{g}_{k-1}]}{\boldsymbol{p}_{k-1}^{\mathrm{T}}[\boldsymbol{g}_k - \boldsymbol{g}_{k-1}]},$$

$$\gamma_{k-1} = \begin{cases} 0, & \text{当 } k = t + 1 \text{ 时}; \\ \dfrac{\boldsymbol{g}_k^{\mathrm{T}}[\boldsymbol{g}_{t+1} - \boldsymbol{g}_t]}{\boldsymbol{p}_t^{\mathrm{T}}[\boldsymbol{g}_{t+1} - \boldsymbol{g}_t]}, & \text{当 } k > t + 1 \text{ 时}. \end{cases} \tag{4.71}$$

新的重新开始准则 为增加重新开始的频率，当目标函数与二次函数有一定“偏离”时，就应该开始新的循环. 因此必须找出按 Beale 方法进行搜索的过程中，能够刻划这种偏离的量.

和 PRP 方法一样，对于正定二次函数来说，Beale 方法构造出的方向 $\boldsymbol{p}_t, \boldsymbol{p}_{t+1}, \cdots, \boldsymbol{p}_{k-1}$ 也是共轭的，因而第 $k-1$ 次迭代所得的点 $\boldsymbol{x}_k$ 也是线性流形

$$\boldsymbol{x}_t + [\boldsymbol{p}_t, \boldsymbol{p}_{t+1}, \cdots, \boldsymbol{p}_{k-1}] \text{ 或 } \boldsymbol{x}_t + [\boldsymbol{p}_t, \boldsymbol{g}_{t+1}, \cdots, \boldsymbol{g}_{k-1}]$$

上的极小点. 于是有

$$\boldsymbol{g}_k \perp [\boldsymbol{p}_t, \boldsymbol{p}_{t+1}, \cdots, \boldsymbol{p}_{k-1}], \boldsymbol{g}_k \perp [\boldsymbol{p}_t, \boldsymbol{g}_{t+1}, \cdots, \boldsymbol{g}_{k-1}]. \tag{4.72}$$

特别地

$$\frac{\langle \boldsymbol{g}_k, \boldsymbol{g}_{k-1}\rangle}{\|\boldsymbol{g}_k\|^2} = 0 \quad (k > t + 1). \tag{4.73}$$

但对于一般非二次函数，上式未必成立，因此量

$$\left|\frac{\langle \boldsymbol{g}_k, \boldsymbol{g}_{k-1}\rangle}{\|\boldsymbol{g}_k\|^2}\right|$$

的大小可以作为目标函数偏离正定二次函数程度的一个标志.

现在讨论另一个可供选用的标志，考虑点 $\boldsymbol{x}_k$ 处的梯度 $\boldsymbol{g}_k$ 与 $\boldsymbol{p}_k$ 的内积

$$\langle \boldsymbol{g}_k, \boldsymbol{p}_k \rangle = \langle \boldsymbol{g}_k, -\boldsymbol{g}_k + \beta_{k-1}\boldsymbol{p}_{k-1} + \gamma_{k-1}\boldsymbol{p}_t \rangle.$$

当目标函数是二次函数时，由式(4.72)知

$$\langle \boldsymbol{g}_k, \boldsymbol{p}_k \rangle = -\|\boldsymbol{g}_k\|^2.$$

但对于一般目标函数，由于 $\langle \boldsymbol{g}_k, \boldsymbol{p}_t \rangle$ 可能非零，上式可能不成立. $\langle \boldsymbol{g}_k, \boldsymbol{p}_k \rangle$ 与 $-\|\boldsymbol{g}_k\|^2$ 相差的多少在某种意义上蕴含着 $f(\boldsymbol{x})$ 与二次函数之间的差别程度. 所以当 $\langle \boldsymbol{g}_k, \boldsymbol{p}_k \rangle$ 与 $-\|\boldsymbol{g}_k\|^2$ 相差较多时，就应该考虑重新开始了. 应该指出这一标志是 Beale 方法所特有的，其原因是把 PRP 方法应用于一般目标函数 $f(\boldsymbol{x})$ 时，恒有

$$\langle \boldsymbol{g}_k, \boldsymbol{p}_k \rangle = \langle \boldsymbol{g}_k, -\boldsymbol{g}_k + \beta_{k-1}\boldsymbol{p}_{k-1} \rangle = -\|\boldsymbol{g}_k\|^2.$$

一个改进的共轭梯度法[60]　按上述 Beale 方法和新的重新开始准则，可以导出一个在实用上很有效的算法.

算法 4（改进的 PRP 算法）

1. 取初始点 $\boldsymbol{x}_1$，置 $k=1$, $t=1$，计算 $\boldsymbol{g}_1=\boldsymbol{g}(\boldsymbol{x}_1)$. 若 $\boldsymbol{g}_1=\boldsymbol{0}$，则停止计算；否则置 $\boldsymbol{p}_1=-\boldsymbol{g}_1$.

2. 一维搜索：求 λ_k，使得

$$f(\boldsymbol{x}_k+\lambda_k\boldsymbol{p}_k)=\min\{f(\boldsymbol{x}_k+\lambda\boldsymbol{p}_k)\mid\lambda\geqslant 0\}.$$

3. 置 $\boldsymbol{x}_{k+1}=\boldsymbol{x}_k+\lambda_k\boldsymbol{p}_k$，置 $k=k+1$，计算 $\boldsymbol{g}_k=\boldsymbol{g}(\boldsymbol{x}_k)$.

4. 判断最终收敛条件是否成立，若成立，则停止计算；否则转 5.

5. 检验下列条件是否成立：

$$|\langle \boldsymbol{g}_{k-1}, \boldsymbol{g}_k \rangle| \geqslant 0.2\|\boldsymbol{g}_k\|^2,$$

$$k-t\geqslant n.$$

若两个条件都不成立，则转 7；否则转 6.

6. 置 $t=k-1$.

7. 按式(4.70)，(4.71)计算 $\boldsymbol{p}_k$.

8. 若 $k>t+1$，则转 9；否则转 2.

9. 检验下列不等式是否成立：

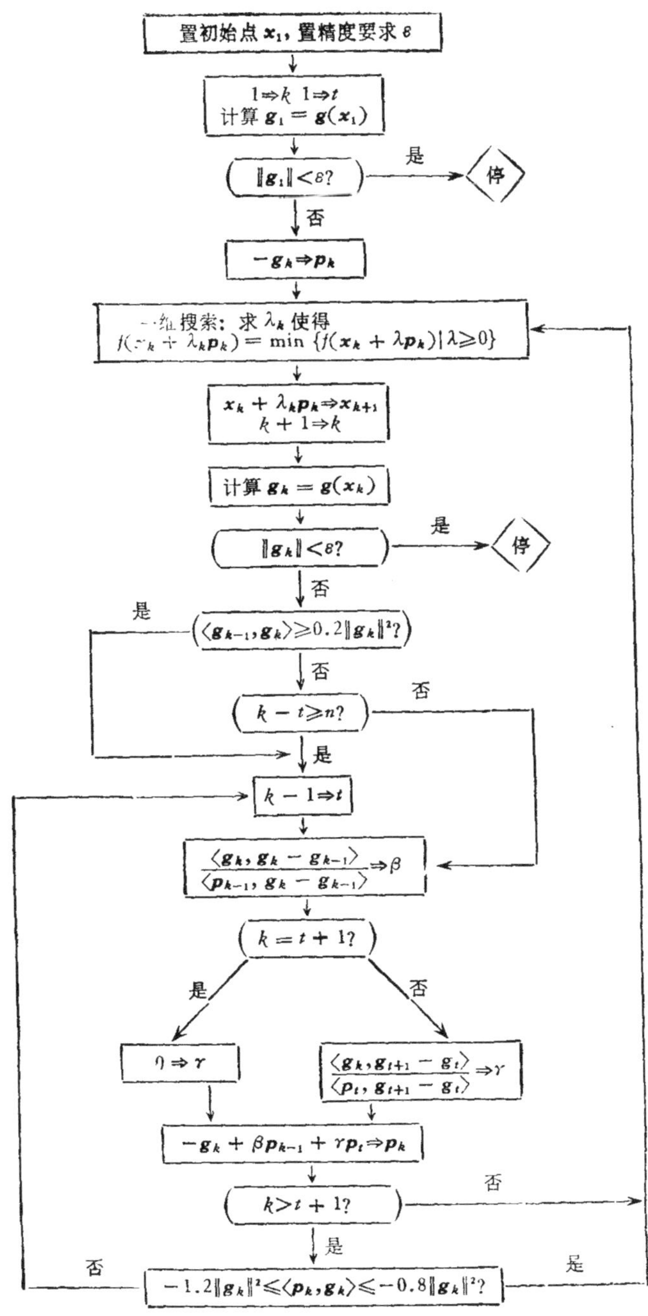

图 4.7　改进共轭梯度法框图

$$-1.2\|\boldsymbol{g}_k\|^2 \leqslant \langle \boldsymbol{p}_k, \boldsymbol{g}_k \rangle \leqslant -0.8\|\boldsymbol{g}_k\|^2.$$

若成立，则转 2；否则转 6.

评　　注

1. 共轭梯度法最初是由 Hesteness 和 Stiefel[61] 为求解线性方程组而提出的（也可参看文献[62]）. 后来 Fletcher 和 Reeves[27], Polak 和 Ribiere[56] 以及 Поляк[57] 把它用于求解一般目标函数的极小值，提出了 Fletcher-Reeves 算法（本书简称为 FR 算法），Polak-Ribiere-Поляк 算法（简称为 PRP 算法）等不同形式的共轭梯度算法. 本章最后介绍的算法 4 是这类算法中较新的一个改进形式. 有关这些算法的若干标准语言程序已经发表，例如 FR 算法的 ALGOL 程序可见文献 [27]、FORTRAN 程序可见文献[63]或 [11] 的附录. 可供读者在编制程序时参考.

2. 共轭梯度法最重要的特点是存储量小，PRP 算法主要需存储四个 n 维向量（$\boldsymbol{x}_k$, $\boldsymbol{g}_k$, $\boldsymbol{g}_{k-1}$, $\boldsymbol{p}_k$），改进的 PRP 算法主要需存储六个 n 维向量（$\boldsymbol{x}_k$, $\boldsymbol{g}_k$, $\boldsymbol{g}_{k-1}$, $\boldsymbol{p}_k$ 和 $\boldsymbol{p}_t$, $\boldsymbol{g}_{t+1}-\boldsymbol{g}_t$）. 而 Newton 算法和拟 Newton 算法所需的存储量往往要大得多. 因此，当自变量个数很多时，共轭梯度法就显得更加重要了. 至于收敛速率，虽然共轭梯度法比不上拟 Newton 法（参看第五章），但一般说来，它还是比较快的. 另外，共轭梯度算法比较简单，编制程序也比较容易，这也是它所以受到重视的一个原因.

3. 关于算法的收敛性问题，本章只是讨论了比较理想的情况. 我们始终假定能够精确地实现一维搜索，但一般说来，要做到这点实际上是不可能的. 不仅如此，在具体实现一个共轭梯度算法时，还会有其它许多不可避免的误差，所有这些因素，我们都未予考虑. 这方面已经有了一些工作，有兴趣的读者可参阅文献[64—68].

4. 最后，作为有关共轭梯度法的新的进展，这里简要地介绍一下 Nazareth[69] 的工作. 前面已经讲过，在实际计算中，我们不能期望精确地实现一维搜索,而且在离极小点尚远时,也没有这种必要.然而在应用本章所述的共轭梯度法于正定二次函数时,必须精确地实现一维搜索,才能保证构造出共轭方向来.为克服这个缺点,Nazareth 提出了一个计算搜索方向 $\boldsymbol{p}_k$ 的新公式:令 $\boldsymbol{p}_0=\boldsymbol{0}$,取

$$\boldsymbol{p}_1=-\boldsymbol{g}_1,$$

$$\boldsymbol{p}_k=-\boldsymbol{y}_{k-1}+\beta_{k-1}\boldsymbol{p}_{k-1}+\gamma_{k-2}\boldsymbol{p}_{k-2},$$

其中

$$\boldsymbol{y}_{k-1}=\boldsymbol{g}_k-\boldsymbol{g}_{k-1},$$

$$\beta_{k-1}=\langle\boldsymbol{y}_{k-1},\boldsymbol{y}_{k-1}\rangle/\langle\boldsymbol{y}_{k-1},\boldsymbol{p}_{k-1}\rangle,$$

$$\gamma_{k-2}=\langle\boldsymbol{y}_{k-2},\boldsymbol{y}_{k-1}\rangle/\langle\boldsymbol{y}_{k-2},\boldsymbol{p}_{k-2}\rangle.$$

即使不进行一维搜索,这样构造出的方向 $\{\boldsymbol{p}_k\}$ 也是互相共轭的.另外一个达到类似目的的方法可参看文献 [70].

第五章 拟 Newton 法

本章介绍求解无约束最优化问题的拟 Newton 法. 它与最速下降法和阻尼 Newton 法有紧密的联系. 在最速下降法中, 搜索方向取为负梯度方向,即取

$$\boldsymbol{p}=-\boldsymbol{g}, \tag{5.1}$$

其中 $\boldsymbol{g}$ 是 $f(\boldsymbol{x})$ 的梯度向量. 在阻尼 Newton 法中,搜索方向则取为 Newton 方向

$$\boldsymbol{p}=-G^{-1}(\boldsymbol{x})\boldsymbol{g}, \tag{5.2}$$

这里 $G(\boldsymbol{x})$ 是 $f(\boldsymbol{x})$ 的 Hessian 矩阵.

我们知道,最速下降法的搜索方向构造起来很简单,但是一般收敛得很慢. 阻尼 Newton 法则收敛得很快,特别当目标函数是正定二次函数时,迭代一次就能达到极小. 但对非二次函数来说,构造 Newton 方向比较困难,因为每次迭代都要计算一个 Hessian 矩阵的逆矩阵,这是一件非常麻烦有时甚至是不可能实现的事清.另外,当初始点离极小点比较远时,甚至不能保证 Newton 方向是下降方向. 这促使我们考虑如何综合、改进这两个方法,提出一类新方法.

观察式 (5.1) 和 (5.2) 可以发现,它们可以统一地写成

$$\boldsymbol{p}=-H\boldsymbol{g}, \tag{5.3}$$

这里 H 是 $n\times n$ 阶矩阵. 当 H 为单位阵 I 时,式(5.3) 即式 (5.1), 对应于最速下降法;当 $H=G^{-1}(\boldsymbol{x})$ 时,式(5.3)即式(5.2),对应于阻尼 Newton 法.现在希望给出一个构造 H 的方法,使得按式(5.3)选取搜索方向时, 能够克服最速下降法和阻尼 Newton 法的缺点, 并且在一定程度上具有两者的优点. 为保证式 (5.3) 确定的方向是下降方向, 我们把 H 限定为正定对称矩阵. 这样, 式 (5.3) 确定的 $\boldsymbol{p}$, 又可看作是 H^{-1} 度量意义下的最速下降方向(参看第三

章§3). 我们知道,当目标函数为正定二次函数

$$f(\boldsymbol{x})=\frac{1}{2}\boldsymbol{x}^TG\boldsymbol{x}+\boldsymbol{r}^T\boldsymbol{x}+\delta \tag{5.4}$$

时,要提高算法的效率,式(5.3)中的H应该使正定对称矩阵

$$N=G^{-\frac{1}{2}}H^{-1}G^{-\frac{1}{2}} \tag{5.5}$$

的最小最大特征值尽量靠拢. 特别地, 可以考虑使N尽可能接近单位阵I,

$$N=G^{-\frac{1}{2}}H^{-1}G^{-\frac{1}{2}}\approx I, \tag{5.6}$$

或者使H尽可能接近G^{-1},

$$H\approx G^{-1}. \tag{5.7}$$

(实际上, 当$H=G^{-1}$时,式(5.3)确定的方向就是 Newton 方向. 它一步就能达到式(5.4)所示的目标函数$f(\boldsymbol{x})$的极小点. 从这里也能直接看出,要求$H\approx G^{-1}$是有一定道理的.)可以设想, 对于一般目标函数$f(\boldsymbol{x})$, 也应该有类似的结论——只不过应该把式(5.5),(5.6)中的G理解为$f(\boldsymbol{x})$的 Hessian 矩阵罢了.

注意, 这里虽然是想构造一个接近G^{-1}的矩阵H, 但是与阻尼 Newton 法有很大的不同. 我们只是希望H在保持正定的条件下接近G^{-1}, 并不要求$H=G^{-1}$. 同时构造H的方法也不能像计算G^{-1}那么复杂. 当然,要想一下子构造出这样的矩阵比较困难. 因此考虑构造一个正定对称矩阵序列$\{H_k\}$, 使之逐渐接近我们的要求. 其具体做法可以粗略地描述如下:

设给定初始点$\boldsymbol{x}_1$. 取H_1为某一正定对称矩阵(例如取H_1为单位阵I), 作搜索方向$\boldsymbol{p}_1=-H_1\boldsymbol{g}_1$. 从点$\boldsymbol{x}_1$出发, 沿方向$\boldsymbol{p}_1$进行一维搜索到达点$\boldsymbol{x}_2$, 算法的第一次迭代至此结束. 经过这次迭代,我们获得了目标函数的若干信息,例如已经得到

$$\begin{aligned}\boldsymbol{s}_1&=\boldsymbol{x}_2-\boldsymbol{x}_1,\\ \boldsymbol{y}_1&=\boldsymbol{g}_2-\boldsymbol{g}_1=\boldsymbol{g}(\boldsymbol{x}_2)-\boldsymbol{g}(\boldsymbol{x}_1).\end{aligned} \tag{5.8}$$

继续进行第二次迭代需构造矩阵H_2. H_2应该正定对称,而且希望它更加接近G^{-1}. 注意到

$$\boldsymbol{g}_2-\boldsymbol{g}_1=\boldsymbol{g}(\boldsymbol{x}_2)-\boldsymbol{g}(\boldsymbol{x}_1)=G(\boldsymbol{x}_2-\boldsymbol{x}_1),$$

因而

$$G^{-1}\boldsymbol{y}_1=\boldsymbol{s}_1, \tag{5.9}$$

于是自然希望 H_2 满足类似的方程

$$H_2\boldsymbol{y}_1=\boldsymbol{s}_1. \tag{5.10}$$

在构造出满足这个方程的 H_2 之后（具体构造方法在 § 1 中介绍），就可以继续从 $\boldsymbol{x}_2$ 出发，沿方向 $\boldsymbol{p}_2=-H_2\boldsymbol{g}_2$ 进行一维搜索，然后构造 H_3, $\cdots$. 一般说来，矩阵 H_{k+1} 应满足与

$$G^{-1}\boldsymbol{y}_k=\boldsymbol{s}_k \tag{5.11}$$

相对应的方程

$$H_{k+1}\boldsymbol{y}_k=\boldsymbol{s}_k, \tag{5.12}$$

其中

$$\begin{aligned}\boldsymbol{s}_k&=\boldsymbol{x}_{k+1}-\boldsymbol{x}_k,\\ \boldsymbol{y}_k&=\boldsymbol{g}_{k+1}-\boldsymbol{g}_k=\boldsymbol{g}(\boldsymbol{x}_{k+1})-\boldsymbol{g}(\boldsymbol{x}_k).\end{aligned} \tag{5.13}$$

构造出满足式 (5.12) 的 H_{k+1} 后，从 $\boldsymbol{x}_{k+1}$ 出发的搜索方向就取为

$$\boldsymbol{p}_{k+1}=-H_{k+1}\boldsymbol{g}_{k+1}. \tag{5.14}$$

方程 (5.12) 称为拟 Newton 方程. 因为所论算法构造的矩阵序列 $\{H_k\}$ 总满足这个方程，所以称为拟 Newton 算法. 相应的搜索方向称为拟 Newton 方向.

当然，如果从一开始我们不考虑构造逼近 G^{-1} 的矩阵序列 $\{H_k\}$，而考虑逼近 G 的矩阵序列 $\{B_k\}$，也应有类似的结果. 此时相应于式 (5.12) 和 (5.14) 的方程为

$$B_{k+1}\boldsymbol{s}_k=\boldsymbol{y}_k \tag{5.15}$$

和

$$B_{k+1}\boldsymbol{p}_{k+1}=-\boldsymbol{g}_{k+1}. \tag{5.16}$$

从这里出发，也一样可以构造出拟 Newton 算法.

由此看来，拟 Newton 法只用目标函数值及其一阶导数，不用 Hessian 矩阵，但在某种意义上又起到了使用 Hessian 矩阵应起的作用，因此它是一类非常有效的算法.

拟 Newton 方向是在 H_k^{-1} (或 B_k) 度量意义下的最速下降方向，而在计算过程中，H_k (或 B_k) 是不断变化的，所以拟 Newton 法又称为变度量法.

§1. Broyden 类拟 Newton 算法

如前所述，拟 Newton 法首先要解决的问题是如何构造矩阵序列$\{H_k\}$或$\{B_k\}$的计算方法．一般来说，它们都是以迭代形式给出的．本节先从形式上导出一类这样的迭代公式，从而得到一类拟 Newton 算法，然后讨论这类算法的可行性和某些基本性质．

1.1. Broyden 类迭代公式和 Broyden 类拟 Newton 算法

DFP 公式　现在考虑如何构造矩阵序列$\{H_k\}$．我们可以从某个正定对称的初始矩阵H_1出发，因而只需给出一个由H_k计算H_{k+1}的公式就行了．我们希望H_{k+1}仍保持正定对称，并满足拟 Newton 方程(5.12)．一个自然的想法是修正H_k．以修正后的矩阵作为H_{k+1}．例如可以在H_k上加上一些附加项构成H_{k+1}

$$H_{k+1} = H_k + P_k + Q_k,$$

这时有$H_{k+1}\boldsymbol{y}_k = H_k\boldsymbol{y}_k + P_k\boldsymbol{y}_k + Q_k\boldsymbol{y}_k$．为使$H_{k+1}$满足式(5.12)，可考虑使$P_k$和$Q_k$满足

$$P_k\boldsymbol{y}_k = \boldsymbol{s}_k \tag{5.17}$$

和

$$Q_k\boldsymbol{y}_k = -H_k\boldsymbol{y}_k. \tag{5.18}$$

事实上，我们不难找出这样的矩阵P_k和Q_k，例如取

$$P_k = \frac{\boldsymbol{s}_k\boldsymbol{s}_k^{\mathrm{T}}}{\boldsymbol{s}_k^{\mathrm{T}}\boldsymbol{y}_k}, \tag{5.19}$$

$$Q_k = -\frac{H_k\boldsymbol{y}_k\boldsymbol{y}_k^{\mathrm{T}}H_k}{\boldsymbol{y}_k^{\mathrm{T}}H_k\boldsymbol{y}_k}, \tag{5.20}$$

就能满足式(5.17)和(5.18)．这样便可得矩阵H_k的迭代公式

$$H_{k+1} = H_k + \frac{\boldsymbol{s}_k\boldsymbol{s}_k^{\mathrm{T}}}{\boldsymbol{s}_k^{\mathrm{T}}\boldsymbol{y}_k} - \frac{H_k\boldsymbol{y}_k\boldsymbol{y}_k^{\mathrm{T}}H_k}{\boldsymbol{y}_k^{\mathrm{T}}H_k\boldsymbol{y}_k}. \tag{5.21}$$

式 (5.21) 称为对 H_k 的 DFP 公式. 与此相应的对于 B_k 的迭代公式,可以直接从式 (5.21) 导出. 事实上, 若记 $B_k = H_k^{-1}$, $B_{k+1} = H_{k+1}^{-1}$, 则用两次 Sherman-Morrison 公式[1]于式 (5.21) 即得

$$B_{k+1} = \left(I - \frac{\boldsymbol{y}_k \boldsymbol{s}_k^T}{\boldsymbol{y}_k^T \boldsymbol{s}_k}\right) B_k \left(I - \frac{\boldsymbol{y}_k \boldsymbol{s}_k^T}{\boldsymbol{y}_k^T \boldsymbol{s}_k}\right)^T + \frac{\boldsymbol{y}_k \boldsymbol{y}_k^T}{\boldsymbol{y}_k^T \boldsymbol{s}_k}. \tag{5.22}$$

公式(5.22)称为对 B_k 的 DFP 公式,显然 B_{k+1} 满足拟 Newton 方程

$$B_{k+1}\boldsymbol{s}_k = \boldsymbol{y}_k. \tag{5.23}$$

BFGS 公式 前段从拟 Newton 方程 (5.12) 出发,得到了一个对 H_k (进而对 B_k) 的迭代公式——DFP 公式,现在从相应的式 (5.15) 出发,导出对 B_k (进而对 H_k) 的另一个迭代公式——BFGS 公式. 两者所用方法基本相同. 首先,令

$$B_{k+1} = B_k + P_k + Q_k,$$

此时希望 P_k 和 Q_k 满足

$$P_k\boldsymbol{s}_k = \boldsymbol{y}_k,$$

$$Q_k\boldsymbol{s}_k = -B_k\boldsymbol{s}_k.$$

经过类似分析最后得到

$$B_{k+1} = B_k + \frac{\boldsymbol{y}_k \boldsymbol{y}_k^T}{\boldsymbol{y}_k^T \boldsymbol{s}_k} - \frac{B_k \boldsymbol{s}_k \boldsymbol{s}_k^T B_k}{\boldsymbol{s}_k^T B_k \boldsymbol{s}_k}, \tag{5.24}$$

此迭代公式称为对 B_k 的 BFGS 公式, 显然 B_{k+1} 满足拟 Newton 方程 (5.15). 同样由 Sherman-Morrison 公式,可得对 $H_k = B_k^{-1}$ 的 BFGS 公式

$$H_{k+1} = \left(I - \frac{\boldsymbol{s}_k \boldsymbol{y}_k^T}{\boldsymbol{s}_k^T \boldsymbol{y}_k}\right) H_k \left(I - \frac{\boldsymbol{s}_k \boldsymbol{y}_k^T}{\boldsymbol{s}_k^T \boldsymbol{y}_k}\right)^T + \frac{\boldsymbol{s}_k \boldsymbol{s}_k^T}{\boldsymbol{s}_k^T \boldsymbol{y}_k}, \tag{5.25}$$

当然 H_{k+1} 也满足拟 Newton 方程 (5.12).

考察式 (5.21) 和 (5.24), (5.22) 和 (5.25), 我们发现, 如果交换 H_k 和 B_k 并同时交换 $\boldsymbol{s}_k$ 和 $\boldsymbol{y}_k$, 那么, 对 H_k 的 DFP 公式就变为对 B_k 的 BFGS 公式,而对 H_k 的 BFGS 公式则变为对 B_k 的

---

1) Sherman-Morrison 公式: 若 A 是 $n\times n$ 阶可逆矩阵, $\boldsymbol{u}$ 和 $\boldsymbol{v}$ 是 n 维向量, 且 $A + \boldsymbol{u}\boldsymbol{v}^T$ 也是可逆矩阵, 则 $(A + \boldsymbol{u}\boldsymbol{v}^T)^{-1} = A^{-1} - \frac{1}{1 + \boldsymbol{v}^T A^{-1}\boldsymbol{u}} A^{-1}\boldsymbol{u}\boldsymbol{v}^T A^{-1}$.

DFP 公式,反之亦然.

为了便于区分，以下分别记由 DFP 公式(5.21)和(5.22)得到的矩阵为 H_{k+1}^{DFP} 和 B_{k+1}^{DFP}，由 BFGS 公式(5.24)和(5.25)得到的矩阵为 B_{k+1}^{BFGS} 和 H_{k+1}^{BFGS}.

Broyden 类迭代公式 因为由 DFP 公式(5.21)和 BFGS 公式(5.25)得到的 H_{k+1}^{DFP} 和 H_{k+1}^{BFGS} 都满足拟 Newton 方程(5.12),那么它们的线性组合

$$H_{k+1}=(1-\alpha)H_{k+1}^{\mathrm{DFP}}+\alpha H_{k+1}^{\mathrm{BFGS}} \tag{5.26}$$

也必满足方程(5.12). 这样就得到了一类满足拟 Newton方程的迭代公式. 根据式(5.21)和(5.25)可把式(5.26)写为

$$\begin{aligned}H_{k+1}&=H_{k+1}^{\mathrm{DFP}}+\alpha(H_{k+1}^{\mathrm{BFGS}}-H_{k+1}^{\mathrm{DFP}})\\&=H_{k+1}^{\mathrm{DFP}}+\alpha\left[\left(I-\frac{\boldsymbol{s}_k\boldsymbol{y}_k^T}{\boldsymbol{s}_k^T\boldsymbol{y}_k}\right)H_k\left(I-\frac{\boldsymbol{s}_k\boldsymbol{y}_k^T}{\boldsymbol{s}_k^T\boldsymbol{y}_k}\right)^T\right.\\&\qquad\left.-H_k+\frac{H_k\boldsymbol{y}_k\boldsymbol{y}_k^TH_k}{\boldsymbol{y}_k^TH_k\boldsymbol{y}_k}\right]\\&=H_{k+1}^{\mathrm{DFP}}+\alpha\,\boldsymbol{u}_k\boldsymbol{u}_k^T,\end{aligned} \tag{5.27}$$

其中

$$\boldsymbol{u}_k=(\boldsymbol{y}_k^TH_k\boldsymbol{y}_k)^{1/2}\left(\frac{\boldsymbol{s}_k}{\boldsymbol{s}_k^T\boldsymbol{y}_k}-\frac{H_k\boldsymbol{y}_k}{\boldsymbol{y}_k^TH_k\boldsymbol{y}_k}\right).$$

相应地,矩阵 B_k 的 Broyden 类的迭代公式为

$$B_{k+1}=(1-\beta)B_{k+1}^{\mathrm{BFGS}}+\beta B_{k+1}^{\mathrm{DFP}}=B_{k+1}^{\mathrm{BFGS}}+\beta\boldsymbol{v}_k\boldsymbol{v}_k^T, \tag{5.28}$$

其中

$$\boldsymbol{v}_k=(\boldsymbol{s}_k^TB_k\boldsymbol{s}_k)^{1/2}\left(\frac{\boldsymbol{y}_k}{\boldsymbol{y}_k^T\boldsymbol{s}_k}-\frac{B_k\boldsymbol{s}_k}{\boldsymbol{s}_k^TB_k\boldsymbol{s}_k}\right).$$

Broyden 类拟 Newton 算法 由 Broyden 类迭代公式，立刻得到如下的一类拟 Newton 算法.

算法 1(Broyden 类拟 Newton 算法)

1. 取初始点 $\boldsymbol{x}_1$ 和初始正定矩阵 H_1(或 B_1)，置 $k=1$.
2. 计算 $\boldsymbol{g}_k=\boldsymbol{g}(\boldsymbol{x}_k)$. 若 $\boldsymbol{g}_k=\boldsymbol{0}$，则停止计算;否则转 3.
3. 置 $\boldsymbol{p}_k=-H_k\boldsymbol{g}_k$(或由 $B_k\boldsymbol{p}_k=-\boldsymbol{g}_k$ 解出 $\boldsymbol{p}_k$).

4. 一维搜索：求 λ_k 使得

$$f(\boldsymbol{x}_k + \lambda_k \boldsymbol{p}_k) = \min\{f(\boldsymbol{x}_k + \lambda \boldsymbol{p}_k) | \lambda \geqslant 0\}.$$

5. 置 $\boldsymbol{x}_{k+1} = \boldsymbol{x}_k + \lambda_k \boldsymbol{p}_k$.

6. 计算 $\boldsymbol{g}_{k+1} = \boldsymbol{g}(\boldsymbol{x}_{k+1})$. 若 $\boldsymbol{g}_{k+1} = \boldsymbol{0}$，则停止计算；否则适当选取 $\alpha = \alpha_k$，按式(5.27)算出 H_{k+1}（或适当选取 $\beta = \beta_k$，按式(5.28)算出 B_{k+1}）.

7. 置 $k = k + 1$，转 3.

很明显，算法 1 中有两种方式确定搜索方向 $\boldsymbol{p}_k$——用矩阵 H_k 计算或用矩阵 B_k 计算. 它们所对应的算法分别称为对 H_k 和对 B_k 的 Broyden 类拟 Newton 法. 此外应该注意，算法 1 并不要求迭代公式中的参数 α（或 β）恒取同一个值. 为便于区分，这里记计算 H_{k+1} 时用的 α 为 α_k（计算 B_{k+1} 时用的 β 为 β_k）. 在算法 1 中这些参数都尚未取定. 现在我们先在对 H_k 的 Broyden 类拟 Newton 法中恒取 $\alpha = \alpha_k = 0$（即 DFP 公式），举例说明用它求函数极小点的步骤.

例. 仍考虑第四章 § 2 中的例题，即求目标函数

$$f(\boldsymbol{x}) = \frac{3}{2} x_1^2 + \frac{1}{2} x_2^2 - x_1 x_2 - 2x_1$$

的极小点，设初始点为 $\boldsymbol{x}_1 = (-2, 4)^T$.

取初始正定对称矩阵 H_1 为单位阵

$$H_1 = \begin{pmatrix} 1 & 0 \\ 0 & 1 \end{pmatrix}.$$

直接计算可得

$$\boldsymbol{g}_1 = \boldsymbol{g}(\boldsymbol{x}_1) = (-12, 6)^T, \ \boldsymbol{p}_1 = -H_1 \boldsymbol{g}_1 = (12, -6)^T,$$

$$f(\boldsymbol{x}_1 + \lambda \boldsymbol{p}_1) = 306\lambda^2 - 180\lambda + 26,$$

函数 $\varphi_1(\lambda) = f(\boldsymbol{x}_1 + \lambda \boldsymbol{p}_1)$ 的极小点为 $\lambda_1^* = \frac{5}{17}$. 因此，

$$\boldsymbol{x}_2 = \boldsymbol{x}_1 + \lambda_1^* \boldsymbol{p}_1 = \left(\frac{26}{17}, \frac{38}{17}\right)^T, \ \boldsymbol{g}_2 = \boldsymbol{g}(\boldsymbol{x}_2) = \left(\frac{6}{17}, \frac{12}{17}\right)^T,$$

$$\boldsymbol{s}_1 = \boldsymbol{x}_2 - \boldsymbol{x}_1 = \left(\frac{60}{17}, -\frac{30}{17}\right)^T, \ \boldsymbol{y}_1 = \boldsymbol{g}_2 - \boldsymbol{g}_1 = \left(\frac{210}{17}, -\frac{90}{17}\right)^T,$$

$$H_2 = H_1 + \frac{s_1 s_1^T}{s_1^T y_1} - \frac{H_1 y_1 y_1^T H_1}{y_1^T H_1 y_1} = \frac{1}{986}\begin{pmatrix} 385 & 241 \\ 241 & 891 \end{pmatrix},$$

$$p_2 = -H_2 g_2 = \left(-\frac{9}{29}, -\frac{21}{29}\right)^T,$$

$$f(x_2 + \lambda p_2) = \frac{153}{841}\lambda^2 - \frac{18}{29}\lambda - \frac{136}{289},$$

函数 $\varphi_2(\lambda) = f(x_2 + \lambda p_2)$ 的极小点为 $\lambda_2^* = \frac{29}{17}$. 因此,

$$x_3 = x_2 + \lambda_2^* p_2 = (1, 1)^T.$$

在点 x_3 处梯度为零，停止计算. 很明显，最后得到的点 x_3 已经是 $f(x)$ 的全局极小点.

1.2. Broyden 类拟 Newton 算法的可行性及其基本性质

引理 1. 设目标函数 $f(x)$ 连续可微，且对任意的 $x' \in R^n$, 基准集

$$C(x') = \{x \mid f(x) \leqslant f(x')\} \tag{5.29}$$

有界. 若算法 1 完成第 $k-1$ 次迭代后，在所得点 x_k 处梯度 $g_k \neq 0$, 并且所得矩阵 H_k (或 B_k)正定对称. 则

i) 进行第 k 次迭代时，必能得到下一个迭代点 x_{k+1};

ii) 不管是否有 $g_{k+1} \neq 0$, 对任意参数 α 总能按式 (5.27) 计算出对称矩阵 H_{k+1} (或按式 (5.28) 计算出对称矩阵 B_{k+1}). 当选取 $\alpha = \alpha_k \geqslant 0$ (或 $\beta = \beta_k \geqslant 0$) 时，还可保证 H_{k+1} (或 B_{k+1})正定.

证明. 这个引理包括两种情形: 对 H_k 的 Broyden 类迭代公式和对 B_k 的 Broyden 类迭代公式——后者是在括号内说明的. 我们这里只讨论前者，因为后者完全可以用类似的方法证明.

首先证明结论 i). 由 H_k 正定和点 x_k 处梯度 $g_k \neq 0$ 易见

$$p_k = -H_k g_k \neq 0 \text{ 且 } \langle g_k, p_k \rangle < 0.$$

再注意到基准集 $C(x_k)$ 有界即知，在过点 x_k 沿 p_k 方向的直线上

必存在$f(\boldsymbol{x})$的极小点．我们就可取这个极小点为 $\boldsymbol{x}_{k+1}$．

其次证明结论 ii)．为证由式(5.27)总能确定矩阵 H_{k+1}，只需证明式 (5.21) 和 (5.27) 中的分母均不为零，即证明

$$\boldsymbol{s}_k^T \boldsymbol{y}_k \neq 0, \tag{5.30}$$

$$\boldsymbol{y}_k^T H_k \boldsymbol{y}_k \neq 0 \tag{5.31}$$

就行了．因 $\boldsymbol{g}_k \neq \boldsymbol{0}$，$H_k$ 正定，知 $\boldsymbol{p}_k = -H_k \boldsymbol{g}_k$ 是点 $\boldsymbol{x}_k$ 处的下降方向．因此

$$\boldsymbol{s}_k = \boldsymbol{x}_{k+1} - \boldsymbol{x}_k = -\lambda_k H_k \boldsymbol{g}_k$$

中的 $\lambda_k > 0$．但是

$$\begin{aligned}\boldsymbol{s}_k^T \boldsymbol{y}_k &= \langle \boldsymbol{s}_k, \boldsymbol{y}_k \rangle = \langle \boldsymbol{s}_k, \boldsymbol{g}_{k+1} - \boldsymbol{g}_k \rangle = \langle \boldsymbol{s}_k, \boldsymbol{g}_{k+1} \rangle - \langle \boldsymbol{s}_k, \boldsymbol{g}_k \rangle \\ &= \langle \boldsymbol{s}_k, \boldsymbol{g}_{k+1} \rangle + \lambda_k \langle H_k \boldsymbol{g}_k, \boldsymbol{g}_k \rangle = \lambda_k \langle H_k \boldsymbol{g}_k, \boldsymbol{g}_k \rangle,\end{aligned}$$

最后的等号基于 $\boldsymbol{x}_{k+1}$ 是方向 $\boldsymbol{s}_k$ 上的极小点，该点处的梯度 $\boldsymbol{g}_{k+1}$ 应与 $\boldsymbol{s}_k$ 垂直．于是由 $\lambda_k > 0$，$\boldsymbol{g}_k \neq \boldsymbol{0}$ 及 H_k 正定知

$$\boldsymbol{s}_k^T \boldsymbol{y}_k = \lambda_k \langle H_k \boldsymbol{g}_k, \boldsymbol{g}_k \rangle > 0,$$

即式 (5.30) 成立．式 (5.30) 蕴含着 $\boldsymbol{y}_k \neq \boldsymbol{0}$．据此再次利用 H_k 的正定性可见式 (5.31) 成立．

为完成引理的证明，还需证明当 $\alpha = \alpha_k \geqslant 0$ 时 H_{k+1} 正定．即证明当 $\alpha = \alpha_k \geqslant 0$ 时对任意非零向量 $\boldsymbol{x}$，有

$$\boldsymbol{x}^T H_{k+1} \boldsymbol{x} = \boldsymbol{x}^T H_{k+1}^{\mathrm{DFP}} \boldsymbol{x} + \alpha \boldsymbol{x}^T \boldsymbol{u}_k \boldsymbol{u}_k^T \boldsymbol{x} > 0.$$

因为此时

$$\alpha \boldsymbol{x}^T \boldsymbol{u}_k \boldsymbol{u}_k^T \boldsymbol{x} = \alpha \langle \boldsymbol{x}, \boldsymbol{u}_k \rangle^2 \geqslant 0,$$

故只需证明

$$\boldsymbol{x}^T H_{k+1}^{\mathrm{DFP}} \boldsymbol{x} > 0$$

或

$$\boldsymbol{x}^T (H_k + P_k + Q_k) \boldsymbol{x} > 0 \tag{5.32}$$

就行了．注意到式 (5.19)，可知

$$\boldsymbol{x}^T P_k \boldsymbol{x} = \boldsymbol{x}^T \frac{\boldsymbol{s}_k \boldsymbol{s}_k^T}{\boldsymbol{s}_k^T \boldsymbol{y}_k} \boldsymbol{x} = \frac{\langle \boldsymbol{x}, \boldsymbol{s}_k \rangle^2}{\boldsymbol{s}_k^T \boldsymbol{y}_k} \geqslant 0. \tag{5.33}$$

另一方面，根据 Schwarz 不等式[1]有

---

1) 参阅第 56 页脚注.

$$\boldsymbol{x}^T(H_k + Q_k)\boldsymbol{x} = \boldsymbol{x}^T H_k \boldsymbol{x} - \frac{\boldsymbol{x}^T H_k \boldsymbol{y}_k \boldsymbol{y}_k^T H_k \boldsymbol{x}}{\boldsymbol{y}_k^T H_k \boldsymbol{y}_k}$$

$$= \langle \boldsymbol{x}, \boldsymbol{x} \rangle_{H_k} - \frac{\langle \boldsymbol{x}, \boldsymbol{y}_k \rangle_{H_k}^2}{\langle \boldsymbol{y}_k, \boldsymbol{y}_k \rangle_{H_k}} \geqslant 0. \quad (5.34)$$

综合式(5.33)和(5.34)知

$$\boldsymbol{x}^T P_k \boldsymbol{x} + \boldsymbol{x}^T(H_k + Q_k)\boldsymbol{x} \geqslant 0.$$

为证明式(5.32),只需要证明式(5.33)和(5.34)中的等号不可能同时成立. 事实上,式(5.30)表明 $\boldsymbol{y}_k \neq \boldsymbol{0}$,故仅当 $\boldsymbol{x} = \nu \boldsymbol{y}_k (\nu \neq 0)$ 时式(5.34)等式才能成立,但这时由式(5.33)和 $\boldsymbol{s}_k^T \boldsymbol{y}_k > 0$ 得

$$\boldsymbol{x}^T P_k \boldsymbol{x} = \frac{\langle \boldsymbol{x}, \boldsymbol{s}_k \rangle^2}{\boldsymbol{s}_k^T \boldsymbol{y}_k} = \frac{\langle \nu \boldsymbol{y}_k, \boldsymbol{s}_k \rangle^2}{\boldsymbol{s}_k^T \boldsymbol{y}_k} = \nu^2 \boldsymbol{s}_k^T \boldsymbol{y}_k > 0$$

引理证毕.

下列引理讨论的问题是,如果 $H_k = B_k^{-1}$,那么,在什么情况下,分别由迭代公式(5.27)和(5.28)计算出的 H_{k+1} 和 B_{k+1} 能满足

$$H_{k+1}^{-1} = B_{k+1}.$$

按照算法1所述的步骤来说,若 $\boldsymbol{g}_{k+1} = \boldsymbol{0}$,则不再计算矩阵 H_{k+1}(或 B_{k+1}). 然而,正如引理1所指出的,即使 $\boldsymbol{g}_{k+1} = \boldsymbol{0}$,我们仍然能够计算 H_{k+1}(或 B_{k+1}).因而这时还是可以讨论 H_{k+1}^{-1} 与 B_{k+1} 是否相等的问题.

引理2. 除满足引理1的条件外,再设 $H_k^{-1} = B_k$. 若下列条件 i) 和 ii) 之一成立,即

i) $\boldsymbol{g}_{k+1} \neq \boldsymbol{0}$,且参数 α, β 满足

$$1 - \alpha - \beta + \gamma_k \alpha\beta = 0 \,(\alpha > \gamma_k^{-1} \text{或} \beta > \gamma_k^{-1}), \quad (5.35)$$

其中 $\gamma_k = -\boldsymbol{g}_{k+1}^T H_k \boldsymbol{g}_{k+1} / \boldsymbol{g}_k^T H_k \boldsymbol{g}_k$;

或者

ii) $\boldsymbol{g}_{k+1} = \boldsymbol{0}$,参数 α、β 任意,

则分别由迭代公式(5.27)和(5.28)确定的 H_{k+1} 和 B_{k+1} 都是正定对称的,而且满足

$$H_{k+1}^{-1} = B_{k+1}.$$

证明. 先考虑 $\boldsymbol{g}_{k+1} \neq \boldsymbol{0}$ 的情形,关系式(5.35)表示 $\boldsymbol{\alpha\beta}$ 平面

上的一条双曲线(参看图 5.1). 我们分别讨论 $\alpha\in[0,\infty)$ 和 $\alpha\in(\gamma_k^{-1},0)$ 两种情况. 当 $\alpha\in[0,\infty)$ 时,由引理 1 知 H_{k+1} 正定,因而其逆存在. 于是可以把 Sherman-Morrison 公式用于式(5.27). 据此再注意到条件(5.35),即有 $H_{k+1}^{-1}=B_{k+1}$. 详细推导从略. 当 $\alpha\in(\gamma_k^{-1},0)$ 时,由图 5.1 易见 $\beta>0$. 同样由引理 1 知 B_{k+1} 正定. 类似地对式(5.28)用 Sherman-Morrison 公式可证得 $B_{k+1}^{-1}=H_{k+1}$. 故仍有 $H_{k+1}^{-1}=B_{k+1}$.

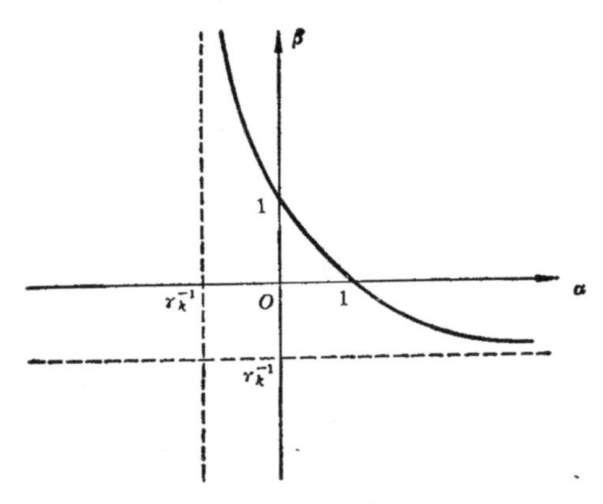

图 5.1 满足式(5.35)的 α 和 β 的对应关系

至于 $\boldsymbol{g}_{k+1}=\boldsymbol{0}$ 的情形,可以直接算出式(5.27)和(5.28)中的 $\boldsymbol{u}_k=\boldsymbol{0}$ 和 $\boldsymbol{v}_k=\boldsymbol{0}$,即对任意参数 α 和 β 都有 $H_{k+1}=H_{k+1}^{\mathrm{DFP}}$, $B_{k+1}=B_{k+1}^{\mathrm{DFP}}$. 因而总有 $H_{k+1}^{-1}=B_{k+1}$. 引理证毕.

关于引理 2 我们作如下两点说明:

(1) 关系式(5.35)表明,当 $\alpha=0$ 时 $\beta=1$. 即式(5.27)中 $\alpha=0$ 对应于式(5.28)中 $\beta=1$. 此时它们得到的都是 DFP 公式. 类似地式(5.28)中 $\beta=0$ 对应于式(5.27)中 $\alpha=1$,它们得到的都是 BFGS 公式.

(2) 虽然引进引理 2 的直接目的是证明下面的定理 1,但是它本身也有着重要的意义. 它说明,当我们选取的 α 和 β 满足条件(5.35)时,算法 1 中采用对 H_k 的 Broyden 类拟 Newton 法与采用对 B_k 的 Broyden 类拟 Newton 法等价,于是在许多情况下,只要仔细研究其中一个方法就行了. 这会给我们带来不少方便.

定理 1. 设目标函数 $f(\boldsymbol{x})$ 在 R^n 上连续可微,且对任意的 $\boldsymbol{x}'\in R^n$,基准集

$$C(\boldsymbol{x}')=\{\boldsymbol{x}\mid f(\boldsymbol{x})\leqslant f(\boldsymbol{x}')\}$$

有界. 又设算法 1 完成第 $k-1$ 次迭代后，在所得点 $\boldsymbol{x}_k$ 处梯度 $\boldsymbol{g}_k\neq\boldsymbol{0}$, 并且所得矩阵 H_k (或 B_k) 正定对称. 则总能按算法 1 求得点 $\boldsymbol{x}_{k+1}$，并能按迭代公式 (5.27) (或(5.28))求得对称矩阵 H_{k+1} (或 B_{k+1}). 而且若

i) $\boldsymbol{g}_{k+1}\neq\boldsymbol{0}$, 参数 α_k (或 β_k) 满足

$$\alpha_k>-\frac{\boldsymbol{g}_k^T H_k\boldsymbol{g}_k}{\boldsymbol{g}_{k+1}^T H_k\boldsymbol{g}_{k+1}}\left(\text{或 }\beta_k>-\frac{\boldsymbol{g}_k^T B_k^{-1}\boldsymbol{g}_k}{\boldsymbol{g}_{k+1}^T B_k^{-1}\boldsymbol{g}_{k+1}}\right); \quad (5.36)$$

或者

ii) $\boldsymbol{g}_{k+1}=\boldsymbol{0}$, 参数 α_k (或 β_k) 任意,

则求得的 H_{k+1} (或 B_{k+1}) 是正定对称的.

证明. 我们只讨论对 H_k 的 Broyden 类算法. 定理中关于能够求得 $\boldsymbol{x}_{k+1}$ 和 H_{k+1} 的结论已为引理 1 所证明. 由证明引理 2 的过程可知,当 $\boldsymbol{g}_{k+1}=\boldsymbol{0}$, 或者 $\boldsymbol{g}_{k+1}\neq\boldsymbol{0}$ 但 $\alpha_k\geqslant 0$ 时, H_{k+1} 是正定对称的. 因此只需讨论 $\alpha_k<0$ 且满足式 (5.36) 的情况.

设 $0>\tilde{\alpha}>-\boldsymbol{g}_k^T H_k\boldsymbol{g}_k/\boldsymbol{g}_{k+1}^T H_k\boldsymbol{g}_{k+1}=\gamma_k^{-1}$, 记在式 (5.27) 中取 $\alpha=\tilde{\alpha}$ 得到的 H_{k+1} 为 $\widetilde{H}_{k+1}$，我们来证明 $\widetilde{H}_{k+1}$ 是正定对称的. 首先取 $B_k=H_k^{-1}$, 并按式 (5.35) 找出与 $\tilde{\alpha}$ 对应的 $\tilde{\beta}$. 显然 $\tilde{\beta}>0$ (参看图 5.1). 记在式 (5.28) 中取 $\beta=\tilde{\beta}$ 得到的 B_{k+1} 为 $\widetilde{B}_{k+1}$. $\widetilde{B}_{k+1}$ 即然对应于 $\tilde{\beta}>0$，根据引理 1 我们知道，$\widetilde{B}_{k+1}$ 是正定对称的. 由引理 2 知 $\widetilde{H}_{k+1}=\widetilde{B}_{k+1}^{-1}$. 因而 $\widetilde{H}_{k+1}$ 也必正定对称. 定理证毕.

定理 1 表明，把 Broyden 类拟 Newton 算法应用于所讨论的目标函数类,只有两种可能：或者在有限步内达到 $f(\boldsymbol{x})$ 的一个稳定点;或者可以构造出一个无穷点列 $\{\boldsymbol{x}_k\}$，它所对应的函数值序列 $\{f(\boldsymbol{x}_k)\}$ 是严格递减的.

定理 2. 考虑用算法 1 极小化正定二次函数 (5.4),设已进行了 m 次迭代，且在每次迭代过程中，所取的参数满足 $\alpha=\alpha_l>-\boldsymbol{g}_l^T H_l\boldsymbol{g}_l/\boldsymbol{g}_{l+1}^T H_l\boldsymbol{g}_{l+1}$ (或 $\beta=\beta_l>-\boldsymbol{g}_l^T B_l^{-1}\boldsymbol{g}_l/\boldsymbol{g}_{l+1}^T B_l^{-1}\boldsymbol{g}_{l+1}$), $l=1,\cdots,m-1$. 则

i) $\boldsymbol{s}_1,\cdots,\boldsymbol{s}_m$ 组成 m 个非零共轭方向

$$s_i^T G s_j = 0 \ (1 \leqslant j < i \leqslant m);$$

ii) 当 $m = n$ 时，倘若最后再按迭代公式(5.27)(或(5.28))构造出矩阵 H_{k+1}（或 B_{k+1}），则不论其中的参数 α_n（或 β_n）取什么值，总有

$$H_{n+1} = G^{-1} \ (\text{或 } B_{n+1} = G).$$

证明. 首先用归纳法证明

$$\begin{aligned} & s_i^T G s_j = 0 \ (1 \leqslant j < i \leqslant m). \\ & H_{m+1} y_i = s_i \quad \text{或} \quad H_{m+1} G s_i = s_i \ (1 \leqslant i \leqslant m). \end{aligned} \tag{5.37}$$

进行归纳法的第一步，验证当 $m = 2$ 时上述事实成立. 由迭代公式(5.27)确定的矩阵 H_2 满足拟 Newton 方程

$$H_2 y_1 = s_1,$$

由此可得

$$\begin{aligned} s_2^T G s_1 &= \langle s_2, y_1 \rangle = -\lambda_2 \langle H_2 g_2, y_1 \rangle = -\lambda_2 \langle g_2, H_2 y_1 \rangle \\ &= -\lambda_2 \langle g_2, s_1 \rangle = 0. \end{aligned}$$

另外，根据式(5.27)和(5.21)有

$$\begin{aligned} H_3 y_i = & \left(H_2 + \frac{s_2 s_2^T}{s_2^T y_2} - \frac{H_2 y_2 y_2^T H_2}{y_2^T H_2 y_2} \right) y_i \\ & + \alpha_2 (y_2^T H_2 y_2) \left(\frac{s_2}{s_2^T y_2} - \frac{H_2 y_2}{y_2^T H_2 y_2} \right) \left(\frac{s_2}{s_2^T y_2} - \frac{H_2 y_2}{y_2^T H_2 y_2} \right)^T y_i \\ & \qquad (i = 1, 2). \end{aligned}$$

再利用 $H_2 y_1 = s_1$, $s_2^T y_1 = s_2^T G s_1 = 0$, $y_2^T H_2 y_1 = (G s_2)^T s_1 = s_2^T G s_1 = 0$, 即得

$$H_3 y_i = s_i \ (i = 1, 2).$$

归纳法的第一步至此验证完毕.

现在进行归纳法的第二步，假设当 $m = k - 1$ 时有

$$\begin{aligned} & s_i^T G s_j = 0 \ (1 \leqslant j < i \leqslant k-1). \\ & H_k y_i = s_i \quad \text{或} \quad H_k G s_i = s_i \ (1 \leqslant i \leqslant k-1). \end{aligned}$$

要证明

$$\begin{aligned} & s_i^T G s_j = 0 \ (1 \leqslant j < i \leqslant k). \\ & H_{k+1} y_i = s_i \quad \text{或} \quad H_{k+1} G s_i = s_i \ (1 \leqslant i \leqslant k). \end{aligned} \tag{5.38}$$

事实上，利用归纳假设，当 $j=1, 2, \cdots, k-1$ 时有

$$\boldsymbol{s}_k^T G\boldsymbol{s}_j = \langle \boldsymbol{s}_k, \boldsymbol{y}_j\rangle = -\lambda_k\langle H_k\boldsymbol{g}_k, \boldsymbol{y}_j\rangle$$
$$= -\lambda_k\langle \boldsymbol{g}_k, H_k\boldsymbol{y}_j\rangle = -\lambda_k\langle \boldsymbol{g}_k, \boldsymbol{s}_j\rangle.$$

注意到 $\boldsymbol{g}_k$ 是 $\boldsymbol{x}_k$ 处的梯度，而 $\boldsymbol{x}_k$ 是依次沿非零共轭方向 $\boldsymbol{s}_1, \cdots, \boldsymbol{s}_{k-1}$ 搜索所得的点，故由第四章定理 2 的推论知，$\boldsymbol{g}_k$ 垂直于 $\boldsymbol{s}_1, \cdots, \boldsymbol{s}_{k-1}$，因此

$$\boldsymbol{s}_k^T G\boldsymbol{s}_j = 0\ (j=1, \cdots, k-1). \tag{5.39}$$

于是式 (5.38) 的第一式得证.

剩下只需证明式 (5.38) 的第二式成立. 显然，按迭代公式 (5.27) 确定的 H_{k+1} 满足拟 Newton 方程

$$H_{k+1}\boldsymbol{y}_k = \boldsymbol{s}_k \quad 或 \quad H_{k+1}G\boldsymbol{s}_k = \boldsymbol{s}_k. \tag{5.40}$$

另外，根据式 (5.27) 和 (5.21) 知，当 $1 \leqslant i \leqslant k-1$ 时，有

$$H_{k+1}\boldsymbol{y}_i = H_k\boldsymbol{y}_i + \frac{\boldsymbol{s}_k\boldsymbol{s}_k^T\boldsymbol{y}_i}{\boldsymbol{s}_k^T\boldsymbol{y}_k} - \frac{H_k\boldsymbol{y}_k\boldsymbol{y}_k^T H_k\boldsymbol{y}_i}{\boldsymbol{y}_k^T H_k\boldsymbol{y}_k}$$
$$+\alpha_k(\boldsymbol{y}_k^T H_k\boldsymbol{y}_k)\left(\frac{\boldsymbol{s}_k}{\boldsymbol{s}_k^T\boldsymbol{y}_k} - \frac{H_k\boldsymbol{y}_k}{\boldsymbol{y}_k^T H_k\boldsymbol{y}_k}\right)\left(\frac{\boldsymbol{s}_k}{\boldsymbol{s}_k^T\boldsymbol{y}_k} - \frac{H_k\boldsymbol{y}_k}{\boldsymbol{y}_k^T H_k\boldsymbol{y}_k}\right)^T\boldsymbol{y}_i,$$

根据归纳假设和式 (5.39) 有

$$H_k\boldsymbol{y}_i = \boldsymbol{s}_i,\ \boldsymbol{s}_k^T\boldsymbol{y}_i = \boldsymbol{s}_k^T G\boldsymbol{s}_i = 0,$$
$$\boldsymbol{y}_k^T H_k\boldsymbol{y}_i = (G\boldsymbol{s}_k)^T\boldsymbol{s}_i = \boldsymbol{s}_k^T G\boldsymbol{s}_i = 0,$$

于是

$$H_{k+1}\boldsymbol{y}_i = \boldsymbol{s}_i \quad 或 \quad H_{k+1}G\boldsymbol{s}_i = \boldsymbol{s}_i\ (i=1, \cdots, k-1),$$

联合式 (5.40) 即得式 (5.38).

至此，式 (5.37) 得证. 为完成定理的证明，只需证明当 $m=n$ 时 $H_{n+1}=G^{-1}$ 即可. 而由式 (5.37) 的第二式知

$$H_{n+1}G\boldsymbol{s}_i = \boldsymbol{s}_i\ \ (i=1, 2, \cdots, n). \tag{5.41}$$

若记 S 为以 $\boldsymbol{s}_i$ 为其第 i 列元素的矩阵，则式 (5.41) 可写为

$$H_{n+1}GS = S, \tag{5.42}$$

因 $\boldsymbol{s}_1, \cdots \boldsymbol{s}_n$ 为 n 个非零共轭方向，所以它们线性无关，即 S 非奇异. 用 S^{-1} 右乘上式两端得

$$H_{n+1}G = I \quad 或 \quad H_{n+1} = G^{-1}.$$

定理证毕.

§2. 参数 α,β 对迭代公式的影响

2.1. 参数 α,β 对搜索方向及点列的影响

引理. 若 $\boldsymbol{g}_{k+1}\neq\boldsymbol{0}$，$\alpha_k>-\boldsymbol{g}_k^T H_k\boldsymbol{g}_k/\boldsymbol{g}_{k+1}^T H_k\boldsymbol{g}_{k+1}$（或 $\beta_k>-\boldsymbol{g}_k^T B_k^{-1}\boldsymbol{g}_k/\boldsymbol{g}_{k+1}^T B_k^{-1}\boldsymbol{g}_{k+1}$），且 H_k（或 B_k）正定对称，则由迭代公式 (5.27) 及 $\boldsymbol{p}_{k+1}=-H_{k+1}\boldsymbol{g}_{k+1}$（或迭代公式 (5.28) 及 $B_{k+1}\boldsymbol{p}_{k+1}=-\boldsymbol{g}_{k+1}$）确定的 $\boldsymbol{p}_{k+1}$ 非零，而且 $\boldsymbol{p}_{k+1}$ 的方向与参数 α_k（或 β_k）无关.

证明. 我们只对迭代公式 (5.27) 确定的 $\boldsymbol{p}_{k+1}$ 进行证明. 在式 (5.27) 中令 $\alpha=1$ 可得

$$H_{k+1}^{\text{DFP}}=H_{k+1}^{\text{BFGS}}-\boldsymbol{u}_k\boldsymbol{u}_k^T.$$

再代入式 (5.27) 即有

$$H_{k+1}=H_{k+1}^{\text{BFGS}}+(\alpha_k-1)\boldsymbol{u}_k\boldsymbol{u}_k^T, \tag{5.43}$$

于是

$$\boldsymbol{p}_{k+1}=-H_{k+1}\boldsymbol{g}_{k+1}=-H_{k+1}^{\text{BFGS}}\boldsymbol{g}_{k+1}-(\alpha_k-1)\boldsymbol{u}_k(\boldsymbol{u}_k^T\boldsymbol{g}_{k+1}), \tag{5.44}$$

式 (5.44) 说明了 $\boldsymbol{p}_{k+1}$ 是由 $H_{k+1}^{\text{BFGS}}\boldsymbol{g}_{k+1}$ 和 $\boldsymbol{u}_k$ 组合而成的. 我们先看一下这两个向量之间的关系. 由对 H_k 的 BFGS 公式 (5.25)并注意到 $\boldsymbol{g}_{k+1}$ 垂直 $\boldsymbol{s}_k$，得

$$\begin{aligned}H_{k+1}^{\text{BFGS}}\boldsymbol{g}_{k+1}&=H_k\boldsymbol{g}_{k+1}-\frac{\boldsymbol{s}_k\boldsymbol{y}_k^T H_k\boldsymbol{g}_{k+1}}{\boldsymbol{s}_k^T\boldsymbol{y}_k}\\&=H_k\boldsymbol{y}_k+H_k\boldsymbol{g}_k-\frac{\boldsymbol{y}_k^T H_k\boldsymbol{g}_{k+1}}{\boldsymbol{s}_k^T\boldsymbol{y}_k}\boldsymbol{s}_k,\end{aligned}$$

而对 $\boldsymbol{s}_k=-\lambda_k H_k\boldsymbol{g}_k$ 两边左乘 $\boldsymbol{y}_k^T$ 有 $\lambda_k=-\dfrac{\boldsymbol{y}_k^T\boldsymbol{s}_k}{\boldsymbol{y}_k^T H_k\boldsymbol{g}_k}$，从而 $H_k\boldsymbol{g}_k=\dfrac{\boldsymbol{y}_k^T H_k\boldsymbol{g}_k}{\boldsymbol{y}_k^T\boldsymbol{s}_k}\boldsymbol{s}_k$，把此式代入上式便有

$$H_{k+1}^{\mathrm{BFGS}}\boldsymbol{g}_{k+1}=H_k\boldsymbol{y}_k+\frac{\boldsymbol{g}_k^{\mathrm{T}}H_k\boldsymbol{y}_k}{\boldsymbol{s}_k^{\mathrm{T}}\boldsymbol{y}_k}\boldsymbol{s}_k-\frac{\boldsymbol{g}_{k+1}^{\mathrm{T}}H_k\boldsymbol{y}_k}{\boldsymbol{s}_k^{\mathrm{T}}\boldsymbol{y}_k}\boldsymbol{s}_k$$

$$=H_k\boldsymbol{y}_k-\frac{\boldsymbol{y}_k^{\mathrm{T}}H_k\boldsymbol{y}_k}{\boldsymbol{s}_k^{\mathrm{T}}\boldsymbol{y}_k}\boldsymbol{s}_k=-(\boldsymbol{y}_k^{\mathrm{T}}H_k\boldsymbol{y}_k)^{1/2}\boldsymbol{u}_k. \qquad (5.45)$$

此式说明 $\boldsymbol{u}_k$ 与 $H_{k+1}^{\mathrm{BFGS}}\boldsymbol{g}_{k+1}$ 共线.联系到式(5.44)便可推知 $\boldsymbol{p}_{k+1}=-H_{k+1}\boldsymbol{g}_{k+1}$ 和 $-H_{k+1}^{\mathrm{BFGS}}\boldsymbol{g}_{k+1}$ 共线. 为弄清 $\boldsymbol{p}_{k+1}=-H_{k+1}\boldsymbol{g}_{k+1}$ 与 $-H_{k+1}^{\mathrm{BFGS}}\boldsymbol{g}_{k+1}$ 是同向还是异向,我们考查它们在非零向量 $\boldsymbol{g}_{k+1}$ 上的投影 $\langle -H_{k+1}\boldsymbol{g}_{k+1}, \boldsymbol{g}_{k+1}\rangle$ 和 $\langle -H_{k+1}^{\mathrm{BFGS}}\boldsymbol{g}_{k+1}, \boldsymbol{g}_{k+1}\rangle$. 因算法 1 已得到 $\boldsymbol{x}_{k+1}$, 这意味着 $\boldsymbol{g}_k\neq\boldsymbol{0}$. 根据定理 1 知, 对任何 $\alpha\geqslant-\boldsymbol{g}_k^{\mathrm{T}}H_k\boldsymbol{g}_k/\boldsymbol{g}_{k+1}^{T}H_k\boldsymbol{g}_{k+1}$, Broyden 类公式产生的 H_{k+1} 总是正定的. 于是便有

$$\langle -H_{k+1}\boldsymbol{g}_{k+1}, \boldsymbol{g}_{k+1}\rangle<0, \langle -H_{k+1}^{\mathrm{BFGS}}\boldsymbol{g}_{k+1}, \boldsymbol{g}_{k+1}\rangle<0.$$

这表明 $\boldsymbol{p}_{k+1}=-H_{k+1}\boldsymbol{g}_{k+1}$ 非零且与 $-H_{k+1}^{\mathrm{BFGS}}\boldsymbol{g}_{k+1}$ 同向. 因而 $\boldsymbol{p}_{k+1}$ 的方向与参数 α_k 无关. 引理证毕.

上述引理表明,在一定的条件下,$\boldsymbol{p}_{k+1}$ 的方向与当前的 α 值 α_k 无关. 但前边的 α 值 $\alpha_1, \cdots, \alpha_{k-1}$ 对该方向是否有影响呢? 另外,前边的这些 α 值对矩阵 H_{k+1}^{BFGS} 的影响如何呢?下列定理回答了这个问题.

定理 3.[71] 设 $f(\boldsymbol{x})$ 为连续可微函数,而 $\boldsymbol{x}_1$ 和 H_1 (或 B_1)是初始点和初始正定对称矩阵,若所选取的参数序列 $\alpha_1, \cdots, \alpha_{m-1}$ 满足

$$\alpha_j>-\boldsymbol{g}_j^{T}H_j\boldsymbol{g}_j/\boldsymbol{g}_{j+1}^{\mathrm{T}}H_j\boldsymbol{g}_{j+1}\ (j=1, \cdots, m-1),$$

(或所选取的参数序列 $\beta_1, \cdots, \beta_{m-1}$ 满足

$$\beta_j>-\boldsymbol{g}_j^{T}B_j^{-1}\boldsymbol{g}_j/\boldsymbol{g}_{j+1}^{\mathrm{T}}B_j^{-1}\boldsymbol{g}_{j+1}\ (j=1, \cdots, m-1))$$

则由算法 1 得到的点 $\boldsymbol{x}_{m+1}$ 和矩阵 H_{m+1}^{BFGS} (或 B_{m+1}^{BFGS}) 完全由 $\boldsymbol{x}_1$ 和 H_1 (或 B_1) 唯一确定.

证明. 只需证明对 H_k 的 Broyden 类拟 Newton 法结论成立. 即证明 $\boldsymbol{x}_{m+1}$ 和 H_{m+1}^{BFGS} 与参数 $\alpha_j\,(j=1, \cdots, m-1)$ 无关. 用归纳法证明.

当 $m=1$ 时,点 $\boldsymbol{x}_1$ 和矩阵 H_1 与参数无关,因而搜索方向 $\boldsymbol{p}_1=-H_1\boldsymbol{g}_1$ 由 $\boldsymbol{x}_1$ 和 H_1 完全确定. 从点 $\boldsymbol{x}_1$ 出发,沿方向 $\boldsymbol{p}_1$ 进行一维搜

索得到的点 $\boldsymbol{x}_2$ 也由 $\boldsymbol{x}_1$ 和 H_1 确定，进而得知 $\boldsymbol{s}_1=\boldsymbol{x}_2-\boldsymbol{x}_1$，$\boldsymbol{y}_1=\boldsymbol{g}_2-\boldsymbol{g}_1$ 也由 $\boldsymbol{x}_1$ 和 H_1 完全确定，因此用 BFGS 公式(5.25)确定 H_2^{BFGS} 时，H_2^{BFGS} 完全由 $\boldsymbol{x}_1$ 和 H_1 确定.

设结论对 $m=k-1$ 成立，即假设点 $\boldsymbol{x}_k$ 与 H_k^{BFGS} 由 $\boldsymbol{x}_1$ 和 H_1 确定，与参数 $\alpha_1,\cdots,\alpha_{k-2}$ 无关. 下面证明点 $\boldsymbol{x}_{k+1}$ 和 H_{k+1}^{BFGS} 也完全由点 $\boldsymbol{x}_1$ 和矩阵 H_1 确定，与参数 $\alpha_1,\cdots,\alpha_{k-1}$ 无关. 先证明点 $\boldsymbol{x}_{k+1}=\boldsymbol{x}_k+\lambda_k\boldsymbol{p}_k$ 与参数 $\alpha_1,\cdots,\alpha_{k-1}$ 无关，这只需证明 $\boldsymbol{p}_k$ 的方向与 $\alpha_1,\cdots,\alpha_{k-1}$ 无关. 由引理，$\boldsymbol{p}_k=-H_k\boldsymbol{g}_k$ 的方向与参数 α_{k-1} 无关，现在证明它与 $\alpha_1,\cdots,\alpha_{k-2}$ 无关. 由式(5.44)和(5.45)知，$\boldsymbol{p}_k$ 与 $-H_k^{\mathrm{BFGS}}\boldsymbol{g}_k$ 的方向一致，再根据归纳假设，点 $\boldsymbol{x}_k$ 因而 $\boldsymbol{g}_k$，H_k^{BFGS} 都与参数 $\alpha_1,\cdots,\alpha_{k-2}$ 无关，因而 $\boldsymbol{p}_k$ 与 $\alpha_1,\cdots,\alpha_{k-2}$ 无关，这就证明了 $\boldsymbol{x}_{k+1}$ 与 $\alpha_1,\cdots,\alpha_{k-1}$ 无关，从而 $\boldsymbol{s}_k$，$\boldsymbol{y}_k$ 均与参数 $\alpha_1,\cdots,\alpha_{k-1}$ 无关.

再证明 H_{k+1}^{BFGS} 与参数 $\alpha_1,\cdots,\alpha_{k-1}$ 无关. 由 BFGS 公式得

$$H_{k+1}^{\mathrm{BFGS}}=\left(I-\frac{\boldsymbol{s}_k\boldsymbol{y}_k^T}{\boldsymbol{s}_k^T\boldsymbol{y}_k}\right)H_k\left(I-\frac{\boldsymbol{s}_k\boldsymbol{y}_k^T}{\boldsymbol{s}_k^T\boldsymbol{y}_k}\right)^T+\frac{\boldsymbol{s}_k\boldsymbol{s}_k^T}{\boldsymbol{s}_k^T\boldsymbol{y}_k},\tag{5.46}$$

我们现在来证明，虽然 H_k 与参数 $\alpha_1,\cdots,\alpha_{k-1}$ 有关，但由此算出的 H_{k+1}^{BFGS} 却与它们无关. 由式(5.43)知

$$H_k=H_k^{\mathrm{BFGS}}+(\alpha_{k-1}-1)\boldsymbol{u}_{k-1}\boldsymbol{u}_{k-1}^T$$

由归纳假设及上面的证明，H_k^{BFGS}，$\boldsymbol{s}_k$ 及 $\boldsymbol{y}_k$ 均与参数 $\alpha_1,\cdots,\alpha_{k-1}$ 无关，那么式(5.46)右端与参数有关的项只可能是

$$\left(I-\frac{\boldsymbol{s}_k\boldsymbol{y}_k^T}{\boldsymbol{s}_k^T\boldsymbol{y}_k}\right)(\alpha_{k-1}-1)\boldsymbol{u}_{k-1}\boldsymbol{u}_{k-1}^T\left(I-\frac{\boldsymbol{s}_k\boldsymbol{y}_k^T}{\boldsymbol{s}_k^T\boldsymbol{y}_k}\right)^T.\tag{5.47}$$

由式(5.45)知

$$\boldsymbol{u}_{k-1}=-(\boldsymbol{y}_{k-1}^T H_{k-1}\boldsymbol{y}_{k-1})^{-\frac{1}{2}}H_k^{\mathrm{BFGS}}\boldsymbol{g}_k.\tag{5.48}$$

以式(5.48)置换式(5.47)中的 $\boldsymbol{u}_{k-1}$，得

$$\frac{\alpha_{k-1}-1}{\boldsymbol{y}_{k-1}^T H_{k-1}\boldsymbol{y}_{k-1}}\left(I-\frac{\boldsymbol{s}_k\boldsymbol{y}_k^T}{\boldsymbol{s}_k^T\boldsymbol{y}_k}\right)H_k^{\mathrm{BFGS}}\boldsymbol{g}_k\boldsymbol{g}_k^T H_k^{\mathrm{BFGS}}\left(I-\frac{\boldsymbol{s}_k\boldsymbol{y}_k^T}{\boldsymbol{s}_k^T\boldsymbol{y}_k}\right)^T$$

$$=\frac{\alpha_{k-1}-1}{\boldsymbol{y}_{k-1}^T H_{k-1}\boldsymbol{y}_{k-1}}\left[H_k^{\mathrm{BFGS}}\boldsymbol{g}_k\boldsymbol{g}_k^T H_k^{\mathrm{BFGS}}-\frac{\boldsymbol{y}_k^T H_k^{\mathrm{BFGS}}\boldsymbol{g}_k}{\boldsymbol{s}_k^T\boldsymbol{y}_k}\boldsymbol{s}_k(H_k^{\mathrm{BFGS}}\boldsymbol{g}_k)^T\right.$$

$$- \frac{g_k^T H_k^{BFGS} y_k}{s_k^T y_k} (H_k^{BFGS} g_k) s_k^T + \frac{(y_k^T H_k^{BFGS} g_k)(g_k^T H_k^{BFGS} y_k)}{(s_k^T y_k)^2} s_k s_k^T \Big]$$

$$= \frac{\alpha_{k-1} - 1}{y_{k-1}^T H_{k-1} y_{k-1}} \left(\frac{1}{\lambda_k^2} s_k s_k^T - \frac{1}{\lambda_k^2} s_k s_k^T - \frac{1}{\lambda_k^2} s_k s_k^T + \frac{1}{\lambda_k^2} s_k s_k^T \right) = 0$$

(5.49)

由此可见．项(5.47)与参数α_1，$\cdots$，α_{k-1}无关，这样就证明了H_{k+1}^{BFGS}与参数α_1，$\cdots$，α_{k-1}无关，H_{k+1}^{BFGS}完全由点x_1和矩阵H_1确定．定理证毕．

由迭代过程可以看出，参数α_k及其以后的参数α_{k+1}，α_{k+2}，$\cdots$影响不到点x_{k+1}和矩阵H_{k+1}^{BFGS}．而定理3又证明了参数α_1，$\cdots$，α_{k-1}对点x_{k+1}和矩阵H_{k+1}^{BFGS}没有影响，因此我们可以说点x_{k+1}和矩阵$H_{k+1}^{BFGS}(k = 1, 2, \cdots)$只决定于点$x_1$和矩阵$H_1$，而与所有的参数都无关．

由定理3可知，如果每次迭代都用精确的一维搜索，那么这一类算法的计算效果完全相同，尽管它们所对应的矩阵H_k可能不同．

当然，在实际计算时，一般说来，不可能做到精确的一维搜索，再加上计算机有不可避免的舍入误差，这使得当式(5.27)中的参数α取不同的值时，计算效果并不一样，因此讨论参数α对矩阵H_k的影响仍然是必要的．

2.2. 参数α，β对矩阵H_k，B_k的特征值的影响

在这一段中，我们先讨论参数α对矩阵H_k的影响，即从同一矩阵H_k出发，在迭代公式(5.27)中选用不同的α值α^*和$\tilde{\alpha}(\alpha^* > \tilde{\alpha})$，考虑对应的矩阵$H_{k+1}^*$与$\widetilde{H}_{k+1}$特征值之间的关系．显然，$H_{k+1}^*$与$\widetilde{H}_{k+1}$之差是对称的秩1矩阵．在讨论它们的特征值之前，先证以下两个引理．

引理1． 设V_{l+1}为n维欧氏空间R^n中的一个$l+1$维子空间，则对于任意给定的向量$v \in R^n$，V_{l+1}中存在着一个l维子空间V_l，使得$v \perp V_l$．

证明. 当 $\boldsymbol{v}\perp V_{l+1}$ 时，结论显然成立；当 $\boldsymbol{v}$ 不与 V_{l+1} 垂直时，

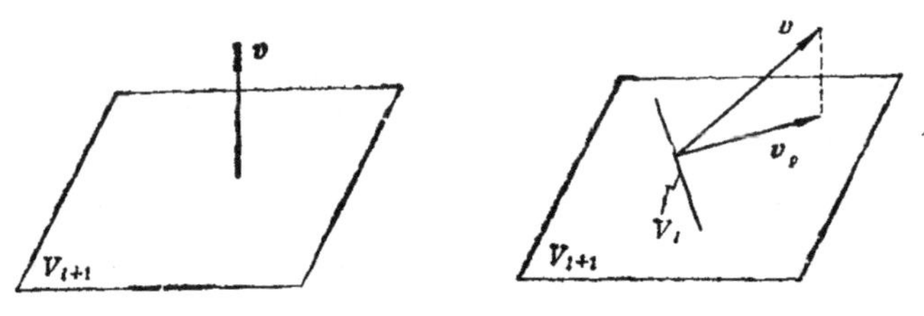

图 5.2　引理 1 的证明

记 $\boldsymbol{v}$ 在 V_{l+1} 上的投影为 $\boldsymbol{v}_p$. 不难验证，若取 V_{l+1} 中与 $\boldsymbol{v}_p$ 正交的元素组成的集合为 V_l，则 V_l 是一个 l 维子空间，而且 $\boldsymbol{v}\perp V_l$. 引理证毕.

引理 2. 设 A 为对称矩阵. 若记矩阵 A 和矩阵 $B=A+\sigma\boldsymbol{v}\boldsymbol{v}^T$ 的特征值分别为 $\lambda_1\geqslant\lambda_2\geqslant\cdots\geqslant\lambda_n$ 和 $\lambda_1'\geqslant\lambda_2'\geqslant\cdots\geqslant\lambda_n'$，则

i) 当 $\sigma\geqslant 0$ 时，$\lambda_1'\geqslant\lambda_1\geqslant\lambda_2'\geqslant\lambda_2\geqslant\cdots\geqslant\lambda_n'\geqslant\lambda_n$；

ii) 当 $\sigma\leqslant 0$ 时，$\lambda_1\geqslant\lambda_1'\geqslant\lambda_2\geqslant\lambda_2'\geqslant\cdots\geqslant\lambda_n\geqslant\lambda_n'$.

证明. 结论 i) 和结论 ii) 是等价的，所以只需考虑 $\sigma\geqslant 0$ 的情况. 我们利用极小-极大原理[1]来证明此结论.

首先证明 $\lambda_i'\geqslant\lambda_i$. 很明显，对任意的 $\boldsymbol{x}\neq\boldsymbol{0}$ 都有

$$\frac{\boldsymbol{x}^TB\boldsymbol{x}}{\boldsymbol{x}^T\boldsymbol{x}}=\frac{\boldsymbol{x}^T(A+\sigma\boldsymbol{v}\boldsymbol{v}^T)\boldsymbol{x}}{\boldsymbol{x}^T\boldsymbol{x}}=\frac{\boldsymbol{x}^TA\boldsymbol{x}}{\boldsymbol{x}^T\boldsymbol{x}}+\sigma\frac{(\boldsymbol{v}^T\boldsymbol{x})^2}{\|\boldsymbol{x}\|^2}$$
$$\geqslant\frac{\boldsymbol{x}^TA\boldsymbol{x}}{\boldsymbol{x}^T\boldsymbol{x}}. \tag{5.50}$$

因此对任意的 $n-i+1$ 维子空间 V_{n-i+1} 都有

$$\max_{x\in V_{n-i+1}}\frac{\boldsymbol{x}^TB\boldsymbol{x}}{\boldsymbol{x}^T\boldsymbol{x}}\geqslant\max_{x\in V_{n-i+1}}\frac{\boldsymbol{x}^TA\boldsymbol{x}}{\boldsymbol{x}^T\boldsymbol{x}}. \tag{5.51}$$

1) 极小-极大原理：设对称矩阵 H 的特征值为 $\mu_1\geqslant\mu_2\geqslant\cdots\geqslant\mu_n$. 若用 V_l 表示 l 维子空间，则

$$\mu_i=\min_{V_{n-i+1}}\max_{\substack{x\in V_{n-i+1}\\ x\neq 0}}\frac{\boldsymbol{x}^TH\boldsymbol{x}}{\boldsymbol{x}^T\boldsymbol{x}},$$

此式右端的极小是对所有 $n-i+1$ 维子空间 V_{n-i+1} 取的.

从而由极小-极大原理得知

$$\lambda_i' = \min_{V_{n-i+1}} \max_{x\in V_{n-i+1}} \frac{\boldsymbol{x}^T B\boldsymbol{x}}{\boldsymbol{x}^T\boldsymbol{x}} \geqslant \min_{V_{n-i+1}} \max_{x\in V_{n-i+1}} \frac{\boldsymbol{x}^T A\boldsymbol{x}}{\boldsymbol{x}^T\boldsymbol{x}} = \lambda_i. \tag{5.52}$$

其次证明 $\lambda_i \geqslant \lambda_{i+1}'$. 设 $\widetilde{V}_{n-i+1}$ 为任意给定的一个 $n-i+1$ 维子空间. 根据引理1知，$\widetilde{V}_{n-i+1}$ 中存在着一个 $n-i$ 维子空间 $\widetilde{V}_{n-i}$，使得

$$\boldsymbol{v} \perp \widetilde{V}_{n-i}.$$

于是由极小-极大原理可得

$$\begin{aligned}\max_{x\in \widetilde{V}_{n-i+1}} \frac{\boldsymbol{x}^T A\boldsymbol{x}}{\boldsymbol{x}^T\boldsymbol{x}} &\geqslant \max_{x\in \widetilde{V}_{n-i}} \frac{\boldsymbol{x}^T A\boldsymbol{x}}{\boldsymbol{x}^T\boldsymbol{x}} = \max_{x\in \widetilde{V}_{n-i}} \frac{\boldsymbol{x}^T(A+\sigma\boldsymbol{v}\boldsymbol{v}^T)\boldsymbol{x}}{\boldsymbol{x}^T\boldsymbol{x}} \\ &= \max_{x\in \widetilde{V}_{n-i}} \frac{\boldsymbol{x}^T B\boldsymbol{x}}{\boldsymbol{x}^T\boldsymbol{x}} \geqslant \min_{\widetilde{V}_{n-i}} \max_{x\in \widetilde{V}_{n-i}} \frac{\boldsymbol{x}^T B\boldsymbol{x}}{\boldsymbol{x}^T\boldsymbol{x}} = \lambda_{i+1}'.\end{aligned} \tag{5.53}$$

由于上式对于任意的 $n-i+1$ 维子空间 $\widetilde{V}_{n-i+1}$ 成立,所以再用一次极小-极大原理即知

$$\lambda_i = \min_{V_{n-i+1}} \max_{x\in V_{n-i+1}} \frac{\boldsymbol{x}^T A\boldsymbol{x}}{\boldsymbol{x}^T\boldsymbol{x}} \geqslant \lambda_{i+1}'. \tag{5.54}$$

引理证毕.

定理 4. 设从同一矩阵 H_k 出发，用迭代公式(5.27)计算 H_{k+1}，其中参数取为 α^* 和 $\tilde{\alpha}$ 时所得矩阵分别为 H_{k+1}^* 和 $\widetilde{H}_{k+1}$

$$H_{k+1}^* = H_{k+1}^{\mathrm{DFP}} + \alpha^*\boldsymbol{u}_k\boldsymbol{u}_k^T, \tag{5.55}$$

$$\widetilde{H}_{k+1} = H_{k+1}^{\mathrm{DFP}} + \tilde{\alpha}\boldsymbol{u}_k\boldsymbol{u}_k^T. \tag{5.56}$$

记它们的特征值分别为

$$\lambda_1^* \geqslant \lambda_2^* \geqslant \cdots \geqslant \lambda_n^*$$

和

$$\tilde{\lambda}_1 \geqslant \tilde{\lambda}_2 \geqslant \cdots \geqslant \tilde{\lambda}_n.$$

若 $\alpha^* > \tilde{\alpha}$，则这些特征值在弱意义下相互内插

$$\lambda_1^* \geqslant \tilde{\lambda}_1 \geqslant \lambda_2^* \geqslant \tilde{\lambda}_2 \geqslant \cdots \geqslant \lambda_n^* \geqslant \tilde{\lambda}_n.$$

证明. 由式(5.55)和(5.56)可得

$$H_{k+1}^* = \tilde{H}_{k+1} + (\alpha^* - \tilde{\alpha})\boldsymbol{u}_k\boldsymbol{u}_k^T.$$

因$\alpha^* - \tilde{\alpha} > 0$，由引理 2 即得结论.

相应地，下面的定理说明了参数 β 对矩阵 B_k 的影响.

定理 5. 考虑从同一矩阵 B_k 出发，用迭代公式(5.28)计算 B_{k+1}，设其中参数取为 β^* 和 $\tilde{\beta}$ 时所得矩阵分别为 B_{k+1}^* 和 $\tilde{B}_{k+1}$，

$$B_{k+1}^* = B_{k+1}^{\text{BFGS}} + \beta^* \boldsymbol{v}_k\boldsymbol{v}_k^T,$$

$$\tilde{B}_{k+1} = B_{k+1}^{\text{BFGS}} + \tilde{\beta} \boldsymbol{v}_k\boldsymbol{v}_k^T.$$

它们的特征值分别为

$$\mu_1^* \geqslant \mu_2^* \geqslant \cdots \geqslant \mu_n^*$$

和

$$\tilde{\mu}_1 \geqslant \tilde{\mu}_2 \geqslant \cdots \geqslant \tilde{\mu}_n.$$

若 $\beta^* > \tilde{\beta}$，则这些特征值在弱意义下相互内插

$$\mu_1^* \geqslant \tilde{\mu}_1 \geqslant \mu_2^* \geqslant \tilde{\mu}_2 \geqslant \cdots \geqslant \mu_n^* \geqslant \tilde{\mu}_n.$$

定理 4 和定理 5 告诉我们，当参数 $\alpha_k^* > \tilde{\alpha}_k$（或 $\beta_k^* > \tilde{\beta}_k$）时，$H_{k+1}^*$（或 B_{k+1}^*）的特征值大于等于 $\tilde{H}_{k+1}$（或 $\tilde{B}_{k+1}$）对应的特征值.

2.3. 单调性 F 和选取 $\alpha,\beta\in[0, 1]$ 的合理性[72]

本章一开始曾经指出，当目标函数为形如式 (5.4) 的正定二次函数时，为提高算法的效率，所构造出的矩阵 H 应该使得 $G^{-\frac{1}{2}}H^{-1}G^{-\frac{1}{2}}$ 尽可能接近单位阵 I（参看式(5.6)). 对于逐次构造矩阵序列 B_k 或 H_k 的迭代公式(例如 Broyden 类迭代公式) 来说，我们自然也希望它们具有相应的性质

$$N_k = G^{-\frac{1}{2}}B_kG^{-\frac{1}{2}} \approx I \quad 或 \quad M_k = G^{\frac{1}{2}}H_kG^{\frac{1}{2}} \approx I,$$

或者进一步地要求，当 k 增加时，N_k 或 M_k 能够越来越接近单位阵 I. 由于单位阵的特征值全是 1，于是，当 k 增加时，N_k 或 M_k 的特征值逐渐向 1 靠拢是我们希望迭代公式具有的一个性质. 这个性质我们称为单调性 F. 下面给出其严格定义，并且证明，当 $\alpha,\beta\in[0, 1]$ 时，迭代公式 (5.27)和 迭代公式 (5.28) 具有单调性 F. 因此在这个意义上可以说，选取 $\alpha,\beta\in[0, 1]$ 是有一定道理的.

然调性 F

定义 1. 设目标函数 $f(\boldsymbol{x})$ 为形如式(5.4)的正定二次函数. 考虑根据向量序列 $\boldsymbol{s}_k$ 和 $\boldsymbol{y}_k$ 构造矩阵序列 $\{B_k\}$ 或 $\{H_k\}$ 的某一迭代公式,并定义矩阵 $N_k = G^{-\frac{1}{2}}B_kG^{-\frac{1}{2}}$ 或 $M_k = G^{\frac{1}{2}}H_kG^{\frac{1}{2}}$. 若对于任意的向量序列 $\boldsymbol{s}_k$ 及相应的序列 $\boldsymbol{y}_k=G\boldsymbol{s}_k$ 来说,矩阵序列 $\{N_k\}$ 或 $\{M_k\}$ 的特征值在弱意义下单调地向 1 靠拢(即不向远离 1 的方向偏移),则称该迭代公式具有单调性 F.

尽管上述定义是对于一般的迭代公式讲的, 我们这里还是只限于讨论 Broyden 类迭代公式,即证明当 $\alpha\in[0, 1]$ 时对 H_k 的迭代公式和当 $\beta\in[0, 1]$ 时对 B_k 的迭代公式具有单调性 F. 以下我们只证明对 B_k 的单调性 F: 先对两个特殊情况加以证明(引理 1, 引理 2.), 然后证明上述事实(定理 6).

引理 1. 对 B_k 的 BFGS 公式具有单调性 F.

证明. 因为 B_k, G 是正定对称矩阵,所以

$$N_k = G^{-\frac{1}{2}}B_kG^{-\frac{1}{2}} \tag{5.57}$$

也是正定对称矩阵. 对任给的向量序列 $\{\boldsymbol{s}_k\}$ 作变换

$$\boldsymbol{z}_k = G^{\frac{1}{2}}\boldsymbol{s}_k, \tag{5.58}$$

则

$$\boldsymbol{y}_k = G\boldsymbol{s}_k = G^{\frac{1}{2}}\boldsymbol{z}_k. \tag{5.59}$$

用 $G^{-\frac{1}{2}}$ 左乘右乘式(5.24)的两边,由式(5.58)和(5.59)得

$$N_{k+1} = N_k + \frac{\boldsymbol{z}_k\boldsymbol{z}_k^T}{\boldsymbol{z}_k^T\boldsymbol{z}_k} - \frac{N_k\boldsymbol{z}_k\boldsymbol{z}_k^TN_k}{\boldsymbol{z}_k^TN_k\boldsymbol{z}_k}. \tag{5.60}$$

首先考虑矩阵

$$\bar{N}_{k+1} = N_k - \frac{N_k\boldsymbol{z}_k\boldsymbol{z}_k^TN_k}{\boldsymbol{z}_k^TN_k\boldsymbol{z}_k}, \tag{5.61}$$

比较 $\bar{N}_{k+1}$ 和 N_k 的特征值. 直接计算得

$$\bar{N}_{k+1}\boldsymbol{z}_k = \boldsymbol{0}. \tag{5.62}$$

因此 $\bar{N}_{k+1}$ 有一零特征值. 如果把 $\bar{N}_{k+1}$ 和 N_k 的特征值分别按不增的次序排列起来,那么根据定理 4 的引理知, $\bar{N}_{k+1}$ 和 N_k 的特征值在弱意义下互相内插. 但 N_k 是正定矩阵, 它的所有特征值都

大于零，因此，$\bar{N}_{k+1}$ 只有一个零特征值，其余 $n-1$ 个特征值依次在 N_k 的两相邻特征值之间(在弱意义下). 参看图 5.3.

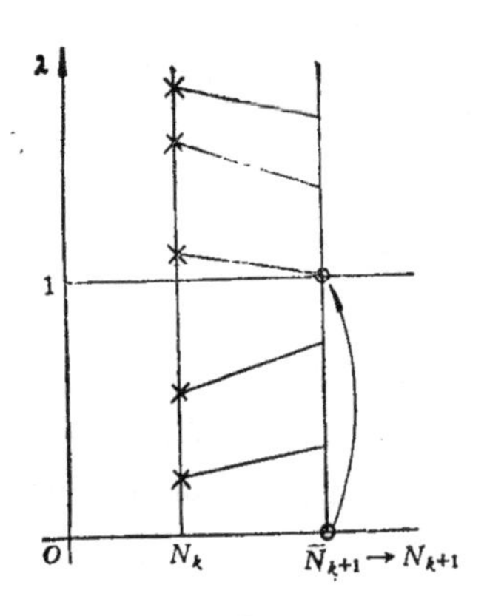

图 5.3 $N_k, \bar{N}_{k+1}$ 和 N_{k+1} 特征值的比较

再考虑矩阵

$$N_{k+1} = \bar{N}_{k+1} + \frac{\boldsymbol{z}_k \boldsymbol{z}_k^T}{\boldsymbol{z}_k^T \boldsymbol{z}_k}, \quad (5.63)$$

比较 $\bar{N}_{k+1}$ 和 N_{k+1} 的特征值. 由式(5.62)知

$$N_{k+1}\boldsymbol{z}_k = \bar{N}_{k+1}\boldsymbol{z}_k + \boldsymbol{z}_k = \boldsymbol{z}_k,$$

因此 1 是 N_{k+1} 的特征值.

设 $\boldsymbol{z}$ 是 $\bar{N}_{k+1}$ 的特征向量，其相应的特征值 $\lambda \neq 0$，即 $\bar{N}_{k+1}\boldsymbol{z} = \lambda \boldsymbol{z}$，结合式(5.62)得知

$$\boldsymbol{z}_k^T \boldsymbol{z} = 0,$$

因而有

$$N_{k+1}\boldsymbol{z} = \bar{N}_{k+1}\boldsymbol{z} + \frac{\boldsymbol{z}_k \boldsymbol{z}_k^T \boldsymbol{z}}{\boldsymbol{z}_k^T \boldsymbol{z}_k} = \lambda \boldsymbol{z}. \quad (5.64)$$

这说明 N_{k+1} 的其余 $n-1$ 个非零特征值与 $\bar{N}_{k+1}$ 的 $n-1$ 个非零特征值相同.

综合 $\bar{N}_{k+1}$ 和 N_k，N_{k+1} 和 $\bar{N}_{k+1}$ 特征值之间的关系推知，N_{k+1} 除对应于 $\boldsymbol{z}_k$ 为 1 的特征值外，其余 $n-1$ 个特征值依次在 N_k 的两相邻特征值之间(在弱意义下). 于是不难建立 N_{k+1} 和 N_k 的特征值之间的关系(见图 5.3)，从而证明了 N_{k+1} 的特征值不会比 N_k 的对应特征值离 1 更远，也就是说，序列 N_k 的特征值在弱意义下单调地向 1 靠拢. 引理证毕.

引理 2. 对 B_k 的 DFP 公式具有单调性 F.

证明. 首先引进与式(5.57),(5.58),(5.59)和(5.60)相应的式子

$$M_k = G^{\frac{1}{2}} H_k G^{\frac{1}{2}},$$

$$\boldsymbol{z}_k = G^{\frac{1}{2}} \boldsymbol{s}_k,$$

$$\boldsymbol{y}_k = G^{\frac{1}{2}} \boldsymbol{z}_k,$$

$$M_{k+1} = M_k + \frac{z_k z_k^T}{z_k^T z_k} - \frac{M_k z_k z_k^T M_k}{z_k^T M_k z_k}.$$

与引理 1 中证明对 B_k 的 BFGS 公式具有单调性 F 类似，可以证明对 H_k 的 DFP 公式具有单调性 F.

另外设 $N_k = G^{-\frac{1}{2}} B_k G^{-\frac{1}{2}}$，$M_k = G^{\frac{1}{2}} H_k G^{\frac{1}{2}}, H_k = B_k^{-1}$，便有 $M_k^{-1} = N_k$. 分别由式(5.21)和(5.22)导出 M_{k+1} 和 N_{k+1} 的表达式，由定理 1 的引理 2 易见 $M_{k+1}^{-1} = N_{k+1}$. 从而 M_k 与 N_k 的特征值以及 M_{k+1} 与 N_{k+1} 的特征值均互为倒数. 因此，由对 H_k 的 DFP 公式具有单调性 F 就能推知对 B_k 的 DFP 公式也具有单调性 F. 引理证毕.

定理 6. 当 $\beta \in [0, 1]$ 时对 B_k 的 Broyden 类迭代公式具有单调性 F.

证明. 对任意向量序列 $\{s_k\}$ 作变换(5.58)，则有式(5.59). 用 $G^{-\frac{1}{2}}$ 左乘、右乘式(5.28)的两边得

$$N_{k+1} = N_{k+1}^{\mathrm{BFGS}} + \beta v'_k v'^T_k, \tag{5.65}$$

其中

$$N_{k+1}^{\mathrm{BFGS}} = G^{-\frac{1}{2}} B_{k+1}^{\mathrm{BFGS}} G^{-\frac{1}{2}}, \tag{5.66}$$

$$v'_k = G^{-\frac{1}{2}} v_k = (z_k^T N_k z_k)^{\frac{1}{2}} \left(\frac{z_k}{z_k^T z_k} - \frac{N_k z_k}{z_k^T N_k z_k} \right). \tag{5.67}$$

由定理 4 的引理 2 知，N_{k+1} 的特征值不小于 N_{k+1}^{BFGS} 的对应特征值.

另一方面，由式(5.28)得

$$B_{k+1} = B_{k+1}^{\mathrm{DFP}} + (\beta - 1) v_k v_k^T.$$

利用和上面相同的步骤可得出，N_{k+1} 的特征值不大于 N_{k+1}^{DFP} 的对应特征值.

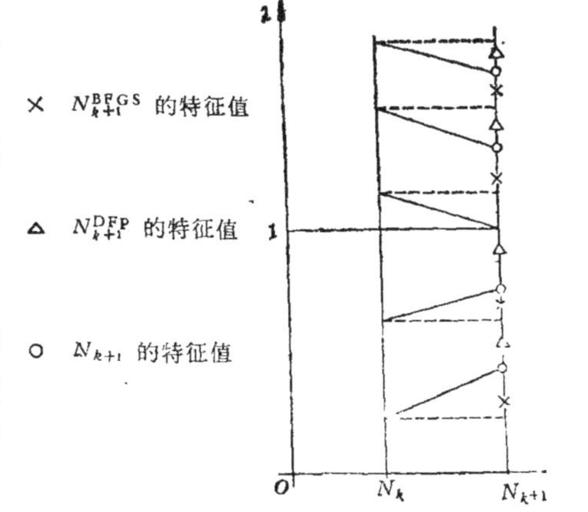

图 5.4 N_k 与 N_{k+1} 特征值的比较

由引理 1 和引理 2

可知,在弱意义下,N_{k+1}^{BFGS} 和 N_{k+1}^{DFP} 的对应特征值都介于 N_k 的同一对相邻的特征值之间,那么,N_{k+1} 的相应特征值也介于 N_k 的这对特征值之间(见图 5.4). 从而证明了在弱意义下 N_{k+1} 的特征值比 N_k 的对应特征值更接近 1. 因此,当 $0 \leqslant \beta \leqslant 1$ 时, 对 B_k 的迭代公式(5.28)具有单调性 F. 定理证毕.

用本章定理 1 的引理 2, 即可由此定理推知对 H_k 的迭代公式(5.27)具有单调性 F.

顺便指出, 当 $\beta \bar{\in} [0, 1]$ 时不能保证迭代公式(5.28)具有单调性 F, 可以做出例子说明这一点[72].

§3. 几个拟 Newton 算法

本节我们系统地介绍三个具体算法: DFP 算法、BFGS 算法和开关算法. 它们都属于 Broyden 算法类. DFP 算法出现最早,也最著名,而 BFGS 算法和开关算法则更加有效.

3.1. DFP 算法

DFP 算法基于迭代公式(5.21), 主要计算步骤如下.

算法 2(DFP 算法)

1. 取初始点 $\boldsymbol{x}_1$, 计算 $\boldsymbol{g}_1 = \boldsymbol{g}(\boldsymbol{x}_1)$. 若 $\boldsymbol{g}_1 = \boldsymbol{0}$, 则停止计算; 否则转 2.

2. 置 $k = 1$, $H_1 = I$ (I 为 $n \times n$ 阶单位矩阵).

3. 置搜索方向 $\boldsymbol{p}_k = -H_k\boldsymbol{g}_k$.

4. 一维搜索: 求 λ_k, 使得

$$f(\boldsymbol{x}_k + \lambda_k\boldsymbol{p}_k) = \min\{f(\boldsymbol{x}_k + \lambda\boldsymbol{p}_k) \mid \lambda \geqslant 0\}.$$

5. 置 $\boldsymbol{x}_{k+1} = \boldsymbol{x}_k + \lambda_k\boldsymbol{p}_k$.

6. 计算 $\boldsymbol{g}_{k+1} = \boldsymbol{g}(\boldsymbol{x}_{k+1})$. 若 $\boldsymbol{g}_{k+1} = \boldsymbol{0}$, 则停止计算;否则置

$$H_{k+1} = H_k + \frac{\boldsymbol{s}_k\boldsymbol{s}_k^{\mathrm{T}}}{\boldsymbol{s}_k^{\mathrm{T}}\boldsymbol{y}_k} - \frac{H_k\boldsymbol{y}_k\boldsymbol{y}_k^{\mathrm{T}}H_k}{\boldsymbol{y}_k^{\mathrm{T}}H_k\boldsymbol{y}_k},$$

其中，

$$\boldsymbol{y}_k = \Delta \boldsymbol{g}_k = \boldsymbol{g}_{k+1} - \boldsymbol{g}_k,$$

$$\boldsymbol{s}_k = \Delta \boldsymbol{x}_k = \boldsymbol{x}_{k+1} - \boldsymbol{x}_k.$$

7. 置 $k = k+1$，转 3.

下列框图描述了实现这个算法的一个方案，相应的 ALGOL 语言程序可参看文献 [73].

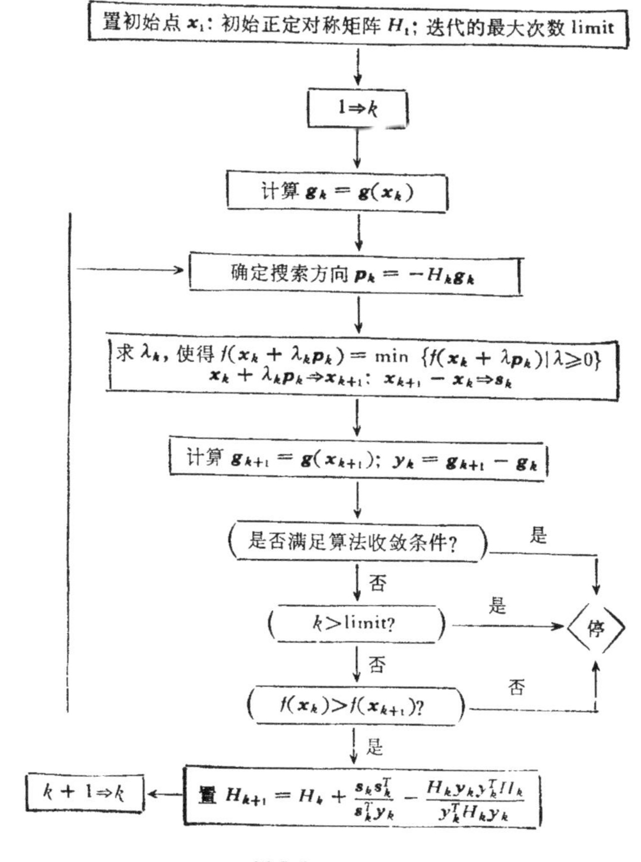

图 5.5　DFP 算法框图

3.2. 用差商代替导数的 DFP 算法

上述的算法 2 要用到目标函数的一阶导数. 为了适应某些不易得到一阶导数的问题,可以采用差商近似导数. 这时,需要解决以下两个问题:

(i) 决定采用向前差商公式

$$\frac{\partial f}{\partial x_j}(\boldsymbol{x}_{k+1}) \doteq \frac{f(\boldsymbol{x}_{k+1}+h_j\boldsymbol{e}_j)-f(\boldsymbol{x}_{k+1})}{h_j} \tag{5.68}$$

还是中心差商公式

$$\frac{\partial f}{\partial x_j}(\boldsymbol{x}_{k+1}) \doteq \frac{f(\boldsymbol{x}_{k+1}+h_j\boldsymbol{e}_j)-f(\boldsymbol{x}_{k+1}-h_j\boldsymbol{e}_j)}{2h_j} \tag{5.69}$$

$$(j=1,\cdots,n).$$

(这里 $\boldsymbol{e}_j$ 是第 j 个坐标方向的单位向量).

(ii) 决定如何选取相应的步长 h_j.

Stewart[74] 对此进行了细致的研究,提出了一个用差商代替导数的 DFP 算法. 他首先试用向前差商近似一阶导数, 当计算误差过大时,改用中心差商. 现在把具体做法大略叙述如下(详细推导从略).

计算用于向前差商公式的试探步长 若记 $\varphi(h_j)=f(\boldsymbol{x}_{k+1}+h_j\boldsymbol{e}_j)$, 我们就可以把问题归结为近似计算函数 $\varphi(h)$ 在 $h=0$ 处导数值的问题. 与式(5.68)相应的向前差商公式是

$$\varphi'(0) \doteq \frac{\varphi(h)-\varphi(0)}{h}, \tag{5.70}$$

选取步长 h 应该使截断误差和舍入误差都尽可能小.我们知道,若 h 值选得很小,虽然可以减少截断误差,但会增大舍入误差;若 h 值选得较大,则正好相反,可能会使截断误差变大. 自然可以考虑选取这样的 h, 使得相对截断误差和相对舍入误差近似相等. 由此出发, Stewart 得到了一个计算 h 的近似公式.

设函数 $\varphi(h)$ 在 $h=0$ 处的一、二阶导数分别为 γ 和 α(很明

显，γ 就是我们最终要计算的导数值，它是未知量. 同样 α 也是未知量. 但在计算点 $\boldsymbol{x}_{k+1}$ 处的导数时，可以用前次迭代点 $\boldsymbol{x}_k$ 处一、二阶导数值作为 γ 和 α 的近似值，所以此处把 γ 和 α 看作已知的)，又设计算函数值 φ 时的相对舍入误差为 η

$$\left|\frac{\varphi(h)-\hat{\varphi}(h)}{\varphi(h)}\right| \doteq \eta \tag{5.71}$$

(其中 $\varphi(h)$ 和 $\hat{\varphi}(h)$ 分别为 h 处的函数值和计算值)，则当 $\gamma^2 \geqslant |\alpha\varphi(0)|\eta$ 时，取试探步长

$$h=\tau\left(1-\frac{|\alpha|\tau}{3|\alpha|\tau+4|\gamma|}\right), \tag{5.72}$$

其中

$$\tau=2\left\{\frac{|\varphi(0)|\eta}{|\alpha|}\right\}^{1/2}.$$

当 $\gamma^2<|\alpha\varphi(0)|\eta$ 时，取试探步长

$$h=\tau\left(1-\frac{2|\gamma|}{3|\alpha|\tau+4|\gamma|}\right), \tag{5.73}$$

其中

$$\tau=2\left\{\frac{|\varphi(0)\gamma|}{\alpha^2}\eta\right\}^{1/3}.$$

选定差商公式　不难看出，以 h 为步长计算向前差商时，相对截断误差近似为 $\frac{1}{2}\left|\frac{h\alpha}{\gamma}\right|$. 把按式 (5.72) 或 (5.73) 所取的试探步长 h 代入 $\frac{1}{2}\left|\frac{h\alpha}{\gamma}\right|$ 中，看它是否满足

$$\frac{1}{2}\left|\frac{h\alpha}{\gamma}\right|<\delta \tag{5.74}$$

(这里 δ 是一个事先给定的正数). 若上式成立，就取这个 h 为步长，并采用向前差商公式；否则改用中心差商公式：

$$\varphi'(0)\doteq\frac{\varphi(h)-\varphi(-h)}{2h}, \tag{5.75}$$

其中 h 取为

$$h = \frac{-|\gamma| + \sqrt{\gamma^2 + 2 \times 10^m \eta |\alpha \varphi(0)|}}{|\alpha|}, \tag{5.76}$$

这样选择步长 h，一般可以使相应的舍入误差不大于 10^{-m}（其中 m 也是一个事先给定的正数）.

二阶导数 $\frac{\partial^2 f}{\partial x_j^2}(x_{k+1})$ 的估值 在上述用差商代替导数的计算方法中，需用到函数的二阶导数 α，这就是说，用差商代替一阶导数 $\frac{\partial f}{\partial x_j}(x_{k+1})$ 时需用到 $\frac{\partial^2 f}{\partial x_j^2}(x_k)$，而 $\frac{\partial^2 f}{\partial x_j^2}(x_k)$ 正是 Hessian 矩阵 $G(x_k)$ 的对角元素. 考虑到 B_k 和 $G(x_k)$ 之间的关系，我们不妨以 $B_k = H_k^{-1}$ 的对角元素作为 $\frac{\partial^2 f}{\partial x_j^2}(x_k)$ 的近似值. 由式 (5.22) 可得 H_k^{-1} 的对角元素的迭代公式:

$$(H_k^{-1})_{jj} = (H_{k-1}^{-1})_{jj} + \frac{y_{k-1}^{(j)}\left[y_{k-1}^{(j)}\left(1 - \lambda_{k-1}\frac{s_{k-1}^T g_{k-1}}{s_{k-1}^T y_{k-1}}\right) + 2\lambda_{k-1} g_{k-1}^{(j)}\right]}{s_{k-1}^T y_{k-1}}$$

$$(k > 1,\ j = 1, \cdots, n) \tag{5.77}$$

（这里 λ_{k-1} 是一维搜索步长

$$x_k - x_{k-1} = \lambda_{k-1} p_{k-1},$$

$(H_k^{-1})_{jj}$ 表示 H_k^{-1} 的第 j 个对角元素. 因置 H_1 为单位阵，故 H_1^{-1} 的对角元素都是 1）.

用差商代替导数 $\frac{\partial f}{\partial x_j}(x_{k+1})$ 的计算步骤 为使用方便，把上述用差商近似导数的步骤归纳如下:

1. 置 δ, m, η, α 以及 γ. δ 和 m 的推荐值分别为 $\delta = 0.01$ 和 $m = 2$; η 的意义如式 (5.71) 所示; 用前一次迭代算出的在点 x_k 处的一阶导数值作为 γ 的估计值; 用由式 (5.77) 计算出 $H_k^{-1} = B_k$ 的对角元素，作为 α 的估计值.

2. 根据不同情况，用式 (5.72) 或者 (5.73) 计算试探步长 h.

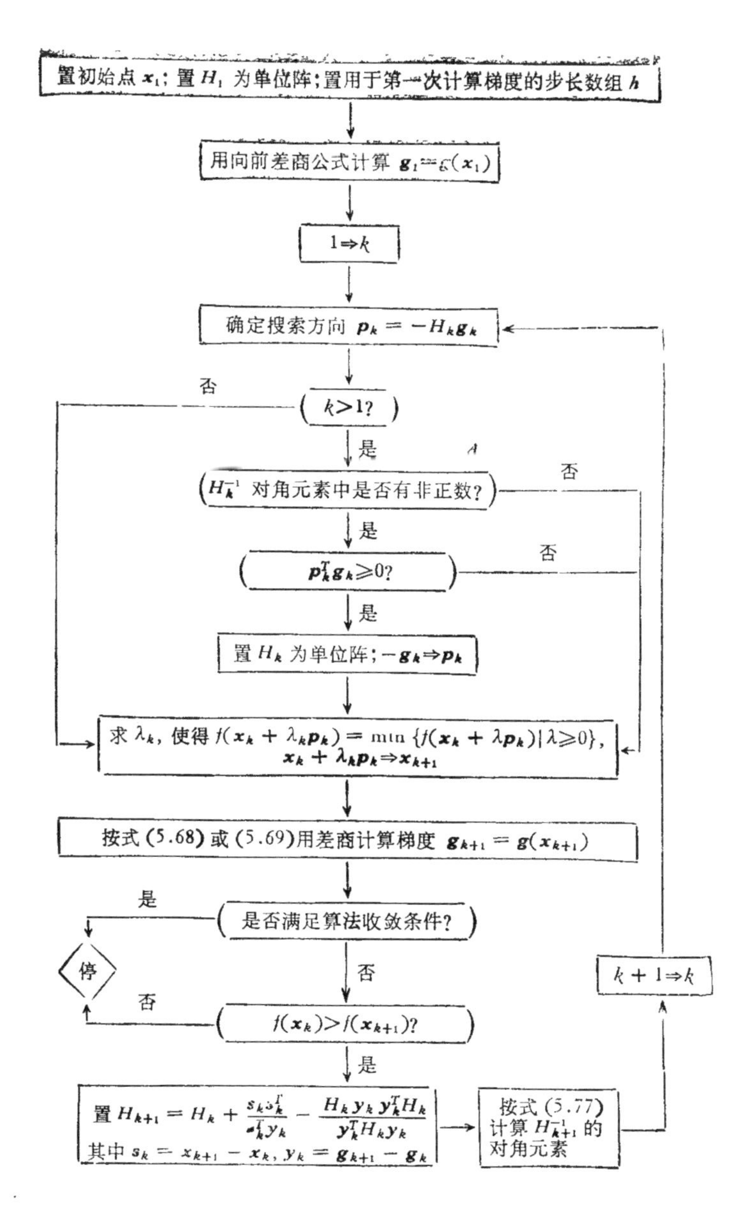

图 5.6 用差商代替导数的 DFP 算法框图

3. 检验式(5.74)是否成立. 若成立，则用式(5.70)计算差商;否则以式(5.76)算出的 h 为步长,用式(5.75)计算差商.

算法 3(用差商代替导数的 DFP 算法). 见图 5.6 所示的框图.

对于图 5.6，这里再作一点说明. 框图中包含了一个检验 H_k^{-1} 的对角元素是否取正值的框 A，这是由于各种误差的影响可能使 H_k 不正定的缘故. 注意到 H_k^{-1} 的对角元素取正值是 H_k 正定的必要条件,所以当这些元素不全取正值时，H_k 必然已经不正定了,这时我们可以考虑重置 H_k 为单位阵.

这个算法的 ALGOL 语言程序可在[75]或者[76]中找到.

3.3. BFGS 算 法[77]

本算法基于对 B_k 的 BFGS 迭代公式(5.24). 然而为了简化寻求搜索方向 $\boldsymbol{p}_k$ 的过程,不去直接利用 B_k 求解方程

$$B_k\boldsymbol{p}_k = -\boldsymbol{g}_k, \tag{5.78}$$

而是采用 B_k 的 Cholesky 分解形式 $B_k = L_kD_kL_k^T$(其中 L_k 为单位下三角阵，D_k 为对角阵),从解方程

$$L_kD_kL_k^T\boldsymbol{p}_k = -\boldsymbol{g}_k \tag{5.79}$$

确定 $\boldsymbol{p}_k$. 为了进一步提高这种做法的效率，最好能根据 B_k 的迭代公式(5.24)导出相应的 L_k 和 D_k 的迭代公式,以便直接由 L_k，D_k 求得 L_{k+1}，D_{k+1}，而不必每次迭代都进行一次 Cholesky 分解.

修正矩阵的 Cholesky 分解 记

$$B_k = L_kD_kL_k^T,\quad B_{k+1} = L_{k+1}D_{k+1}L_{k+1}^T.$$

若已知 L_k 和 D_k，那么从原则上说，由式(5.24)可以求出修正矩阵 B_{k+1} 的 Cholesky 因子 L_{k+1} 和 D_{k+1}. 这一步骤可简称为修正矩阵的 Cholesky 分解. 现在导出由 L_k 和 D_k 计算 L_{k+1} 和 D_{k+1} 的具体公式. 式(5.24)可改写为

$$B_{k+1} = B_k + \sigma_1\boldsymbol{y}_k\boldsymbol{y}_k^T + \sigma_2\boldsymbol{g}_k\boldsymbol{g}_k^T, \tag{5.80}$$

其中 σ_1 和 σ_2 是纯量

$$\sigma_1 = (\lambda_k \boldsymbol{y}_k^T \boldsymbol{p}_k)^{-1} > 0, \ \sigma_2 = (\boldsymbol{p}_k^T \boldsymbol{g}_k)^{-1} < 0.$$

可见 B_{k+1} 是由 B_k 加上两个修正项得到的，这两个修正项具有相同的形式 $\sigma \boldsymbol{z}\boldsymbol{z}^T$(其中 σ 是纯量，$\boldsymbol{z}$ 是 n 维向量)。因此修正矩阵的 Cholesky 分解可分成两步进行，每一步都是对加上一个形如 $\sigma \boldsymbol{z}\boldsymbol{z}^T$ 的修正项的矩阵进行分解。这就是说，我们只需考虑下列问题：设已知 $B = LDL^T$ 和 σ，$\boldsymbol{z}$，求 $B^* = B + \sigma \boldsymbol{z}\boldsymbol{z}^T$ 的 Cholesky 因子 L^* 和 D^*，使得

$$B^* = B + \sigma \boldsymbol{z}\boldsymbol{z}^T = LDL^T + \sigma \boldsymbol{z}\boldsymbol{z}^T = L^* D^* L^{*T}. \quad (5.81)$$

我们利用 Householder 变换[1]计算式(5.81)中的 L^* 和 D^*，其

---

1) Householder 变换是一种正交变换。它所对应的矩阵(称为 Householder 矩阵)为

$$W = I - \tau \boldsymbol{u}\boldsymbol{u}^T,$$

其中 $\boldsymbol{u} \in R^n$，$\tau = 2/\|\boldsymbol{u}\|^2$。不难验证，对任意非零向量 $\boldsymbol{a}^T = (a_1, \cdots, a_n)$ 都存在着 Householder 矩阵 W，使得

$$\boldsymbol{a}^T W = -\gamma \boldsymbol{e}_1^T,$$

其中 $\boldsymbol{e}_1^T = (1, 0, \cdots, 0)$。事实上，按下列方式构造 W 中的 $\boldsymbol{u}$ 就能达到这个目的：

$$\begin{aligned} &\boldsymbol{u} = \boldsymbol{a} + \gamma \boldsymbol{e}_1, \\ &\tau = 2/\|\boldsymbol{u}\|^2 = 1/(\gamma^2 + \gamma a_1), \\ &\gamma = \text{sign}(a_1) \cdot \|\boldsymbol{a}\| = \text{sign}(a_1) \cdot \left(\sum_{i=1}^n a_i^2 \right)^{1/2}. \end{aligned}$$

换句话说，只要 $\boldsymbol{a}$ 非零，总可使向量 $\boldsymbol{a}^T W$ 中除去第一个分量非零外，其余分量全为零。因此，对于任一非奇异 $n \times n$ 阶矩阵 A，总可以借助于 Householder 变换把它的第一行中后 $n-1$ 个元素变为零。再次使用 Householder 变换，把它的第二行中后 $n-2$ 个元素变为零，……。最后经过 $n-1$ 次Householder 变换就可以把它化为下三角阵。具体做法如下：令

$$\begin{aligned} &A_1 = A = (\alpha_{ij}^{(1)}), \\ &A_{k+1} = A_k W_k \qquad (k = 1, 2, \cdots, n-1). \end{aligned}$$

记 $A_k = (\alpha_{ij}^{(k)})$。这里的 W_k 为 Householder 矩阵

$$W_k = I - \tau^{(k)} \boldsymbol{u}^{(k)} \boldsymbol{u}^{(k)T},$$

其中

$$\begin{aligned} &\boldsymbol{u}^{(k)} = (0, \cdots, 0, \alpha_{kk}^{(k)} + \gamma^{(k)}, \alpha_{k\,k+1}^{(k)}, \cdots, \alpha_{kn}^{(k)})^T, \\ &\tau^{(k)} = 2/\|\boldsymbol{u}^{(k)}\|^2 = 1/(\gamma^{(k)2} + \gamma^{(k)} \alpha_{kk}^{(k)}), \\ &\gamma^{(k)} = \text{sign}(\alpha_{kk}^{(k)}) \left[\sum_{j=k}^n (\alpha_{kj}^{(k)})^2 \right]^{1/2}. \end{aligned}$$

这样得到的 A_n 为下三角阵。若记 $A_n = \hat{L}$，$Q = W_1 W_2 \cdots W_{n-1}$，则 Q 为正交矩阵，而且

$$AQ = \hat{L},$$

大略步骤如下：令 $\boldsymbol{v}=D^{-\frac{1}{2}}L^{-1}\boldsymbol{z}$，则

$$B^{*}=LDL^{T}+\sigma\boldsymbol{z}\boldsymbol{z}^{T}=LD^{\frac{1}{2}}(I+\sigma\boldsymbol{v}\boldsymbol{v}^{T})D^{\frac{1}{2}}L^{T}. \tag{5.82}$$

倘若能找到满足

$$A_1A_1=I+\sigma\boldsymbol{v}\boldsymbol{v}^{T} \tag{5.83}$$

的对称矩阵 A_1，则

$$B^{*}=LD^{\frac{1}{2}}A_1A_1D^{\frac{1}{2}}L^{T}.$$

根据 Householder 变换，可以找到正交矩阵

$$Q=W_1W_2\cdots W_{n-1},$$

使得

$$A_1Q=A_1W_1W_2\cdots W_{n-1}=\hat{L}$$

是下三角阵．注意到 $QQ^{T}=I$ 以及 $A_1^{T}=A_1$，便知 B^{*} 可写为

$$\begin{aligned}B^{*}&=LD^{\frac{1}{2}}A_1A_1D^{\frac{1}{2}}L^{T}=LD^{\frac{1}{2}}A_1QQ^{T}A_1^{T}D^{\frac{1}{2}}L^{T}\\&=LD^{\frac{1}{2}}\hat{L}\hat{L}^{T}D^{\frac{1}{2}}L^{T}.\end{aligned}$$

按下式定义单位下三角阵 $\tilde{L}$ 和对角矩阵 D^{*}

$$\tilde{L}D^{*\frac{1}{2}}=D^{\frac{1}{2}}\hat{L}, \tag{5.84}$$

则有

$$\begin{aligned}B^{*}&=(LD^{\frac{1}{2}}\hat{L})(LD^{\frac{1}{2}}\hat{L})^{T}=L\tilde{L}D^{*\frac{1}{2}}D^{*\frac{1}{2}}\tilde{L}^{T}L^{T}\\&=L\tilde{L}D^{*}\tilde{L}^{T}L^{T},\end{aligned}$$

显然 $L^{*}=L\tilde{L}$ 是单位下三角阵．可见按上述方式规定的 L^{*} 和 D^{*} 就是 B^{*} 的 Cholesky 因子：

$$B^{*}=L^{*}D^{*}L^{*T}.$$

下面给出详细的计算过程：

(1) 计算 A_1：我们的目的是要寻找满足式(5.83)的 A_1，为此令

$$A_1=I-\sigma^{(1)}\boldsymbol{v}^{(1)}\boldsymbol{v}^{(1)T}, \tag{5.85}$$

这里 $\boldsymbol{v}^{(j)}$ 是由 $\boldsymbol{v}$ 的后 $n-j+1$ 个元素组成的 $n-j+1$ 维向量，显然 $\boldsymbol{v}^{(1)}=\boldsymbol{v}$．把式(5.85)代入式(5.83)，解关于 $\sigma^{(1)}$ 的二次方程得

$$\sigma^{(1)}=\frac{1\pm\sqrt{1+\sigma\boldsymbol{v}^{T}\boldsymbol{v}}}{\boldsymbol{v}^{T}\boldsymbol{v}}. \tag{5.86}$$

要说明确实能由此确定$\sigma^{(1)}$，只需证明式中根号下的表达式恒取非负值．事实上，式(5.82)表明矩阵 $I+\sigma\boldsymbol{v}\boldsymbol{v}^T$ 合同于B^*，B^*正定可保证$I+\sigma\boldsymbol{v}\boldsymbol{v}^T$也正定，因而其特征值全是正的．但容易验证

$$(I+\sigma\boldsymbol{v}\boldsymbol{v}^T)\boldsymbol{v}=(1+\sigma\boldsymbol{v}^T\boldsymbol{v})\boldsymbol{v},$$

即$1+\sigma\boldsymbol{v}^T\boldsymbol{v}$是$I+\sigma\boldsymbol{v}\boldsymbol{v}^T$的一个特征值，故有

$$1+\sigma\boldsymbol{v}^T\boldsymbol{v}>0.$$

Gill 和 Murray 建议在式(5.86)中取负号：

$$\sigma^{(1)}=\frac{-\sigma}{1+\sqrt{1+\sigma\boldsymbol{v}^T\boldsymbol{v}}}.$$

若由于计算误差等原因出现$1+\sigma\boldsymbol{v}^T\boldsymbol{v}<0$时，可取

$$\sigma^{(1)}=\frac{-\sigma}{1+\sqrt{1+|\sigma|\boldsymbol{v}^T\boldsymbol{v}}}.$$

这样就可以算出A_1.

(2) 计算$\hat{L}$：根据 Householder 变换，可以计算出

$$W_1, W_2, \cdots, W_{n-1},$$

由

$$\hat{L}=A_1W_1W_2\cdots W_{n-1},$$

可以求得$\hat{L}$.

记$A_1=(\alpha_{ij}^{(1)})$，$\boldsymbol{v}^{(1)}=\boldsymbol{v}=(\nu_1,\cdots,\nu_n)^T$，则

$$\alpha_{11}^{(1)}=1-\sigma^{(1)}\nu_1^2,$$

$$\alpha_{1j}^{(1)}=-\sigma^{(1)}\nu_1\nu_j\qquad(j=2,\cdots,n).$$

记

$$\theta^{(1)}=1-\sigma^{(1)}\nu_1^2,$$

$$\gamma^{(1)^2}=\sum_{j=1}^{n}\alpha_{1j}^{(1)^2}=\theta^{(1)^2}+\sigma^{(1)^2}\nu_1^2\sum_{j=2}^{n}\nu_j^2,$$

$$\boldsymbol{u}^{(1)}=(\alpha_{11}^{(1)}\mp\gamma^{(1)},\alpha_{12}^{(1)},\cdots,\alpha_{1n}^{(1)})^T$$

$$=(\theta^{(1)}\mp\gamma^{(1)},-\sigma^{(1)}\nu_1\nu_2,\cdots,-\sigma^{(1)}\nu_1\nu_n)^T,$$

$$\tau^{(1)}=\frac{2}{\|\boldsymbol{u}^{(1)}\|^2},$$

则

$$W_1 = I - \tau^{(1)}\boldsymbol{u}^{(1)}\boldsymbol{u}^{(1)T}. \tag{5.87}$$

由于

$$\|\boldsymbol{u}^{(1)}\|^2 = (\alpha_{11}^{(1)} \mp \gamma^{(1)})^2 + \sum_{j=2}^{n} \alpha_{1j}^{(1)2} = 2\gamma^{(1)2} \mp 2\alpha_{11}^{(1)}\gamma^{(1)}$$

$$= 2(\gamma^{(1)2} \mp \gamma^{(1)}\theta^{(1)}),$$

因此

$$\tau^{(1)} = (\gamma^{(1)2} \mp \gamma^{(1)}\theta^{(1)})^{-1},$$

$$\begin{aligned} A_1W_1 &= (I - \sigma^{(1)}\boldsymbol{v}^{(1)}\boldsymbol{v}^{(1)T})(I - \tau^{(1)}\boldsymbol{u}^{(1)}\boldsymbol{u}^{(1)T}) \\ &= I - \sigma^{(1)}\boldsymbol{v}^{(1)}\boldsymbol{v}^{(1)T} - \tau^{(1)}\boldsymbol{u}^{(1)}\boldsymbol{u}^{(1)T} \\ &\quad + \sigma^{(1)}\tau^{(1)}(\boldsymbol{v}^{(1)T}\boldsymbol{u}^{(1)})\boldsymbol{v}^{(1)}\boldsymbol{u}^{(1)T}. \end{aligned} \tag{5.88}$$

容易验证,矩阵 A_1W_1 的第一行第一列的元素是 $\pm\gamma^{(1)}$, 第一行的其余元素都是 0, 第 i 行第一列的元素是 $\beta^{(1)}\nu_i$ $(i = 2, \cdots, n)$, 这里

$$\beta^{(1)} = -\sigma^{(1)}\nu_1 + \tau^{(1)}\sigma^{(1)}\nu_1(\theta^{(1)} \mp \gamma^{(1)}) + (\theta^{(1)} \mp \gamma^{(1)})\tau^{(1)}\sigma^{(1)}\boldsymbol{v}^{(1)T}\boldsymbol{u}^{(1)}.$$

A_1W_1 的其余部分记为 A_2, 是一个 $(n-1)\times(n-1)$ 阶方阵,并且

$$A_2 = I_{n-1} - \sigma^{(2)}\boldsymbol{v}^{(2)}\boldsymbol{v}^{(2)T},$$

其中 I_{n-1} 是 $n-1$ 阶单位阵,

$$\sigma^{(2)} = \sigma^{(1)}[1 + \nu_1\sigma^{(1)}\tau^{(1)}(\nu_1 + \boldsymbol{v}^{(1)T}\boldsymbol{u}^{(1)})],$$

$$\boldsymbol{v}^{(2)} = (\nu_2, \cdots, \nu_n)^T.$$

化简后,

$$\sigma^{(2)} = \sigma^{(1)}\tau^{(1)}(1 \mp \gamma^{(1)}),$$

$$\beta^{(1)} = \frac{1 - \gamma^{(1)2}}{\mp \nu_1\gamma^{(1)}}.$$

这样,

$$A_1W_1 = \left(\begin{array}{c|c} \pm\gamma^{(1)} & \mathbf{0}^T \\ \hline \beta^{(1)}\nu_2 & \\ \vdots & A_2 \\ \beta^{(1)}\nu_n & \end{array}\right) = \left(\begin{array}{c|c} \pm\gamma^{(1)} & \mathbf{0}^T \\ \hline \beta^{(1)}\boldsymbol{v}^{(2)} & A_2 \end{array}\right). \tag{5.89}$$

注意这里 $\nu_1 \neq 0$, 否则 A_1 的第一行元素除第一个为 1 以外,其余全为零.

以下计算公式与此完全类似．于是可以得到下三角阵

$$\hat{L} = A_1 W_1 \cdots W_{n-1} = (\boldsymbol{l}_1, \boldsymbol{l}_2, \cdots, \boldsymbol{l}_n),$$

其中

$$\boldsymbol{l}_j = (\underbrace{0, \cdots, 0}_{j-1\text{个}}, \pm\gamma^{(j)}, \beta^{(j)}\nu_{j+1}, \cdots, \beta^{(j)}\nu_n)^T \quad (j = 1, \cdots, n).$$

令

$$\tilde{\boldsymbol{v}} = (\tilde{v}_1, \cdots, \tilde{v}_n)^T = D^{\frac{1}{2}}\boldsymbol{v},$$

则

$$L\tilde{\boldsymbol{v}} = \boldsymbol{z}, \quad \nu_j = d_j^{-\frac{1}{2}}\tilde{v}_j \quad (j = 1, \cdots, n),$$

其中 $d_j(j = 1, \cdots, n)$是D的对角元素最后得到

$$\sigma^{(1)} = \begin{cases} \dfrac{-\sigma}{1 + \sqrt{1 + \sigma\tilde{\boldsymbol{v}}^T D^{-1}\tilde{\boldsymbol{v}}}}, & \text{当 } 1 + \sigma\tilde{\boldsymbol{v}}^T D^{-1}\tilde{\boldsymbol{v}} \geqslant 0 \text{ 时}; \\ \dfrac{-\sigma}{1 + \sqrt{1 + |\sigma|\tilde{\boldsymbol{v}}^T D^{-1}\tilde{\boldsymbol{v}}}}, & \text{当 } 1 + \sigma\tilde{\boldsymbol{v}}^T D^{-1}\tilde{\boldsymbol{v}} < 0 \text{ 时}, \end{cases} \tag{5.90}$$

$$\theta^{(i)} = 1 - \sigma^{(i)} d_i^{-1}\tilde{v}_i^2, \tag{5.91}$$

$$\gamma^{(i)2} = \theta^{(i)2} + \sigma^{(i)2}\tilde{v}_i^2 d_i^{-1}\sum_{j=i+1}^{n} d_j^{-1}\tilde{v}_j^2, \tag{5.92}$$

$$\beta^{(i)} = \frac{d_i^{\frac{1}{2}}}{\mp\tilde{v}_i\gamma^{(i)}}(1 - \gamma^{(i)2}), \tag{5.93}$$

$$\tau^{(i)} = (\gamma^{(i)2} \mp \gamma^{(i)}\theta^{(i)})^{-1}, \tag{5.94}$$

$$\sigma^{(i+1)} = \sigma^{(i)}\tau^{(i)}(1 \mp \gamma^{(i)}), \tag{5.95}$$

在式(5.91)—(5.95)中，$i = 1, \cdots, n-1$．此外还有

$$\gamma^{(n)} = 1 - \sigma^{(n)} d_n^{-1}\tilde{v}^2$$

（3） 计算 $\tilde{L}$ 和 D^*：由式(5.84)

$$\tilde{L}D^{*\frac{1}{2}} = D^{\frac{1}{2}}\hat{L}$$

(这里 $\tilde{L}$ 是单位下三角阵，D^* 是对角阵)出发，若记

$$\tilde{L} = (\tilde{\boldsymbol{l}}_1\tilde{\boldsymbol{l}}_2\cdots\tilde{\boldsymbol{l}}_n), \quad D^* = \mathrm{diag}(d_1^*, \cdots, d_n^*)$$

比较式(5.84)两边得到

$$\tilde{\boldsymbol{l}}_j=\Big(\underbrace{0,\cdots,0}_{j-1\text{个}},1,\frac{\tilde{\beta}^{(j)}}{\gamma^{(j)}d_j}\tilde{v}_{j+1},\cdots,\frac{\tilde{\beta}^{(j)}}{\gamma^{(j)}d_j}\tilde{v}_n\Big)^T$$

$$(j=1,\cdots,n), \tag{5.96}$$

其中

$$\tilde{\beta}^{(j)}=-\frac{d_j}{\tilde{v}_j\gamma^{(j)}}(1-\gamma^{(j)2})\quad(j=1,\cdots,n-1), \tag{5.97}$$

$$d_j^*=\gamma^{(j)2}d_j\quad(j=1,\cdots,n) \tag{5.98}$$

而

$$D^*=\mathrm{diag}(\gamma^{(1)2}d_1,\cdots,\gamma^{(n)2}d_n).$$

上述步骤可以总结成下列算法．若已知正定对称矩阵 $B=LDL^T$，σ 和 $\boldsymbol{z}$，用这个算法就能求出正定对称矩阵 $B^*=LDL^T+\sigma\boldsymbol{z}\boldsymbol{z}^T$ 的 Cholesky 分解因子 L^* 和 D^*.

算法 4（修正矩阵的 Cholesky 分解算法 I）

1. 解 $L\tilde{\boldsymbol{v}}=\boldsymbol{z}$，得 $\tilde{\boldsymbol{v}}$.
2. 由式(5.90)计算 $\sigma^{(1)}$，置 $k=1$.
3. 由式(5.91)计算 $\theta^{(k)}$由式(5.92)计算 $\gamma^{(k)}$.
4. 由式(5.94)计算 $\tau^{(k)}$，由式(5.95)计算 $\sigma^{(k+1)}$.
5. 由式(5.97)计算 $\tilde{\beta}^{(k)}$，由式(5.96)计算 $\tilde{\boldsymbol{l}}_k$.
6. 由式(5.98)计算 d_k^*.
7. 若 $k<n-1$，则置 $k=k+1$，转 3；否则转 8.
8. 由 $\gamma^{(n)}=1-\sigma^{(n)}d_n^{-1}\tilde{v}^2$ 计算 $\gamma^{(n)}$.
9. 置 $\tilde{\boldsymbol{l}}_n=(0,\cdots,0,1)^T$，由 $d_n^*=\gamma^{(n)2}d_n$ 计算 d_n^*.
10. 计算 $L^*=L\tilde{L}$.

算法 5（BFGS 算法）

1. 取初始点 $\boldsymbol{x}_1$，计算 $\boldsymbol{g}_1=\boldsymbol{g}(\boldsymbol{x}_1)$．若 $\boldsymbol{g}_1=\boldsymbol{0}$，则停止计算；否则转 2.

2. 置 $k=1$；对初始正定对称矩阵 B_1 进行 Cholesky 分解，得 L_1 和 D_1.

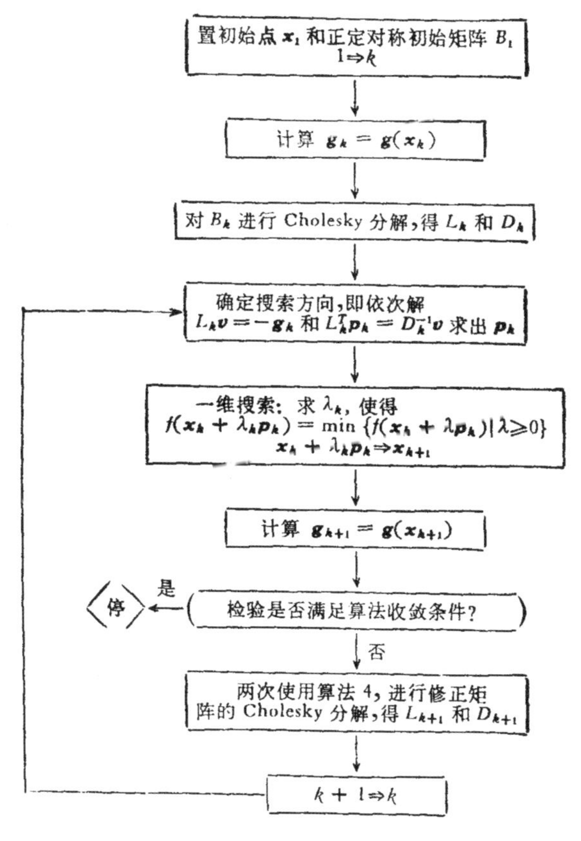

图 5.7 BFGS 算法框图

3. 置搜索方向 $\boldsymbol{p}_k$：通过逐次解方程组

$$L_k \boldsymbol{v} = -\boldsymbol{g}_k \tag{5.99}$$

和

$$L_k^T \boldsymbol{p}_k = D_k^{-1} \boldsymbol{v}$$

求出 $\boldsymbol{p}_k$.

4. 一维搜索：求 λ_k，使得

$$f(\boldsymbol{x}_k + \lambda_k \boldsymbol{p}_k) = \min\{f(\boldsymbol{x}_k + \lambda \boldsymbol{p}_k) \mid \lambda \geq 0\}.$$

5. 置 $\boldsymbol{x}_{k+1} = \boldsymbol{x}_k + \lambda_k \boldsymbol{p}_k$.

6. 计算 $\boldsymbol{g}_{k+1} = \boldsymbol{g}(\boldsymbol{x}_{k+1})$，并检验是否满足算法收敛条件. 若

满足，则停止计算；否则转 7.

7. 两次使用算法 4 对修正矩阵 (5.80) 进行 Cholesky 分解，得 L_{k+1} 和 D_{k+1}.

8. 置 $k=k+1$，转 3.

本算法的框图见图 5.7，它的 ALGOL 程序见文献 [78]，另一个比较简单的 BFGS 算法的 ALGOL 程序可参看文献 [79].

3.4. 用差商代替导数的 BFGS 算法[78]

这个算法和算法 5 不同之处仅在于梯度 $\boldsymbol{g}_k$ 不是直接求得的，而是用差商近似它. 这里和用差商代替导数的 DFP 算法一样，需要选择差商公式并选取适当的差商步长.

差商步长的选取 在本节第 3.2 小节中，曾介绍了 Stewart 确定差商步长的方法. 在那里计算步长时，采用 $B_k=H_k^{-1}$ 的对角元素作为 Hessian 矩阵 $G(\boldsymbol{x}_k)$ 的对角元素 $\dfrac{\partial^2 f}{\partial x_j^2}(\boldsymbol{x}_k)$ 的近似值. 但是 Broyden 类迭代公式并不能保证 B_k 收敛于 $G(\boldsymbol{x}^*)$[80]，因此这样做缺乏理论根据. 实际计算表明把步长取为一个不随迭代次数改变的常量，常常能取得很好的效果. 本算法推荐取固定步长 $h=2^{-\frac{t}{2}}$，其中 t 是所使用的浮点机的二进制字长尾数.

选择差商公式 本算法选择差商公式的原则如下：

(1) 选取两个常数 $\bar{\gamma}$ 和 $\bar{\lambda}$ (例如取 $\bar{\gamma}=h^{1/2}$, $\bar{\lambda}=h^{3/2}$).

(2) 迭代开始时采用向前差商公式 (5.68).

(3) 在使用向前差商公式 (5.68) 时，若近似梯度已充分小，即满足条件

$$\|\bar{\boldsymbol{g}}_k\|<\bar{\gamma} \tag{5.100}$$

时，改用中心差商公式 (5.69)，重算差商.

(4) 在使用中心差商公式 (5.69) 时，若一维搜索步长 λ_k 相当大，即满足条件

$$\lambda_k\|\boldsymbol{p}_k\|>\bar{\lambda} \tag{5.101}$$

时，下次迭代改用向前差商公式(5.68).

算法6(用差商代替导数的 BFGS 算法) 与算法5基本相同，不同之处仅在于按上述方式，用差商 $\bar{\boldsymbol{g}}_k$ 代替梯度 $\boldsymbol{g}_k$. 详细步骤从略.

本算法的 ALGOL 程序见文献[78].

3.5. 开关算法

迭代公式的选择 计算经验表明，在采用对 H_k 的迭代公式时，如果单独使用 DFP 公式，矩阵 H_k 有时变为奇异；如果单独使用 BFGS 公式，虽然一般情形下效果很好，但偶尔矩阵 H_k 会变为无界. 作为克服这些缺点的尝试，Fletcher[72] 提出了"开关算法". 其具体做法如下：在完成了第 k 次迭代之后，若满足条件

$$\boldsymbol{s}_k^T\boldsymbol{y}_k \geqslant \boldsymbol{y}_k^T H_k \boldsymbol{y}_k, \tag{5.102}$$

则下次迭代时采用 BFGS 公式确定 H_{k+1}；否则采用 DFP 公式确定 H_{k+1}.

对于开关算法可作如下的解释：对正定二次函数(5.4)，恒有

$$\boldsymbol{s}_k^T\boldsymbol{y}_k = \boldsymbol{y}_k^T G^{-1}\boldsymbol{y}_k,$$

故式(5.102)等价于

$$\boldsymbol{y}_k^T G^{-1}\boldsymbol{y}_k \geqslant \boldsymbol{y}_k^T H_k \boldsymbol{y}_k. \tag{5.103}$$

因此，在某种意义下，可以理解为 H_k"小于或等于"G^{-1}，所以在下次迭代时希望"增大"它. 定理4告诉我们，在迭代公式(5.27)中增大参数 α 的值就会增大 H_{k+1} 的特征值. 所以可考虑取区间[0,1]中的最大值 $\alpha=1$，即采用 BFGS 公式. 类似地，若式(5.102)不成立，则可能采用 DFP 公式比较合适.

显然，在采用对 B_k 的迭代公式时，与式(5.102)对应的条件为

$$\boldsymbol{s}_k^T\boldsymbol{y}_k \leqslant \boldsymbol{s}_k^T B_k \boldsymbol{s}_k. \tag{5.104}$$

当此式成立时，下次迭代采用 BFGS 公式确定 B_{k+1}；否则采用 DFP 公式确定 B_{k+1}.

下面我们考虑采用对 B_k 的迭代公式时的开关算法.

DFP 公式的变形　前面已指出，BFGS 公式具有式(5.80)的形式. 为使用方便，我们把 DFP 公式也化成类似的形式. 先把式(5.22)改写为

$$B_{k+1}=B_k+\left[\frac{1}{\boldsymbol{y}_k^T\boldsymbol{s}_k}+\frac{\boldsymbol{s}_k^T B_k\boldsymbol{s}_k}{(\boldsymbol{y}_k^T\boldsymbol{s}_k)^2}\right]\boldsymbol{y}_k\boldsymbol{y}_k^T$$

$$-\frac{1}{\boldsymbol{y}_k^T\boldsymbol{s}_k}[\boldsymbol{y}_k\boldsymbol{s}_k^T B_k+B_k\boldsymbol{s}_k\boldsymbol{y}_k^T].$$

因为

$$\boldsymbol{s}_k=\lambda_k\boldsymbol{p}_k,\ B_k\boldsymbol{p}_k=-\boldsymbol{g}_k,\ \boldsymbol{y}_k=\boldsymbol{g}_{k+1}-\boldsymbol{g}_k,$$

所以

$$B_{k+1}=B_k+\left[\frac{1}{\lambda_k\boldsymbol{y}_k^T\boldsymbol{p}_k}-\frac{\lambda_k^2\boldsymbol{g}_k^T\boldsymbol{p}_k}{(\lambda_k\boldsymbol{y}_k^T\boldsymbol{p}_k)^2}\right](\boldsymbol{g}_{k+1}-\boldsymbol{g}_k)(\boldsymbol{g}_{k+1}-\boldsymbol{g}_k)^T$$

$$+\frac{\lambda_k}{\lambda_k\boldsymbol{y}_k^T\boldsymbol{p}_k}[(\boldsymbol{g}_{k+1}-\boldsymbol{g}_k)\boldsymbol{g}_k^T+\boldsymbol{g}_k(\boldsymbol{g}_{k+1}-\boldsymbol{g}_k)^T].$$

令

$$\boldsymbol{y}_k^T\boldsymbol{p}_k=\delta_k,\ \boldsymbol{g}_k^T\boldsymbol{p}_k=\eta_k,$$

则

$$B_{k+1}=B_k+\frac{\delta_k-\lambda_k\eta_k}{\lambda_k\delta_k^2}(\boldsymbol{g}_{k+1}\boldsymbol{g}_{k+1}^T+\boldsymbol{g}_k\boldsymbol{g}_k^T)$$

$$+\left(\frac{1}{\delta_k}-\frac{\delta_k-\lambda_k\eta_k}{\lambda_k\delta_k^2}\right)(\boldsymbol{g}_k\boldsymbol{g}_{k+1}^T+\boldsymbol{g}_{k+1}\boldsymbol{g}_k^T)$$

$$-\frac{2}{\delta_k}\boldsymbol{g}_k\boldsymbol{g}_k^T.$$

容易验证

$$\begin{aligned}\delta_k-\lambda_k\eta_k&=(\boldsymbol{g}_{k+1}-\boldsymbol{g}_k)^T\boldsymbol{p}_k-\lambda_k\boldsymbol{g}_k^T\boldsymbol{p}_k\\&=(1+\lambda_k)\boldsymbol{g}_k^T B_k^{-1}\boldsymbol{g}_k>0,\end{aligned}$$

所以可令

$$\mu_k^2=\frac{\lambda_k}{\delta_k-\lambda_k\eta_k},$$

于是有

$$B_{k+1} = B_k + \frac{1}{\mu_k^2 \delta_k^2} [(\mu_k^2 \delta_k - 1)\boldsymbol{g}_k + \boldsymbol{g}_{k+1}]$$

$$\cdot [(\mu_k^2 \delta_k - 1)\boldsymbol{g}_k + \boldsymbol{g}_{k+1}]^T - \mu_k^2 \boldsymbol{g}_k \boldsymbol{g}_k^T.$$

最后令

$$\boldsymbol{t}_k = (\mu_k^2 \delta_k - 1)\boldsymbol{g}_k + \boldsymbol{g}_{k+1},$$

得到

$$B_{k+1} = B_k + \frac{1}{\mu_k^2 \delta_k^2} \boldsymbol{t}_k \boldsymbol{t}_k^T - \mu_k^2 \boldsymbol{g}_k \boldsymbol{g}_k^T. \tag{5.105}$$

修正矩阵的 Cholesky 分解问题 很明显，不论是 BFGS 公式(5.80)还是 DFP 公式(5.105)，B_{k+1} 总是由 B_k 加上两个修正项得到的，而且这些修正项的形式都是 $\sigma \boldsymbol{z}\boldsymbol{z}^T$. 为了由 B_k 的 Cholesky 分解因子 L_k 和 D_k 直接求出 B_{k+1} 的 Cholesky 分解因子 L_{k+1} 和 D_{k+1}，可以使用在本节 3.3 小节中介绍的算法 4. 这里再介绍一个基于“对比”的算法[77].

设

$$B^* = B + \sigma \boldsymbol{z}\boldsymbol{z}^T, \ B = LDL^T,$$

其中 L 为单位下三角阵，$D = \operatorname{diag}(d_1, \cdots, d_n)$. 又设

$$\tilde{\boldsymbol{v}} = (\tilde{v}_1, \cdots, \tilde{v}_n)^T \tag{5.106}$$

是方程组 $L\tilde{\boldsymbol{v}} = \boldsymbol{z}$ 的解，则

$$B^* = B + \sigma \boldsymbol{z}\boldsymbol{z}^T = L(D + \sigma \tilde{\boldsymbol{v}}\tilde{\boldsymbol{v}}^T)L^T.$$

对 $D + \sigma \tilde{\boldsymbol{v}}\tilde{\boldsymbol{v}}^T$ 进行分解

$$D + \sigma \tilde{\boldsymbol{v}}\tilde{\boldsymbol{v}}^T = \tilde{L}\tilde{D}\tilde{L}^T, \tag{5.107}$$

这里 $\tilde{L}$ 是单位下三角阵，$\tilde{D}$ 是对角阵，则

$$B^* = L\tilde{L}\tilde{D}\tilde{L}^T L^T = (L\tilde{L})\tilde{D}(L\tilde{L})^T.$$

令

$$L^* = L\tilde{L}, \ D^* = \tilde{D},$$

最后得到 $B^* = L^* D^* L^{*T}$. 很明显，这里 L^* 是单位下三角阵，D^* 是对角阵，它们就是 B^* 的 Cholesky 分解因子.

下面讨论分解 $D + \sigma \tilde{\boldsymbol{v}}\tilde{\boldsymbol{v}}^T = \tilde{L}\tilde{D}\tilde{L}^T$ 的详细计算过程.

设

$$\tilde{D} = \mathrm{diag}(\tilde{d}_1, \cdots, \tilde{d}_n),$$
$$\tilde{L} = (\tilde{\boldsymbol{l}}_1, \tilde{\boldsymbol{l}}_2 \cdots, \tilde{\boldsymbol{l}}_n),$$
$$\tilde{\boldsymbol{l}}_i = (\tilde{l}_{1i}, \cdots, \tilde{l}_{ni})^T \ (i = 1, \cdots, n),$$

记 $\tilde{\boldsymbol{l}}_j^{(s)}$ 为由 $\tilde{\boldsymbol{l}}_j$ 的后面 $n-s+1$ 个元素组成的 $n-s+1$ 维向量，$(s, j = 1, \cdots, n)$，$\tilde{\boldsymbol{v}}^{(i)}$ 为由 $\tilde{\boldsymbol{v}}$ 的后面 $n-i+1$ 个元素组成的 $n-i+1$ 维向量 $(i = 1, \cdots, n)$，可以证明

$$\tilde{d}_i = d_i + \tilde{v}_i^2\left(\sigma - \sum_{k=1}^{i-1} \tilde{\beta}_k^2 \tilde{d}_k\right) (i = 1, \cdots, n), \quad (5.108)$$

$$\tilde{\beta}_i = \left(\sigma - \sum_{k=1}^{i-1} \tilde{\beta}_k^2 \tilde{d}_k\right) \tilde{v}_i / \tilde{d}_i \ (i=1, \cdots, n-1), \quad (5.109)$$

$$\tilde{\boldsymbol{l}}_i^{(i+1)} = \tilde{\beta}_i \tilde{\boldsymbol{v}}^{(i+1)} \quad (i = 1, \cdots, n-1). \quad (5.110)$$

现在我们用数学归纳法证明式(5.108)，(5.109)和(5.110)成立。比较 $D + \sigma\tilde{\boldsymbol{v}}\tilde{\boldsymbol{v}}^T = \tilde{L}\tilde{D}\tilde{L}^T$ 的第一列元素得

$$d_1 + \sigma\tilde{v}_1^2 = \tilde{d}_1, \quad (5.111)$$
$$\sigma\tilde{v}_1\tilde{\boldsymbol{v}}^{(2)} = \tilde{d}_1\tilde{\boldsymbol{l}}_1^{(2)}, \text{即 } \tilde{\boldsymbol{l}}_1^{(2)} = (\sigma\tilde{v}_1/\tilde{d}_1)\tilde{\boldsymbol{v}}^{(2)},$$

如果令

$$\tilde{\beta}_1 = \sigma\tilde{v}_1/\tilde{d}_1, \quad (5.112)$$

则有

$$\tilde{\boldsymbol{l}}_1^{(2)} = \tilde{\beta}_1\tilde{\boldsymbol{v}}^{(2)}. \quad (5.113)$$

式 (5.111)，(5.112) 和 (5.113) 表明了等式 (5.108)，(5.109) 和 (5.110) 当 $i = 1$ 时成立.

现假设式(5.108)，(5.109)和(5.110)当 $1 \leqslant i \leqslant j-1$ 时成立，试证当 $i = j$ 时它们也成立. 比较式(5.107)两端矩阵的第 i 列元素得

$$d_j + \sigma\tilde{v}_j^2 = \tilde{d}_j + \sum_{k=1}^{j-1} \tilde{d}_k \tilde{l}_{jk}^2, \quad (5.114)$$

$$\sigma\tilde{v}_j \tilde{\boldsymbol{v}}^{(j+1)} = \sum_{k=1}^{j-1} \tilde{d}_k \tilde{l}_{jk} \tilde{\boldsymbol{l}}_k^{(j+1)} + \tilde{d}_j \tilde{\boldsymbol{l}}_j^{(j+1)}. \quad (5.115)$$

由归纳假设知，当 $1 \leqslant k \leqslant j-1$ 时，

$$\tilde{\boldsymbol{l}}_k^{(k+1)} = \tilde{\beta}_k \tilde{\boldsymbol{v}}^{(k+1)}, \text{即 } \tilde{l}_{jk} = \tilde{\beta}_k \tilde{v}_j,$$
$$\tilde{\boldsymbol{l}}_k^{(j+1)} = \tilde{\beta}_k \tilde{\boldsymbol{v}}^{(j+1)},$$

代入式(5.114)和(5.115)得

$$\tilde{d}_j = d_j + \tilde{v}_j^2 \left(\sigma - \sum_{k=1}^{j-1} \tilde{\beta}_k^2 \tilde{d}_k \right), \tag{5.116}$$

令

$$\tilde{\beta}_j = \left(\sigma - \sum_{k=1}^{j-1} \tilde{\beta}_k^2 \tilde{d}_k \right) \tilde{v}_j / \tilde{d}_j, \tag{5.117}$$

则

$$\begin{aligned} \tilde{\boldsymbol{l}}_j^{(j+1)} &= \left(\sigma \tilde{v}_j \tilde{\boldsymbol{v}}^{(j+1)} - \sum_{k=1}^{j-1} \tilde{d}_k \tilde{l}_{jk} \tilde{\boldsymbol{l}}_k^{(j+1)} \right) / \tilde{d}_j \\ &= \left(\sigma \tilde{v}_j \tilde{\boldsymbol{v}}^{(j+1)} - \sum_{k=1}^{j-1} \tilde{d}_k \tilde{v}_j \tilde{\beta}_k^2 \tilde{\boldsymbol{v}}^{(j+1)} \right) / \tilde{d}_j \\ &= \tilde{\beta}_j \tilde{\boldsymbol{v}}^{(j+1)}. \end{aligned} \tag{5.118}$$

式(5.116),(5.117)和(5.118)表明了等式(5.108),(5.109)和(5.110)在 $i = j$ 时亦成立. 证完.

于是我们得到

$$\tilde{D} = \operatorname{diag}(\tilde{d}_1, \cdots, \tilde{d}_n),$$

$$\tilde{L} = \left(\begin{array}{c|c|c} 1 & \multicolumn{2}{c}{\mathbf{0}^T} \\ \hline & 1 & \mathbf{0}^T \\ \cline{2-3} \tilde{\beta}_1 \tilde{\boldsymbol{v}}^{(2)} & \tilde{\beta}_2 \tilde{\boldsymbol{v}}^{(3)} & \ddots \\ & & \quad 1 \end{array} \right).$$

上述步骤可以总结成下列算法. 若已知正定对称矩阵 $B = LDL^T$, σ 和 $\boldsymbol{z}$, 用这个算法可以求出正定对称矩阵 $B^* = LDL^T + \sigma \boldsymbol{z}\boldsymbol{z}^T$ 的 Cholesky 分解因子 L^* 和 D^*.

算法 7(修正矩阵的 Cholesky 分解算法 II).

1. 解 $L\tilde{\boldsymbol{v}} = \boldsymbol{z}$, 得 $\tilde{\boldsymbol{v}}$.
2. 置 $k = 1$.
3. 由式(5.108)计算 $\tilde{d}_k$.
4. 若 $k < n$, 则由式(5.109)计算 $\tilde{\beta}_k$; 否则转 7.

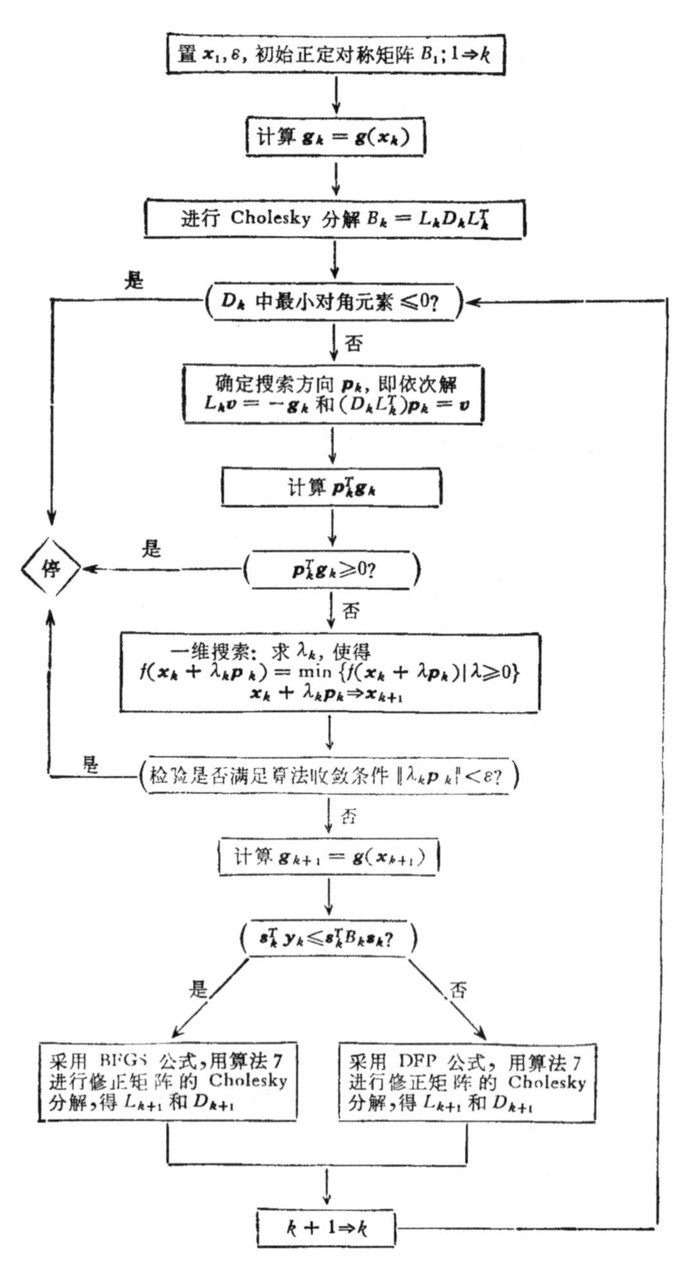

置 x_1, ε, 初始正定对称矩阵 B_1; $1 \Rightarrow k$
计算 $g_k = g(x_k)$
进行 Cholesky 分解 $B_k = L_k D_k L_k^T$
D_k 中最小对角元素 $\leqslant 0$?
是
否
确定搜索方向 p_k, 即依次解
$L_k v = -g_k$ 和 $(D_k L_k^T) p_k = v$
计算 $p_k^T g_k$
停
是
$p_k^T g_k \geqslant 0$?
否
一维搜索: 求 λ_k, 使得
$f(x_k + \lambda_k p_k) = \min\{f(x_k + \lambda p_k) | \lambda \geqslant 0\}$
$x_k + \lambda_k p_k \Rightarrow x_{k+1}$
是
检验是否满足算法收敛条件 $\|\lambda_k p_k\| < \varepsilon$?
否
计算 $g_{k+1} = g(x_{k+1})$
$s_k^T y_k \leqslant s_k^T B_k s_k$?
是
否
采用 BFGS 公式,用算法 7 进行修正矩阵的 Cholesky 分解,得 L_{k+1} 和 D_{k+1}
采用 DFP 公式,用算法 7 进行修正矩阵的 Cholesky 分解,得 L_{k+1} 和 D_{k+1}
$k + 1 \Rightarrow k$

图 5.8　开关算法框图

5. 由式 (5.110) 计算 $\tilde{l}_k^{(k+1)}$.

6. 置 $k=k+1$, 转 3.

7. 计算 $L^*=L\tilde{L}$.

算法 8 (开关算法) 本算法与算法 5 不同之处仅在于以下两点:

(1) 根据不同条件选用 DFP 公式或 BFGS 公式.

(2) 用算法 7 求修正矩阵的 Cholesky 因子.

它的详细步骤从略. 图 5.8 所示的框图描述了实现这个算法的一个方案,相应的 FORTRAN 语言程序可参看文献 [81].

3.6. 用差商代替导数的开关算法

算法 9 (用差商代替导数的开关算法) 本算法与算法 8 基本相同,不同之处只是用算法 6 计算差商,用以代替导数. 详细步骤从略. 这个算法的 FORTRAN 语言程序可参看文献 [81].

§4. 拟 Newton 算法的全局收敛性

本节证明 Broyden 算法类具有全局收敛性. 根据定理 3, 我们知道, 只要取定初始点 $\boldsymbol{x}_1$ 和初始正定对称矩阵 H_1, 这类算法都产生同一个点列 $\{\boldsymbol{x}_k\}$. 因此只需证明其中任何一个算法 (例如 DFP 算法)具有全局收敛性就行了.

为了证明 DFP 算法具有全局收敛性, 我们首先证明几个引理.

引理 1. 设函数 $f(\boldsymbol{x})$ 满足:

i) $f(\boldsymbol{x})$ 是 R^n 上的二次连续可微函数;

ii) 对任意的 $\boldsymbol{x}'\in R^n$, 存在着常数 $m>0$, 使得当 $\boldsymbol{x}\in C(\boldsymbol{x}')$, $\boldsymbol{y}\in R^n$ 时有

$$m\|\boldsymbol{y}\|^2\leqslant\langle\boldsymbol{y}, G(\boldsymbol{x})\boldsymbol{y}\rangle, \tag{5.119}$$

其中 $G(\boldsymbol{x})$ 是 $f(\boldsymbol{x})$ 在点 $\boldsymbol{x}$ 处的 Hessian 矩阵, $C(\boldsymbol{x}')$ 是 $f(\boldsymbol{x})$ 相对

于 $\boldsymbol{x}'$ 的基准集 $C(\boldsymbol{x}') = \{\boldsymbol{x} | f(\boldsymbol{x}) \leqslant f(\boldsymbol{x}')\}$. 若 $\boldsymbol{x}_k, \boldsymbol{x}_{k+1} \in C(\boldsymbol{x}')$, 则比值 $\frac{\|\Delta \boldsymbol{x}_k\|}{\|\Delta \boldsymbol{g}_k\|}$, $\frac{\|\Delta \boldsymbol{g}_k\|}{\|\Delta \boldsymbol{x}_k\|}$, $\frac{\langle \Delta \boldsymbol{x}_k, \Delta \boldsymbol{g}_k \rangle}{\|\Delta \boldsymbol{x}_k\|^2}$, $\frac{\|\Delta \boldsymbol{x}_k\|^2}{\langle \Delta \boldsymbol{x}_k, \Delta \boldsymbol{g}_k \rangle}$, $\frac{\langle \Delta \boldsymbol{x}_k, \Delta \boldsymbol{g}_k \rangle}{\|\Delta \boldsymbol{g}_k\|^2}$ 和 $\frac{\|\Delta \boldsymbol{g}_k\|^2}{\langle \Delta \boldsymbol{x}_k, \Delta \boldsymbol{g}_k \rangle}$ 都有界,其中

$$\Delta \boldsymbol{x}_k = \boldsymbol{x}_{k+1} - \boldsymbol{x}_k, \tag{5.120}$$

$$\Delta \boldsymbol{g}_k = \boldsymbol{g}(\boldsymbol{x}_{k+1}) - \boldsymbol{g}(\boldsymbol{x}_k), \tag{5.121}$$

这里 $\boldsymbol{g}$ 表示 $f(\boldsymbol{x})$ 的梯度[1].

证明. 首先证明 $\frac{\|\Delta \boldsymbol{g}_k\|}{\|\Delta \boldsymbol{x}_k\|}$ 有界. 由附录 II 的定理 4 知, 基准集 $C(\boldsymbol{x}')$ 是凸有界闭集. 应用附录 I 的定理 3 得

$$\|\Delta \boldsymbol{g}_k\| = \|\boldsymbol{g}(\boldsymbol{x}_{k+1}) - \boldsymbol{g}(\boldsymbol{x}_k)\| \leqslant [\sup_{\boldsymbol{x} \in [\boldsymbol{x}_k, \boldsymbol{x}_{k+1}]} \|G(\boldsymbol{x})\|] \|\Delta \boldsymbol{x}_k\|.$$

因为 G 在凸有界闭集 $C(\boldsymbol{x}')$ 上连续,所以存在常数 $M > 0$,使得对任意 $\boldsymbol{x} \in C(\boldsymbol{x}')$, 有 $\|G(\boldsymbol{x})\| \leqslant M$, 因此,

$$\frac{\|\Delta \boldsymbol{g}_k\|}{\|\Delta \boldsymbol{x}_k\|} \leqslant M < \infty. \tag{5.122}$$

其次证明 $\frac{\|\Delta \boldsymbol{x}_k\|^2}{\langle \Delta \boldsymbol{x}_k, \Delta \boldsymbol{g}_k \rangle}$ 有界. 由附录 I 的定理 2, 得

$$\Delta \boldsymbol{g}_k = \boldsymbol{g}(\boldsymbol{x}_k + \Delta \boldsymbol{x}_k) - \boldsymbol{g}(\boldsymbol{x}_k) = \int_0^1 G(\boldsymbol{x}_k + t\Delta \boldsymbol{x}_k) \Delta \boldsymbol{x}_k dt,$$

$$\begin{aligned} \langle \Delta \boldsymbol{x}_k, \Delta \boldsymbol{g}_k \rangle &= \langle \Delta \boldsymbol{x}_k, \int_0^1 G(\boldsymbol{x}_k + t\Delta \boldsymbol{x}_k) \Delta \boldsymbol{x}_k dt \rangle \\ &= \int_0^1 \langle \Delta \boldsymbol{x}_k, G(\boldsymbol{x}_k + t\Delta \boldsymbol{x}_k) \Delta \boldsymbol{x}_k \rangle dt \\ &\geqslant \int_0^1 m \|\Delta \boldsymbol{x}_k\|^2 dt \\ &= m \|\Delta \boldsymbol{x}_k\|^2. \end{aligned}$$

于是有

$$\frac{\|\Delta \boldsymbol{x}_k\|^2}{\langle \Delta \boldsymbol{x}_k, \Delta \boldsymbol{g}_k \rangle} \leqslant \frac{1}{m} < \infty. \tag{5.123}$$

---

1) 这里的 $\boldsymbol{x}_k$ 和 $\boldsymbol{x}_{k+1}$ 并不一定要求是 Broyden 算法类的迭代点列, 因此, $\Delta \boldsymbol{x}_k$ 和 $\Delta \boldsymbol{g}_k$ 也不一定是算法类的 $\boldsymbol{s}_k$ 和 $\boldsymbol{y}_k$.

最后利用 Schwarz 不等式证明其它各比值有界:

$$\frac{\|\Delta \boldsymbol{x}_k\|}{\|\Delta \boldsymbol{g}_k\|}=\frac{\|\Delta \boldsymbol{x}_k\|^2}{\langle\Delta \boldsymbol{x}_k,\Delta \boldsymbol{g}_k\rangle}\cdot\frac{\langle\Delta \boldsymbol{x}_k,\Delta \boldsymbol{g}_k\rangle}{\|\Delta \boldsymbol{x}_k\|\|\Delta \boldsymbol{g}_k\|}\leqslant\frac{\|\Delta \boldsymbol{x}_k\|^2}{\langle\Delta \boldsymbol{x}_k,\Delta \boldsymbol{g}_k\rangle}\leqslant\frac{1}{m},\tag{5.124}$$

$$\frac{\langle\Delta \boldsymbol{x}_k,\Delta \boldsymbol{g}_k\rangle}{\|\Delta \boldsymbol{x}_k\|^2}\leqslant\frac{\|\Delta \boldsymbol{g}_k\|}{\|\Delta \boldsymbol{x}_k\|}\leqslant M,\tag{5.125}$$

$$\frac{\langle\Delta \boldsymbol{x}_k,\Delta \boldsymbol{g}_k\rangle}{\|\Delta \boldsymbol{g}_k\|^2}\leqslant\frac{\|\Delta \boldsymbol{x}_k\|}{\|\Delta \boldsymbol{g}_k\|}\leqslant\frac{1}{m},\tag{5.126}$$

$$\frac{\|\Delta \boldsymbol{g}_k\|^2}{\langle\Delta \boldsymbol{x}_k,\Delta \boldsymbol{g}_k\rangle}=\frac{\|\Delta \boldsymbol{g}_k\|^2}{\|\Delta \boldsymbol{x}_k\|^2}\cdot\frac{\|\Delta \boldsymbol{x}_k\|^2}{\langle\Delta \boldsymbol{x}_k,\Delta \boldsymbol{g}_k\rangle}\leqslant\frac{M^2}{m}.\tag{5.127}$$

引理证毕.

引理 2. 设函数 $f(\boldsymbol{x})$ 满足引理 1 中的条件 i) 和 ii), 并且存在 $\boldsymbol{x}^*$, 使 $f(\boldsymbol{x}^*)=\min\{f(\boldsymbol{x})\mid \boldsymbol{x}\in R^n\}$, 则对一切 $\boldsymbol{x}\in C(\boldsymbol{x}')$, 有不等式

$$\|\boldsymbol{g}(\boldsymbol{x})\|^2\geqslant m[f(\boldsymbol{x})-f(\boldsymbol{x}^*)].\tag{5.128}$$

证明. 因为 $f(\boldsymbol{x})$ 是 R^n 上的凸函数, 应用附录II的定理 2 和 Schwarz 不等式得

$$f(\boldsymbol{x})-f(\boldsymbol{x}^*)\leqslant\langle\boldsymbol{g}(\boldsymbol{x}),\boldsymbol{x}-\boldsymbol{x}^*\rangle\leqslant\|\boldsymbol{g}(\boldsymbol{x})\|\|\boldsymbol{x}-\boldsymbol{x}^*\|,\tag{5.129}$$

对 $\boldsymbol{x},\boldsymbol{x}^*\in C(\boldsymbol{x}')$ 应用式 (5.124) 并注意到 $\boldsymbol{g}(\boldsymbol{x}^*)=\boldsymbol{0}$, 有

$$\|\boldsymbol{x}-\boldsymbol{x}^*\|\leqslant\frac{1}{m}\|\boldsymbol{g}(\boldsymbol{x})\|,\tag{5.130}$$

代入式 (5.129) 得

$$f(\boldsymbol{x})-f(\boldsymbol{x}^*)\leqslant\frac{1}{m}\|\boldsymbol{g}(\boldsymbol{x})\|^2.$$

这就证明了式 (5.128) 成立. 引理证毕.

引理 3. 设函数 $f(\boldsymbol{x})$满足引理 1 中的条件 i) 和 ii), 若 $\{\boldsymbol{x}_k\}$ 为算法 2 (DFP 算法)产生的点列, 则

$$\lim_{i\to\infty}\sum_{k=1}^{i}\|\boldsymbol{s}_k\|^2<\infty,\quad \lim_{i\to\infty}\sum_{k=1}^{i}\|\boldsymbol{y}_k\|^2<\infty,\tag{5.131}$$

其中

$$\boldsymbol{s}_k=\boldsymbol{x}_{k+1}-\boldsymbol{x}_k,\ \boldsymbol{y}_k=\boldsymbol{g}(\boldsymbol{x}_{k+1})-\boldsymbol{g}(\boldsymbol{x}_k).$$

证明. 当点列 $\{\boldsymbol{x}_k\}$ 为有穷序列时，引理显然成立. 因此不妨设 $\{\boldsymbol{x}_k\}$ 为无穷序列. 应用附录 I 的定理 4 得

$$f(\boldsymbol{x}_k)-f(\boldsymbol{x}_{k+1})=-\langle\boldsymbol{g}_{k+1},\boldsymbol{s}_k\rangle+\int_0^1(1-t)\langle\boldsymbol{s}_k,G(\boldsymbol{x}_{k+1}-t\boldsymbol{s}_k)\boldsymbol{s}_k\rangle dt,$$

按点列 $\{\boldsymbol{x}_k\}$ 的构造可知 $\langle\boldsymbol{g}_{k+1},\boldsymbol{s}_k\rangle=0$, 并且 $\{\boldsymbol{x}_k\}\subset$ 凸集 $C(\boldsymbol{x}_1)$, 当 $t\in[0,1]$ 时，$\boldsymbol{x}_{k+1}-t\boldsymbol{s}_k\in C(\boldsymbol{x}_1)$. 因此，由假设可知

$$f(\boldsymbol{x}_k)-f(\boldsymbol{x}_{k+1})\geqslant m\|\boldsymbol{s}_k\|^2\int_0^1(1-t)dt=\frac{m}{2}\|\boldsymbol{s}_k\|^2, \tag{5.132}$$

或

$$\|\boldsymbol{s}_k\|^2\leqslant\frac{2}{m}[f(\boldsymbol{x}_k)-f(\boldsymbol{x}_{k+1})].$$

所以

$$\sum_{k=1}^{i}\|\boldsymbol{s}_k\|^2\leqslant\frac{2}{m}[f(\boldsymbol{x}_1)-f(\boldsymbol{x}_{i+1})].$$

若记 $f(\boldsymbol{x})$ 在有界闭集 $C(\boldsymbol{x}_1)$ 上的最小点为 $\boldsymbol{x}^*$, 则有

$$\sum_{k=1}^{i}\|\boldsymbol{s}_k\|^2\leqslant\frac{2}{m}[f(\boldsymbol{x}_1)-f(\boldsymbol{x}^*)]\ (i=1,2,\cdots).$$

序列 $\left\{\sum_{k=1}^{i}\|\boldsymbol{s}_k\|^2\right\}$ 单调递增且有上界，故当 $i\to\infty$ 时其极限存在. 因此，

$$\lim_{i\to\infty}\sum_{k=1}^{i}\|\boldsymbol{s}_k\|^2<\infty.$$

根据此式和式 (5.122) 即可得到式 (5.131) 的第二式. 引理证毕.

引理 4. 算法 2 (DFP 算法)中，$H_{k+1}^{-1}=B_{k+1}$ 的迹有如下表达式:

$$Tr(B_{k+1})=\frac{\|\boldsymbol{g}_{k+1}\|^2}{\langle\boldsymbol{g}_{k+1},H_{k+1}\boldsymbol{g}_{k+1}\rangle}-\sum_{j=1}^{k}\frac{\|\boldsymbol{g}_{j+1}\|^2}{\langle\boldsymbol{g}_{j+1},H_j\boldsymbol{g}_{j+1}\rangle}$$

$$+\sum_{j=1}^{k}\frac{\|\boldsymbol{y}_j\|^2}{\langle\boldsymbol{s}_j,\boldsymbol{y}_j\rangle}+Tr(B_1)-\frac{\|\boldsymbol{g}_1\|^2}{\langle\boldsymbol{g}_1,H_1\boldsymbol{g}_1\rangle}. \tag{5.133}$$

证明. 我们知道,

$$B_{k+1}=\left(I-\frac{\boldsymbol{y}_k\boldsymbol{s}_k^T}{\boldsymbol{y}_k^T\boldsymbol{s}_k}\right)B_k\left(I-\frac{\boldsymbol{y}_k\boldsymbol{s}_k^T}{\boldsymbol{y}_k^T\boldsymbol{s}_k}\right)^T+\frac{\boldsymbol{y}_k\boldsymbol{y}_k^T}{\boldsymbol{y}_k^T\boldsymbol{s}_k},$$

注意到若 $\boldsymbol{x},\boldsymbol{y}\in R^n$, 则矩阵 $\boldsymbol{x}\boldsymbol{y}^T$ 的迹为 $\langle\boldsymbol{x},\boldsymbol{y}\rangle$, 我们有

$$\begin{aligned}Tr(B_{k+1})&=Tr(B_k)-2\frac{\langle\boldsymbol{y}_k,B_k\boldsymbol{s}_k\rangle}{\langle\boldsymbol{s}_k,\boldsymbol{y}_k\rangle}\\&\quad+\frac{\langle\boldsymbol{s}_k,B_k\boldsymbol{s}_k\rangle\langle\boldsymbol{y}_k,\boldsymbol{y}_k\rangle}{\langle\boldsymbol{s}_k,\boldsymbol{y}_k\rangle^2}+\frac{\langle\boldsymbol{y}_k,\boldsymbol{y}_k\rangle}{\langle\boldsymbol{s}_k,\boldsymbol{y}_k\rangle}\\&=\mathrm{I}+\mathrm{II}+\mathrm{III}+\mathrm{IV},\end{aligned} \tag{5.134}$$

其中

$$\boldsymbol{s}_k=\boldsymbol{x}_{k+1}-\boldsymbol{x}_k=\lambda_k\boldsymbol{p}_k=-\lambda_kH_k\boldsymbol{g}_k,$$
$$\boldsymbol{y}_k=\boldsymbol{g}_{k+1}-\boldsymbol{g}_k,$$

并且

$$\langle\boldsymbol{g}_{k+1},\boldsymbol{s}_k\rangle=0. \tag{5.135}$$

利用 $\langle\boldsymbol{s}_k,\boldsymbol{y}_k\rangle=\lambda_k\langle\boldsymbol{g}_k,H_k\boldsymbol{g}_k\rangle$, $\langle\boldsymbol{y}_k,B_k\boldsymbol{s}_k\rangle=-\lambda_k\langle\boldsymbol{g}_k,\boldsymbol{y}_k\rangle$, $\langle\boldsymbol{s}_k,B_k\boldsymbol{s}_k\rangle=\lambda_k^2\langle\boldsymbol{g}_k,H_k\boldsymbol{g}_k\rangle$,式 (5.134) 右端的中间两项可写为

$$\mathrm{II}+\mathrm{III}=\frac{2\langle\boldsymbol{g}_k,\boldsymbol{y}_k\rangle+\langle\boldsymbol{y}_k,\boldsymbol{y}_k\rangle}{\langle\boldsymbol{g}_k,H_k\boldsymbol{g}_k\rangle}.$$

因为

$$\begin{aligned}&2\langle\boldsymbol{g}_k,\boldsymbol{y}_k\rangle+\langle\boldsymbol{y}_k,\boldsymbol{y}_k\rangle\\&=2\langle\boldsymbol{g}_k,\boldsymbol{g}_{k+1}-\boldsymbol{g}_k\rangle+\langle\boldsymbol{g}_{k+1}-\boldsymbol{g}_k,\boldsymbol{g}_{k+1}-\boldsymbol{g}_k\rangle\\&=\langle\boldsymbol{g}_{k+1},\boldsymbol{g}_{k+1}\rangle-\langle\boldsymbol{g}_k,\boldsymbol{g}_k\rangle,\end{aligned}$$

我们进一步有

$$\mathrm{II}+\mathrm{III}=\frac{\|\boldsymbol{g}_{k+1}\|^2-\|\boldsymbol{g}_k\|^2}{\langle\boldsymbol{g}_k,H_k\boldsymbol{g}_k\rangle},$$

代入式 (5.134) 得

$$\begin{aligned}Tr(B_{k+1})&=Tr(B_k)+\frac{\|\boldsymbol{g}_{k+1}\|^2}{\langle\boldsymbol{g}_{k+1},H_{k+1}\boldsymbol{g}_{k+1}\rangle}\\&\quad-\frac{\|\boldsymbol{g}_k\|^2}{\langle\boldsymbol{g}_k,H_k\boldsymbol{g}_k\rangle}+\frac{\langle\boldsymbol{y}_k,\boldsymbol{y}_k\rangle}{\langle\boldsymbol{s}_k,\boldsymbol{y}_k\rangle}-\mathrm{V},\end{aligned} \tag{5.136}$$

其中

$$V=\left[\frac{1}{\langle \boldsymbol{g}_{k+1}, H_{k+1}\boldsymbol{g}_{k+1}\rangle}-\frac{1}{\langle \boldsymbol{g}_k, H_k\boldsymbol{g}_k\rangle}\right]\|\boldsymbol{g}_{k+1}\|^2.$$

现在计算 V. 由 H_k 的迭代公式得

$$\begin{aligned}
\langle \boldsymbol{g}_{k+1}, H_{k+1}\boldsymbol{g}_{k+1}\rangle &= \left\langle \boldsymbol{g}_{k+1}, \left(H_k-\frac{H_k\boldsymbol{y}_k\boldsymbol{y}_k^{\mathrm{T}}H_k}{\langle \boldsymbol{y}_k, H_k\boldsymbol{y}_k\rangle}+\frac{\boldsymbol{s}_k\boldsymbol{s}_k^{\mathrm{T}}}{\langle \boldsymbol{s}_k, \boldsymbol{y}_k\rangle}\right)\boldsymbol{g}_{k+1}\right\rangle \\
&= \left\langle \boldsymbol{g}_k+\boldsymbol{y}_k, \left(H_k-\frac{H_k\boldsymbol{y}_k\boldsymbol{y}_k^{\mathrm{T}}H_k}{\langle \boldsymbol{y}_k, H_k\boldsymbol{y}_k\rangle}\right)(\boldsymbol{g}_k+\boldsymbol{y}_k)\right\rangle \\
&= \left\langle \boldsymbol{g}_k, \left(H_k-\frac{H_k\boldsymbol{y}_k\boldsymbol{y}_k^{\mathrm{T}}H_k}{\langle \boldsymbol{y}_k, H_k\boldsymbol{y}_k\rangle}\right)\boldsymbol{g}_k\right\rangle \\
&\quad +\left\langle \boldsymbol{y}_k, \left(H_k-\frac{H_k\boldsymbol{y}_k\boldsymbol{y}_k^{\mathrm{T}}H_k}{\langle \boldsymbol{y}_k, H_k\boldsymbol{y}_k\rangle}\right)\boldsymbol{g}_k\right\rangle \\
&\quad +\left\langle \boldsymbol{g}_k, \left(H_k-\frac{H_k\boldsymbol{y}_k\boldsymbol{y}_k^{\mathrm{T}}H_k}{\langle \boldsymbol{y}_k, H_k\boldsymbol{y}_k\rangle}\right)\boldsymbol{y}_k\right\rangle \\
&\quad +\left\langle \boldsymbol{y}_k, \left(H_k-\frac{H_k\boldsymbol{y}_k\boldsymbol{y}_k^{\mathrm{T}}H_k}{\langle \boldsymbol{y}_k, H_k\boldsymbol{y}_k\rangle}\right)\boldsymbol{y}_k\right\rangle \\
&= \left\langle \boldsymbol{g}_k, \left(H_k-\frac{H_k\boldsymbol{y}_k\boldsymbol{y}_k^{\mathrm{T}}H_k}{\langle \boldsymbol{y}_k, H_k\boldsymbol{y}_k\rangle}\right)\boldsymbol{g}_k\right\rangle \\
&= \langle \boldsymbol{g}_k, H_k\boldsymbol{g}_k\rangle-\frac{\langle \boldsymbol{g}_k, H_k(\boldsymbol{g}_{k+1}-\boldsymbol{g}_k)\rangle^2}{\langle \boldsymbol{y}_k, H_k\boldsymbol{y}_k\rangle} \\
&= \langle \boldsymbol{g}_k, H_k\boldsymbol{g}_k\rangle-\frac{\langle \boldsymbol{g}_k, H_k\boldsymbol{g}_k\rangle^2}{\langle \boldsymbol{y}_k, H_k\boldsymbol{y}_k\rangle}.
\end{aligned}$$

因为

$$\begin{aligned}
\langle \boldsymbol{y}_k, H_k\boldsymbol{y}_k\rangle &= \langle \boldsymbol{g}_{k+1}-\boldsymbol{g}_k, H_k(\boldsymbol{g}_{k+1}-\boldsymbol{g}_k)\rangle \\
&= \langle \boldsymbol{g}_{k+1}, H_k\boldsymbol{g}_{k+1}\rangle-\langle \boldsymbol{g}_{k+1}, H_k\boldsymbol{g}_k\rangle \\
&\quad -\langle \boldsymbol{g}_k, H_k\boldsymbol{g}_{k+1}\rangle+\langle \boldsymbol{g}_k, H_k\boldsymbol{g}_k\rangle \\
&= \langle \boldsymbol{g}_{k+1}, H_k\boldsymbol{g}_{k+1}\rangle+\langle \boldsymbol{g}_k, H_k\boldsymbol{g}_k\rangle, \qquad (5.137)
\end{aligned}$$

所以

$$\langle \boldsymbol{g}_{k+1}, H_{k+1}\boldsymbol{g}_{k+1}\rangle=\frac{\langle \boldsymbol{g}_k, H_k\boldsymbol{g}_k\rangle\langle \boldsymbol{g}_{k+1}, H_k\boldsymbol{g}_{k+1}\rangle}{\langle \boldsymbol{g}_{k+1}, H_k\boldsymbol{g}_{k+1}\rangle+\langle \boldsymbol{g}_k, H_k\boldsymbol{g}_k\rangle},$$

或

$$V=\left(\frac{1}{\langle \boldsymbol{g}_{k+1}, H_{k+1}\boldsymbol{g}_{k+1}\rangle}-\frac{1}{\langle \boldsymbol{g}_k, H_k\boldsymbol{g}_k\rangle}\right)\|\boldsymbol{g}_{k+1}\|^2$$

$$= \frac{\|g_{k+1}\|^2}{\langle g_{k+1}, H_k g_{k+1}\rangle}. \tag{5.138}$$

把式(5.138)代入式(5.136)有

$$Tr(B_{k+1}) = Tr(B_k) + \frac{\|g_{k+1}\|^2}{\langle g_{k+1}, H_{k+1} g_{k+1}\rangle} - \frac{\|g_k\|^2}{\langle g_k, H_k g_k\rangle} + \frac{\langle y_k, y_k\rangle}{\langle s_k, y_k\rangle} - \frac{\|g_{k+1}\|^2}{\langle g_{k+1}, H_k g_{k+1}\rangle}$$

$$(k = 1, 2, \cdots), \tag{5.139}$$

反复应用式(5.139)即得式(5.133). 引理证毕.

定理 7. 设函数 $f(x)$ 满足引理 1 中的条件 i) 和 ii). 考虑以任意 x_1 为初始点,以任意正定对称矩阵 H_1 为初始矩阵的 DFP 算法. 若该算法所产生的点列记为 $\{x_k\}$, 则

i) 当 $\{x_k\}$ 为有穷序列时, $\{x_k\}$ 中的最后一个元素即是 $f(x)$ 在 R^n 上的唯一极小点 x^*;

ii) 当 $\{x_k\}$ 为无穷序列时, $\{x_k\}$ 收敛到 $f(x)$ 在 R^n 上的唯一极小点 x^*.

证明. 当 $\{x_k\}$ 是有穷序列时,结论显然成立. 当 $\{x_k\}$ 是无穷序列时,我们从引理 4 的式(5.133)出发. 由引理 1 知 $\frac{\|y_i\|^2}{\langle s_i, y_i\rangle}$ 对 $i\ (i = 1, 2, \cdots)$ 是有界的, 而 $Tr(B_1)$ 和 $\frac{\|g_1\|^2}{\langle g_1, H_1 g_1\rangle}$ 是由 x_1 和 H_1 决定的与 i 无关的常数,因此存在着常数 $w > 0$, 使得

$$Tr(B_{k+1}) \leqslant \frac{\|g_{k+1}\|^2}{\langle g_{k+1}, H_{k+1} g_{k+1}\rangle} - \sum_{i=1}^{k} \frac{\|g_{i+1}\|^2}{\langle g_{i+1}, H_i g_{i+1}\rangle} + kw. \tag{5.140}$$

以下根据此式用反证法证明 $\lim_{k\to\infty} g_k = 0$, 其大体步骤是: 假定 $\{g_k\}$ 不趋于 0, 估计 $\|g_{i+1}\|^2$ 和 $\langle g_{i+1}, H_i g_{i+1}\rangle$, 进而证明式(5.140)右端最后两项之和会取负值,最后导出矛盾.

假定 $\{g_k\}$ 不趋于 0, 我们来估计 $\|g_k\|^2$. 根据附录 II 的定理 3 和定理 4, $f(x)$ 在 $C(x_1)$ 上有最小值点 x^*, 而且 x^* 是 $f(x)$ 在 R^n 上的严格整体极小点. 因此单调递减序列 $\{f(x_k)\}$ 有下界, 故

$\lim\limits_{k\to\infty} f(\boldsymbol{x}_k)$ 存在. 因为 $\{\boldsymbol{g}_k\}$ 不趋于 $\mathbf{0}$, 易见

$$f^0 = \lim_{k\to\infty} f(\boldsymbol{x}_k) > f(\boldsymbol{x}^*).$$

故存在常数 $v' > 0$, 使得

$$f(\boldsymbol{x}_k) - f(\boldsymbol{x}^*) > v' > 0 \quad (k = 1, 2, \cdots).$$

令 $v = mv'$, 由引理 2 得

$$\|\boldsymbol{g}_k\|^2 \geqslant m[f(\boldsymbol{x}_k) - f(\boldsymbol{x}^*)] > v > 0. \tag{5.141}$$

至于估计 $\langle \boldsymbol{g}_{j+1}, H_j \boldsymbol{g}_{j+1}\rangle$ 需考虑 H_k 的迹. 由 H_k 的迭代公式可计算出

$$\begin{aligned} Tr(H_{k+1}) &= Tr(H_k) - \frac{\|H_k \boldsymbol{y}_k\|^2}{\langle \boldsymbol{y}_k, H_k \boldsymbol{y}_k\rangle} + \frac{\|\boldsymbol{s}_k\|^2}{\langle \boldsymbol{s}_k, \boldsymbol{y}_k\rangle} \\ &= Tr(H_1) - \sum_{j=1}^{k} \frac{\|H_j \boldsymbol{y}_j\|^2}{\langle \boldsymbol{y}_j, H_j \boldsymbol{y}_j\rangle} + \sum_{j=1}^{k} \frac{\|\boldsymbol{s}_j\|^2}{\langle \boldsymbol{s}_j, \boldsymbol{y}_j\rangle} \\ &\qquad (k = 1, 2, \cdots). \end{aligned} \tag{5.142}$$

根据引理 1 知 $\dfrac{\|\boldsymbol{s}_j\|^2}{\langle \boldsymbol{s}_j, \boldsymbol{y}_j\rangle}$ 对 $j\ (j = 1, 2, \cdots)$ 是有界的, 而 $Tr(H_1)$ 只依赖于 H_1, 所以必存在常数 $w' > 0$, 使得

$$Tr(H_1) + \sum_{j=1}^{k} \frac{\|\boldsymbol{s}_j\|^2}{\langle \boldsymbol{s}_j, \boldsymbol{y}_j\rangle} < kw' \quad (k = 1, 2, \cdots).$$

由定理 1 知矩阵 H_{k+1} 正定,因而 $Tr(H_{k+1}) > 0$, 故有

$$kw' > \sum_{j=1}^{k} \frac{\|H_j \boldsymbol{y}_j\|^2}{\langle \boldsymbol{y}_j, H_j \boldsymbol{y}_j\rangle}, \tag{5.143}$$

用 Schwarz 不等式,可知

$$\begin{aligned} \frac{\|H_j \boldsymbol{y}_j\|^2}{\langle \boldsymbol{y}_j, H_j \boldsymbol{y}_j\rangle} &= \frac{\|H_j \boldsymbol{y}_j\|^2}{\langle \boldsymbol{y}_j, H_j \boldsymbol{y}_j\rangle^2} \langle \boldsymbol{y}_j, H_j \boldsymbol{y}_j\rangle \\ &\geqslant \frac{\|H_j \boldsymbol{y}_j\|^2}{\|\boldsymbol{y}_j\|^2 \|H_j \boldsymbol{y}_j\|^2} \langle \boldsymbol{y}_j, H_j \boldsymbol{y}_j\rangle \\ &= \frac{\langle \boldsymbol{y}_j, H_j \boldsymbol{y}_j\rangle}{\|\boldsymbol{y}_j\|^2}, \end{aligned} \tag{5.144}$$

而由式 (5.137) 及 H_k 的正定性得

$$\frac{\langle \boldsymbol{y}_j, H_j \boldsymbol{y}_j\rangle}{\|\boldsymbol{y}_j\|^2} \geqslant \frac{\langle \boldsymbol{g}_{j+1}, H_j \boldsymbol{g}_{j+1}\rangle}{\|\boldsymbol{y}_j\|^2}. \tag{5.145}$$

综合式 (5.143), (5.144) 和 (5.145), 易见

$$\sum_{j=1}^{k} \frac{\langle \boldsymbol{g}_{j+1}, H_j \boldsymbol{g}_{j+1} \rangle}{\|\boldsymbol{y}_j\|^2} < k w' \quad (k = 1, 2, \cdots). \tag{5.146}$$

若记 J_k 为 $\{1, 2, \cdots, k\}$ 中满足不等式

$$\langle \boldsymbol{g}_{j+1}, H_j \boldsymbol{g}_{j+1} \rangle < 3 w' \|\boldsymbol{y}_j\|^2 \tag{5.147}$$

的 j 组成的集合,则根据不等式 (5.146) 知, J_k 中的整数的个数大于 $\frac{2}{3} k$.

另外,由引理 3 知 $\sum_{j=1}^{\infty} \|\boldsymbol{y}_j\|^2 < \infty$, 故当 $j \to \infty$ 时, $\|\boldsymbol{y}_j\| \to 0$. 因此,存在着整数 $k_0 > 0$, 使当 $j \geqslant k_0$ 时,有

$$3 w' \|\boldsymbol{y}_j\|^2 < \frac{v}{3w}. \tag{5.148}$$

在式 (5.140) 中, 令 $k = 3k_0$, 相应的 J_{3k_0} 中的整数的个数大于 $\frac{2}{3}(3k_0) = 2k_0$. 在这些整数中, 不满足不等式 (5.148) 的整数的个数不超过 k_0. 因此 $\{1, 2, \cdots, 3k_0\}$ 中同时满足不等式(5.147) 和 (5.148) 的 j 的个数大于 k_0, 利用式 (5.141) 有

$$\sum_{j=1}^{3k_0} \frac{\|\boldsymbol{g}_{j+1}\|^2}{\langle \boldsymbol{g}_{j+1}, H_j \boldsymbol{g}_{j+1} \rangle} \geqslant \sum_{\substack{j \in J_{3k_0} \\ j \geqslant k_0}} \frac{\|\boldsymbol{g}_{j+1}\|^2}{\langle \boldsymbol{g}_{j+1}, H_j \boldsymbol{g}_{j+1} \rangle} > k_0 \frac{v}{\frac{v}{3w}} = 3k_0 w. \tag{5.149}$$

故由式 (5.140) 知,当 $k = 3k_0$ 时,

$$Tr(B_{k+1}) < \frac{\|\boldsymbol{g}_{k+1}\|^2}{\langle \boldsymbol{g}_{k+1}, H_{k+1} \boldsymbol{g}_{k+1} \rangle}. \tag{5.150}$$

因为 B_{k+1} 是正定矩阵,所以 B_{k+1} 的迹大于其最大特征值. 但 B_{k+1} 的最大特征值就是其逆阵 H_{k+1} 的最小特征值 μ_{k+1} 的倒数,故

$$\frac{1}{\mu_{k+1}} < Tr(B_{k+1}). \tag{5.151}$$

综合不等式 (5.150) 和 (5.151) 有

$$\langle \boldsymbol{g}_{k+1}, H_{k+1} \boldsymbol{g}_{k+1} \rangle < \mu_{k+1} \|\boldsymbol{g}_{k+1}\|^2. \tag{5.152}$$

但另一方面，对于任意 $\boldsymbol{x}\in R^n$，都有

$$\langle \boldsymbol{x}, H_{k+1}\boldsymbol{x}\rangle \geqslant \mu_{k+1}\|\boldsymbol{x}\|^2, \tag{5.153}$$

特别令 $\boldsymbol{x}=\boldsymbol{g}_{k+1}$，即与式 (5.152) 矛盾．因而最后得

$$\lim_{k\to\infty}\boldsymbol{g}_k=\boldsymbol{0}.$$

下面根据 $\lim\limits_{k\to\infty}\boldsymbol{g}_k=\boldsymbol{0}$ 证明 $\lim\limits_{k\to\infty}\boldsymbol{x}_k=\boldsymbol{x}^*$．由附录 II 的定理 4 知，序列 $\{\boldsymbol{x}_k\}$ 属于有界闭集 $C(\boldsymbol{x}_1)$，因此我们只需证明 $\{\boldsymbol{x}_k\}$ 的任一收敛子序列 $\{\boldsymbol{x}_{k_i}\}$ 都收敛于 $\boldsymbol{x}^*$．事实上，若

$$\lim_{k_i\to\infty}\boldsymbol{x}_{k_i}=\tilde{\boldsymbol{x}},$$

则由 $\boldsymbol{g}(\boldsymbol{x})$ 的连续性知

$$\boldsymbol{g}(\tilde{\boldsymbol{x}})=\lim_{k_i\to\infty}\boldsymbol{g}(\boldsymbol{x}_{k_i})=\boldsymbol{0}.$$

再由附录 II 的定理 3 知，$\tilde{\boldsymbol{x}}$ 必为 $f(\boldsymbol{x})$ 在 R^n 上的唯一极小点 $\boldsymbol{x}^*$．因此

$$\lim_{k_i\to\infty}\boldsymbol{x}_{k_i}=\boldsymbol{x}^*.$$

定理证毕．

定理 7 是由 Powell 证明的[82]，后来他又在较弱的条件下证明了同样的结论，有兴趣的读者可参阅文献[83]．

§5. 拟 Newton 算法的超线性收敛性

本节讨论 Broyden 算法类的收敛速率问题． 和 §4 一样，只需对 DFP 算法进行讨论． 我们首先证明它线性收敛，然后证明它超线性收敛．

5.1. 线 性 收 敛 性

定理 8. 设函数 $f(\boldsymbol{x})$ 满足定理 7 的引理 1 中的条件 i) 和 ii)．若 $\{\boldsymbol{x}_k\}$ 是由 DFP 算法(初始点为 $\boldsymbol{x}_1$) 产生的无穷点列，则 $\{\boldsymbol{x}_k\}$ 线性收敛于 $f(\boldsymbol{x})$ 在 R^n 上的唯一极小点 $\boldsymbol{x}^*$，因而有

$$\sum_{k=1}^{\infty}\|\boldsymbol{x}_k-\boldsymbol{x}^*\|<\infty. \tag{5.154}$$

证明. 由定理 7 知, $\{\boldsymbol{x}_k\}$ 收敛于 $f(\boldsymbol{x})$ 在 R^n 上的唯一极小点 $\boldsymbol{x}^*$. 下面先证明存在常数 $q\in(0,1)$, 使得

$$f(\boldsymbol{x}_k)-f(\boldsymbol{x}^*)\leqslant q^{k-1}[f(\boldsymbol{x}_1)-f(\boldsymbol{x}^*)] \quad (k=1,2,\cdots). \tag{5.155}$$

由定理 7 的证明过程, 可知对任意的 k, 不等式 (5.150) 都不能成立,因此根据不等式 (5.140) 必有

$$\sum_{j=1}^{k}\frac{\|\boldsymbol{g}_{j+1}\|^2}{\langle\boldsymbol{g}_{j+1},H_j\boldsymbol{g}_{j+1}\rangle}\leqslant kw \quad (k=1,2,\cdots). \tag{5.156}$$

因此若记 J'_k 为 $\{1,2,\cdots,k\}$ 中满足不等式

$$\|\boldsymbol{g}_{j+1}\|^2\leqslant 3w\langle\boldsymbol{g}_{j+1},H_j\boldsymbol{g}_{j+1}\rangle \tag{5.157}$$

的 j 组成的集合, 则知 J'_k 中整数的个数大于 $\dfrac{2}{3}k$. 这样, 交集 $J_k\cap J'_k$ 中整数的个数必大于 $\dfrac{1}{3}k$. 显然, 由不等式 (5.147) 和 (5.157) 知, 当 $j\in J_k\cap J'_k$ 时,

$$\|\boldsymbol{g}_{j+1}\|^2<9ww'\|\boldsymbol{y}_j\|^2. \tag{5.158}$$

根据定理 7 的引理 2 可知,此时还有

$$m[f(\boldsymbol{x}_{j+1})-f(\boldsymbol{x}^*)]\leqslant\|\boldsymbol{g}_{j+1}\|^2<9ww'\|\boldsymbol{y}_j\|^2. \tag{5.159}$$

注意到定理 7 的引理 1 表明 $\dfrac{\|\boldsymbol{y}_j\|^2}{\|\boldsymbol{s}_j\|^2}$ 对 $j\ (j=1,2,\cdots)$ 是有界的, 再根据由式 (5.132) 得到的

$$\|\boldsymbol{s}_j\|^2\leqslant\frac{2}{m}[f(\boldsymbol{x}_j)-f(\boldsymbol{x}_{j+1})] \quad (j=1,2,\cdots) \tag{5.160}$$

即知,存在某个常数 $q'>0$, 使得当 $j\in J_k\cap J'_k$ 时,

$$\begin{aligned}f(\boldsymbol{x}_{j+1})-f(\boldsymbol{x}^*)&<q'[f(\boldsymbol{x}_j)-f(\boldsymbol{x}_{j+1})]\\&=q'[f(\boldsymbol{x}_j)-f(\boldsymbol{x}^*)+f(\boldsymbol{x}^*)-f(\boldsymbol{x}_{j+1})]\\&=q'[f(\boldsymbol{x}_j)-f(\boldsymbol{x}^*)]-q'[f(\boldsymbol{x}_{j+1})-f(\boldsymbol{x}^*)],\end{aligned}$$

或者,当 $j\in J_k\cap J'_k$ 时,

$$f(\boldsymbol{x}_{i+1})-f(\boldsymbol{x}^*)<\frac{q'}{1+q'}[f(\boldsymbol{x}_i)-f(\boldsymbol{x}^*)].$$

对于$\{1, 2, \cdots, k\}$中不属于$J_k\cap J'_k$的整数i，显然有

$$f(\boldsymbol{x}_{i+1})-f(\boldsymbol{x}^*)\leqslant f(\boldsymbol{x}_i)-f(\boldsymbol{x}^*).$$

取$q=\left[\dfrac{q'}{1+q'}\right]^{\frac{1}{3}}$，显然$q\in(0, 1)$，于是知式(5.155)成立.

现在证明式(5.154)成立. 仿照证明定理7的引理3时由附录I的定理4导出式(5.132)的方法，可得

$$f(\boldsymbol{x}_k)-f(\boldsymbol{x}^*)\geqslant\frac{m}{2}\|\boldsymbol{x}_k-\boldsymbol{x}^*\|^2\quad(k=1, 2, \cdots).$$

于是由式(5.155)得

$$\begin{aligned}\|\boldsymbol{x}_k-\boldsymbol{x}^*\|&\leqslant\left\{\frac{2}{m}[f(\boldsymbol{x}_k)-f(\boldsymbol{x}^*)]\right\}^{\frac{1}{2}}\\&\leqslant\left\{\frac{2}{m}[f(\boldsymbol{x}_1)-f(\boldsymbol{x}^*)]\right\}^{\frac{1}{2}}\cdot(\sqrt{q})^{k-1}\\&\qquad(k=1, 2, \cdots).\end{aligned}\tag{5.161}$$

取$r=\sqrt{q}$，则$r\in(0, 1)$，这时有

$$\|\boldsymbol{x}_k-\boldsymbol{x}^*\|\leqslant\left\{\frac{2}{m}[f(\boldsymbol{x}_1)-f(\boldsymbol{x}^*)]\right\}^{\frac{1}{2}}\cdot r^{k-1},\tag{5.162}$$

即$\{\boldsymbol{x}_k\}$线性收敛于$\boldsymbol{x}^*$. 由式(5.162)易见式(5.154)成立. 定理证毕.

5.2 超线性收敛性[80]

从现在起至本节结束，我们唯一的目的是证明DFP算法具有超线性收敛性. 我们分三步完成这个证明：首先研究超线性收敛的充分必要条件，其次证明一个重要的估计式，最后证明DFP算法是超线性收敛的.

超线性收敛的特征 大家知道，对于正定二次函数来说，n次迭代后就有$B_k=G$. 因此对于一般目标函数来说，证明超线性收敛的最自然的想法是，试着证明B_k收敛到$G(\boldsymbol{x}^*)$. 这一性质称

为协调性条件. 它的确是超线性收敛的一个充分条件，人们也曾一度觉得它也应该是必要的. 但是 DFP 算法并不具有这一特性. 这就要求我们更深刻地揭示超线性收敛的特征，进一步研究超线性收敛的充分必要条件.

引理. 设 $\{\boldsymbol{x}_k\}\subset R^n$, 若 $\{\boldsymbol{x}_k\}$ 超线性收敛于 $\boldsymbol{x}^*$, 则

$$\lim_{k\to\infty}\frac{\|\boldsymbol{x}_{k+1}-\boldsymbol{x}_k\|}{\|\boldsymbol{x}_k-\boldsymbol{x}^*\|}=1. \tag{5.163}$$

证明. 因为

$$\left|\frac{\|\boldsymbol{x}_{k+1}-\boldsymbol{x}_k\|}{\|\boldsymbol{x}_k-\boldsymbol{x}^*\|}-\frac{\|\boldsymbol{x}_k-\boldsymbol{x}^*\|}{\|\boldsymbol{x}_k-\boldsymbol{x}^*\|}\right|\leqslant\frac{\|\boldsymbol{x}_{k+1}-\boldsymbol{x}^*\|}{\|\boldsymbol{x}_k-\boldsymbol{x}^*\|}\to 0$$

(当 $k\to\infty$时),

所以式 (5.163) 成立. 引理证毕.

这个引理说明了对于具有超线性收敛性的算法，当 k 充分大时，可以用 $\|\boldsymbol{x}_{k+1}-\boldsymbol{x}_k\|$ 作为 $\|\boldsymbol{x}_k-\boldsymbol{x}^*\|$ 的估值.

定理 9. 设函数 $f(\boldsymbol{x})$ 满足条件:

i) 在开凸集 $D\subset R^n$ 内二次连续可微;

ii) 对 $\boldsymbol{x}^*\in D$, $f(\boldsymbol{x})$ 在 $\boldsymbol{x}^*$ 的 Hessian 矩阵 $G(\boldsymbol{x}^*)$ 是非奇异的.

设 $\{B_k\}$ 是 $n\times n$ 阶非奇异矩阵序列. 若对任意给定的 $\boldsymbol{x}_1\in D$, 按

$$\boldsymbol{x}_{k+1}=\boldsymbol{x}_k-B_k^{-1}\boldsymbol{g}_k\quad(k=1,2,\cdots) \tag{5.164}$$

产生的点列 $\{\boldsymbol{x}_k\}\subset D$ 且收敛于 $\boldsymbol{x}^*$, 其中 $\boldsymbol{g}_k=\nabla f(\boldsymbol{x}_k)$, 则 $\{\boldsymbol{x}_k\}$ 超线性收敛于 $\boldsymbol{x}^*$ 且 $\boldsymbol{g}(\boldsymbol{x}^*)=\boldsymbol{0}$ 的充分必要条件是

$$\lim_{k\to\infty}\frac{\|[B_k-G(\boldsymbol{x}^*)](\boldsymbol{x}_{k+1}-\boldsymbol{x}_k)\|}{\|\boldsymbol{x}_{k+1}-\boldsymbol{x}_k\|}=0. \tag{5.165}$$

证明. 由式 (5.164) 可得

$$\frac{[B_k-G(\boldsymbol{x}^*)](\boldsymbol{x}_{k+1}-\boldsymbol{x}_k)}{\|\boldsymbol{x}_{k+1}-\boldsymbol{x}_k\|}$$

$$=\frac{-\boldsymbol{g}_k-G(\boldsymbol{x}^*)(\boldsymbol{x}_{k+1}-\boldsymbol{x}_k)}{\|\boldsymbol{x}_{k+1}-\boldsymbol{x}_k\|}$$

$$= \frac{\boldsymbol{g}_{k+1} - \boldsymbol{g}_k - G(\boldsymbol{x}^*)(\boldsymbol{x}_{k+1} - \boldsymbol{x}_k)}{\|\boldsymbol{x}_{k+1} - \boldsymbol{x}_k\|} - \frac{\boldsymbol{g}_{k+1}}{\|\boldsymbol{x}_{k+1} - \boldsymbol{x}_k\|}, \tag{5.166}$$

根据附录 I 的定理 5 知

$$\begin{aligned}
&\|\boldsymbol{g}_{k+1} - \boldsymbol{g}_k - G(\boldsymbol{x}^*)(\boldsymbol{x}_{k+1} - \boldsymbol{x}_k)\| \\
&\quad \leqslant [\sup_{0 \leqslant t \leqslant 1} \|G(\boldsymbol{x}_k + t(\boldsymbol{x}_{k+1} - \boldsymbol{x}_k)) - G(\boldsymbol{x}^*)\|] \\
&\quad\quad \cdot \|\boldsymbol{x}_{k+1} - \boldsymbol{x}_k\|.
\end{aligned}$$

因为 G 在 $\boldsymbol{x}^*$ 连续，并且 $\{\boldsymbol{x}_k\}$ 收敛于 $\boldsymbol{x}^*$，故有

$$\lim_{k \to \infty} \frac{\|\boldsymbol{g}_{k+1} - \boldsymbol{g}_k - G(\boldsymbol{x}^*)(\boldsymbol{x}_{k+1} - \boldsymbol{x}_k)\|}{\|\boldsymbol{x}_{k+1} - \boldsymbol{x}_k\|} = 0. \tag{5.167}$$

于是可见条件 (5.165) 与下式等价

$$\lim_{k \to \infty} \frac{\|\boldsymbol{g}_{k+1}\|}{\|\boldsymbol{x}_{k+1} - \boldsymbol{x}_k\|} = 0, \tag{5.168}$$

因此我们只需证明 $\{\boldsymbol{x}_k\}$ 超线性收敛到 $\boldsymbol{x}^*$ 且 $\boldsymbol{g}(\boldsymbol{x}^*) = \boldsymbol{0}$ 的充要条件是上式成立.

先证充分性. 由式 (5.168) 易见

$$\boldsymbol{g}(\boldsymbol{x}^*) = \lim_{k \to \infty} \boldsymbol{g}_k = \boldsymbol{0}, \tag{5.169}$$

再一次应用附录 I 的定理 5，有

$$\begin{aligned}
&\|\boldsymbol{g}_{k+1} - \boldsymbol{g}(\boldsymbol{x}^*) - G(\boldsymbol{x}^*)(\boldsymbol{x}_{k+1} - \boldsymbol{x}^*)\| \\
&\quad \leqslant [\sup_{0 \leqslant t \leqslant 1} \|G(\boldsymbol{x}^* + t(\boldsymbol{x}_{k+1} - \boldsymbol{x}^*)) - G(\boldsymbol{x}^*)\|] \\
&\quad\quad \cdot \|\boldsymbol{x}_{k+1} - \boldsymbol{x}^*\|.
\end{aligned} \tag{5.170}$$

因为 G 在 $\boldsymbol{x}^*$ 连续且 $\{\boldsymbol{x}_k\}$ 收敛于 $\boldsymbol{x}^*$，故对任给 $\varepsilon > 0$，存在着 $k_0 > 0$，使得当 $k \geqslant k_0$ 时，有

$$\begin{aligned}
&\left| \frac{\|\boldsymbol{g}_{k+1} - \boldsymbol{g}(\boldsymbol{x}^*)\|}{\|\boldsymbol{x}_{k+1} - \boldsymbol{x}^*\|} - \frac{\|G(\boldsymbol{x}^*)(\boldsymbol{x}_{k+1} - \boldsymbol{x}^*)\|}{\|\boldsymbol{x}_{k+1} - \boldsymbol{x}^*\|} \right| \\
&\quad \leqslant \left\| \frac{\boldsymbol{g}_{k+1} - \boldsymbol{g}(\boldsymbol{x}^*)}{\|\boldsymbol{x}_{k+1} - \boldsymbol{x}^*\|} - \frac{G(\boldsymbol{x}^*)(\boldsymbol{x}_{k+1} - \boldsymbol{x}^*)}{\|\boldsymbol{x}_{k+1} - \boldsymbol{x}^*\|} \right\| \\
&\quad \leqslant \varepsilon,
\end{aligned} \tag{5.171}$$

所以，

$$-\varepsilon \leqslant \frac{\|\boldsymbol{g}_{k+1} - \boldsymbol{g}(\boldsymbol{x}^*)\|}{\|\boldsymbol{x}_{k+1} - \boldsymbol{x}^*\|} - \frac{\|G(\boldsymbol{x}^*)(\boldsymbol{x}_{k+1} - \boldsymbol{x}^*)\|}{\|\boldsymbol{x}_{k+1} - \boldsymbol{x}^*\|} \leqslant \varepsilon. \tag{5.172}$$

因为 $G(\boldsymbol{x}^*)$ 非奇异，所以 $G(\boldsymbol{x}^*)$ 的所有特征值不为零，令其绝对值最小的特征值为 μ，则

$$|\mu| > 0.$$

注意到 $f(\boldsymbol{x})$ 二次连续可微，而且 $G(\boldsymbol{x}^*)$ 对称，向量 $\dfrac{\boldsymbol{x}_{k+1}-\boldsymbol{x}^*}{\|\boldsymbol{x}_{k+1}-\boldsymbol{x}^*\|}$ 是单位向量，因此有

$$\frac{\|G(\boldsymbol{x}^*)(\boldsymbol{x}_{k+1}-\boldsymbol{x}^*)\|}{\|\boldsymbol{x}_{k+1}-\boldsymbol{x}^*\|} \geqslant |\mu|. \qquad (5.173)$$

这样，式 (5.172) 左边的不等式可写成

$$\frac{\|\boldsymbol{g}_{k+1}-\boldsymbol{g}(\boldsymbol{x}^*)\|}{\|\boldsymbol{x}_{k+1}-\boldsymbol{x}^*\|} \geqslant |\mu| - \varepsilon = \beta > 0. \qquad (5.174)$$

由式 (5.169) 和 (5.174) 有

$$\frac{\|\boldsymbol{g}_{k+1}\|}{\|\boldsymbol{x}_{k+1}-\boldsymbol{x}_k\|} \geqslant \frac{\beta\|\boldsymbol{x}_{k+1}-\boldsymbol{x}^*\|}{\|\boldsymbol{x}_{k+1}-\boldsymbol{x}^*\| + \|\boldsymbol{x}_k-\boldsymbol{x}^*\|} = \beta \cdot \frac{\rho_k}{1+\rho_k}, \qquad (5.175)$$

其中

$$\rho_k = \frac{\|\boldsymbol{x}_{k+1}-\boldsymbol{x}^*\|}{\|\boldsymbol{x}_k-\boldsymbol{x}^*\|}. \qquad (5.176)$$

由式 (5.168) 可知 $\dfrac{\rho_k}{1+\rho_k} \to 0\ (k\to\infty)$，因而

$$\rho_k \to 0 \quad (k\to\infty),$$

于是 $\{\boldsymbol{x}_k\}$ 超线性收敛于 $\boldsymbol{x}^*$.

再证必要性. 由 $\boldsymbol{g}(\boldsymbol{x}^*)=\boldsymbol{0}$ 可得

$$\frac{\|\boldsymbol{g}_{k+1}\|}{\|\boldsymbol{x}_{k+1}-\boldsymbol{x}_k\|} = \frac{\|\boldsymbol{g}_{k+1}-\boldsymbol{g}(\boldsymbol{x}^*)\|}{\|\boldsymbol{x}_{k+1}-\boldsymbol{x}^*\|} \cdot \frac{\|\boldsymbol{x}_{k+1}-\boldsymbol{x}^*\|}{\|\boldsymbol{x}_k-\boldsymbol{x}^*\|} \cdot \frac{\|\boldsymbol{x}_k-\boldsymbol{x}^*\|}{\|\boldsymbol{x}_{k+1}-\boldsymbol{x}_k\|}. \qquad (5.177)$$

现在分别考查上式右端三个因子. 分别根据附录 I 的定理 3 和引理有

$$\frac{\|\boldsymbol{g}_{k+1}-\boldsymbol{g}(\boldsymbol{x}^*)\|}{\|\boldsymbol{x}_{k+1}-\boldsymbol{x}^*\|} \leqslant \sup_{0\leqslant t\leqslant 1}\|G(\boldsymbol{x}^*+t(\boldsymbol{x}_{k+1}-\boldsymbol{x}^*))\| \qquad (5.178)$$

和

$$\lim_{k\to\infty}\frac{\|x_k-x^*\|}{\|x_{k+1}-x_k\|}=1,$$

从假定条件 $\{x_k\}$ 超线性收敛于 x^* 知

$$\lim_{k\to\infty}\frac{\|x_{k+1}-x^*\|}{\|x_k-x^*\|}=0.$$

于是从以上三式即知式 (5.168) 成立. 定理证毕.

定理 10. 设函数 $f(x)$ 和非奇异矩阵序列 $\{B_k\}$ 满足定理 9 的条件. 若对任意给定的 $x_1\in D$, 按

$$x_{k+1}=x_k-\lambda_k B_k^{-1}g_k\quad(k=1,2,\cdots)\tag{5.179}$$

产生的点列 $\{x_k\}\subset D$ 且收敛于 x^*, 并且式 (5.165) 成立, 则 $\{x_k\}$ 超线性收敛于 x^* 且 $g(x^*)=0$ 的充分必要条件是 $\{\lambda_k\}$ 收敛于 1.

证明. 根据定理 9, 我们只需证明等式

$$\lim_{k\to\infty}\frac{\|[\lambda_k^{-1}B_k-G(x^*)](x_{k+1}-x_k)\|}{\|x_{k+1}-x_k\|}=0\tag{5.180}$$

成立的充分必要条件是 $\{\lambda_k\}$ 收敛于 1.

先证必要性. 显然

$$\begin{aligned}&\frac{\|(\lambda_k^{-1}-1)B_k(x_{k+1}-x_k)\|}{\|x_{k+1}-x_k\|}\\&=\frac{\|[\lambda_k^{-1}B_k-G(x^*)](x_{k+1}-x_k)-[B_k-G(x^*)](x_{k+1}-x_k)\|}{\|x_{k+1}-x_k\|}\\&\leqslant\frac{\|[\lambda_k^{-1}B_k-G(x^*)](x_{k+1}-x_k)\|}{\|x_{k+1}-x_k\|}\\&\qquad+\frac{\|[B_k-G(x^*)](x_{k+1}-x_k)\|}{\|x_{k+1}-x_k\|},\end{aligned}$$

于是由式 (5.165) 和 (5.180) 得到

$$\lim_{k\to\infty}\frac{\|(\lambda_k^{-1}-1)B_k(x_{k+1}-x_k)\|}{\|x_{k+1}-x_k\|}=0.$$

由式 (5.179) 知

$$B_k(x_{k+1}-x_k)=-\lambda_k g_k,\tag{5.181}$$

所以

$$\lim_{k\to\infty}\frac{\|(\lambda_k-1)\boldsymbol{g}_k\|}{\|\boldsymbol{x}_{k+1}-\boldsymbol{x}_k\|}=0. \tag{5.182}$$

因为 $G(\boldsymbol{x}^*)$ 非奇异，G 在 $\boldsymbol{x}^*$ 连续，$\boldsymbol{g}(\boldsymbol{x}^*)=\boldsymbol{0}$，进行类似于导出式(5.174)的讨论，可知存在着常数 $\beta>0$，使得当 k 充分大时，

$$\|\boldsymbol{g}_k\|\geqslant\beta\|\boldsymbol{x}_k-\boldsymbol{x}^*\|. \tag{5.183}$$

由定理 9 的引理知，当 k 充分大时，

$$\frac{\|\boldsymbol{g}_k\|}{\|\boldsymbol{x}_{k+1}-\boldsymbol{x}_k\|}=\frac{\|\boldsymbol{g}_k\|}{\|\boldsymbol{x}_k-\boldsymbol{x}^*\|}\cdot\frac{\|\boldsymbol{x}_k-\boldsymbol{x}^*\|}{\|\boldsymbol{x}_{k+1}-\boldsymbol{x}_k\|}\geqslant\frac{\beta}{2}>0,$$

故 $\{\lambda_k\}$ 收敛于 1.

现在证明充分性．假定 $\lim\limits_{k\to\infty}\lambda_k=1$．注意到

$$\begin{aligned}
&\|[\lambda_k^{-1}B_k-G(\boldsymbol{x}^*)](\boldsymbol{x}_{k+1}-\boldsymbol{x}_k)\|\\
&\quad=\|[\lambda_k^{-1}(B_k-G(\boldsymbol{x}^*)+G(\boldsymbol{x}^*))-G(\boldsymbol{x}^*)](\boldsymbol{x}_{k+1}-\boldsymbol{x}_k)\|\\
&\quad\leqslant\|\lambda_k^{-1}[B_k-G(\boldsymbol{x}^*)](\boldsymbol{x}_{k+1}-\boldsymbol{x}_k)\|\\
&\qquad+\|(\lambda_k^{-1}-1)G(\boldsymbol{x}^*)(\boldsymbol{x}_{k+1}-\boldsymbol{x}_k)\|,
\end{aligned} \tag{5.184}$$

我们有

$$\begin{aligned}
&\frac{\|[\lambda_k^{-1}B_k-G(\boldsymbol{x}^*)](\boldsymbol{x}_{k+1}-\boldsymbol{x}_k)\|}{\|\boldsymbol{x}_{k+1}-\boldsymbol{x}_k\|}\\
&\quad\leqslant|\lambda_k^{-1}|\frac{\|[B_k-G(\boldsymbol{x}^*)](\boldsymbol{x}_{k+1}-\boldsymbol{x}_k)\|}{\|\boldsymbol{x}_{k+1}-\boldsymbol{x}_k\|}\\
&\qquad+|\lambda_k^{-1}-1|\frac{\|G(\boldsymbol{x}^*)(\boldsymbol{x}_{k+1}-\boldsymbol{x}_k)\|}{\|\boldsymbol{x}_{k+1}-\boldsymbol{x}_k\|}.
\end{aligned} \tag{5.185}$$

当 $k\to\infty$ 时，分别由式(5.165)和 $\lim\limits_{k\to\infty}\lambda_k=1$ 可知上式右端两项都趋于零，因而

$$\lim_{k\to\infty}\frac{\|[\lambda_k^{-1}B_k-G(\boldsymbol{x}^*)](\boldsymbol{x}_{k+1}-\boldsymbol{x}_k)\|}{\|\boldsymbol{x}_{k+1}-\boldsymbol{x}_k\|}=0.$$

定理证毕.

一个估计式 定理 10 告诉我们，可以通过证明式(5.165)导出超线性收敛性.式(5.165)成立虽然并不等价于 B_k 趋于 $G(\boldsymbol{x}^*)$，但它毕竟是 B_k"接近" $G(\boldsymbol{x}^*)$ 的一种标志. 在本章§2中，我们曾引进矩阵 $N_k=G^{-\frac{1}{2}}B_kG^{-\frac{1}{2}}$，用它与单位阵的差异来描述这种接近程度. 这启示我们进一步估计 $G(\boldsymbol{x}^*)^{-\frac{1}{2}}B_kG(\boldsymbol{x}^*)^{-\frac{1}{2}}$ 与单位阵

的差异，从而导出式(5.165)．当 $\alpha\in[0,1]$ 时，DFP 算法具有单调性 F，则是鼓励这样考虑的另一因素．这里考虑

$$\|G(\boldsymbol{x}^*)^{-\frac{1}{2}}B_kG(\boldsymbol{x}^*)^{-\frac{1}{2}}-I\|_F=\|B_k-G(\boldsymbol{x}^*)\|_M,$$

其中 $\|\cdot\|_F$ 是 Frobenius 范数，$\|\cdot\|_M$ 是对矩阵 M 的范数，这里取 $M=G(\boldsymbol{x}^*)^{-\frac{1}{2}}$(参阅附录 III)．本段的目的，是建立 $\|B_k-G(\boldsymbol{x}^*)\|_M$ 的递推估计式(定理 11)． 为此先证明几个引理．

引理 1. 设 M 是 $n\times n$ 阶非奇异对称矩阵，若对某常数 $\beta\in\left[0,\frac{1}{3}\right]$ 和向量 $\boldsymbol{y},\boldsymbol{s}\in R^n$ (这里 $\boldsymbol{s}\neq\boldsymbol{0}$) 满足条件

$$\|M\boldsymbol{y}-M^{-1}\boldsymbol{s}\|\leqslant\beta\|M^{-1}\boldsymbol{s}\|, \tag{5.186}$$

则有：

i) $(1-\beta)\|M^{-1}\boldsymbol{s}\|^2\leqslant\boldsymbol{y}^T\boldsymbol{s}\leqslant(1+\beta)\|M^{-1}\boldsymbol{s}\|^2;$ (5.187)

ii) 对任意非零 $n\times n$ 阶矩阵 E，有

$$\left\|E\left[I-\frac{(M^{-1}\boldsymbol{s})(M^{-1}\boldsymbol{s})^T}{\boldsymbol{y}^T\boldsymbol{s}}\right]\right\|_F\leqslant\sqrt{1-\alpha\theta^2}\,\|E\|_F; \tag{5.188}$$

iii)

$$\left\|E\left[I-\frac{(M^{-1}\boldsymbol{s})(M\boldsymbol{y})^T}{\boldsymbol{y}^T\boldsymbol{s}}\right]\right\|_F$$

$$\leqslant\left[\sqrt{1-\alpha\theta^2}+(1-\beta)^{-1}\frac{\|M\boldsymbol{y}-M^{-1}\boldsymbol{s}\|}{\|M^{-1}\boldsymbol{s}\|}\right]\|E\|_F, \tag{5.189}$$

其中

$$\alpha=\frac{1-2\beta}{1-\beta^2}\in\left[\frac{3}{8},1\right], \tag{5.190}$$

$$\theta=\frac{\|EM^{-1}\boldsymbol{s}\|}{\|E\|_F\|M^{-1}\boldsymbol{s}\|}\in[0,1]; \tag{5.191}$$

iv) 对任意 $\boldsymbol{x}\in R^n$ 和任意 $n\times n$ 阶矩阵 A，有

$$\left\|\frac{(\boldsymbol{x}-A\boldsymbol{s})(M\boldsymbol{y})^T}{\boldsymbol{y}^T\boldsymbol{s}}\right\|_F\leqslant2\frac{\|\boldsymbol{x}-A\boldsymbol{s}\|}{\|M^{-1}\boldsymbol{s}\|}. \tag{5.192}$$

证明． i) 显然

$$\boldsymbol{y}^T\boldsymbol{s}=(M\boldsymbol{y})^T(M^{-1}\boldsymbol{s})=(M\boldsymbol{y}-M^{-1}\boldsymbol{s})^TM^{-1}\boldsymbol{s}+\|M^{-1}\boldsymbol{s}\|^2,$$

由 Schwarz 不等式及式(5.186)，得

$$|(My - M^{-1}s)^T(M^{-1}s)| \leqslant \beta\|M^{-1}s\|^2,$$

即

$$|y^Ts - \|M^{-1}s\|^2| \leqslant \beta\|M^{-1}s\|^2,$$

因此结论 i) 成立.

ii) 由式 (5.187) 知 $y^Ts > 0$，所以式 (5.188) 左端的表达式是有意义的. 根据附录 III 的定理 8，得

$$\begin{aligned}
&\left\| E\left[I - \frac{(M^{-1}s)(M^{-1}s)^T}{y^Ts}\right]\right\|_F^2 \\
&= \|E\|_F^2 - \frac{2}{y^Ts}(M^{-1}s)^TE^TE(M^{-1}s) \\
&\quad + \frac{\|EM^{-1}s\|^2 \cdot \|M^{-1}s\|^2}{(y^Ts)^2} \\
&= \|E\|_F^2 + \frac{(\|M^{-1}s\|^2 - 2y^Ts)}{(y^Ts)^2}\|EM^{-1}s\|^2,
\end{aligned} \tag{5.193}$$

由式 (5.187)，得

$$\frac{y^Ts}{1+\beta} \leqslant \|M^{-1}s\|^2 \leqslant \frac{y^Ts}{1-\beta}, \tag{5.194}$$

所以，

$$\|M^{-1}s\|^2 - 2y^Ts \leqslant \frac{y^Ts}{1-\beta} - 2y^Ts = \frac{-(1-2\beta)}{1-\beta}y^Ts. \tag{5.195}$$

把式 (5.195) 代入式 (5.193)，得

$$\left\| E\left[I - \frac{(M^{-1}s)(M^{-1}s)^T}{y^Ts}\right]\right\|_F^2 \leqslant \|E\|_F^2 - \left(\frac{1-2\beta}{1-\beta}\right)\frac{\|EM^{-1}s\|^2}{y^Ts},$$

应用式 (5.194) 左端不等式，得

$$\left\| E\left[I - \frac{(M^{-1}s)(M^{-1}s)^T}{y^Ts}\right]\right\|_F^2 \leqslant \|E\|_F^2 - \alpha\theta^2\|E\|_F^2, \tag{5.196}$$

其中 $\alpha = \dfrac{1-2\beta}{1-\beta^2}$，$\theta = \dfrac{\|EM^{-1}s\|}{\|M^{-1}s\| \cdot \|E\|_F}$. 当 $\beta \in \left[0, \dfrac{1}{3}\right]$ 时，$\alpha \in \left[\dfrac{3}{8}, 1\right]$. 而由附录 III 的定理 4 知

$$\|EM^{-1}\boldsymbol{s}\| \leqslant \|E\|_F \|M^{-1}\boldsymbol{s}\|,$$

故 $\theta \in [0, 1]$. 由式 (5.196) 易见式 (5.188) 成立.

iii) 由附录 III 的定理 5 及式 (5.188), 得

$$\begin{aligned}
&\left\| E\left[I - \frac{(M^{-1}\boldsymbol{s})(M\boldsymbol{y})^T}{\boldsymbol{y}^T\boldsymbol{s}}\right]\right\|_F \\
&= \left\| E - E\frac{(M^{-1}\boldsymbol{s})(M\boldsymbol{y})^T}{\boldsymbol{y}^T\boldsymbol{s}} + E\frac{(M^{-1}\boldsymbol{s})(M^{-1}\boldsymbol{s})^T}{\boldsymbol{y}^T\boldsymbol{s}} \right.\\
&\quad \left. - E\frac{(M^{-1}\boldsymbol{s})(M^{-1}\boldsymbol{s})^T}{\boldsymbol{y}^T\boldsymbol{s}}\right\|_F \\
&\leqslant \|E\|_F \cdot \left\|\frac{M^{-1}\boldsymbol{s}(M^{-1}\boldsymbol{s} - M\boldsymbol{y})^T}{\boldsymbol{y}^T\boldsymbol{s}}\right\|_F + \sqrt{1 - \alpha\theta^2}\,\|E\|_F,
\end{aligned}$$

由附录 III 的定理 6 及式 (5.194) 右端不等式, 得

$$\begin{aligned}
\left\|\frac{M^{-1}\boldsymbol{s}(M^{-1}\boldsymbol{s} - M\boldsymbol{y})^T}{\boldsymbol{y}^T\boldsymbol{s}}\right\|_F &= \frac{\|M^{-1}\boldsymbol{s}\| \cdot \|M^{-1}\boldsymbol{s} - M\boldsymbol{y}\|}{\boldsymbol{y}^T\boldsymbol{s}} \\
&\leqslant \frac{1}{1-\beta} \cdot \frac{\|M\boldsymbol{y} - M^{-1}\boldsymbol{s}\|}{\|M^{-1}\boldsymbol{s}\|},
\end{aligned}$$

式 (5.189) 得证.

iv) 由附录 III 的定理6, 式 (5.186) 及式 (5.194), 得

$$\begin{aligned}
\left\|\frac{\boldsymbol{x} - A\boldsymbol{s})(M\boldsymbol{y})^T}{\boldsymbol{y}^T\boldsymbol{s}}\right\|_F &= \frac{\|\boldsymbol{x} - A\boldsymbol{s}\| \cdot \|M\boldsymbol{y}\|}{\boldsymbol{y}^T\boldsymbol{s}} \\
&\leqslant \frac{\|\boldsymbol{x} - A\boldsymbol{s}\|(\|M\boldsymbol{y} - M^{-1}\boldsymbol{s}\| + \|M^{-1}\boldsymbol{s}\|)}{\boldsymbol{y}^T\boldsymbol{s}} \\
&\leqslant \frac{\|\boldsymbol{x} - A\boldsymbol{s}\|}{\boldsymbol{y}^T\boldsymbol{s}}(1+\beta)\|M^{-1}\boldsymbol{s}\| \\
&\leqslant \|\boldsymbol{x} - A\boldsymbol{s}\|\frac{1+\beta}{1-\beta} \cdot \frac{1}{\|M^{-1}\boldsymbol{s}\|}.
\end{aligned}$$

因为 $\beta \in \left[0, \frac{1}{3}\right]$, 所以 $1 \leqslant 1+\beta \leqslant \frac{4}{3}$, $1 \geqslant 1-\beta \geqslant \frac{2}{3}$, 故 $1 \leqslant \frac{1+\beta}{1-\beta} \leqslant 2$, 因而结论 iv) 成立. 引理证毕.

引理 2. 设 B 是 $n \times n$ 阶对称矩阵, $\boldsymbol{y}, \boldsymbol{s} \in R^n$, 且 $\boldsymbol{y}^T\boldsymbol{s} \neq 0$, $\bar{B}$ 和 B 满足

$$\bar{B}=\left(I-\frac{\boldsymbol{y}\boldsymbol{s}^T}{\boldsymbol{y}^T\boldsymbol{s}}\right)B\left(I-\frac{\boldsymbol{y}\boldsymbol{s}^T}{\boldsymbol{y}^T\boldsymbol{s}}\right)^T+\frac{\boldsymbol{y}\boldsymbol{y}^T}{\boldsymbol{y}^T\boldsymbol{s}}. \tag{5.197}$$

若 A 是 $n\times n$ 阶对称矩阵，M 是 $n\times n$ 阶非奇异对称矩阵，则 $\bar{E}=M(\bar{B}-A)M$ 和 $E=M(B-A)M$ 满足

$$\bar{E}=P^TEP+\frac{M(\boldsymbol{y}-A\boldsymbol{s})(M\boldsymbol{y})^T}{\boldsymbol{y}^T\boldsymbol{s}}+\frac{M\boldsymbol{y}(\boldsymbol{y}-A\boldsymbol{s})^TMP}{\boldsymbol{y}^T\boldsymbol{s}}, \tag{5.198}$$

其中

$$P=I-\frac{(M^{-1}\boldsymbol{s})(M\boldsymbol{y})^T}{\boldsymbol{y}^T\boldsymbol{s}}. \tag{5.199}$$

证明. 把式 (5.199) 代入式 (5.198) 的右端，并展开化简，则知式 (5.198) 的右端等于

$$M(B-A)M-\frac{M\boldsymbol{y}\boldsymbol{s}^TBM}{\boldsymbol{y}^T\boldsymbol{s}}-\frac{MB\boldsymbol{s}\boldsymbol{y}^TM}{\boldsymbol{y}^T\boldsymbol{s}}+2\frac{M\boldsymbol{y}\boldsymbol{y}^TM}{\boldsymbol{y}^T\boldsymbol{s}}+\frac{M\boldsymbol{y}\boldsymbol{s}^TB\boldsymbol{s}\boldsymbol{y}^TM}{(\boldsymbol{y}^T\boldsymbol{s})^2}-\frac{M\boldsymbol{y}\boldsymbol{y}^T\boldsymbol{s}\boldsymbol{y}^TM}{(\boldsymbol{y}^T\boldsymbol{s})^2}.$$

注意到式 (5.197) 可以写为

$$\bar{B}=B+\frac{(\boldsymbol{y}-B\boldsymbol{s})\boldsymbol{y}^T+\boldsymbol{y}(\boldsymbol{y}-B\boldsymbol{s})^T}{\boldsymbol{y}^T\boldsymbol{s}}-\frac{\boldsymbol{s}^T(\boldsymbol{y}-B\boldsymbol{s})\boldsymbol{y}\boldsymbol{y}^T}{(\boldsymbol{y}^T\boldsymbol{s})^2},$$

据此直接计算 $\bar{E}=M(\bar{B}-A)M$，即知 $M(\bar{B}-A)M$ 等于式 (5.198) 的右端，故式 (5.198) 成立. 引理证毕.

引理 3. 如果设 M 是 $n\times n$ 阶非奇异对称矩阵，且对某常数 $\beta\in\left[0,\frac{1}{3}\right]$ 及向量 $\boldsymbol{y},\boldsymbol{s}\in R^n$ (这里 $\boldsymbol{s}\neq\boldsymbol{0}$) 满足不等式

$$\|M\boldsymbol{y}-M^{-1}\boldsymbol{s}\|\leqslant\beta\|M^{-1}\boldsymbol{s}\|, \tag{5.200}$$

则 $\boldsymbol{y}^T\boldsymbol{s}>0$. 若进一步假定 B 是 $n\times n$ 阶对称矩阵，则可按下式定义矩阵 $\bar{B}$

$$\bar{B}=\left(I-\frac{\boldsymbol{y}\boldsymbol{s}^T}{\boldsymbol{y}^T\boldsymbol{s}}\right)B\left(I-\frac{\boldsymbol{y}\boldsymbol{s}^T}{\boldsymbol{y}^T\boldsymbol{s}}\right)^T+\frac{\boldsymbol{y}\boldsymbol{y}^T}{\boldsymbol{y}^T\boldsymbol{s}}, \tag{5.201}$$

而且对于矩阵 $\bar{B}$，存在着正的常数 α, α_1 和 α_2，使得对任意的 $n\times n$ 阶对称矩阵 A，有不等式

$$\|\bar{B}-A\|_M \leqslant \left[(1-\alpha\theta^2)^{\frac{1}{2}} + \alpha_1 \frac{\|My - M^{-1}s\|}{\|M^{-1}s\|}\right]\|B-A\|_M + \alpha_2 \frac{\|y-As\|}{\|M^{-1}s\|}, \tag{5.202}$$

其中

$$\alpha = \frac{1-2\beta}{1-\beta^2} \in \left[\frac{3}{8}, 1\right],$$

$$\alpha_1 = \frac{5}{2}(1-\beta)^{-1},$$

$$\alpha_2 = 2(1+2\sqrt{n})\|M\|_F,$$

$$\theta = \begin{cases} \dfrac{\|M(B-A)s\|}{\|B-A\|_M \cdot \|M^{-1}s\|}, & \text{当 } A \neq B \text{ 时;} \\ 0, & \text{其它.} \end{cases}$$

证明. 由引理 1 的结论 i), 知 $y^Ts > 0$, 因此可按式(5.201)定义矩阵 $\bar{B}$. 由附录 III 的定义 6 知

$$\|\bar{B}-A\|_M = \|\bar{E}\|_F,$$

其中

$$\bar{E} = M(\bar{B}-A)M.$$

按照引理 2, 有

$$\|\bar{E}\|_F \leqslant \|P^TEP\|_F + \left\|\frac{M(y-As)(My)^T}{y^Ts}\right\|_F + \left\|\frac{My(y-As)^TMP}{y^Ts}\right\|_F, \tag{5.203}$$

其中 $E = M(B-A)M$, P 由式(5.199)确定. 下面逐次估计式(5.203)右端的各项. 由引理 1 的结论 iii), 得

$$\|P^TEP\|_F \leqslant \left[1 + (1-\beta)^{-1}\frac{\|My - M^{-1}s\|}{\|M^{-1}s\|}\right]\|P^TE\|_F, \tag{5.204}$$

再应用一次引理 1 的结论 iii), 有

$$\|P^TE\|_F = \|E^TP\|_F \leqslant \left[\sqrt{1-\alpha\theta^2} + (1-\beta)^{-1}\frac{\|My - M^{-1}s\|}{\|M^{-1}s\|}\right]\|E\|_F, \tag{5.205}$$

其中 α, θ 分别满足式 (5.190) 和 (5.191). 把式 (5.205) 代入式 (5.204) 并利用式 (5.200), 得

$$\begin{aligned}\|P^TEP\|_F &\leqslant \left[\sqrt{1-\alpha\theta^2} + \left(\frac{\sqrt{1-\alpha\theta^2}}{1-\beta} + \frac{1}{1-\beta}\right.\right.\\ &\qquad \left.\left. + \frac{1}{(1-\beta)^2}\frac{\|M\boldsymbol{y}-M^{-1}\boldsymbol{s}\|}{\|M^{-1}\boldsymbol{s}\|}\right)\frac{\|M\boldsymbol{y}-M^{-1}\boldsymbol{s}\|}{\|M^{-1}\boldsymbol{s}\|}\right]\|E\|_F\\ &\leqslant \left[\sqrt{1-\alpha\theta^2} + \frac{5}{2}(1-\beta)^{-1}\frac{\|M\boldsymbol{y}-M^{-1}\boldsymbol{s}\|}{\|M^{-1}\boldsymbol{s}\|}\right]\|E\|_F.\end{aligned} \tag{5.206}$$

另外,由附录 III 的定理 5 及引理 1 的结论 iv), 得

$$\left\|\frac{M(\boldsymbol{y}-A\boldsymbol{s})(M\boldsymbol{y})^T}{\boldsymbol{y}^T\boldsymbol{s}}\right\|_F \leqslant 2\|M\|_F\frac{\|\boldsymbol{y}-A\boldsymbol{s}\|}{\|M^{-1}\boldsymbol{s}\|}, \tag{5.207}$$

再一次引用引理 1 的结论 iii), 得

$$\begin{aligned}\|P\|_F &\leqslant [1+(1-\beta)^{-1}\beta]\|I\|_F\\ &\leqslant [1+(1-\beta)^{-1}\beta]\sqrt{n} \leqslant 2\sqrt{n}.\end{aligned} \tag{5.208}$$

最后由式 (5.207) 和 (5.208), 得

$$\begin{aligned}\left\|\frac{M\boldsymbol{y}(\boldsymbol{y}-A\boldsymbol{s})^TMP}{\boldsymbol{y}^T\boldsymbol{s}}\right\|_F &\leqslant \left\|\frac{M\boldsymbol{y}(\boldsymbol{y}-A\boldsymbol{s})^TM}{\boldsymbol{y}^T\boldsymbol{s}}\right\|_F\cdot\|P\|_F\\ &= \left\|\frac{M(\boldsymbol{y}-A\boldsymbol{s})(M\boldsymbol{y})^T}{\boldsymbol{y}^T\boldsymbol{s}}\right\|_F\cdot\|P\|_F\\ &\leqslant 4\sqrt{n}\|M\|_F\frac{\|\boldsymbol{y}-A\boldsymbol{s}\|}{\|M^{-1}\boldsymbol{s}\|}.\end{aligned} \tag{5.209}$$

把式 (5.206), (5.207) 和 (5.209) 代入式 (5.203) 即得式(5.202). 引理证毕.

定理 11. 若满足下列四个条件:

(i) 函数 $f(\boldsymbol{x})$ 在点 $\boldsymbol{x}^*$ 的某个邻域 D 内二次连续可微;

(ii) $f(\boldsymbol{x})$ 在 $\boldsymbol{x}^*$ 的 Hessian 矩阵 $G(\boldsymbol{x}^*)$ 正定;

(iii) 在邻域 D 内, Hessian 矩阵 G 满足 Lipschitz 条件

$$\|G(\boldsymbol{x})-G(\boldsymbol{x}^*)\| \leqslant L\|\boldsymbol{x}-\boldsymbol{x}^*\|; \tag{5.210}$$

(iv) 点列 $\{\boldsymbol{x}_k\}\subset D$ 且收敛于 $\boldsymbol{x}^*$,

则存在着正整数 k_0, 使得当 $k \geqslant k_0$ 时, $\boldsymbol{y}_k^T\boldsymbol{s}_k > 0$, 其中

$$s_k = x_{k+1} - x_k, \quad y_k = g_{k+1} - g_k. \tag{5.211}$$

因此对任意的 $n \times n$ 阶对称矩阵 B_{k_0}，可按 DFP 公式

$$B_{k+1} = \left(I - \frac{y_k s_k^T}{y_k^T s_k}\right) B_k \left(I - \frac{y_k s_k^T}{y_k^T s_k}\right)^T + \frac{y_k y_k^T}{y_k^T s_k} \quad (k \geqslant k_0) \tag{5.212}$$

定义矩阵序列 $\{B_k\}$. 若取 $M = G(x^*)^{-\frac{1}{2}}$，则对 $\{B_k\}(k \geqslant k_0)$，存在着正的常数 α, α_3 和 α_4，使得

$$\|B_{k+1} - G(x^*)\|_M \leqslant [(1 - \alpha\theta_k^2)^{\frac{1}{2}} + \alpha_3\sigma_k]\|B_k - G(x^*)\|_M + \alpha_4\sigma_k, \tag{5.213}$$

其中

$$\sigma_k = \max\{\|x_{k+1} - x^*\|, \|x_k - x^*\|\},$$

$$\alpha \in (0, 1],$$

$$\theta_k = \begin{cases} \dfrac{\|M[B_k - G(x^*)]s_k\|}{\|B_k - G(x^*)\|_M \|M^{-1}s_k\|}, & \text{当 } B_k \neq G(x^*) \text{时;} \\ 0, & \text{其它,} \end{cases}$$

$$\alpha_3 = \alpha_1 L\|M\|^2,$$

$$\alpha_4 = \alpha_2 L\|M\|,$$

这里 α_1 和 α_2 是式 (5.202) 中的常数.

证明. 对 $M = G(x^*)^{-\frac{1}{2}}$，有

$$\|My_k - M^{-1}s_k\| \leqslant \|M\|\|y_k - G(x^*)s_k\|, \tag{5.214}$$

现在证明 M, y_k 和 s_k 满足式 (5.200) 所对应的不等式. 先对 $\|y_k - G(x^*)s_k\|$ 进行估值，由附录 I 的定理 5，得

$$\|y_k - G(x^*)s_k\| = \|g_{k+1} - g_k - G(x^*)s_k\| \leqslant [\sup_{0 \leqslant t \leqslant 1} \|G(x_k + ts_k) - G(x^*)\|]\|s_k\|.$$

由式(5.210) 及 $\{x_k\}$ 收敛于 x^*，知存在正整数 k_1，使得当 $k \geqslant k_1$ 时，有

$$\|y_k - G(x^*)s_k\| \leqslant L \max_{0 \leqslant t \leqslant 1}\{\|x_k + ts_k - x^*\|\}\|s_k\| \leqslant L \max\{\|x_{k+1} - x^*\|, \|x_k - x^*\|\}\|s_k\|. \tag{5.215}$$

因为 $\|s_k\| = \|MM^{-1}s_k\| \leqslant \|M\|\|M^{-1}s_k\|$，故

$$\|y_k - G(x^*)s_k\| \leqslant L\|M\| \max\{\|x_{k+1} - x^*\|, \|x_k - x^*\|\}\|M^{-1}s_k\|. \quad (5.216)$$

把式 (5.215) 和式 (5.216) 代入式 (5.214)，得

$$\|My_k - M^{-1}s_k\| \leqslant L\|M\|^2 \max\{\|x_{k+1} - x^*\|, \|x_k - x^*\|\}\|M^{-1}s_k\|. \quad (5.217)$$

因为 $\{x_k\}$ 收敛于 x^*，故存在正整数 k_2，使得当 $k \geqslant k_2$ 时，

$$L\|M\|^2\|x_k - x^*\| \leqslant \frac{1}{3}.$$

取 $k_0 = \max\{k_1, k_2\}$，则当 $k \geqslant k_0$ 时，有

$$\|My_k - M^{-1}s_k\| \leqslant \frac{1}{3}\|M^{-1}s_k\|.$$

对 M，$\{B_k\}$，$\{y_k\}$ 及 $\{s_k\}$ $(k \geqslant k_0)$ 应用引理 3，即可证得式(5.213)成立．定理证毕．

超线性收敛定理及其证明　现在讲述本节的最终结论——关于 DFP 算法的超线性收敛定理(定理 14)．

证明这个定理的出发点是定理 10，即先根据 $\|B_k - G(x^*)\|_M$ 的估计式(定理 11) 证明式 (5.165) 成立，然后证明 $\{\lambda_k\}$ 收敛于 1，最后完成该定理的证明．为此先证明下面的引理．

引理．　若 $\{\phi_k\}$ 和 $\{\delta_k\}$ 是两个非负数序列且满足

$$\phi_{k+1} \leqslant (1 + \delta_k)\phi_k + \delta_k \quad (5.218)$$

和

$$\sum_{k=1}^{\infty} \delta_k < \infty, \quad (5.219)$$

则 $\{\phi_k\}$ 收敛．

证明．首先证明 $\{\phi_k\}$ 有界．因为 $\phi_k \geqslant 0$ $(k = 1, 2, \cdots)$，故只需证明 $\{\phi_k\}$ 有上界．令

$$\mu_k = \prod_{j=1}^{k-1} (1 + \delta_j), \quad (5.220)$$

则 $\mu_k \geqslant 1$．由式 (5.219) 可知存在着常数 $\mu > 0$，使 $\mu_k \leqslant \mu$．由

式 (5.218)，得到

$$\frac{\phi_{k+1}}{\mu_{k+1}} \leqslant \frac{(1+\delta_k)\phi_k+\delta_k}{\mu_k(1+\delta_k)}$$
$$\leqslant \frac{\phi_k}{\mu_k}+\delta_k, \tag{5.221}$$

反复应用上式，有

$$\frac{\phi_{m+1}}{\mu_{m+1}} \leqslant \frac{\phi_1}{\mu_1}+\sum_{k=1}^{m}\delta_k. \tag{5.222}$$

这就证明了 $\{\phi_k\}$ 有上界.

再证明 $\{\phi_k\}$ 有唯一的极限点. 因为 $\{\phi_k\}$ 有界，所以必有极限点存在，如果再证明极限点唯一，即可断言 $\{\phi_k\}$ 收敛. 现在就来证明这一事实. 假定 $\{\phi_k\}$ 有两个极限点 ϕ' 和 ϕ''，此时必有两个子序列 $\{\phi_{k_n}\}$ 与 $\{\phi_{k_m}\}$ 分别收敛到 ϕ' 和 ϕ''. 下面分别证明 $\phi' \leqslant \phi''$ 和 $\phi'' \leqslant \phi'$，从而得到 $\phi' = \phi''$.

设 ϕ 是 $\{\phi_k\}$ 的一个上界，任意取定 k_m，若 $k_n \geqslant k_m$，由式 (5.218)，有

$$\begin{aligned}\phi_{k_n}-\phi_{k_m} &= (\phi_{k_n}-\phi_{k_n-1})+(\phi_{k_n-1}-\phi_{k_n-2})+\cdots \\ &\qquad +(\phi_{k_m+1}-\phi_{k_m}) \\ &\leqslant (1+\phi_{k_n-1})\delta_{k_n-1}+(1+\phi_{k_n-2})\delta_{k_n-2}+\cdots \\ &\qquad +(1+\phi_{k_m})\delta_{k_m} \\ &\leqslant (1+\phi)\sum_{j=k_m}^{k_n-1}\delta_j,\end{aligned}$$

令 $k_n \to \infty$，则

$$\phi'-\phi_{k_m} \leqslant (1+\phi)\sum_{j=k_m}^{\infty}\delta_j \quad (k_m = 1, 2, \cdots). \tag{5.223}$$

在式 (5.223) 中令 $k_m \to \infty$，则

$$\phi'-\phi'' \leqslant 0,$$

即 $\phi' \leqslant \phi''$. 类似地可证明 $\phi'' \leqslant \phi'$. 因而极限点唯一. 引理证毕.

定理 12. 设函数 $f(\boldsymbol{x})$ 及点列 $\{\boldsymbol{x}_k\}$ 满足定理 11 的条件 (i)—

(iv)，且$\{\boldsymbol{x}_k\}$在D中满足

$$\sum_{k=1}^{\infty}\|\boldsymbol{x}_k-\boldsymbol{x}^*\|<\infty, \tag{5.224}$$

则存在正整数k_0，使得对任意$n\times n$阶对称矩阵B_{k_0}，当$k\geqslant k_0$时可分别按式(5.211)和(5.212)定义序列$\{\boldsymbol{s}_k\}$，$\{\boldsymbol{y}_k\}$及$\{B_k\}$，并且有

(i) $\lim\limits_{k\to\infty}\|G(\boldsymbol{x}^*)^{-\frac{1}{2}}B_kG(\boldsymbol{x}^*)^{-\frac{1}{2}}-I\|_F$存在；

(ii) $\lim\limits_{k\to\infty}\dfrac{\|[B_k-G(\boldsymbol{x}^*)]\boldsymbol{s}_k\|}{\|\boldsymbol{s}_k\|}=0$。

证明. 定理11已经保证可按式(5.211)和(5.212)定义$\{\boldsymbol{s}_k\}$，$\{\boldsymbol{y}_k\}$及$\{B_k\}$. 为证明(i)，记$M=G(\boldsymbol{x}^*)^{-\frac{1}{2}}$，则有

$$\|G(\boldsymbol{x}^*)^{-\frac{1}{2}}B_kG(\boldsymbol{x}^*)^{-\frac{1}{2}}-I\|_F=\|B_k-G(\boldsymbol{x}^*)\|_M.$$

应用定理11知，存在正整数k_0，使得当$k\geqslant k_0$时，有

$$\|B_k-G(\boldsymbol{x}^*)\|_M\leqslant[(1-\alpha\theta_{k-1}^2)^{\frac{1}{2}}+\alpha_3\sigma_{k-1}]\cdot\|B_{k-1}-G(\boldsymbol{x}^*)\|_M+\alpha_4\sigma_{k-1},$$

其中

$$\sigma_{k-1}=\max\{\|\boldsymbol{x}_k-\boldsymbol{x}^*\|,\|\boldsymbol{x}_{k-1}-\boldsymbol{x}^*\|\}. \tag{5.225}$$

取

$$\delta_{k-1}=\max\{\alpha_3\sigma_{k-1},\alpha_4\sigma_{k-1}\}, \tag{5.226}$$

则

$$\|B_k-G(\boldsymbol{x}^*)\|_M\leqslant(1+\delta_{k-1})\|B_{k-1}-G(\boldsymbol{x}^*)\|_M+\delta_{k-1}, \tag{5.227}$$

根据条件(5.224)，再应用引理知$\{\|B_k-G(\boldsymbol{x}^*)\|_M\}$收敛. 结论(i)得证.

为证(ii)，先证

$$\sum_{k=k_0}^{\infty}\theta_k^2\|B_k-G(\boldsymbol{x}^*)\|_M<+\infty.$$

由式(5.213)及$(1-\alpha\theta_k^2)^{\frac{1}{2}}\leqslant1-\dfrac{\alpha}{2}\theta_k^2$知，当$k\geqslant k_0$时，有不等式

$$\|B_{k+1}-G(\boldsymbol{x}^*)\|_M \leqslant \left[1-\frac{\alpha}{2}\theta_k^2+\alpha_3\sigma_k\right]\|B_k-G(\boldsymbol{x}^*)\|_M+\alpha_4\sigma_k,$$

因此

$$\frac{\alpha}{2}\theta_k^2\|B_k-G(\boldsymbol{x}^*)\|_M \leqslant \|B_k-G(\boldsymbol{x}^*)\|_M - \|B_{k+1}-G(\boldsymbol{x}^*)\|_M+\sigma_k(\alpha_3\|B_k-G(\boldsymbol{x}^*)\|_M+\alpha_4),$$

对上式的两边求和并取极限,则有

$$\frac{\alpha}{2}\sum_{k=k_0}^{\infty}\theta_k^2\|B_k-G(\boldsymbol{x}^*)\|_M \leqslant \|B_{k_0}-G(\boldsymbol{x}^*)\|_M+\sum_{k=k_0}^{\infty}(\alpha_3\|B_k-G(\boldsymbol{x}^*)\|_M+\alpha_4)\sigma_k < +\infty. \tag{5.228}$$

以下分两种情形讨论:

第一种情形 $\{\|B_k-G(\boldsymbol{x}^*)\|_M\}$ 中有子序列收敛于 0. 此时根据结论 (i), 有 $\|B_k-G(\boldsymbol{x}^*)\|_M\to 0$ (当 $k\to\infty$ 时),易见结论 (ii) 成立.

第二种情形 若存在常数 $\nu>0$ 及正整数 $\hat{k}\geqslant k_0$, 使得当 $k\geqslant\hat{k}$ 时

$$\|B_k-G(\boldsymbol{x}^*)\|_M\geqslant\nu>0. \tag{5.229}$$

此时由式 (5.228) 易见 $\lim\limits_{k\to\infty}\theta_k=0$, 即

$$\lim_{k\to\infty}\frac{\|M[B_k-G(\boldsymbol{x}^*)]\boldsymbol{s}_k\|}{\|B_k-G(\boldsymbol{x}^*)\|_M\|M^{-1}\boldsymbol{s}_k\|}=0,$$

根据式 (5.229) 有

$$\lim_{k\to\infty}\frac{\|M[B_k-G(\boldsymbol{x}^*)]\boldsymbol{s}_k\|}{\|M^{-1}\boldsymbol{s}_k\|}=0,$$

因为 $\|M^{-1}\boldsymbol{s}_k\|\leqslant\|M^{-1}\|\|\boldsymbol{s}_k\|$, 而 $\|M^{-1}\|=\|G(\boldsymbol{x}^*)^{\frac{1}{2}}\|$ 为一正常数,所以

$$\lim_{k\to\infty}\frac{\|M[B_k-G(\boldsymbol{x}^*)]\boldsymbol{s}_k\|}{\|\boldsymbol{s}_k\|}=0,$$

再利用

$$\frac{\|[B_k - G(x^*)]s_k\|}{\|s_k\|} = \frac{\|M^{-1}M[B_k - G(x^*)]s_k\|}{\|s_k\|}$$

$$\leqslant \|M^{-1}\| \frac{\|M[B_k - G(x^*)]s_k\|}{\|s_k\|},$$

即得结论 (ii). 定理证毕.

定理 13. 若满足下列四个条件

(i) 函数 $f(x)$ 在开凸集 $D \subset R^n$ 内二次连续可微;

(ii) 对某点 $x^* \in D$, $f(x)$ 在 x^* 处的 Hessian 矩阵 $G(x^*)$ 非奇异

(iii) $\{B_k\}$ 是 $n \times n$ 阶非奇异矩阵序列,按

$$x_{k+1} = x_k - \lambda_k B_k^{-1} g_k \tag{5.230}$$

产生的点列 $\{x_k\} \subset D$ 且收敛于 x^*, 其中 $g_k = \nabla f(x_k)$, λ_k 的选取满足

$$\langle g_{k+1}, s_k \rangle = 0, \tag{5.231}$$

这里 $s_k = x_{k+1} - x_k$;

(iv) $$\lim_{k \to \infty} \frac{\|[B_k - G(x^*)]s_k\|}{\|s_k\|} = 0, \tag{5.232}$$

则 $\{\lambda_k\}$ 收敛于 1, $g(x^*) = \nabla f(x^*) = \mathbf{0}$ 且 $\{x_k\}$ 超线性收敛于 x^*.

证明. 应用附录 1 的定理 2, 有

$$g_{k+1} - g_k = \int_0^1 G(x_k + ts_k)s_k dt, \tag{5.233}$$

结合式 (5.231), 得

$$-\langle g_k, s_k \rangle = \langle g_{k+1}, s_k \rangle - \langle g_k, s_k \rangle$$

$$= \left\langle \int_0^1 G(x_k + ts_k)s_k dt, s_k \right\rangle. \tag{5.234}$$

根据式 (5.230), 式 (5.234) 可写为

$$\lambda_k^{-1}\langle B_k s_k, s_k \rangle = \left\langle \left(\int_0^1 G(x_k + ts_k)dt \right) s_k, s_k \right\rangle,$$

则

$$(\lambda_k - 1)\langle G(x^*)s_k, s_k \rangle$$

$$= \lambda_k \left\langle \left[G(x^*) - \int_0^1 G(x_k + ts_k)dt \right] s_k, s_k \right\rangle +$$

$$+\langle[B_k-G(\boldsymbol{x}^*)]\boldsymbol{s}_k,\ \boldsymbol{s}_k\rangle,$$

或按向量的 $G(\boldsymbol{x}^*)$ 范数，把上式写为

$$\begin{aligned}|\lambda_k-1|\,\|\boldsymbol{s}_k\|^2_{G(\boldsymbol{x}^*)}\\ \leqslant |\lambda_k|\left|\int_0^1\langle[G(\boldsymbol{x}^*)-G(\boldsymbol{x}_k+t\boldsymbol{s}_k)]\boldsymbol{s}_k,\ \boldsymbol{s}_k\rangle dt\right|\\ +|\langle[B_k-G(\boldsymbol{x}^*)]\boldsymbol{s}_k,\boldsymbol{s}_k\rangle|.\end{aligned}\quad(5.235)$$

根据附录 III 的定理 1 可知存在着常数 $c>0$，使得

$$c\|\boldsymbol{s}_k\|^2=c\|\boldsymbol{s}_k\|_2^2\leqslant\|\boldsymbol{s}_k\|^2_{G(\boldsymbol{x}^*)},$$

故有

$$c|\lambda_k-1|\,\|\boldsymbol{s}_k\|^2\leqslant|\lambda_k|\alpha_k\|\boldsymbol{s}_k\|^2+\beta_k\|\boldsymbol{s}_k\|^2,$$

其中

$$\alpha_k=\sup_{0\leqslant t\leqslant 1}\|G(\boldsymbol{x}^*)-G(\boldsymbol{x}_k+t\boldsymbol{s}_k)\|,$$

$$\beta_k=\frac{\|[B_k-G(\boldsymbol{x}^*)]\boldsymbol{s}_k\|}{\|\boldsymbol{s}_k\|}.$$

因此有

$$c(|\lambda_k|-1)\leqslant c|\lambda_k-1|\leqslant|\lambda_k|\alpha_k+\beta_k,\quad(5.236)$$

所以

$$(c-\alpha_k)|\lambda_k|\leqslant c+\beta_k.$$

注意到 $\{\boldsymbol{x}_k\}$ 收敛于 $\boldsymbol{x}^*$，且 G 在 $\boldsymbol{x}^*$ 连续，因此，当 $k\to\infty$ 时，$\alpha_k\to 0$. 而假设条件 (iv) 等价于：当 $k\to\infty$ 时，$\beta_k\to 0$. 可见 $|\lambda_k|$ 有界. 再由式 (5.236) 右边的不等式即知 $\{\lambda_k\}$ 收敛于 1. 据此利用定理 10，即知 $\boldsymbol{g}(\boldsymbol{x}^*)=\boldsymbol{0}$，且 $\{\boldsymbol{x}_k\}$ 超线性收敛于 $\boldsymbol{x}^*$. 定理证毕.

定理 14. 设目标函数 $f(\boldsymbol{x})$ 满足

(i) $f(\boldsymbol{x})$ 是 R^n 上的二次连续可微函数；

(ii) 对任意的 $\boldsymbol{x}'\in R^n$，存在着常数 $m>0$，使得对一切 $\boldsymbol{x}\in C(\boldsymbol{x}')=\{\boldsymbol{x}|f(\boldsymbol{x})\leqslant f(\boldsymbol{x}')\}$ 及一切 $\boldsymbol{y}\in R^n$，有不等式

$$0\leqslant m\|\boldsymbol{y}\|^2\leqslant\langle\boldsymbol{y},\ G(\boldsymbol{x})\boldsymbol{y}\rangle,\quad(5.237)$$

其中 $G(\boldsymbol{x})$ 为 $f(\boldsymbol{x})$ 在点 $\boldsymbol{x}$ 处的 Hessian 矩阵；

(iii) 当 $\boldsymbol{x}\in C(\boldsymbol{x}')$ 时，$G(\boldsymbol{x})$ 满足 Lipschitz 条件

$$\|G(\boldsymbol{x})-G(\boldsymbol{x}^*)\|\leqslant L\|\boldsymbol{x}-\boldsymbol{x}^*\|,\quad(5.238)$$

其中 $\boldsymbol{x}^*$ 是 $f(\boldsymbol{x})$ 在 R^n 上的唯一极小点，

则任意选择初始点 $\boldsymbol{x}_1$ 和正定对称初始矩阵 H_1，按 DFP 算法产生的点列 $\{\boldsymbol{x}_k\}$ 超线性收敛到 $\boldsymbol{x}^*$.

证明. 定理 7 保证了点列 $\{\boldsymbol{x}_k\}$ 收敛于点 $\boldsymbol{x}^*$. 由定理 8 可知 $\sum_{k=1}^{\infty}\|\boldsymbol{x}_k-\boldsymbol{x}^*\|<\infty$，从而满足定理 12 的条件，故式(5.232)成立. 这样可以应用定理 13，证明 $\{\lambda_k\}$ 收敛于 1，而且 $\{\boldsymbol{x}_k\}$ 超线性收敛于 $\boldsymbol{x}^*$. 定理证毕.

评　　注

1. 本章介绍了 Broyden 算法类. 这类算法常称为变度量法，也称为矩阵迭代技术或者割线修正法. 我们这里用的是另一个广泛采用的名称——拟 Newton 法. 在拟 Newton 法中出现得最早的是 DFP 方法，最初由 Davidon[25] 提出，经 Fletcher 和 Powell[84] 修改后成了现在的形式. BFGS 方法则出现得比较晚[85,72,86,87]. Broyden 算法类是 Broyden[88] 首先引进的，但他提出的迭代公式在形式上与本章介绍的有所不同，文献[72]阐明了这类迭代公式可以用式(5.27)表示. Broyden 算法类包含一个参数. 文献[89]提出了一个包含三个参数的迭代公式，它以 Broyden 类为其子类，通常称为 Huang 算法类. 最近的文献[90]做了进一步的推广，提出了一个包含 $n+1$ 个参数的迭代公式，这是目前为止最广泛的一类拟 Newton 迭代公式.

2. 作为拟 Newton 法的新发展，这里简要介绍一下带自选因子的变度量法. 这个方法是 Oren 和 Luenberger[91] 提出的. 还可参看文献[92,93].我们曾经讲过 Broyden 算法类具有单调性 F，即对于正定二次函数(5.4)来说，当 k 增加时，矩阵 $M_k=G^{\frac{1}{2}}B_k^{-1}G^{\frac{1}{2}}$ 的特征值单调地向 1 靠拢. Oren 和 Luenberger 觉得这还不够，还希望序列 $\{\mathscr{K}(M_k)\}$ 单调下降——这里 $\mathscr{K}(\cdot)$ 表示矩阵的条件数. 他们这样考虑的依据是下列定理：

定理 15. 考虑极小化正定二次函数(5.4)，设初始点为 x_1，$\{B_k\}$ 为任意正定矩阵序列. 若依次沿方向 $p_k = -B_k^{-1}g_k$ 搜索得到点列 $\{x_k\}$，则

$$f(x_{k+1}) - f(x^*) \leqslant \left[\frac{\mathscr{K}(M_k) - 1}{\mathscr{K}(M_k) + 1}\right]^2 [f(x_k) - f(x^*)], \tag{5.239}$$

其中 $M_k = G^{\frac{1}{2}} B_k^{-1} G^{\frac{1}{2}}$，$x^*$ 是 $f(x)$ 在 R^n 上的唯一极小点.

显然，$\mathscr{K}(M_k)$ 越小，因子 $\left[\frac{\mathscr{K}(M_k) - 1}{\mathscr{K}(M_k) + 1}\right]^2$ 就越小. 所以希望 $\mathscr{K}(M_k)$ 在迭代过程中逐渐减小是很自然的. 然而 Broyden 算法类不满足这个要求，于是 Oren 和 Luenberger 建议在修正 B_k 之前，先把 B_k 乘一个因子 η_k，即在用式(5.28)计算 B_{k+1} 时，用 $\eta_k B_k$ 代替此式右端的 B_k. 他们证明了下列定理:

定理 16. 若取

$$\eta_k = \gamma \frac{s_k^T y_k}{s_k^T B_k s_k} + (1 - \gamma) \frac{y_k^T B_k^{-1} y_k}{s_k^T y_k}, \tag{5.240}$$

其中 $\gamma \in [0, 1]$，则可以保证 $\mathscr{K}(M_k)$ 单调递减，而且单调性 F 仍然成立.

特别地，若在式(5.240)中取 $\gamma = 1$，则有

$$\eta_k = \frac{s_k^T y_k}{s_k^T B_k s_k}, \tag{5.241}$$

与在式(5.28)中选取 $\beta = 0$ 的迭代公式对应，我们得到带自选因子的 BFGS 迭代公式

$$B_{k+1} = \left(B_k - \frac{B_k s_k s_k^T B_k}{s_k^T B_k s_k} \right) \frac{s_k^T y_k}{s_k^T B_k s_k} + \frac{y_k y_k^T}{s_k^T y_k}. \tag{5.242}$$

自然地也可以考虑按其它方式选取 η_k 和 β. 而且注意到 β 的值也可以依赖于 k，我们不妨记它为 β_k. 一种想法是选择 η_k 和 β_k，使得 B_k 的条件数尽可能小. Oren 和 Spedicato[94] 导出了 B_{k+1} 和 B_k 条件数比值的一个上界，极小化这个上界，导至

$$\eta_k = (y_k^T B_k^{-1} y_k / s_k^T B_k s_k)^{\frac{1}{2}}, \quad \beta_k = \frac{1}{1 + \left[\frac{(y_k^T B_k^{-1} y_k)(s_k^T B_k s_k)}{(s_k^T y_k)^2}\right]^{\frac{1}{2}}}. \tag{5.243}$$

与此有关的讨论可参看文献[95—98].

3. 自从 Davidon 开创性的工作[25] 问世以后，人们对拟 Newton 法进行了大量的研究，这一方法至今仍是最优化领域中一个相当活跃的课题. DFP 算法是最早的拟 Newton 法，用得也很广泛，但其实际计算效果并不是最好的. 一般认为 BFGS 算法是目前最有效的拟 Newton 法. 要对带自选因子的变度量法作出肯定的评价，看来还为时过早，看法还不完全一致(例如文献[99]和[100]文后讨论部分). 在整个处理无约束最优化问题的方法中，拟 Newton 法是一个最有效的方法，其缺点是所需存储量较大（约为 $O(n^2)$ 个单元)，对于大型的问题，可能遇到存储上的困难. 当然对于具有特殊结构的大问题，可以考虑按稀疏形式处理[101].

4. 关于 Broyden 算法类的收敛速率问题，我们只证明了它的超线性收敛性. 它还具有 n 步二级收敛速率. 事实上，Burmeister[102], Schuller 和 Stoer[103] 分别独立地证明了下列定理:

定理 17. 设 $f(\boldsymbol{x})$ 是 R^n 上的二次连续可微凸函数，假定以任意 $\boldsymbol{x}_1\in R^n$ 为初始点，由带有精确的一维搜索的 Broyden 算法类产生的点列 $\{\boldsymbol{x}_k\}$ 收敛于 $\boldsymbol{x}^*$，在 $\boldsymbol{x}^*$ 的某邻域 D 内满足 Lipschitz 条件

$$\|G(\boldsymbol{x})-G(\boldsymbol{x}^*)\|\leqslant L\|\boldsymbol{x}-\boldsymbol{x}^*\|,$$

其中 $G(\boldsymbol{x})$ 是 $f(\boldsymbol{x})$ 的 Hessian 矩阵. 则 $\nabla f(\boldsymbol{x}^*)=\mathbf{0}$ 且存在常数 $\eta>0$，使得

$$\|\boldsymbol{x}_{k+n}-\boldsymbol{x}^*\|\leqslant\eta\|\boldsymbol{x}_k-\boldsymbol{x}^*\|^2\quad(k=1,2,\cdots).\tag{5.244}$$

另外，本章和第四章一样，对于收敛问题的所有讨论都是在精确一维搜索条件下进行的. Dixon 的著名定理(定理 3)告诉我们，在这个条件下，Broyden 算法类中的算法是完全等价的. 反过来说，该类中各算法的差异只有在不精确一维搜索的情形下才能体现出来. 可见弄清不精确一维搜索的影响对于拟 Newton 法有着特殊的重要性. 可惜这方面尚无较完整的理论，目前只是对某些比较重要的情形证明了收敛性和收敛速率的定理. 例如文献 [104—107]，[67—68].

第六章 直接方法

本章介绍几个只用目标函数值(不用导数值,也不用差商近似导数值)的算法,这类算法一般称为直接方法.

§1. 模式搜索法

模式搜索法是 Hooke 和 Jeeves[23] 提出的,它有着明显的几何意义.为介绍这个方法,我们还是从求一个二元函数的极小点谈起.这相当于寻找某个曲面的最低点,或者更形象地说,相当于从一座山上的某处出发设法走到附近某一盆地的最低点.怎样才能尽快达到这个目标呢?很明显,如果能找到一条山谷,沿着山谷行进是一个好办法.模式搜索法的基本思想就是先通过"探测性移动"为寻找"山谷"提供信息,然后,用"模式性移动"沿找到的"山谷"前进.下面给出这一方法的数学描述.

1.1. 探测性移动和模式性移动

先介绍几个概念:

探测性移动.这种移动是在某个已知点附近沿各坐标轴 e_i 方向探测,其目的是获得一个取更小值的点.确切地说,"从 $x^{(1)}$ 出发以 α 为步长进行探测性移动"是指对 $i=1,2,\cdots,n$ 依次施行下列步骤:

从 $x^{(i)}$ 出发沿 e_i 的正方向探测,即令

$$\bar{x}=x^{(i)}+\alpha e_i,$$

若 $f(\bar{x})<f(x^{(i)})$,则取新点 $\bar{x}$ 作为 $x^{(i+1)}$;否则沿 e_i 的反方向探测,即令

$$\bar{x} = x^{(i)} - \alpha e_i,$$

并比较 $f(\bar{x})$ 与 $f(x^{(i)})$，若 $f(\bar{x}) < f(x^{(i)})$，则取 $\bar{x}$ 为 $x^{(i+1)}$，否则仍用 $x^{(i)}$ 作为 $x^{(i+1)}$.

对 i 从 1 到 n 施行上述步骤后即得 $x^{(n+1)}$. 可见探测性移动的功能是由 $x^{(1)}$ 求得 $x^{(n+1)}$.

基点序列 $\{x_k\}$. 我们规定初始点为第一个基点 x_1，由第 $k-1$ 个基点 x_{k-1} 可以定义第 k 个基点 x_k: x_k 是由探测性移动得到的这样一个 $x^{(n+1)}$，在下面描述的整个搜索过程中，它是在 x_{k-1} 之后第一个使得 $f(x^{(n+1)}) < f(x_{k-1})$ 的 $x^{(n+1)}$. 容易猜想，连结相邻两个基点所指的方向，很可能是一个比较理想的下降方向.

模式性移动. 模式性移动很简单，就是从现在的基点 x_k 向前跨越一步，其方向是沿前一基点 x_{k-1} 到现在的基点 x_k 的方向，步长是 x_{k-1} 到 x_k 的距离 $\|x_k - x_{k-1}\|$. 换句话说，所谓模式性移动是指从 x_k 跨步到 $\bar{x}$

$$\bar{x} = x_k + (x_k - x_{k-1}) = 2x_k - x_{k-1}.$$

1.2. 模式搜索法

模式搜索法的核心是结合使用探测性移动和模式性移动. 首先取定初始步长 α，从第一个基点(初始点) x_1 出发进行探测性移动得 $x^{(n+1)}$. 前已说明，倘若 $f(x^{(n+1)}) < f(x_1)$，那么这个 $x^{(n+1)}$ 就是第二个基点 x_2(参看图 6.1). 接着我们从 x_2 进行模式性移动，记所得点为 $x^{(1)}$，

$$x^{(1)} = 2x_2 - x_1.$$

不管 $x^{(1)}$ 能否使函数值下降，我们总从它出发进行探测性移动，于是得到 $x^{(n+1)}$，倘若

$$f(x^{(n+1)}) < f(x_2),$$

就又得到了一个新基点 $x_3 = x^{(n+1)}$. 接着又可以进行模式性移动，探测性移动，……，一直进行到探测性移动所得的 $x^{(n+1)}$ 不再是基点，即

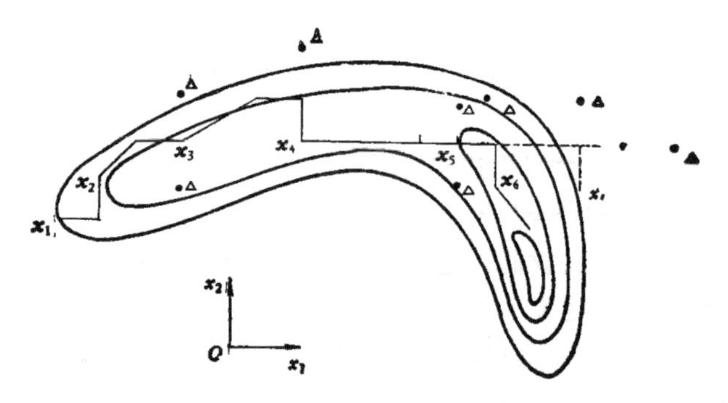

图 6.1 应用于两个自变量函数的模式搜索法
(图中△表示在探测性移动中的失败点)

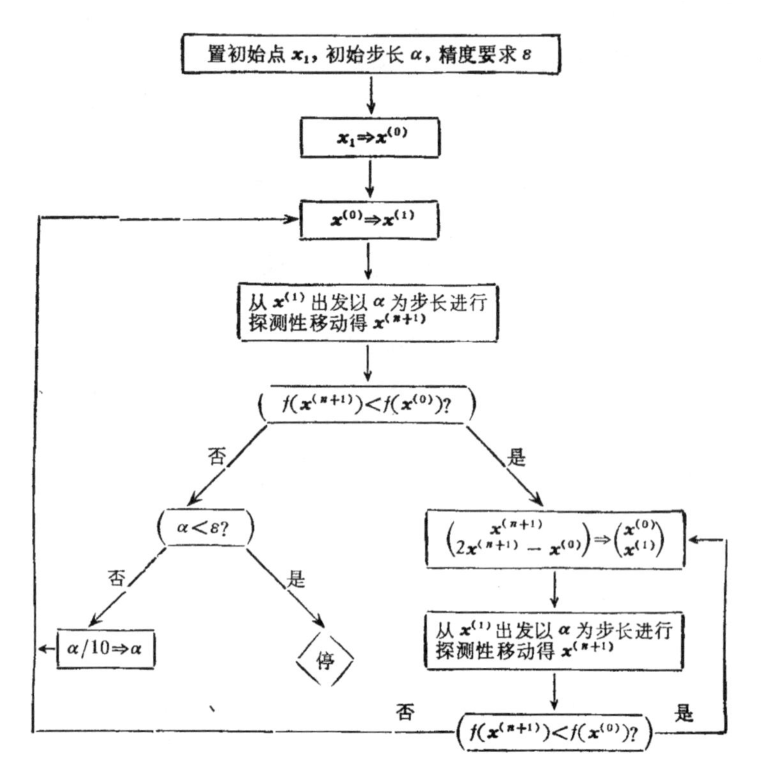

图 6.2 模式搜索法框图

$$f(\boldsymbol{x}^{(n+1)}) \geqslant f(\boldsymbol{x}_k)$$

时为止，显然最后一次从 $\boldsymbol{x}_k$ 获得 $\boldsymbol{x}^{(n+1)}$ 的模式性移动和探测性移动是没有价值的，我们应该重新从 $\boldsymbol{x}_k$ 出发进行探测性移动. 假若这种探测性移动仍旧不能使函数值下降，就要减小步长 α 了. 当 α 减小到一定程度时，即可结束计算.

以上策略可以归纳成如下算法:

算法 1（模式搜索法）. 见图 6.2 所示的框图.

文献 [108] 给出了这个算法的 ALGOL 语言程序.

§2. 转 轴 法

转轴法是 Rosenbrock[22] 提出的，后来 Palmer[109] 进行了一些改进.

2.1. Rosenbrock 方法

Rosenbrock 方法和模式搜索法的主要不同之点在于沿 n 个正交方向探测后，并不是去确定一个新的前进方向，而是用全新的另外 n 个正交方向代替原来的 n 个正交方向，或者说是把原来的 n 个探测方向整个旋转一个角度，然后继续进行新的探测. 这个方法的第 k 次迭代可以描述如下：设已经有了极小点的估值 $\boldsymbol{x}_k$（第一次迭代时即为初始点），n 个单位正交方向 $\boldsymbol{p}_1, \cdots, \boldsymbol{p}_n$（$\|\boldsymbol{p}_i\| = 1$ $(i = 1, \cdots, n)$. 第一次迭代时可取为 n 个坐标轴方向 $\boldsymbol{e}_1, \cdots, \boldsymbol{e}_n$）以及相应的步长 $\alpha^{(1)}, \cdots, \alpha^{(n)}$（第一次迭代时均取为初始步长 α），则第 k 次迭代过程包括以下二个阶段:

（1）探测阶段. 本阶段的任务是沿 $\boldsymbol{p}_1, \cdots, \boldsymbol{p}_n$ 进行探测，使函数值有所下降. 记 $\boldsymbol{x}^{(0)} = \boldsymbol{x}_k$. 首先沿 $\boldsymbol{p}_1$ 方向探测，即从 $\boldsymbol{x}^{(0)}$ 出发以步长 $\alpha^{(1)}$ 沿 $\boldsymbol{p}_1$ 方向前进至 $\bar{\boldsymbol{x}}$: $\bar{\boldsymbol{x}} = \boldsymbol{x}^{(0)} + \alpha^{(1)}\boldsymbol{p}_1$. 若

$$f(\bar{\boldsymbol{x}}) \leqslant f(\boldsymbol{x}^{(0)}), \tag{6.1}$$

则称这次探测“成功”，此时，取 $\bar{\boldsymbol{x}}$ 作为 $\boldsymbol{x}^{(1)}$；否则称这次探测“失

败”，这时取 $\boldsymbol{x}^{(0)}$ 作为 $\boldsymbol{x}^{(1)}$. 接着从 $\boldsymbol{x}^{(1)}$ 出发以同样方式沿 $\boldsymbol{p}_2$ 探测得 $\boldsymbol{x}^{(2)}$, ……，一直到沿 $\boldsymbol{p}_n$ 探测得 $\boldsymbol{x}^{(n)}$，至此完成了一次循环. 然后进行第二次循环，即再依次沿 $\boldsymbol{p}_1, \cdots, \boldsymbol{p}_n$ 探测，得 $\boldsymbol{x}^{(2n)}$. 只是这一次循环中，沿各方向 $\boldsymbol{p}_i\ (i=1, 2, \cdots, n)$ 探测时的步长 $\alpha^{(i)}$ 要作如下的改变：当前一次循环沿该方向探测成功时，将 $\alpha^{(i)}$ 扩大为原来的 β 倍 $(\beta>1)$，否则将 $\alpha^{(i)}$ 乘以 $\gamma(-1<\gamma<0)$，作为本次循环沿 $\boldsymbol{p}_i$ 方向探测时的步长. 用同样的方式进行第三次循环、第四次循环……. 整个探测阶段所进行的循环的次数 m 是满足下列条件的最小正整数：对于所有的 $i=1, 2, \cdots, n$ 沿 $\boldsymbol{p}_i$ 的 m 次探测中至少有一次成功，而且这次成功之后至少已有一次失败. 换句话说，若把沿 $\boldsymbol{p}_i$ 的 m 次探测的结果依次排列起来，必须有二个相邻元素为“成功，失败”. 从 $\boldsymbol{x}_k$ 出发进行 m 次循环后所得之点 $\boldsymbol{x}^{(mn)}$ 记为 $\boldsymbol{x}_{k+1}$，它是下一次（第 $k+1$ 次）迭代的初始点.

（2）转轴阶段. 本阶段的任务是为下次迭代提供新的探测方向. 刚刚进行过的探测阶段是从 $\boldsymbol{x}_k$ 求得了 $\boldsymbol{x}_{k+1}$，看来，方向

$$\boldsymbol{s}_1=\boldsymbol{x}_{k+1}-\boldsymbol{x}_k$$

很可能是一个有效的下降方向，它可以写为

$$\boldsymbol{s}_1=\beta^{(1)}\boldsymbol{p}_1+\beta^{(2)}\boldsymbol{p}_2+\cdots+\beta^{(n)}\boldsymbol{p}_n, \tag{6.2}$$

其中 $\beta^{(j)}$ 是本次迭代探测阶段的 m 次循环中沿 $\boldsymbol{p}_j$ 方向所有探测成功时的步长的代数和. 虽然从理论上说，不能排除 $\beta^{(j)}=0$ 的情形，但由于式(6.1)包含了等号，所以实际上不大会出现这种情况. 当 $\beta^{(1)}, \beta^{(2)}, \cdots, \beta^{(n)}$ 都不为零时，若定义

$$\boldsymbol{s}_2=\beta^{(2)}\boldsymbol{p}_2+\cdots+\beta^{(n)}\boldsymbol{p}_n, \tag{6.2}$$

$$\cdots\cdots\cdots\cdots\cdots\cdots$$

$$\boldsymbol{s}_n=\qquad\qquad\qquad\qquad\beta^{(n)}\boldsymbol{p}_n, \tag*{$(6.2)_{n2}$}$$

则 $\boldsymbol{s}_1, \boldsymbol{s}_2, \cdots, \boldsymbol{s}_n$ 线性无关. 用 Gram-Schmidt 正交化过程，可以由此得到一组新的单位正交方向 $\hat{\boldsymbol{p}}_1, \hat{\boldsymbol{p}}_2, \cdots, \hat{\boldsymbol{p}}_n$，其计算公式如下：

$$\boldsymbol{w}_1=\boldsymbol{s}_1, \tag*{$(6.3)_1$}$$

$$\hat{\boldsymbol{p}}_1=\boldsymbol{w}_1/\|\boldsymbol{w}_1\|,$$

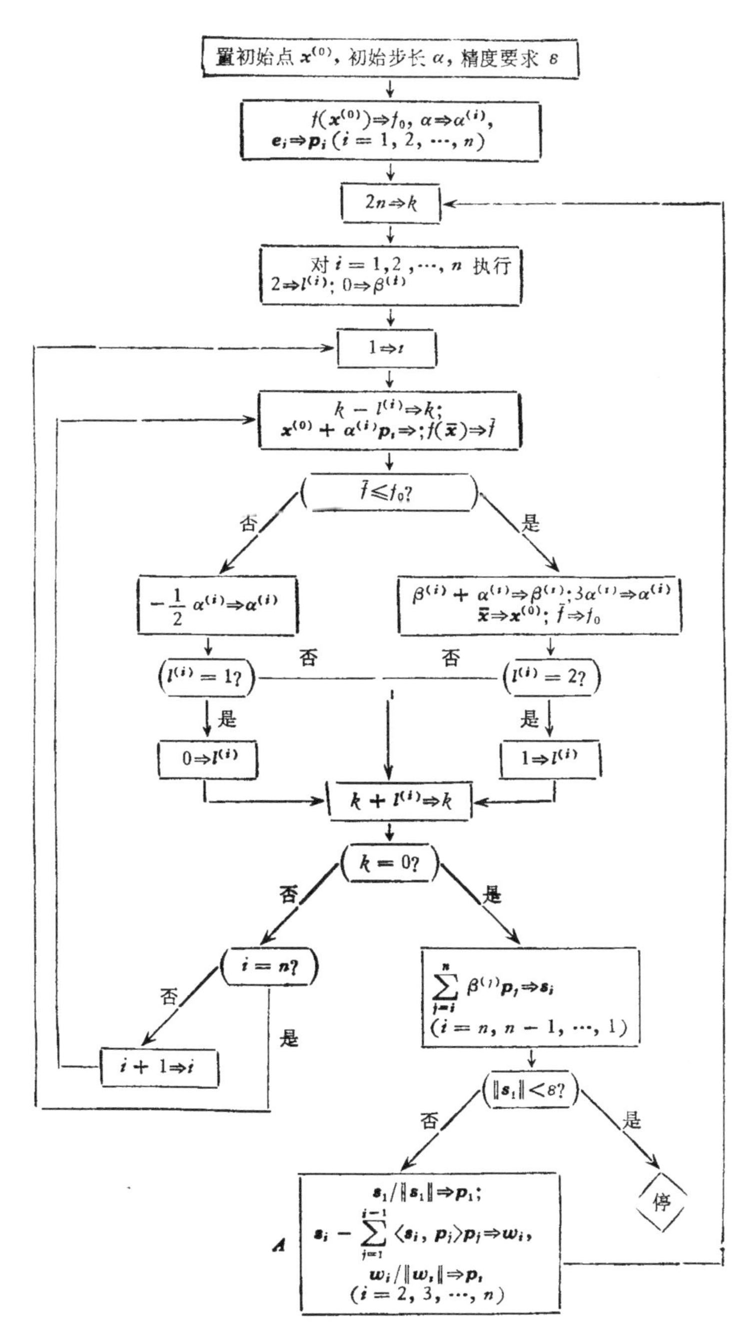

图 6.3 Rosenbrock 算法框图

$$\boldsymbol{w}_2 = \boldsymbol{s}_2 - \langle \boldsymbol{s}_2, \hat{\boldsymbol{p}}_1 \rangle \hat{\boldsymbol{p}}_1, \qquad (6.3)_2$$

$$\hat{\boldsymbol{p}}_2 = \boldsymbol{w}_2 / \|\boldsymbol{w}_2\|,$$

$$\cdots\cdots\cdots\cdots$$

$$\boldsymbol{w}_n = \boldsymbol{s}_n - \sum_{j=1}^{n-1} \langle \boldsymbol{s}_n, \hat{\boldsymbol{p}}_j \rangle \hat{\boldsymbol{p}}_j, \qquad (6.3)_n$$

$$\hat{\boldsymbol{p}}_n = \boldsymbol{w}_n / \|\boldsymbol{w}_n\|.$$

这 n 个方向将用作下一次(第 $k+1$ 次)迭代的 n 个正交方向.

以上所述的探测阶段和转轴阶段组成了第 k 次迭代的全部内容. 接下去用同样的方式进行第 $k+1$ 次迭代，等等. 这可以归纳成如下算法.

算法 2 (Rosenbrock 算法). 见图 6.3 所示的框图.

这个算法的 FORTRAN 语言程序可见文献 [110].

2.2. DSC 方法和 Palmer 的改进方案

Davis, Swann 和 Campey[111] 对 Rosenbrock 方法进行了改造(可参看文献[7]或[11]). 他们提出用依次沿 n 个方向进行一维搜索代替那里的探测阶段. 这样其第 k 次迭代可以描述如下：首先从点 $\boldsymbol{x}^{(0)} = \boldsymbol{x}_k$ 出发，沿 $\boldsymbol{p}_1$ 搜索得点 $\boldsymbol{x}^{(1)} = \boldsymbol{x}^{(0)} + \beta^{(1)}\boldsymbol{p}_1$; 再从 $\boldsymbol{x}^{(1)}$ 出发，沿 $\boldsymbol{p}_2$ 搜索得 $\boldsymbol{x}^{(2)} = \boldsymbol{x}^{(1)} + \beta^{(2)}\boldsymbol{p}_2; \cdots\cdots$; 最后沿 $\boldsymbol{p}_n$ 搜索得 $\boldsymbol{x}^{(n)} = \boldsymbol{x}^{(n-1)} + \beta^{(n)}\boldsymbol{p}_n$. 然后进入转轴阶段——按式 (6.2) 选取 $\boldsymbol{s}_1, \cdots, \boldsymbol{s}_n$, 再用 Gram-Schmidt 方法构造出 n 个正交的搜索方向. 不过这里有一个突出的问题——$\beta^{(j)}(j=1, 2, \cdots, n)$ 中可能出现零值. 这时 $\boldsymbol{s}_1, \boldsymbol{s}_2, \cdots, \boldsymbol{s}_n$ 变得线性相关，它们张成的子空间的维数小于 n. 因而在这个子空间上构造出的 n 个正交方向中必有零向量. 这体现在式 (6.3) 中就是存在 $l(1 \leqslant l \leqslant n)$, 使得

$$\boldsymbol{w}_l = \boldsymbol{0}, \ \|\boldsymbol{w}_l\| = 0.$$

即公式 (6.3) 将会失效. Davis, Swann 和 Campey 提出了一个克服这一困难的方案，但不如 Palmer[109] 的方案优越，所以这里只介绍后者.

Palmer 仔细考察了递推式(6.3),得到了 $\hat{\boldsymbol{p}}_l$ 的另一表达式.

定理 1. 若 $\prod_{j=1}^{n}\beta^{(j)}\neq 0$, 则由式(6.2)—(6.3)确定的 $\hat{\boldsymbol{p}}_l$ ($l=2,3,\cdots,n$) 可表为

$$\hat{\boldsymbol{p}}_l=\operatorname{sign}(\beta^{(l-1)})\frac{\beta^{(l-1)}\boldsymbol{s}_l-\|\boldsymbol{s}_l\|^2\boldsymbol{p}_{l-1}}{\|\boldsymbol{s}_{l-1}\|\cdot\|\boldsymbol{s}_l\|}.\tag{6.4}$$

证明. 我们用归纳法证明下列三式成立:

$$\boldsymbol{w}_l=\frac{\|\boldsymbol{s}_{l-1}\|^2\boldsymbol{s}_l-\|\boldsymbol{s}_l\|^2\boldsymbol{s}_{l-1}}{\|\boldsymbol{s}_{l-1}\|^2}=\frac{\beta^{(l-1)}[\beta^{(l-1)}\boldsymbol{s}_l-\|\boldsymbol{s}_l\|^2\boldsymbol{p}_{l-1}]}{\|\boldsymbol{s}_{l-1}\|^2},\tag{6.5}$$

$$\|\boldsymbol{w}_l\|=|\beta^{(l-1)}|(\|\boldsymbol{s}_l\|/\|\boldsymbol{s}_{l-1}\|)=\frac{\|\boldsymbol{s}_l\|}{\|\boldsymbol{s}_{l-1}\|}(\|\boldsymbol{s}_{l-1}\|^2-\|\boldsymbol{s}_l\|^2)^{\frac{1}{2}},\tag{6.6}$$

$$\begin{aligned}\hat{\boldsymbol{p}}_l&=\operatorname{sign}(\beta^{(l-1)})\frac{\beta^{(l-1)}\boldsymbol{s}_l-\|\boldsymbol{s}_l\|^2\boldsymbol{p}_{l-1}}{\|\boldsymbol{s}_{l-1}\|\|\boldsymbol{s}_l\|}\\&=\frac{\|\boldsymbol{s}_{l-1}\|^2\boldsymbol{s}_l-\|\boldsymbol{s}_l\|^2\boldsymbol{s}_{l-1}}{\|\boldsymbol{s}_{l-1}\|\|\boldsymbol{s}_l\|(\|\boldsymbol{s}_{l-1}\|^2-\|\boldsymbol{s}_l\|^2)^{1/2}}.\end{aligned}\tag{6.7}$$

首先证明: 当 $l=2$ 时式(6.5)—(6.7)成立. 由于

$$\hat{\boldsymbol{p}}_1=\sum_{i=1}^{n}\beta^{(i)}\boldsymbol{p}_i\Big/\left(\sum_{j=1}^{n}\beta^{(j)2}\right)^{\frac{1}{2}},\quad \boldsymbol{s}_2=\sum_{j=2}^{n}\beta^{(j)}\boldsymbol{p}_j,$$

故

$$\begin{aligned}\boldsymbol{w}_2&=\boldsymbol{s}_2-\langle\boldsymbol{s}_2,\hat{\boldsymbol{p}}_1\rangle\hat{\boldsymbol{p}}_1\\&=\sum_{j=2}^{n}\beta^{(j)}\boldsymbol{p}_j-\left(\sum_{j=2}^{n}\beta^{(j)2}\Big/\sum_{j=1}^{n}\beta^{(j)2}\right)\sum_{j=1}^{n}\beta^{(j)}\boldsymbol{p}_j\\&=\frac{\|\boldsymbol{s}_1\|^2\boldsymbol{s}_2-\|\boldsymbol{s}_2\|^2\boldsymbol{s}_1}{\|\boldsymbol{s}_1\|^2}=\frac{\beta^{(1)}[\beta^{(1)}\boldsymbol{s}_2-\|\boldsymbol{s}_2\|^2\boldsymbol{p}_1]}{\|\boldsymbol{s}_1\|^2}.\end{aligned}$$

即当 $l=2$ 时,式(6.5)成立.据此容易验证,当 $l=2$ 时,式(6.6),(6.7)均成立.

假设 $l\leqslant k$ 时,式(6.5)—(6.7)成立. 当 $l=k+1$ 时, 由式(6.3)与归纳假设,有

$$\boldsymbol{w}_{k+1} = \boldsymbol{s}_{k+1} - \sum_{j=1}^{k} \langle \boldsymbol{s}_{k+1}, \hat{\boldsymbol{p}}_j \rangle \hat{\boldsymbol{p}}_j = \boldsymbol{s}_{k+1} - \left\langle \boldsymbol{s}_{k+1}, \frac{\boldsymbol{s}_1}{\|\boldsymbol{s}_1\|} \right\rangle \frac{\boldsymbol{s}_1}{\|\boldsymbol{s}_1\|}$$

$$- \sum_{j=2}^{k} \left\langle \boldsymbol{s}_{k+1}, \frac{\|\boldsymbol{s}_{j-1}\|^2 \boldsymbol{s}_j - \|\boldsymbol{s}_j\|^2 \boldsymbol{s}_{j-1}}{\|\boldsymbol{s}_{j-1}\| \|\boldsymbol{s}_j\| (\|\boldsymbol{s}_{j-1}\|^2 - \|\boldsymbol{s}_j\|^2)^{1/2}} \right\rangle$$

$$\times \frac{\|\boldsymbol{s}_{j-1}\|^2 \boldsymbol{s}_j - \|\boldsymbol{s}_j\|^2 \boldsymbol{s}_{j-1}}{\|\boldsymbol{s}_{j-1}\| \|\boldsymbol{s}_j\| (\|\boldsymbol{s}_{j-1}\|^2 - \|\boldsymbol{s}_j\|^2)^{1/2}}.$$

注意到,当 $j = 1, 2, \cdots, k$ 时,有

$$\langle \boldsymbol{s}_{k+1}, \boldsymbol{s}_j \rangle = \left\langle \sum_{i=k+1}^{n} \beta^{(i)} \boldsymbol{p}_i, \sum_{i=j}^{n} \beta^{(i)} \boldsymbol{p}_i \right\rangle = \sum_{i=k+1}^{n} \beta^{(i)^2} = \|\boldsymbol{s}_{k+1}\|^2,$$

$$\langle \boldsymbol{s}_{k+1}, \boldsymbol{s}_{j-1} \rangle = \|\boldsymbol{s}_{k+1}\|^2,$$

从而可得

$$\boldsymbol{w}_{k+1} = \boldsymbol{s}_{k+1} - \|\boldsymbol{s}_{k+1}\|^2 \frac{\boldsymbol{s}_1}{\|\boldsymbol{s}_1\|^2}$$

$$- \sum_{j=2}^{k} \|\boldsymbol{s}_{k+1}\|^2 \frac{\|\boldsymbol{s}_{j-1}\|^2 \boldsymbol{s}_j - \|\boldsymbol{s}_j\|^2 \boldsymbol{s}_{j-1}}{\|\boldsymbol{s}_{j-1}\|^2 \|\boldsymbol{s}_j\|^2 (\|\boldsymbol{s}_{j-1}\|^2 - \|\boldsymbol{s}_j\|^2)} (\|\boldsymbol{s}_{j-1}\|^2 - \|\boldsymbol{s}_j\|^2)$$

$$= \boldsymbol{s}_{k+1} - \|\boldsymbol{s}_{k+1}\|^2 \left\{ \sum_{j=2}^{k} \left(\frac{\boldsymbol{s}_j}{\|\boldsymbol{s}_j\|^2} - \frac{\boldsymbol{s}_{j-1}}{\|\boldsymbol{s}_{j-1}\|^2} \right) + \frac{\boldsymbol{s}_1}{\|\boldsymbol{s}_1\|^2} \right\}$$

$$= \boldsymbol{s}_{k+1} - \|\boldsymbol{s}_{k+1}\|^2 \frac{\boldsymbol{s}_k}{\|\boldsymbol{s}_k\|^2} = \frac{\|\boldsymbol{s}_k\|^2 \boldsymbol{s}_{k+1} - \|\boldsymbol{s}_{k+1}\|^2 \boldsymbol{s}_k}{\|\boldsymbol{s}_k\|^2}$$

$$= \frac{\beta^{(k)} [\beta^{(k)} \boldsymbol{s}_{k+1} - \|\boldsymbol{s}_{k+1}\|^2 \boldsymbol{p}_k]}{\|\boldsymbol{s}_k\|^2}. \tag{6.8}$$

即当 $l = k + 1$ 时,式(6.5)成立. 由此易得

$$\|\boldsymbol{w}_{k+1}\|^2 = \frac{\beta^{(k)^2}}{\left(\sum_{j=k}^{n} \beta^{(j)^2} \right)^2} \left\{ \left(\sum_{j=k+1}^{n} \beta^{(j)^2} \right)^2 + \beta^{(k)^2} \sum_{j=k+1}^{n} \beta^{(j)^2} \right\}$$

$$= \beta^{(k)^2} \frac{\sum_{j=k+1}^{n} \beta^{(j)^2}}{\sum_{j=k}^{n} \beta^{(j)^2}},$$

故

$$\|\boldsymbol{w}_{k+1}\| = |\beta^{(k)}| \frac{\|\boldsymbol{s}_{k+1}\|}{\|\boldsymbol{s}_k\|} = (\|\boldsymbol{s}_k\|^2 - \|\boldsymbol{s}_{k+1}\|^2)^{\frac{1}{2}} \frac{\|\boldsymbol{s}_{k+1}\|}{\|\boldsymbol{s}_k\|}. \quad (6.9)$$

最后，由式(6.8)，(6.9)得到

$$\hat{\boldsymbol{p}}_{k+1} = \operatorname{sign}(\beta^{(k)}) \frac{\beta^{(k)}\boldsymbol{s}_{k+1} - \|\boldsymbol{s}_{k+1}\|^2\boldsymbol{p}_k}{\|\boldsymbol{s}_k\|\|\boldsymbol{s}_{k+1}\|}$$

$$= \frac{\|\boldsymbol{s}_k\|^2\boldsymbol{s}_{k+1} - \|\boldsymbol{s}_{k+1}\|^2\boldsymbol{s}_k}{\|\boldsymbol{s}_k\|\|\boldsymbol{s}_{k+1}\|(\|\boldsymbol{s}_k\|^2 - \|\boldsymbol{s}_{k+1}\|^2)^{1/2}},$$

此即当 $l = k + 1$ 时，式(6.6)，(6.7)成立．定理证毕．

现在利用上述定理给出一个具体的转轴方案．首先，我们注意到，所要构造的方向 $\hat{\boldsymbol{p}}_l$ 取为某一方向或取为该方向的反向，对问题没有影响．所以若 $\prod_{i=1}^{n} \beta^{(i)} \neq 0$，由定理1知道，我们也可按

$$\hat{\boldsymbol{p}}_1 = \frac{\boldsymbol{s}_1}{\|\boldsymbol{s}_1\|},$$

$$\hat{\boldsymbol{p}}_l = \frac{\beta^{(l-1)}\boldsymbol{s}_l - \|\boldsymbol{s}_l\|^2\boldsymbol{p}_{l-1}}{\|\boldsymbol{s}_{l-1}\|\|\boldsymbol{s}_l\|} \quad (l = 2, \cdots, n) \qquad (6.10)$$

构造新搜索方向．注意式(6.10)与式(6.3)有所不同——它能够处理 $\beta^{(j)}$ $(j = 1, \cdots, n)$ 中出现零值的情形． 换句话说，只要 $\sum_{i=1}^{n} \beta^{(i)2} \neq 0$ $\left(\text{若} \sum_{j=1}^{n} \beta^{(j)2} = 0\text{，则可停止计算}\right)$，就能根据式(6.10)确定新的搜索方向．事实上，当 $\sum_{j=1}^{n} \beta^{(j)2} \neq 0$ 时，不妨设 $k(1 \leqslant k \leqslant n)$ 为满足

$$\beta^{(k)} \neq 0, \beta^{(k+1)} = \cdots = \beta^{(n)} = 0$$

的上标．此时有

$$\boldsymbol{s}_l = \beta^{(l)}\boldsymbol{p}_l + \beta^{(l+1)}\boldsymbol{p}_{l+1} + \cdots + \beta^{(k)}\boldsymbol{p}_k \quad (l = 1, \cdots, k),$$

$$\boldsymbol{s}_l = \boldsymbol{0} \quad (l = k + 1, \cdots, n).$$

因此对 $l = 1, \cdots, k$ 来说，式(6.10)都是有意义的．我们就用它来确定这些 $\hat{\boldsymbol{p}}_l$． 而令后边的 $n - k$ 个搜索方向保持不变

$$\hat{\boldsymbol{p}}_l = \boldsymbol{p}_l \quad (l = k + 1, \cdots, n).$$

应该指出，这里并未排除 $\{\beta^{(1)}, \cdots, \beta^{(k-1)}\}$ 中出现零元素的情形．

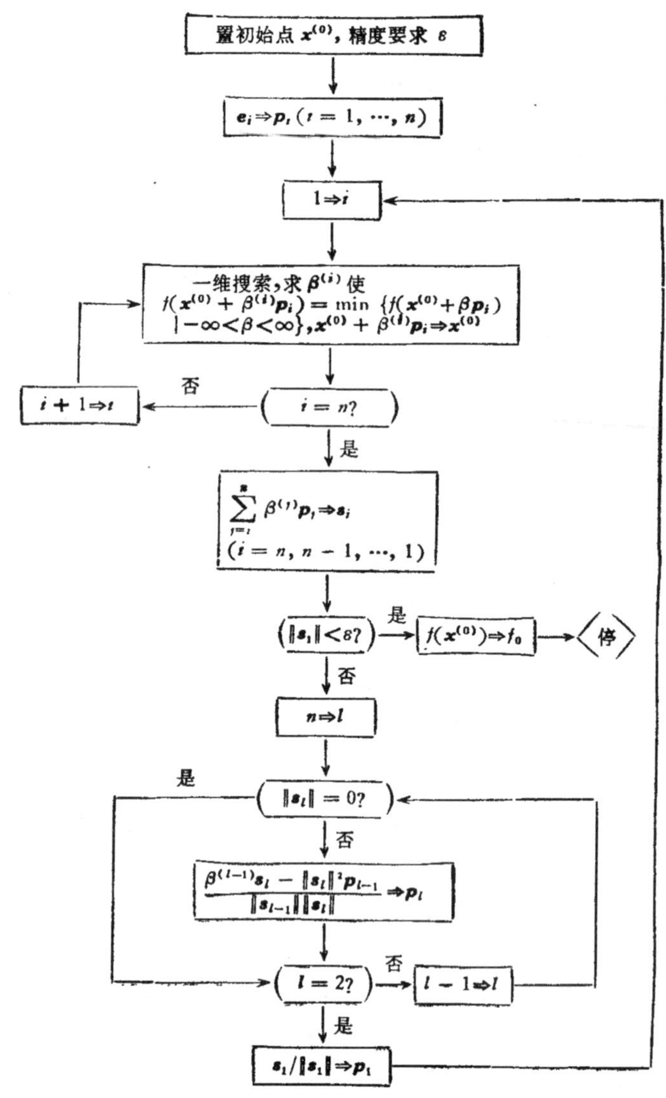

图 6.4 Palmer 改进 DSC 算法框图

实际上当其中第 i 个值 $\beta^{(i)}=0$ 时, $s_i=s_{i+1}$, 于是按式 (6.10) 便有

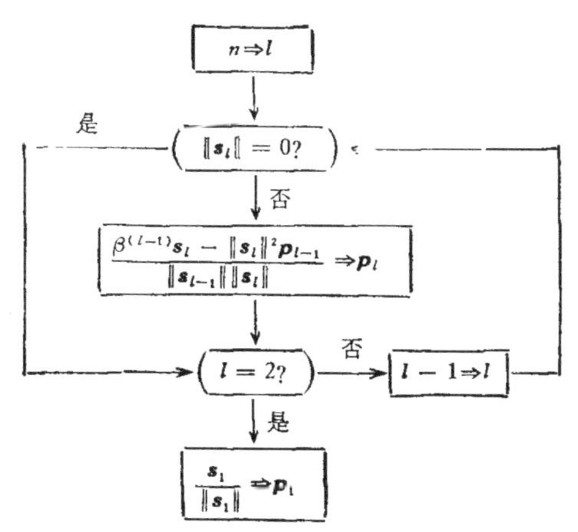

图 6.5　对图 6.3 中框 A 的改进方案

$$\hat{\boldsymbol{p}}_{i+1} = \frac{0\boldsymbol{s}_{i+1} + \|\boldsymbol{s}_{i+1}\|^2 \boldsymbol{p}_i}{\|\boldsymbol{s}_i\| \|\boldsymbol{s}_{i+1}\|} = -\boldsymbol{p}_i.$$

即当前一阶段沿某个方向并未移动时，则在新的搜索方向中仍然保留该方向．这与处理 $\beta^{(k+1)} = \cdots = \beta^{(n)} = 0$ 的措施是一致的．显然新构造出的 $\hat{\boldsymbol{p}}_1, \cdots, \hat{\boldsymbol{p}}_n$ 总是一组正交向量．

以上可以归纳成如下算法：

算法 3（Palmer 的改进 DSC 算法） 见图 6.4 所示的框图．

上述转轴方案不仅解决了 $\beta^{(j)}$ 中可能出现零值的问题，而且还有减少计算量和节省存储单元的优点．这个转轴方案也可以应用于 Rosenbrock 方法．这样就得到了下列算法．

算法 4． 见图 6.3 所示的框图，其中，框 A 的部分用图 6.5 所示的框图代替．

§3. 单 纯 形 法

3.1. 正规单纯形法

正规单纯形　在 n 维空间 R^n 中，若 $n+1$ 个点中任意两点的距离都相等，则这 $n+1$ 个点组成的图形叫做正规单纯形．例如 R^2 中的等边三角形，R^3 中的正四面体……等等． 构成正规单纯形的 $n+1$ 个点叫做它的顶点．如果给定某点 $\boldsymbol{x}_1$

$$\boldsymbol{x}_1=(x_{11},\cdots,x_{n1})^T,$$

需要构造以 $\boldsymbol{x}_1$ 为其一个顶点的正规单纯形，可以考虑 $n\times(n+1)$ 阶矩阵

$$\begin{bmatrix} x_{11} & x_{11}+d_1 & x_{11}+d_2 & \cdots & x_{11}+d_2 \\ x_{21} & x_{21}+d_2 & x_{21}+d_1 & \cdots & x_{21}+d_2 \\ x_{31} & x_{31}+d_2 & x_{31}+d_2 & \cdots & x_{31}+d_2 \\ \cdots & \cdots & \cdots & \cdots & \cdots \\ x_{n1} & x_{n1}+d_2 & x_{n1}+d_2 & \cdots & x_{n1}+d_1 \end{bmatrix}, \tag{6.11}$$

其中

$$d_1=\frac{t}{n\sqrt{2}}(\sqrt{n+1}+n-1), \tag{6.12}$$

$$d_2=\frac{t}{n\sqrt{2}}(\sqrt{n+1}-1). \tag{6.13}$$

容易验证，以这个矩阵的列为坐标的 $n+1$ 个点，就组成一个正规单纯形．它的任意两顶点之间的距离为 t．

正规单纯形法 Spendley 等人[24]提出了一个利用正规单纯形求目标函数 $f(\boldsymbol{x})$ 极小点的方法，称之为正规单纯形法．其过程是从给定的初始点 $\boldsymbol{x}_1$ 出发，按式 (6.11) 构造一个以 $\boldsymbol{x}_1$ 为其一个顶点的初始正规单纯形 $S^{(1)}$，然后逐次构造正规单纯形的序列 $\{S^{(k)}\}$ $(k=2,3,\cdots)$ 使 $S^{(k)}$ 不断地向函数 $f(\boldsymbol{x})$ 的极小点运动．

设 $S^{(k)}$ 的 $n+1$ 个顶点为

$$\boldsymbol{x}_{ki}=(x_{1i}^{(k)},\cdots,x_{ni}^{(k)})^T \quad (i=1,2,\cdots,n+1). \tag{6.14}$$

令

$$f(\boldsymbol{x}_{kh})=\max\{f(\boldsymbol{x}_{ki})\,|\,i=1,2,\cdots,n+1\} \tag{6.15}$$

表示 $S^{(k)}$ 的 $n+1$ 个顶点处的函数值的最大值． 点 $\boldsymbol{x}_{kh}$ 称为最高点；

$$f(\boldsymbol{x}_{kg})=\max\{f(\boldsymbol{x}_{ki})\,|\,i\neq h\} \tag{6.16}$$

表示 $S^{(k)}$ 的 $n+1$ 个顶点处的函数值的次大值，点 $\boldsymbol{x}_{kg}$ 称为次高

点. 称

$$\boldsymbol{x}_{k,n+2}=\frac{1}{n}\left[\sum_{i=1}^{n+1}\boldsymbol{x}_{ki}-\boldsymbol{x}_{kh}\right] \tag{6.17}$$

为 $S^{(k)}$ 的顶点中除去 $\boldsymbol{x}_{kh}$ 外的其余各顶点的质心.

在正规单纯形法的第 k 次迭代过程中,需计算 $f(\boldsymbol{x})$ 在 $S^{(k)}$ 的 $n+1$ 个顶点处的值,做 $\boldsymbol{x}_{kh}$ 或 $\boldsymbol{x}_{kg}$ 对于 $S^{(k)}$ 的其余 n 个顶点的质心的反射点

$$\boldsymbol{x}_{k,n+3}=2\boldsymbol{x}_{k,n+2}-\boldsymbol{x}_{kh} \tag{6.18}$$

或

$$\boldsymbol{x}_{k,n+3}=2\boldsymbol{x}_{k,n+2}-\boldsymbol{x}_{kg}, \tag{6.19}$$

然后根据不同情况丢弃 $\boldsymbol{x}_{kh}$ 或 $\boldsymbol{x}_{kg}$(详见算法 5),以 $\boldsymbol{x}_{k,n+3}$ 和 $S^{(k)}$ 的其余 n 个顶点构成新的正规单纯形 $S^{(k+1)}$. 图 6.6 就是对两个变量的函数的正规单纯形法.

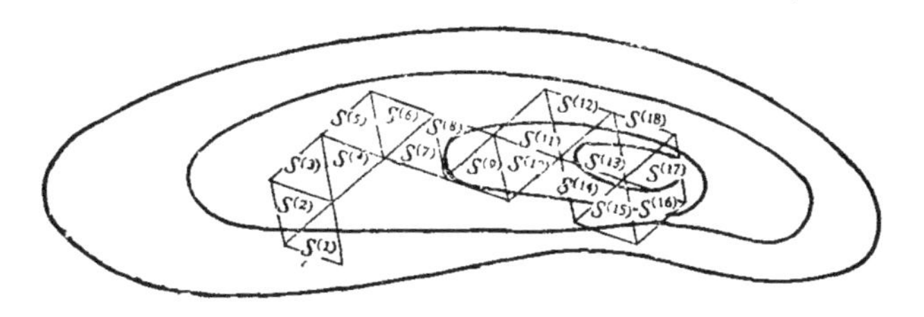

图 6.6 两个变量的函数的正规单纯形法

这里还要指出一点,当某一顶点已进入目标函数 $f(\boldsymbol{x})$ 的极小点 $\boldsymbol{x}^*$ 的某邻域时,上述迭代过程产生的正规单纯形序列将永远以此点作为一个顶点,也就是说正规单纯形序列将围绕此点旋转.这时如不缩小正规单纯形的"边长",正规单纯形序列就不能向 $\boldsymbol{x}^*$ 继续运动. Spendley 等人提出,如果某个顶点在正规单纯形序列中连续出现的次数超过

$$\alpha=1.65n+0.05n^2, \tag{6.20}$$

则收缩正规单纯形: 记连续出现次数大于 α 的点为 $\boldsymbol{x}_{kl}$, 把所有向量 $\boldsymbol{x}_{ki}-\boldsymbol{x}_{kl}$ 向着 $\boldsymbol{x}_{kl}$ 缩短一半,即计算新点

$$\boldsymbol{x}_{k+1,i}=\boldsymbol{x}_{kl}+\frac{1}{2}(\boldsymbol{x}_{ki}-\boldsymbol{x}_{kl}) \quad (i=1,\cdots,n+1), \tag{6.21}$$

由这些新点构成 $S^{(k+1)}$.

以上策略可以归纳成如下算法:

算法 5(正规单纯形法)

1. 取初始点 $\boldsymbol{x}_1$, 初始步长 t 和精度要求 ε, 按式(6.11)构造一个以 $\boldsymbol{x}_1$ 为其一个顶点的初始正规单纯形 $(\boldsymbol{x}_{11}, \cdots, \boldsymbol{x}_{1,n+1})$.

2. 计算 $\alpha = 1.65n + 0.05n^2$.

3. 记正规单纯形的顶点连续出现的次数为 $\rho_i\ (i = 1, \cdots, n+1)$. 置 $k = 1$.

4. 求出正规单纯形的最高点 $\boldsymbol{x}_{kh}$. 置 $\rho_i = 1\ (i = 1, \cdots, n+1)$.

5. 反射. 按式(6.18)作点 $\boldsymbol{x}_{kh}$ 关于质心 $\boldsymbol{x}_{k,n+2}$ 的反射点

$$\boldsymbol{x}_{k,n+3} = 2\boldsymbol{x}_{k,n+2} - \boldsymbol{x}_{kh},$$

以 $\boldsymbol{x}_{k,n+3}$ 替换 $\boldsymbol{x}_{kh}$, 得新正规单纯形.

6. 置被替换的点所对应的 $\rho_h = 1$, 其余的 ρ_i 分别加上 1,置 $k = k + 1$.

7. 若 $\rho_i \leqslant \alpha\ (i = 1, \cdots, n+1)$ 时转 8; 否则转 9.

8. 求出除去 $\boldsymbol{x}_{kh}$ 外的最高点 $\boldsymbol{x}_{ki}$, 将 $\boldsymbol{x}_{kh}$ 与 $\boldsymbol{x}_{ki}$ 互换, ρ_h 与 ρ_i 互换,然后转5.

9. 收缩. 记连续出现次数大于 α 的点为 $\boldsymbol{x}_{kl}$, 把所有向量 $\boldsymbol{x}_{ki} - \boldsymbol{x}_{kl}\ (i = 1, \cdots, l-1, l+1, \cdots, n+1)$ 向着点 $\boldsymbol{x}_{kl}$ 缩短一半,即计算新点

$$\boldsymbol{x}_{ki} = \boldsymbol{x}_{kl} + \frac{1}{2}(\boldsymbol{x}_{ki} - \boldsymbol{x}_{kl}) \qquad (i = 1, \cdots, n+1).$$

以这些新点构成新正规单纯形.

10. 检验是否满足算法收敛准则. 若正规单纯形的边长满足

$$\|\boldsymbol{x}_{k1} - \boldsymbol{x}_{k2}\| \leqslant \varepsilon,$$

则停止计算;否则置 $k = k + 1$, 转 4.

正规单纯形法的收敛性[112][113] 下面我们仅对 R^2 上的正定二次函数 $f(\boldsymbol{x})$ 来讨论正规单纯形法的收敛性. 为叙述方便起见,记算法 5 中的初始正规单纯形为 $S^{(1)}$, 第 k 次迭代过程中的正规单

纯形为 $S^{(k)}$，由 $S^{(k)}$ 经反射步骤或收缩步骤得到 $S^{(k+1)}$ 的过程为映射 A，即 $S^{(k+1)} = AS^{(k)}$. 我们假定取 $\alpha = 4$（这一点与由式(6.20)确定的 α 值略有不同），也就是说，如果某个顶点在正规单纯形序列中连续出现 5 次，则进行收缩步骤.

和第四章中使用的方法一样，对于一般正定二次函数

$$f(\boldsymbol{x}) = \frac{1}{2}\boldsymbol{x}^T G\boldsymbol{x} + \boldsymbol{r}^T\boldsymbol{x} + \delta,\ \boldsymbol{x} \in R^2 \tag{6.22}$$

作非退化线性变换

$$\boldsymbol{y} = \sqrt{G}\,\boldsymbol{x}, \tag{6.23}$$

就能把 $f(\boldsymbol{x})$ 化为相应的特殊正定二次函数. 为简单起见，我们仍记它为

$$f(\boldsymbol{y}) = \frac{1}{2}\boldsymbol{y}^T\boldsymbol{y} + \boldsymbol{r}^T\boldsymbol{y} + \delta,\ \boldsymbol{y} \in R^2. \tag{6.24}$$

在线性变换下，正规单纯形的反射与收缩均具有不变性. 所以我们考虑形如式(6.24)所示的特殊正定二次函数，只要对它来讨论正规单纯形法的收敛性就可以了. 为此，首先证明几个引理.

引理 1. 设 $f(\boldsymbol{y})$ 为形如式(6.24)所示的特殊正定二次函数，则对于任意常数 c，基准集

$$C = \{\boldsymbol{y} \mid f(\boldsymbol{y}) \leqslant c\} \tag{6.25}$$

是有界集合.

证明. 由于对任意 $\boldsymbol{y}, \boldsymbol{r} \in R^2$ 成立不等式

$$\left(\frac{1}{2}\|\boldsymbol{y}\|\right)^2 + \|\boldsymbol{r}\|^2 \geqslant \|\boldsymbol{y}\|\|\boldsymbol{r}\|$$

和 Schwarz 不等式

$$\|\boldsymbol{y}\|\|\boldsymbol{r}\| \geqslant |\boldsymbol{r}^T\boldsymbol{y}|,$$

因此

$$\boldsymbol{r}^T\boldsymbol{y} \geqslant -\frac{1}{4}\|\boldsymbol{y}\|^2 - \|\boldsymbol{r}\|^2,$$

$$c \geqslant f(\boldsymbol{y}) = \frac{1}{2}\|\boldsymbol{y}\|^2 + \boldsymbol{r}^T\boldsymbol{y} + \delta \geqslant \frac{1}{4}\|\boldsymbol{y}\|^2 - \|\boldsymbol{r}\|^2 + \delta,$$

这就是说 C 为有界集合．引理证毕．

引理 2. 设 $f(\boldsymbol{y})$ 为形如式(6.24)所示的特殊正定二次函数，则算法 5 必然包含无限次收缩步骤．

证明． 设算法 5 只有有限次收缩步骤，即存在 k_0，当 $k \geqslant k_0$ 时，$S^{(k+1)}=AS^{(k)}$ 全是反射步骤．因此，任一顶点在正规单纯形序列中最多只能连续出现四次．

记 $S^{(k_0)}$ 的三个顶点处的函数值的最小值为 c_0，相应的顶点为 A_1，其余两个顶点记为 A_2 和 A_3(参看图 6.7)．由引理 1 知集合 $C=\{\boldsymbol{y} \mid f(\boldsymbol{y}) \leqslant c_0\}$ 是有界集合．

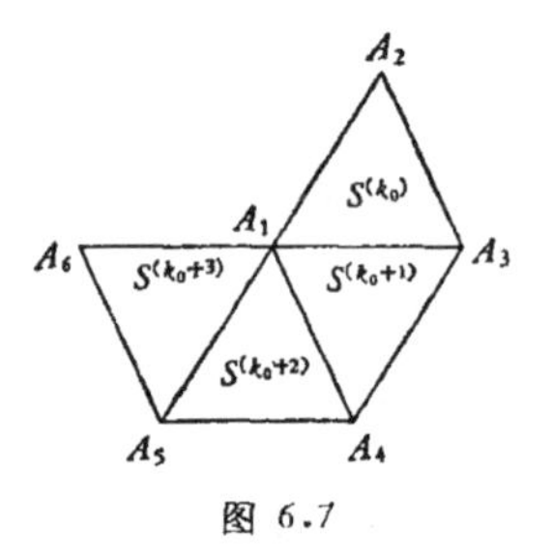

图 6.7

不妨设 A_1 连续出现的次数是 1．在 $S^{(k_0+1)}=AS^{(k_0)}$ 中，只可能做 A_2 或 A_3 的反射点，不妨假定是做 A_2 的反射点，得到 A_4．由于 A_3 处的函数值大于 A_1 处的函数值，因此在 $S^{(k_0+2)}=AS^{(k_0+1)}$ 中，只可能做 A_3 的反射点，得到 A_5，这时点 A_1 已经连续出现三次了．在 $S^{(k_0+3)}=AS^{(k_0+2)}$ 中，只可能做 A_1 或 A_4 的反射点．如果做 A_4 的反射点，得到 A_6，这时 A_1 已经连续出现四次，在 $S^{(k_0+4)}=AS^{(k_0+3)}$ 中，只能做 A_1 的反射点．也就是说，在 $S^{(k_0+3)}$ 中 A_1 或是最高点，或是次高点，从而在 $S^{(k_0+3)}$ 中至少有一顶点，其上的函数值小于 c_0，它也必定小于 A_2 和 A_3 处的函数值．因此这个顶点属于 C，$S^{(k_0+3)}$ 与 $S^{(k_0)}$ 也不能重合．同样，如果在 $S^{(k_0+3)}=AS^{(k_0+2)}$中，做 A_1 的反射点时，也就是说在 $S^{(k_0+2)}$ 中 A_1 或是最高点，或是次高点．从而 $S^{(k_0+2)}$ 至少有一顶点属于 C，$S^{(k_0+2)}$ 与 $S^{(k_0)}$ 也不能重合．

这样，在由 $S^{(k_0)}$ 出发按反射步骤得到的正规单纯形序列 $\{S^{(k)}\}$ 中包含有无穷多个互不重合的正规单纯形(亦即正三角形)．而且这无穷多个正规单纯形的每一个都至少有一个顶点属于 C．这与 C 的有界性矛盾．引理证毕．

引理 3. 设 $f(\boldsymbol{y})$ 为形如式(6.24)所示的特殊正定二次函数，$\boldsymbol{y}^*$ 是它的极小点，A_1，A_2 是算法 5 所产生的正规单纯形序列中某一正规单纯形的两个顶点. 若 A_1 处的函数值小于 A_2 处的函数值，则对于线段 A_1A_2 的垂直平分线而言，$\boldsymbol{y}^*$ 与 A_1位于同一侧.

证明. 由引理条件及式

$$f(\boldsymbol{y})=\frac{1}{2}\|\boldsymbol{y}-\boldsymbol{y}^*\|^2+f(\boldsymbol{y}^*),\ \boldsymbol{y}\in R^2 \qquad (6.26)$$

可知，$\boldsymbol{y}^*$ 与 A_1 的距离小于 $\boldsymbol{y}^*$ 与 A_2 之距离，因此引理之结论成立. 引理证毕.

引理 4. 设 $f(\boldsymbol{y})$ 为形如式(6.24)所示的特殊正定二次函数，$\boldsymbol{y}^*$ 是它的极小点，则在算法 5 的每一收缩步骤 $S^{(k+1)}=AS^{(k)}$ 中，$S^{(k)}$ 的三个顶点和 $\boldsymbol{y}^*$ 的距离的最大值小于$\left(1+\frac{\sqrt{3}}{3}\right)a_k$，这里 a_k 是 $S^{(k)}$ 的边长.

证明. 根据算法 5 可知，每进行一次收缩步骤时，都有某一顶点已经连续出现了五次. 如图 6.8 所示，在由 $S^{(k-4)}\to S^{(k-3)}\to S^{(k-2)}\to S^{(k-1)}\to S^{(k)}$ 中，A_1 已经连续出现了五次.

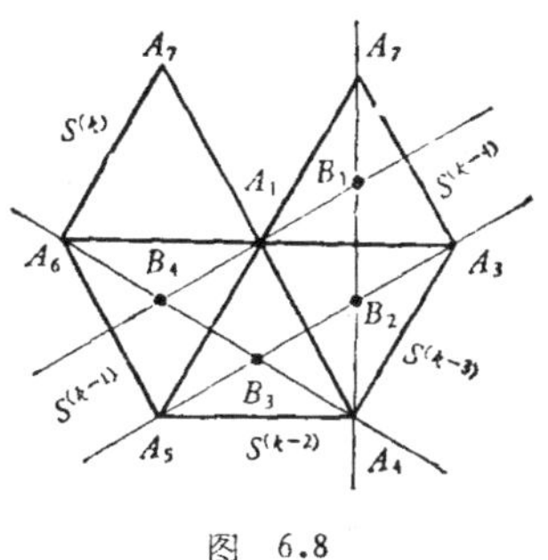

图 6.8

由算法 5 易知，在 A_1、A_2、A_3、A_4、A_5 处的函数值中，以 A_1 处的函数值最小. 而且在 $S^{(k-4)}=AS^{(k-5)}$ 中，如果是反射步骤，A_1 必为反射点；如果是收缩步骤，A_2 在 $S^{(k-4)}$ 中必是最高点. 这两种情形中，都有 A_2 处的函数值大于 A_3 处的函数值.

由引理 3 知，$\boldsymbol{y}^*$ 必位于梯形 $B_1B_2B_3B_4$中. 由此易得引理之结论. 引理证毕.

定理 2. 设 $f(\boldsymbol{y})$ 为形如式(6.24)所示的特殊正定二次函数，$\boldsymbol{y}^*$ 是它的极小点. 记由算法 5 所产生的正规单纯形序列为 $\{S^{(k)}\}$ $(k=1,2,\cdots)$，则当 $k\to\infty$ 时，$S^{(k)}$ 的顶点趋于 $\boldsymbol{y}^*$.

证明. 由引理 4 和引理 2 立即得到定理之结论. 定理证毕.

以上我们对 R^2 上的正定二次函数 $f(\boldsymbol{x})$，讨论了正规单纯形法的收敛性. 对于高维的情况，也有类似的结论，这里就不再讨论了.

在正规单纯形法中，初始单纯形不一定非按式(6.11)构造不可，也可以采用其它方式. 计算经验表明，初始正规单纯形的取法对于这个方法的有效性影响很大. 这是正规单纯形法的一个缺点. 另外当遇到目标函数的"曲谷"时，这方法也会遇到困难. Nelder 和 Mead[114] 提出了一个改进方案：采用"灵活多面体"来代替正规单纯形.

3.2. 改进单纯形法

改进单纯形法步骤 我们仍用式(6.14)，(6.15)和(6.17)来分别表示第 k 次迭代中的灵活多面体的 $n+1$ 个顶点、$n+1$ 个顶点处的函数值的最大值和 $n+1$ 个顶点中除去最高点外的其余顶点的质心. 令

$$f(\boldsymbol{x}_{kl}) = \min\{f(\boldsymbol{x}_{ki}) \mid i = 1, 2, \cdots, n+1\} \tag{6.27}$$

表示第 k 次迭代中的灵活多面体的 $n+1$ 个顶点处的函数值的最小值($\boldsymbol{x}_{kl}$ 相应称为最低点).

改进单纯形法与正规单纯形法类似，也是从一个初始多面体出发，依次构造一系列多面体. 其具体步骤如下(相应图形为应用于二维情形时的示意图)：

算法 6(改进单纯形法)

1. 取初始多面体$(\boldsymbol{x}_{11}, \cdots, \boldsymbol{x}_{1,n+1})$，置精度要求 ε.
2. 置 $k = 1$.
3. 反射. 做最高点 $\boldsymbol{x}_{kh}$ 关于质心 $\boldsymbol{x}_{k,n+2}$ 的反射点

$$\boldsymbol{x}_{k,n+3} = \boldsymbol{x}_{k,n+2} + \alpha(\boldsymbol{x}_{k,n+2} - \boldsymbol{x}_{kh}), \tag{6.28}$$

其中 $\alpha > 0$ 为反射系数(参看图 6.9). 若

$$f(\boldsymbol{x}_{k,n+3}) < f(\boldsymbol{x}_{kl}),$$

则转 4；否则转 5.

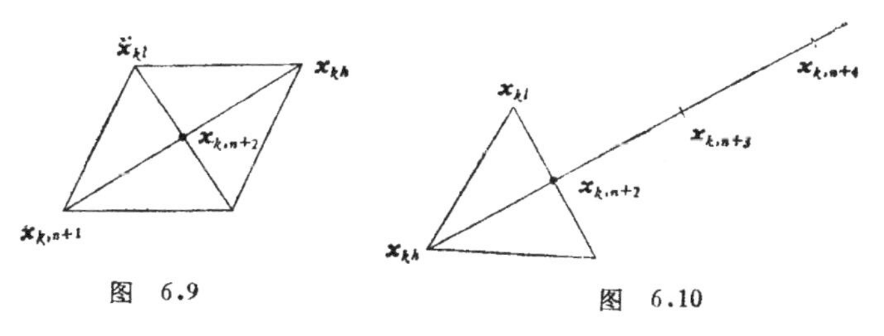

图 6.9　　　　图 6.10

4. 扩张. 做扩张点 $\boldsymbol{x}_{k,n+4}$

$$\boldsymbol{x}_{k,n+4}=\boldsymbol{x}_{k,n+2}+\gamma(\boldsymbol{x}_{k,n+3}-\boldsymbol{x}_{k,n+2}) \tag{6.29}$$

其中 $\gamma>1$ 为扩张系数(参看图 6.10). 若

$$f(\boldsymbol{x}_{k,n+4})<f(\boldsymbol{x}_{kl}),$$

则以 $\boldsymbol{x}_{k,n+4}$ 替换 $\boldsymbol{x}_{kh}$ 得新多面体，然后转 8; 否则以点 $\boldsymbol{x}_{k,n+3}$ 替换 $\boldsymbol{x}_{kh}$ 得新多面体，然后转 8.

5. 若 $f(\boldsymbol{x}_{k,n+3})$ 小于多面体 $n+1$ 个顶点处的函数值中次大值，则以点 $\boldsymbol{x}_{k,n+3}$ 替换 $\boldsymbol{x}_{kh}$，得新多面体，然后转 8; 否则转 6.

6. 压缩. 若

$$f(\boldsymbol{x}_{k,n+3})\leqslant f(\boldsymbol{x}_{kh}),$$

则计算压缩点 $\boldsymbol{x}_{k,n+5}$

$$\boldsymbol{x}_{k,n+5}=\boldsymbol{x}_{k,n+2}+\beta(\boldsymbol{x}_{k,n+3}-\boldsymbol{x}_{k,n+2}); \tag{6.30}$$

否则计算压缩点

$$\boldsymbol{x}_{k,n+5}=\boldsymbol{x}_{k,n+2}+\beta(\boldsymbol{x}_{kh}-\boldsymbol{x}_{k,n+2}), \tag{6.31}$$

式 (6.30) 和 (6.31) 中的 β $(0<\beta<1)$ 为压缩系数(参看图 6.11). 若

$$f(\boldsymbol{x}_{k,n+5})\leqslant f(\boldsymbol{x}_{kh}),$$

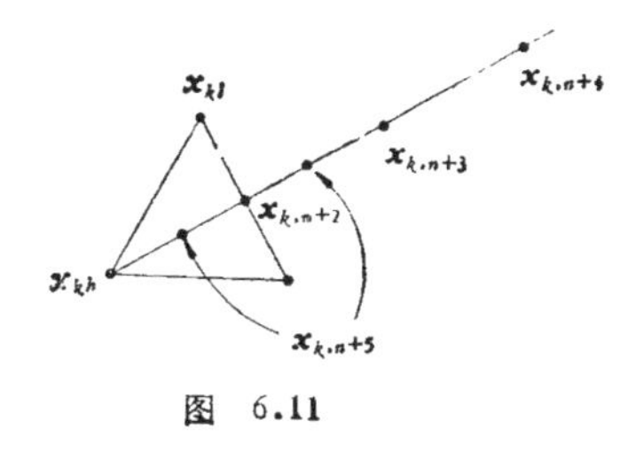

图 6.11

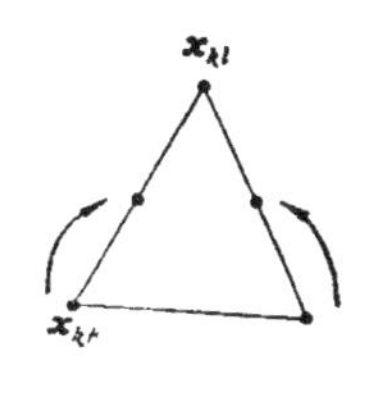

图 6.12

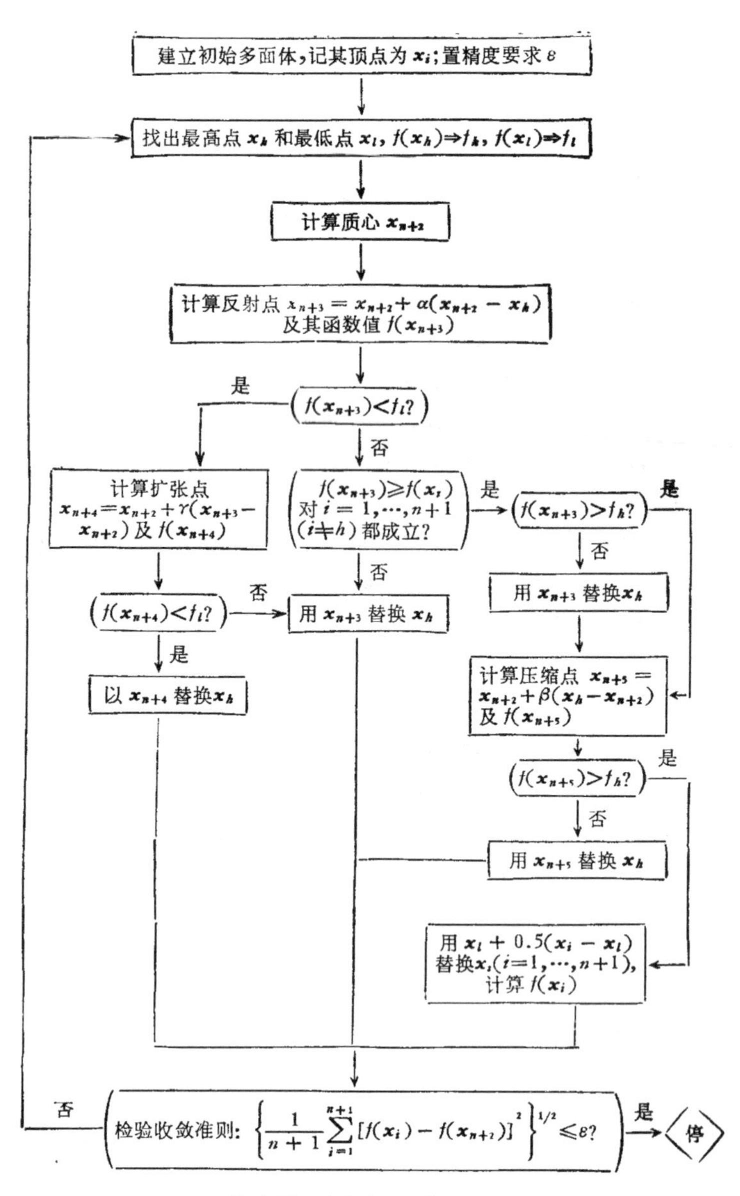

图 6.13 改进单纯形法框图

则以点 $\boldsymbol{x}_{k,n+5}$ 替换 $\boldsymbol{x}_{kh}$ 得新多面体，转 8；否则转 7.

7. 收缩单纯形. 这时有 $f(\boldsymbol{x}_{k,n+5})>f(\boldsymbol{x}_{kh})$. 把所有向量 $\boldsymbol{x}_{ki}-\boldsymbol{x}_{kl}$ 向着点 $\boldsymbol{x}_{kl}$ 缩短一半，即计算新点

$$\boldsymbol{x}_{ki}=\boldsymbol{x}_{kl}+\frac{1}{2}(\boldsymbol{x}_{ki}-\boldsymbol{x}_{kl})\quad(i=1,\cdots,n+1),\tag{6.32}$$

由这些新点构成新多面体(参看图 6.12). 然后转 8.

8. 检验是否已满足算法收敛准则. 若满足

$$\left\{\frac{1}{n+1}\sum_{i=1}^{n+1}[f(\boldsymbol{x}_{ki})-f(\boldsymbol{x}_{k,n+2})]^2\right\}^{\frac{1}{2}}\leqslant\varepsilon,\tag{6.33}$$

则停止计算；否则置 $k=k+1$ 转 3.

图 6.13 给出了这个算法的框图.

参数 α, β, γ 的选取 Nelder 和 Mead 指出，取 $\alpha=1$ 时所需计算函数值的次数比取 $\alpha<1$ 时要少，同时 α 的值不宜取得太大，这是因为取较小的 α 值，容易使多面体适应函数的性态，特别当遇到“曲谷”时，容易改变前进方向. 另外，在极小点附近，我们能够较快地缩小多面体. 如果 α 取得太大，会减慢收敛速率. 因此他们建议取 $\alpha=1$. 至于 β 和 γ，则推荐取 $\beta=0.5$，$\gamma=2$. 这些参数对于一般无约束问题是满意的.

文献 [115] 推荐的取法是 $0.4\leqslant\beta\leqslant0.6$，$2.8\leqslant\gamma\leqslant3$. 该文认为，若取 $0<\beta<0.4$，可能会使算法过早终止；若取 $\beta>0.6$，将会增加迭代次数和计算时间(可参看文献[11]).

改进单纯形法的语言程序也可参看文献[11].

§4. Powell 直接方法

Powell 方法是直接搜索法中一个十分有效的算法. 与前三节介绍的方法不同，它接近共轭方向法：通过构造“越来越共轭”的搜索方向，而使算法具有较快的收敛速率. 这个方法是 Powell[26]

提出的．后来吴方[116]进行了简化．Sargent[117] 提出了另一个实施方案．最近，我们[118]探讨了它的理论基础．

本节首先针对形如式(6.24)所示的特殊正定二次函数，导出 Powell 基本算法和 Powell 直接方法．然后把它们推广到形如式(6.22)所示的一般正定二次函数．进而得到对一般目标函数普遍适用的 Powell 直接方法．最后介绍它的一个改进形式——主轴 Powell 方法．

4.1. 应用于特殊正定二次函数的 Powell 基本算法

考虑形如式(6.24)所示的特殊正定二次函数

$$f(\boldsymbol{y})=\frac{1}{2}\boldsymbol{y}^T\boldsymbol{y}+\boldsymbol{r}^T\boldsymbol{y}+\delta=\frac{1}{2}\|\boldsymbol{y}-\boldsymbol{y}^*\|^2+f(\boldsymbol{y}^*),\ \boldsymbol{y}\in R^n,$$

其中 $\boldsymbol{y}^*$ 是 $f(\boldsymbol{y})$ 的极小点．在第四章中我们曾经指出，依次沿 n 个互相正交的非零方向搜索，就能达到它的极小点．下述算法的着眼点就是力图在搜索过程中构造出互相正交的方向，以期达到尽快找到极小点的目的．

算法 7(**应用于特殊正定二次函数的 Powell 基本算法**) 取初始点 $\boldsymbol{y}_0$ 及任意 n 个线性无关的方向 $\boldsymbol{q}_1,\cdots,\boldsymbol{q}_n$．以 $\boldsymbol{y}_0$ 作为 $\boldsymbol{y}_{10}$，从 $\boldsymbol{y}_{10}$ 出发，依次沿 $\boldsymbol{q}_1,\cdots,\boldsymbol{q}_n$ 搜索得 $\boldsymbol{y}_{11},\cdots,\boldsymbol{y}_{1n}$．构造新方向 $\boldsymbol{u}_1=\boldsymbol{y}_{1n}-\boldsymbol{y}_{10}$ 再沿 $\boldsymbol{u}_1$ 搜索一次得 $\boldsymbol{y}_{1,n+1}$，至此第一个循环结束．第二个循环开始时，先置搜索方向和初始点：用 $\boldsymbol{u}_1$ 替换 $\boldsymbol{q}_1$，即取 $\boldsymbol{q}_2,\cdots,\boldsymbol{q}_n,\boldsymbol{u}_1$ 为新的 n 个搜索方向；以前次循环终点 $\boldsymbol{y}_{1,n+1}$ 为新的初始点 $\boldsymbol{y}_{20}$．从 $\boldsymbol{y}_{20}$ 出发依次沿 n 个新方向搜索得 $\boldsymbol{y}_{21},\boldsymbol{y}_{22},\cdots,\boldsymbol{y}_{2n}$．取 $\boldsymbol{y}_{2n}-\boldsymbol{y}_{20}$ 为方向 $\boldsymbol{u}_2$，再沿 $\boldsymbol{u}_2$ 搜索一次，得 $\boldsymbol{y}_{2,n+1}$．至此完成了第二个循环．这样进行 n 个循环，就构成了针对这类特殊正定二次函数的 Powell 基本算法．图 6.14 描述了这一过程．该图中的符号"$\boldsymbol{y}_{10}\xrightarrow{\boldsymbol{q}_1}\boldsymbol{y}_{11}$"表示从点 $\boldsymbol{y}_{10}$ 出发，沿方向 $\boldsymbol{q}_1$ 搜索得点 $\boldsymbol{y}_{11}$，

其余类推.

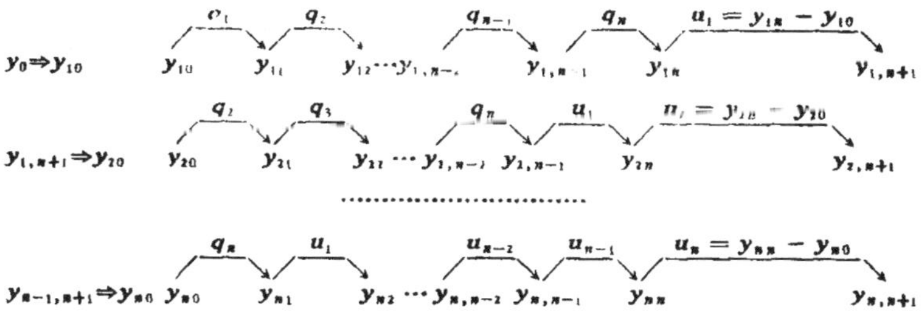

$$y_0 \Rightarrow y_{10}\qquad y_{10} \xrightarrow{q_1} y_{11} \xrightarrow{q_2} y_{12} \cdots y_{1,n-2} \xrightarrow{q_{n-1}} y_{1,n-1} \xrightarrow{q_n} y_{1n} \xrightarrow{u_1 = y_{1n} - y_{10}} y_{1,n+1}$$

$$y_{1,n+1} \Rightarrow y_{20}\qquad y_{20} \xrightarrow{q_2} y_{21} \xrightarrow{q_3} y_{22} \cdots y_{2,n-2} \xrightarrow{q_n} y_{2,n-1} \xrightarrow{u_1} y_{2n} \xrightarrow{u_2 = y_{2n} - y_{20}} y_{2,n+1}$$

························

$$y_{n-1,n+1} \Rightarrow y_{n0}\qquad y_{n0} \xrightarrow{q_n} y_{n1} \xrightarrow{u_1} y_{n2} \cdots y_{n,n-2} \xrightarrow{u_{n-2}} y_{n,n-1} \xrightarrow{u_{n-1}} y_{nn} \xrightarrow{u_n = y_{nn} - y_{n0}} y_{n,n+1}$$

图 6.14 Powell 基本算法

从下边的引理和定理 3 可以看出，上述算法确实能构造出越来越多的正交方向.

引理. 考虑形如式 (6.24) 所示的特殊正定二次函数. 设 $\boldsymbol{u}_1, \cdots, \boldsymbol{u}_k$ 为 k 个正交方向，若 $\boldsymbol{y}_{k0}$ 和 $\boldsymbol{y}_{kn}$ 都是依次沿 $\boldsymbol{u}_1, \cdots, \boldsymbol{u}_k$ 搜索得到的点，则 $\boldsymbol{u}_{k+1} = \boldsymbol{y}_{kn} - \boldsymbol{y}_{k0}$ 和 $\boldsymbol{u}_1, \cdots, \boldsymbol{u}_k$ 都正交

$$\langle \boldsymbol{u}_{k+1}, \boldsymbol{u}_i \rangle = 0 \qquad (i = 1, 2, \cdots, k).$$

证明. 根据引理条件和第四章定理 1 可知 $\boldsymbol{y}_{k0}$ 为线性流形 $\boldsymbol{y}_{k0} + [\boldsymbol{u}_1, \cdots, \boldsymbol{u}_k]$ 上的极小点. 因此

$$\langle \boldsymbol{g}(\boldsymbol{y}_{k0}), \boldsymbol{u}_i \rangle = 0 \quad (i = 1, \cdots, k).$$

但对形如式 (6.24) 的函数来说

$$\boldsymbol{g}(\boldsymbol{y}) = \boldsymbol{y} - \boldsymbol{y}^*, \tag{6.34}$$

因此有

$$\langle \boldsymbol{y}_{k0} - \boldsymbol{y}^*, \boldsymbol{u}_i \rangle = 0 \qquad (i = 1, \cdots, k). \tag{6.35}$$

同理可得

$$\langle \boldsymbol{y}_{kn} - \boldsymbol{y}^*, \boldsymbol{u}_i \rangle = 0 \quad (i = 1, \cdots, k). \tag{6.36}$$

从式 (6.36) 减去式 (6.35) 便得欲证结论. 引理证毕.

定理 3. 算法 7 (应用于特殊正定二次函数的 Powell 基本算法) 构造出的 $\boldsymbol{u}_1, \cdots, \boldsymbol{u}_n$ 是 n 个正交方向.

证明. 首先，从图 6.14 可以清楚地看出，$\boldsymbol{y}_{20} = \boldsymbol{y}_{1,n+1}$ 和 $\boldsymbol{y}_{2n}$ 都是沿 $\boldsymbol{u}_1$ 搜索得到的极小点，因而由引理知，$\boldsymbol{u}_2 = \boldsymbol{y}_{2n} - \boldsymbol{y}_{20}$ 与 $\boldsymbol{u}_1$ 正交. 而 $\boldsymbol{u}_3$ 是由 $\boldsymbol{y}_{30}$ 和 $\boldsymbol{y}_{3n}$ 构造的，$\boldsymbol{y}_{30} = \boldsymbol{y}_{2,n+1}$ 和 $\boldsymbol{y}_{3n}$ 都是沿 $\boldsymbol{u}_1$,

$\boldsymbol{u}_2$ 搜索得到的极小点，再用一次引理，便知 $\boldsymbol{u}_3$ 和 $\boldsymbol{u}_1$，$\boldsymbol{u}_2$ 都正交．反复进行这一过程，便知 $\boldsymbol{u}_1, \cdots, \boldsymbol{u}_n$ 是两两正交的．定理证毕．

上述定理保证了 $\boldsymbol{u}_1, \cdots, \boldsymbol{u}_n$ 是 n 个正交方向，假若它们又都是非零向量的话，那么，第 n 个循环得到的点 $\boldsymbol{y}_{n,n+1}$ 肯定就是极小点 $\boldsymbol{y}^*$．但按上述做法，$\boldsymbol{u}_1, \boldsymbol{u}_2, \cdots, \boldsymbol{u}_n$ 中是否会出现零向量呢？为解决这个问题，我们考虑一下 $\boldsymbol{u}_1, \cdots, \boldsymbol{u}_n$ 所张成的子空间 $[\boldsymbol{u}_1, \cdots, \boldsymbol{u}_n]$ 的维数．从算法的步骤知道，子空间 $[\boldsymbol{u}_1, \cdots, \boldsymbol{u}_n]$ 是由 n 维空间$[\boldsymbol{q}_1, \cdots, \boldsymbol{q}_n]$经过逐次替换而得到的，

$$[\boldsymbol{q}_1, \cdots, \boldsymbol{q}_n] \to [\boldsymbol{q}_2, \cdots, \boldsymbol{q}_n, \boldsymbol{u}_1] \to [\boldsymbol{q}_3, \cdots, \boldsymbol{q}_n, \boldsymbol{u}_1, \boldsymbol{u}_2] \to \cdots \to [\boldsymbol{u}_1, \cdots, \boldsymbol{u}_n].$$

第一次是用 $\boldsymbol{u}_1$ 替换 $\boldsymbol{q}_1$．注意到

$$\begin{aligned}\boldsymbol{u}_1 = \boldsymbol{y}_{1n} - \boldsymbol{y}_{10} &= (\boldsymbol{y}_{11} - \boldsymbol{y}_{10}) + (\boldsymbol{y}_{12} - \boldsymbol{y}_{11}) + \cdots + (\boldsymbol{y}_{1n} - \boldsymbol{y}_{1,n-1}) \\ &= \beta_1 \boldsymbol{q}_1 + \beta_2 \boldsymbol{q}_2 + \cdots + \beta_n \boldsymbol{q}_n,\end{aligned} \tag{6.37}$$

可见$[\boldsymbol{q}_2, \cdots, \boldsymbol{q}_n, \boldsymbol{u}_1]$ 仍然是 n 维空间的充要条件为式(6.37)中 $\beta_1 \neq 0$．当 $\beta_1 = 0$ 时，$[\boldsymbol{q}_2, \cdots, \boldsymbol{q}_n, \boldsymbol{u}_1]$ 是 $n-1$ 维的．而 $\beta_1 = 0$ 的情形确实会出现．例如当初始点 $\boldsymbol{y}_0 = \boldsymbol{y}_{10}$ 恰为 $\boldsymbol{q}_1$ 方向的极小点时，按此方向搜索得到的点只能是 $\boldsymbol{y}_{10}$ 本身，β_1 就取零值．另外很明显，在形成子空间 $[\boldsymbol{u}_1, \cdots, \boldsymbol{u}_n]$ 的逐次替换过程中，相应子空间的维数不可能增加．因此倘若式(6.37)中的 $\beta_1 = 0$，则 $[\boldsymbol{u}_1, \cdots, \boldsymbol{u}_n]$ 的维数不超过 $n-1$．再注意到 $\boldsymbol{u}_1, \cdots, \boldsymbol{u}_n$ 是相互正交的，即知其中必有零向量．这样说来，第 n 次循环所得的点 $\boldsymbol{y}_{n,n+1}$ 可能仅仅是某一个维数小于 n 的线性流形上的极小点，而不能保证它是整个 n 维空间 R^n 上的极小点．这种可能性最先是由文献[119] 指出的．由此可见，上述 Powell 基本算法并不很实用．

4.2. 应用于特殊正定二次函数的 Powell 直接方法

前面已经指出，Powell 基本算法所得到的点可能只是某一个

维数小于 n 的线性流形上的极小点．其原因是由于替换后的搜索方向可能线性相关．因此应该考虑改变它的替换搜索方向的方式．一种想法是，既然沿 n 个正交方向搜索能够达到极小点，那么，沿 n 个接近正交的方向搜索也应能接近极小点．所以我们放弃逐个替换搜索方向的原则，而设法使逐次替换所得的 n 个方向“越来越正交”．即在每次获得新方向 $\boldsymbol{u}$ 之后，是否用它替换原来 n 个搜索方向中的某个以及替换哪一个，都要以使新的 n 个方向“最接近正交”为原则．换句话说，就是要在新方向与原来 n 个搜索方向这 $n+1$ 个方向中，选出“最接近正交”的那 n 个方向．以这 n 个方向作为新的搜索方向．这种想法虽很自然，但“最接近正交”的含义是模糊的．要弄清这个概念，必须先给“正交程度”一个度量，然后我们才有可能找出选择搜索方向的具体作法．

正交程度的度量　设空间 R^n 中有 n 个单位向量 $\boldsymbol{q}_1, \cdots, \boldsymbol{q}_n$，应该如何度量它们的正交程度呢？我们还是先考虑最简单的二维情形(参看图 6.15)．显然此时两个单位向量 $\boldsymbol{q}_1$ 和 $\boldsymbol{q}_2$ 的正交程度和它们张成的平行四边形的面积密切相关：当 $\boldsymbol{q}_1$ 和 $\boldsymbol{q}_2$ 正交时，其面积为 1；否则总小于 1——而且看来面积越大，它们“越正交”．

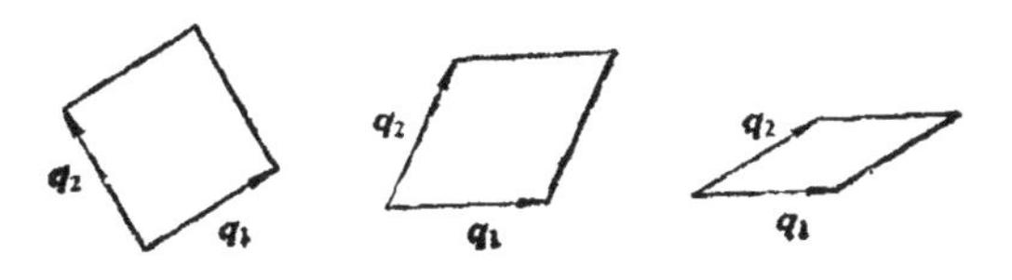

图　6.15

而此平行四边形的面积可表为行列式 $\det\{\boldsymbol{q}_1, \boldsymbol{q}_2\}$ 之绝对值，

$$\delta = |\det\{\boldsymbol{q}_1, \boldsymbol{q}_2\}|,$$

其中 $\{\boldsymbol{q}_1, \boldsymbol{q}_2\}$ 是以向量 $\boldsymbol{q}_1$ 和 $\boldsymbol{q}_2$ 为其列的二阶矩阵．由此可见，量 δ 的大小就可以用来度量 $\boldsymbol{q}_1, \boldsymbol{q}_2$ 的正交程度．要度量 R^n 中 n 个单位向量的正交程度，我们自然会想到量

$$\delta = |\det\{\boldsymbol{q}_1, \cdots, \boldsymbol{q}_n\}|. \tag{6.38}$$

很清楚，向量的正交程度应当只与它们的方向有关，而不应依赖于

向量本身的长度. 这样,我们引进下列关于正交程度的定义.

定义 1. 设给定 R^n 中 $k(\leqslant n)$ 个向量 $\boldsymbol{q}_1, \boldsymbol{q}_2, \cdots, \boldsymbol{q}_k$. 若其中有零向量,则定义它们的正交程度 δ 为 0; 否则, 在包含着它们的 k 维子空间上取一组规范正交基, 记这 k 个向量在此基下的坐标所构成的矩阵为 $\{\boldsymbol{q}_1, \boldsymbol{q}_2, \cdots, \boldsymbol{q}_k\}$, 定义它们的正交程度 δ 为

$$\delta = \delta(\boldsymbol{q}_1, \cdots, \boldsymbol{q}_k) = |\det \{\boldsymbol{q}_1, \cdots, \boldsymbol{q}_k\}| \Big/ \prod_{i=1}^{k} \|q_i\|. \tag{6.39}$$

因为各规范正交基间的转换矩阵为正交矩阵, 而正交矩阵的行列式之绝对值为 1, 所以正交程度 δ 与所选取的规范正交基无关.

引理. 若 $A=(\alpha_{ij})$ 为 $n\times n$ 阶正定对称矩阵,则

$$\det A \leqslant \alpha_{11}\alpha_{22}\cdots\alpha_{nn}, \tag{6.40}$$

且此式等号成立的充要条件为 A 是对角阵.

证明. 用归纳法. 当 $n=1$, 式 (6.40) 显然成立. 假设 $n=k$ 时,式 (6.40) 成立. 当 $n=k+1$ 时,把 A 写为

$$A=\begin{pmatrix} B & \boldsymbol{\alpha} \\ \boldsymbol{\alpha}^T & \alpha_{k+1,k+1}\end{pmatrix},$$

其中 B 是 A 的前 k 阶主子阵. 由 A 正定,知 B 正定, B^{-1} 存在且正定. 注意到

$$\begin{pmatrix} I_k & 0 \\ -\boldsymbol{\alpha}^T B^{-1} & 1\end{pmatrix}\begin{pmatrix} B & \boldsymbol{\alpha} \\ \boldsymbol{\alpha}^T & \alpha_{k+1,k+1}\end{pmatrix}=\begin{pmatrix} B & \boldsymbol{\alpha} \\ 0 & -\boldsymbol{\alpha}^T B^{-1}\boldsymbol{\alpha}+\alpha_{k+1,k+1}\end{pmatrix},$$

两边取行列式,就有

$$\det A = (-\boldsymbol{\alpha}^T B^{-1}\boldsymbol{\alpha}+\alpha_{k+1,k+1})\det B.$$

由于 B^{-1} 正定, 因此 $-\boldsymbol{\alpha}^T B^{-1}\boldsymbol{\alpha}\leqslant 0$, 且等号成立的充要条件为 $\boldsymbol{\alpha}=\boldsymbol{0}$, 再由归纳假设,便有

$$\det A \leqslant \alpha_{k+1,k+1}\det B \leqslant \alpha_{k+1,k+1}(\alpha_{11}\alpha_{22}\cdots\alpha_{kk}),$$

且等号成立的充要条件为 A 是对角阵. 引理证毕.

定理 4. *若 $\boldsymbol{q}_1, \boldsymbol{q}_2, \cdots, \boldsymbol{q}_k\ (k\leqslant n)$ 是 R^n 中任意 k 个向量,*

则它们的正交程度 δ 满足

$$\delta(\boldsymbol{q}_1, \cdots, \boldsymbol{q}_k) \leqslant 1,$$

且等号成立的充要条件为 $\boldsymbol{q}_1, \cdots, \boldsymbol{q}_k$ 全部非零并且两两正交.

证明. 记 $Q = \{\boldsymbol{q}_1, \cdots, \boldsymbol{q}_k\}$. 当 $\boldsymbol{q}_1, \cdots, \boldsymbol{q}_k$ 线性相关时, $\delta = 0$, 结论显然成立. 当 $\boldsymbol{q}_1, \cdots, \boldsymbol{q}_k$ 线性无关时,矩阵 Q 为非奇异阵,因而 $A = Q^T Q$ 为正定矩阵

$$A = Q^T Q = \begin{pmatrix} \boldsymbol{q}_1^T\boldsymbol{q}_1 & \boldsymbol{q}_1^T\boldsymbol{q}_2 & \cdots & \boldsymbol{q}_1^T\boldsymbol{q}_k \\ \boldsymbol{q}_2^T\boldsymbol{q}_1 & \boldsymbol{q}_2^T\boldsymbol{q}_2 & \cdots & \boldsymbol{q}_2^T\boldsymbol{q}_k \\ \cdots & \cdots & \cdots & \cdots \\ \boldsymbol{q}_k^T\boldsymbol{q}_1 & \boldsymbol{q}_k^T\boldsymbol{q}_2 & \cdots & \boldsymbol{q}_k^T\boldsymbol{q}_k \end{pmatrix}.$$

把引理应用于矩阵 A, 即得定理结论. 定理证毕.

这个定理说明了用式 (6.39) 定义正交程度的合理性.

正交程度与搜索效果 有了正交程度的度量, 就可以考虑象前面所说的那样, 设法从原来的 n 个方向和新方向这 $n+1$ 个方向中, 选取正交程度最大的 n 个方向作为新的搜索方向组了. 但是在这之前,我们还应当仔细研究一下,正交程度大的方向组是否一定比正交程度小的方向组具有更好的搜索效果. 显然, 当某一方向组的正交程度达到最大值 1 时,它们是一组非零正交方向. 用这个方向组进行一个循环就可达到极小点. 所以在这个意义上说,它总不会比正交程度小的方向组差. 但是当两个方向组的正交程度都未达到最大值时又怎样呢? 很明显,这时我们不再能说"正交程度大的方向组肯定不比正交程度小的方向组效果差". 因为倘若从某点出发,某方向组的第一个方向正好对准极小点,那么,不管这个方向组的正交程度如何,经过一个循环,它总能精确地达到极小点,而即使另一方向组的正交程度较大,从同一点出发经一个循环却可能达不到极小点. 然而,我们并不能由此断言,应该抛弃"选取正交程度大的方向组"这一原则. 因为总的说来, 正交程度大的方向组的确比正交程度小的方向组好. 换句话说, 若按正交程度的大小将方向组分类, 并以"最坏的"情形比较各类搜索效果的优劣, 则正交程度大的方向组类优于正交程度小的. 下述定理

用精确的数学语言表达了这一事实.

定理 5[118]. 对于形如式 (6.24) 的目标函数 $f(\boldsymbol{y})$ 来说,任意给定初始点 $\boldsymbol{y}_0$ 和常数 $\mu_n\in[0,1]$, 若记从 $\boldsymbol{y}_0$ 出发沿方向组 Q_n: $\boldsymbol{q}_1,\cdots,\boldsymbol{q}_n$ 搜索所得的点为 $\boldsymbol{y}_n=\boldsymbol{y}_n(\boldsymbol{y}_0;Q_n)=\boldsymbol{y}_n(\boldsymbol{y}_0;\boldsymbol{q}_1,\cdots,\boldsymbol{q}_n)$, 则有

$$\max_{Q_n}[f(\boldsymbol{y}_n(\boldsymbol{y}_0;Q_n))-f(\boldsymbol{y}^*)]=(1-\mu_n^2)[f(\boldsymbol{y}_0)-f(\boldsymbol{y}^*)], \tag{6.41}$$

这里最大值是对所有正交程度为 μ_n 的方向组 Q_n 而言的.

证明. 把式 (6.24) 代入式 (6.41), 两端乘 2 便可得到

$$\max_{Q_n}\|\boldsymbol{y}_n(\boldsymbol{y}_0;Q_n)-\boldsymbol{y}^*\|^2=(1-\mu_n^2)\|\boldsymbol{y}_0-\boldsymbol{y}^*\|^2. \tag{6.42}$$

我们只需证明式 (6.42) 成立. 此式有明显的几何意义, 左端是在最坏情况下 $\boldsymbol{y}_n(\boldsymbol{y}_0;Q_n)$ 与 $\boldsymbol{y}^*$ 的距离平方,右端的 $\|\boldsymbol{y}_0-\boldsymbol{y}^*\|^2$ 是 $\boldsymbol{y}_0$ 与 $\boldsymbol{y}^*$ 的距离平方,因子$(1-\mu_n^2)$越小, 意味着搜索效果越好.

以下用归纳法来证明式 (6.42). 为方便计,设 $\boldsymbol{q}_1,\cdots,\boldsymbol{q}_n$ 均为单位向量. 当 $n=1$ 时, $\mu_n=1$, 式 (6.42) 显然正确. 假设 $n=k-1$ 时式 (6.42) 正确, 我们分三步来证明 $n=k$ 时, 它也正确.

第一步,在方向组 Q_k: $\boldsymbol{q}_1,\cdots,\boldsymbol{q}_{k-1},\boldsymbol{q}_k$ 中, 固定前 $k-1$ 个方向 $\boldsymbol{q}_1,\cdots,\boldsymbol{q}_{k-1}$, 考查当变动 $\boldsymbol{q}_k$, 但不改变 Q_k 的正交程度 μ^k 时,搜索的“最坏”效果.

记包含 Q_{k-1}: $\boldsymbol{q}_1,\cdots,\boldsymbol{q}_{k-1}$的过 $\boldsymbol{y}_0$ 的$k-1$维线性流形为 $\mathscr{B}_{k-1}$, Q_{k-1} 的正交程度为 μ_{k-1}, $\|\boldsymbol{y}-\boldsymbol{y}^*\|^2$ 在 $\mathscr{B}_{k-1}$ 上的极小点为 $\boldsymbol{y}_{k-1}^*$, 我们来证明,对任意满足

$$\delta(\boldsymbol{q}_1,\cdots,\boldsymbol{q}_{k-1},\boldsymbol{q}_k)=\mu_k \tag{6.43}$$

的 $\boldsymbol{q}_k$ 有

$$\max_{\boldsymbol{q}_k}\|\boldsymbol{y}_k-\boldsymbol{y}^*\|^2=\begin{cases}\|\boldsymbol{y}_{k-1}-\boldsymbol{y}_{k-1}^*\|^2+\|\boldsymbol{y}_{k-1}^*-\boldsymbol{y}^*\|^2, \\ \qquad\qquad \text{当 } \Delta(\boldsymbol{y}_{k-1})\geqslant 0; \\ [\|\boldsymbol{y}_{k-1}-\boldsymbol{y}_{k-1}^*\|\cos\varphi_k+\|\boldsymbol{y}_{k-1}^*-\boldsymbol{y}^*\|\sin\varphi_k]^2, \\ \qquad\qquad \text{当 } \Delta(\boldsymbol{y}_{k-1})<0,\end{cases} \tag{6.44}$$

其中

$$\Delta(\boldsymbol{y}_{k-1}) = \|\boldsymbol{y}_{k-1}-\boldsymbol{y}_{k-1}^*\| \sin\varphi_k - \|\boldsymbol{y}_{k-1}^* - \boldsymbol{y}^*\| \cos\varphi_k, \tag{6.45}$$

$$\varphi_k = \cos^{-1}\frac{\mu_k}{\mu_{k-1}}. \tag{6.46}$$

事实上，由于 $\boldsymbol{y}_k$ 是从 $\boldsymbol{y}_{k-1}$ 沿 $\boldsymbol{q}_k$ 方向搜索得到的极小点，所以

$$\boldsymbol{y}_k = \boldsymbol{y}_{k-1} + \lambda_k \boldsymbol{q}_k \quad (k = 1, 2, \cdots, n). \tag{6.47}$$

注意到

$$\begin{aligned} &g(\boldsymbol{y}) = \boldsymbol{y} - \boldsymbol{y}^*, \\ &0 = \langle \boldsymbol{g}(\boldsymbol{y}_k), \boldsymbol{q}_k \rangle \\ &\quad = \langle \boldsymbol{y}_{k-1} + \lambda_k \boldsymbol{q}_k - \boldsymbol{y}^*, \boldsymbol{q}_k \rangle, \end{aligned} \tag{6.48}$$

便有

$$\lambda_k = -\langle \boldsymbol{y}_{k-1} - \boldsymbol{y}^*, \boldsymbol{q}_k \rangle. \tag{6.49}$$

把式(6.49)代入式(6.47)，然后再代入 $\|\boldsymbol{y}_k - \boldsymbol{y}^*\|^2$，得

$$\|\boldsymbol{y}_k - \boldsymbol{y}^*\|^2 = \|\boldsymbol{y}_{k-1} - \boldsymbol{y}^*\|^2 - \langle \boldsymbol{y}_{k-1} - \boldsymbol{y}^*, \boldsymbol{q}_k \rangle^2,$$

因此

$$\max_{\boldsymbol{q}_k} \|\boldsymbol{y}_k - \boldsymbol{y}^*\|^2 = \|\boldsymbol{y}_{k-1} - \boldsymbol{y}^*\|^2 - \min_{\boldsymbol{q}_k} \langle \boldsymbol{y}_{k-1} - \boldsymbol{y}^*, \boldsymbol{q}_k \rangle^2. \tag{6.50}$$

这样，计算式(6.44)的左端就转化为求 $\langle \boldsymbol{y}_{k-1} - \boldsymbol{y}^*, \boldsymbol{q}_k \rangle^2$ 的最小值．现在，我们建立 R^k 中一组规范正交基：先在 $\mathscr{B}_{k-1}$ 中任取一组规范正交基 $\boldsymbol{e}_1, \boldsymbol{e}_2, \cdots, \boldsymbol{e}_{k-1}$，只是当 $\boldsymbol{y}_{k-1} \neq \boldsymbol{y}_{k-1}^*$ 时，指定

$$\boldsymbol{e}_1 = (\boldsymbol{y}_{k-1}^* - \boldsymbol{y}_{k-1}) / \|\boldsymbol{y}_{k-1}^* - \boldsymbol{y}_{k-1}\|. \tag{6.51}$$

然后按下列方式选取 $\boldsymbol{e}_k$，

$$\boldsymbol{e}_k = \begin{cases} (\boldsymbol{y}_{k-1}^* - \boldsymbol{y}^*) / \|\boldsymbol{y}_{k-1}^* - \boldsymbol{y}^*\|, & \text{当 } \boldsymbol{y}_{k-1}^* \neq \boldsymbol{y}^* \text{ 时}; \\ \mathscr{B}_{k-1} \text{ 的单位法向量}; & \text{当 } \boldsymbol{y}_{k-1}^* = \boldsymbol{y}^* \text{ 时}. \end{cases} \tag{6.52}$$

因为 $\boldsymbol{y}_{k-1}^*$ 是 $\|\boldsymbol{y} - \boldsymbol{y}^*\|^2$ 在 $\mathscr{B}_{k-1}$ 上的极小点，象推导式(6.35)那样，可知当 $\boldsymbol{y}_{k-1}^* \neq \boldsymbol{y}^*$ 时，$\boldsymbol{y}_{k-1}^* - \boldsymbol{y}^*$ 也是 $\mathscr{B}_{k-1}$ 的法方向．这样，$\boldsymbol{e}_1, \boldsymbol{e}_2, \cdots, \boldsymbol{e}_k$ 总构成 R^k 的一组规范正交基．并且，对 $\mathscr{B}_{k-1}$ 上任一个点 $\boldsymbol{y}$，总有

$$\begin{aligned} \|\boldsymbol{y} - \boldsymbol{y}^*\|^2 &= \|(\boldsymbol{y} - \boldsymbol{y}_{k-1}^*) + (\boldsymbol{y}_{k-1}^* - \boldsymbol{y}^*)\|^2 \\ &= \|\boldsymbol{y} - \boldsymbol{y}_{k-1}^*\|^2 + \|\boldsymbol{y}_{k-1}^* - \boldsymbol{y}^*\|^2. \end{aligned} \tag{6.53}$$

由于当$\langle \boldsymbol{q}_k, \boldsymbol{e}_k \rangle < 0$时$\langle -\boldsymbol{q}_k, \boldsymbol{e}_k \rangle > 0$，而把$\boldsymbol{q}_k$换为$-\boldsymbol{q}_k$对问题没有影响，所以不妨设$\boldsymbol{q}_k$与$\boldsymbol{e}_k$的夹角$\varphi_k$在0与$\frac{\pi}{2}$之间（参看图6.16）

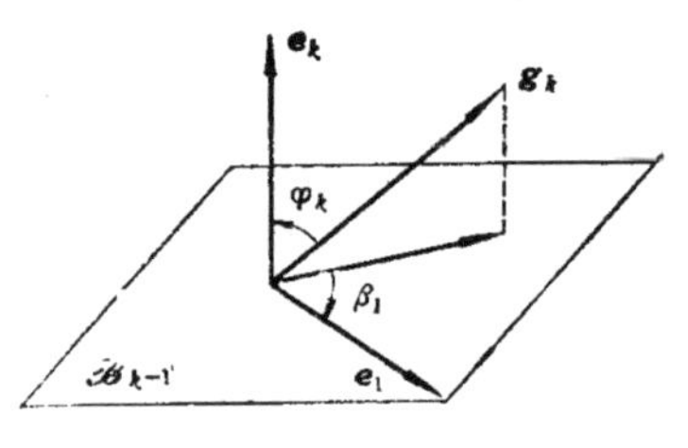

图6.16 定理5第一步证明

$$\langle \boldsymbol{q}_k, \boldsymbol{e}_k \rangle = \cos\varphi_k,$$
$$0 \leqslant \varphi_k \leqslant \frac{\pi}{2}. \tag{6.54}$$

设$\boldsymbol{q}_k$在$\mathscr{B}_{k-1}$上的投影与$\boldsymbol{e}_i$的夹角为$\beta_i(i=1,\cdots,k-1)$，则

$$\begin{aligned}\boldsymbol{q}_k &= \langle \boldsymbol{q}_k, \boldsymbol{e}_1 \rangle \boldsymbol{e}_1 + \cdots + \langle \boldsymbol{q}_k, \boldsymbol{e}_{k-1} \rangle \boldsymbol{e}_{k-1} + \langle \boldsymbol{q}_k, \boldsymbol{e}_k \rangle \boldsymbol{e}_k \\ &= \sin\varphi_k \cos\beta_1 \boldsymbol{e}_1 + \cdots + \sin\varphi_k \cos\beta_{k-1} \boldsymbol{e}_{k-1} + \cos\varphi_k \boldsymbol{e}_k.\end{aligned} \tag{6.55}$$

注意到

$$\boldsymbol{y}_{k-1} - \boldsymbol{y}^* = (\boldsymbol{y}_{k-1} - \boldsymbol{y}_{k-1}^*) + (\boldsymbol{y}_{k-1}^* - \boldsymbol{y}^*),$$

由式(6.51)，(6.52)，(6.55)得到

$$\begin{aligned}\langle \boldsymbol{y}_{k-1} - \boldsymbol{y}^*, \boldsymbol{q}_k \rangle = &-\|\boldsymbol{y}_{k-1}^* - \boldsymbol{y}_{k-1}\| \sin\varphi_k \cos\beta_1 \\ &+ \|\boldsymbol{y}_{k-1}^* - \boldsymbol{y}^*\| \cos\varphi_k.\end{aligned} \tag{6.56}$$

虽然式(6.56)是在条件$\boldsymbol{y}_{k-1} \neq \boldsymbol{y}_{k-1}^*$下导出的，但是当$\boldsymbol{y}_{k-1} = \boldsymbol{y}_{k-1}^*$时它也成立．现在我们在式(6.43)的条件下，求出$\langle \boldsymbol{y}_{k-1} - \boldsymbol{y}^*, \boldsymbol{q}_k \rangle^2$的最小值．设$\boldsymbol{q}_i$可以表示为

$$\boldsymbol{q}_i = \sum_{j=1}^{k} q_{ij} \boldsymbol{e}_j,$$

其中

$$[q_{ij}]_{k\times k} = \begin{pmatrix} [q_{ij}]_{(k-1)\times(k-1)} & 0 \\ * & q_{kk} \end{pmatrix}.$$

结合式(6.39)、(6.54)，条件(6.43)可写为

$$\begin{aligned}\mu_k &= |\det[q_{ij}]_{k\times k}| = |q_{kk}|\,|\det[q_{ij}]_{(k-1)\times(k-1)}| \\ &= \cos\varphi_k \cdot \mu_{k-1},\end{aligned} \tag{6.57}$$

因此条件(6.43)等价于φ_k取定值$\cos^{-1}\dfrac{\mu_k}{\mu_{k-1}}$．由式(6.56)易见

$\langle \boldsymbol{y}_{k-1} - \boldsymbol{y}^*, \boldsymbol{q}_k \rangle^2$ 仅仅是 β_1 的函数,因此可记为

$$\langle \boldsymbol{y}_{k-1} - \boldsymbol{y}^*, \boldsymbol{q}_k \rangle^2 = h(\beta_1).$$

求 $h(\beta_1)$ 的最小值可知当

$$\|\boldsymbol{y}_{k-1}^* - \boldsymbol{y}^*\| \cos\varphi_k > \|\boldsymbol{y}_{k-1} - \boldsymbol{y}_{k-1}^*\| \sin\varphi_k$$

时,亦即当 $\Delta(\boldsymbol{y}_{k-1}) < 0$ 时,

$$\begin{aligned} \min h(\beta_1) = h(0) = [&-\|\boldsymbol{y}_{k-1} - \boldsymbol{y}_{k-1}^*\| \sin\varphi_k \\ &+ \|\boldsymbol{y}_{k-1}^* - \boldsymbol{y}^*\| \cos\varphi_k]^2; \end{aligned} \tag{6.58}$$

而当

$$\|\boldsymbol{y}_{k-1}^* - \boldsymbol{y}^*\| \cos\varphi_k \leqslant \|\boldsymbol{y}_{k-1} - \boldsymbol{y}_{k-1}^*\| \sin\varphi_k$$

时,亦即当 $\Delta(\boldsymbol{y}_{k-1}) \geqslant 0$ 时,

$$\min h(\beta_1) = 0.$$

这样,当 $\Delta(\boldsymbol{y}_{k-1}) \geqslant 0$ 时,由式(6.50),(6.53)便知

$$\begin{aligned} \max_{\boldsymbol{q}_k} \|\boldsymbol{y}_k - \boldsymbol{y}^*\|^2 &= \|\boldsymbol{y}_{k-1} - \boldsymbol{y}^*\|^2 - 0 \\ &= \|\boldsymbol{y}_{k-1} - \boldsymbol{y}_{k-1}^*\|^2 + \|\boldsymbol{y}_{k-1}^* - \boldsymbol{y}^*\|^2; \end{aligned}$$

当 $\Delta(\boldsymbol{y}_{k-1}) < 0$ 时,由式(6.50),(6.53),(6.58)便得

$$\begin{aligned} &\max_{\boldsymbol{q}_k} \|\boldsymbol{y}_k - \boldsymbol{y}^*\|^2 \\ &\quad = [\|\boldsymbol{y}_{k-1} - \boldsymbol{y}_{k-1}^*\| \cos\varphi_k + \|\boldsymbol{y}_{k-1}^* - \boldsymbol{y}^*\| \sin\varphi_k]^2. \end{aligned}$$

至此第一步证毕.

第二步,我们来证明若给定 μ_{k-1} 和过 $\boldsymbol{y}_0$ 的 $k-1$ 维线性流形 $\mathscr{B}_{k-1}$,则对所有满足

$$\delta(\boldsymbol{q}_1, \cdots, \boldsymbol{q}_{k-1}) = \mu_{k-1}, \boldsymbol{q}_i \in \mathscr{B}_{k-1} \quad (i = 1, 2, \cdots, k-1) \tag{6.59}$$

和式(6.43)的方向组 $Q_k: \boldsymbol{q}_1, \cdots, \boldsymbol{q}_{k-1}, \boldsymbol{q}_k$ 来说,其“最坏”搜索效果为

$$\max_{Q_k} \|\boldsymbol{y}_k(\boldsymbol{y}_0; Q_k) - \boldsymbol{y}^*\|^2 = \theta(\|\boldsymbol{y}_{k-1}^* - \boldsymbol{y}^*\|, \varphi_k), \tag{6.60}$$

其中

$$\theta(r, \psi) = \begin{cases} \theta_1(r, \psi), & \Delta' \geqslant 0; \\ \theta_2(r, \psi), & \Delta' < 0, \end{cases}$$

而

$$\Delta' = (a^2 - r^2)^{\frac{1}{2}} (\cos^2\psi - \mu_k^2)^{\frac{1}{2}} \sin\psi - r\cos^2\psi, \tag{6.61}$$

$$\theta_1(r, \psi) = a^2 - (a^2 - r^2)\mu_k^2 / \cos^2\psi, \tag{6.62}$$

$$\theta_2(r,\phi)=[(a^2-r^2)^{\frac{1}{2}}(\cos^2\phi-\mu_k^2)^{\frac{1}{2}}+r\sin\phi]^2. \tag{6.63}$$

式(6.61),(6.62),(6.63)中的a为

$$a=\|\boldsymbol{y}_0-\boldsymbol{y}^*\|. \tag{6.64}$$

事实上,由归纳假设知,对给定的μ_{k-1},存在着方向组$\widetilde{Q}_{k-1}$: $\widetilde{\boldsymbol{q}}_1,\cdots,\widetilde{\boldsymbol{q}}_{k-1}$及$\widetilde{\boldsymbol{y}}_{k-1}=\boldsymbol{y}_{k-1}(\boldsymbol{y}_0;\widetilde{Q}_{k-1})$,使得对$\mathscr{B}_{k-1}$中所有满足式(6.59)的方向组$Q_{k-1}:\boldsymbol{q}_1,\cdots,\boldsymbol{q}_{k-1}$来说,

$$\begin{aligned}\max_{Q_{k-1}}\|\boldsymbol{y}_{k-1}(\boldsymbol{y}_0;Q_{k-1})-\boldsymbol{y}_{k-1}^*\|^2&=\|\widetilde{\boldsymbol{y}}_{k-1}-\boldsymbol{y}_{k-1}^*\|^2\\&=\|\boldsymbol{y}_0-\boldsymbol{y}_{k-1}^*\|^2(1-\mu_{k-1}^2).\end{aligned} \tag{6.65}$$

由式(6.53)与(6.65)并注意到式(6.64)可得

$$\begin{aligned}\|\widetilde{\boldsymbol{y}}_{k-1}-\boldsymbol{y}_{k-1}^*\|&=\|\boldsymbol{y}_0-\boldsymbol{y}_{k-1}^*\|\sqrt{1-\mu_{k-1}^2}\\&=(\|\boldsymbol{y}_0-\boldsymbol{y}^*\|^2-\|\boldsymbol{y}_{k-1}^*-\boldsymbol{y}^*\|^2)^{\frac{1}{2}}\sqrt{1-\frac{\mu_k^2}{\cos^2\varphi_k}}\\&=(a^2-\|\boldsymbol{y}_{k-1}^*-\boldsymbol{y}^*\|^2)^{\frac{1}{2}}\sqrt{\cos^2\varphi_k-\mu_k^2}\ \frac{1}{\cos\varphi_k}.\end{aligned} \tag{6.66}$$

为了利用式(6.44),我们根据判别式$\Delta(\widetilde{\boldsymbol{y}}_{k-1})$是大于零还是小于零,分两种情况来讨论:

(1) 当$\Delta(\widetilde{\boldsymbol{y}}_{k-1})\geqslant 0$时,由式(6.66),(6.44)知

$$\begin{aligned}\max_{\boldsymbol{q}_k}\|\boldsymbol{y}_k(\boldsymbol{y}_0;\widetilde{Q}_{k-1},\boldsymbol{q}_k)-\boldsymbol{y}^*\|^2&=\|\widetilde{\boldsymbol{y}}_{k-1}-\boldsymbol{y}_{k-1}^*\|^2\\&\quad+\|\boldsymbol{y}_{k-1}^*-\boldsymbol{y}^*\|^2\\&=a^2-[a^2-\|\boldsymbol{y}_{k-1}^*-\boldsymbol{y}^*\|^2]\mu_{k-1}^2\\&=a^2-[a^2-\|\boldsymbol{y}_{k-1}^*-\boldsymbol{y}^*\|^2]\frac{\mu_k^2}{\cos^2\varphi_k}\\&=\theta_1(\|\boldsymbol{y}_{k-1}^*-\boldsymbol{y}^*\|,\varphi_k).\end{aligned} \tag{6.67}$$

由于沿任何方向组Q_{k-1}搜索得$\boldsymbol{y}_{k-1}$后,再沿$\boldsymbol{q}_k$搜索一次,其最坏的效果,总不会比只沿Q_{k-1}搜索的效果差. 另外,再注意到式(6.53)与式(6.65),(6.67)便得

$$\begin{aligned}\max_{\boldsymbol{q}_k}\|\boldsymbol{y}_k(\boldsymbol{y}_0;Q_{k-1},\boldsymbol{q}_k)-\boldsymbol{y}^*\|^2&\leqslant\|\boldsymbol{y}_{k-1}-\boldsymbol{y}^*\|^2\\&=\|\boldsymbol{y}_{k-1}-\boldsymbol{y}_{k-1}^*\|^2+\|\boldsymbol{y}_{k-1}^*-\boldsymbol{y}^*\|^2\end{aligned}$$

$$\leqslant \|\widetilde{\boldsymbol{y}}_{k-1} - \boldsymbol{y}_{k-1}^*\|^2 + \|\boldsymbol{y}_{k-1}^* - \boldsymbol{y}^*\|^2$$
$$= \theta_1(\|\boldsymbol{y}_{k-1}^* - \boldsymbol{y}^*\|, \varphi_k). \tag{6.68}$$

(2) 当 $\Delta(\widetilde{\boldsymbol{y}}_{k-1}) < 0$ 时,注意到式 (6.45) 与式 (6.65) 知,对任何正交程度为 μ_{k-1} 的方向组 Q_{k-1} 有

$$\Delta(\boldsymbol{y}_{k-1}) = \|\boldsymbol{y}_{k-1}(\boldsymbol{y}_0; Q_{k-1}) - \boldsymbol{y}_{k-1}^*\| \sin\varphi_k - \|\boldsymbol{y}_{k-1}^* - \boldsymbol{y}^*\| \cos\varphi_k$$
$$\leqslant \|\widetilde{\boldsymbol{y}}_{k-1} - \boldsymbol{y}_{k-1}^*\| \sin\varphi_k - \|\boldsymbol{y}_{k-1}^* - \boldsymbol{y}^*\| \cos\varphi_k = \Delta(\widetilde{\boldsymbol{y}}_{k-1}).$$

可见此时 $\Delta(\boldsymbol{y}_{k-1}) < 0$, 从而按式 (6.44), (6.65), (6.66) 便有

$$\max_{\boldsymbol{q}_k} \|\boldsymbol{y}_k(\boldsymbol{y}_0; Q_{k-1}, \boldsymbol{q}_k) - \boldsymbol{y}^*\|^2$$
$$= [\|\boldsymbol{y}_{k-1} - \boldsymbol{y}_{k-1}^*\| \cos\varphi_k + \|\boldsymbol{y}_{k-1}^* - \boldsymbol{y}^*\| \sin\varphi_k]^2$$
$$\leqslant [\|\widetilde{\boldsymbol{y}}_{k-1} - \boldsymbol{y}_{k-1}^*\| \cos\varphi_k + \|\boldsymbol{y}_{k-1}^* - \boldsymbol{y}^*\| \sin\varphi_k]^2$$
$$= [(a^2 - \|\boldsymbol{y}_{k-1}^* - \boldsymbol{y}^*\|^2)^{\frac{1}{2}} (\cos^2\varphi_k - \mu_k^2)^{\frac{1}{2}}$$
$$+ \|\boldsymbol{y}_{k-1}^* - \boldsymbol{y}^*\| \sin\varphi_k]^2$$
$$= \theta_2(\|\boldsymbol{y}_{k-1}^* - \boldsymbol{y}^*\|, \varphi_k). \tag{6.69}$$

在式 (6.68) 与 (6.69) 中,当 $Q_{k-1} = \widetilde{Q}_{k-1}$时,等号成立.

由式 (6.54)知 $\Delta(\widetilde{\boldsymbol{y}}_{k-1}) \geqslant 0$ 蕴含着 $\Delta(\widetilde{\boldsymbol{y}}_{k-1}) \cos\varphi_k \geqslant 0$, 而 $\Delta(\widetilde{\boldsymbol{y}}_{k-1}) < 0$ 蕴含着 $\Delta(\widetilde{\boldsymbol{y}}_{k-1}) \cos\varphi_k < 0$, 因此由式 (6.68) 和 (6.69) 可知式 (6.60) 成立. 至此第二步证毕.

第三步,我们证明, 对于任意满足式 (6.43) 的 $Q_k: \boldsymbol{q}_1, \cdots, \boldsymbol{q}_k$, 有

$$\max_{Q_k} \|\boldsymbol{y}_k(\boldsymbol{y}_0; Q_k) - \boldsymbol{y}^*\|^2 = (1 - \mu_k^2) \|\boldsymbol{y}_0 - \boldsymbol{y}^*\|^2$$
$$= (1 - \mu_k^2) a^2. \tag{6.70}$$

事实上,根据第二步的结论知,当 $\mathscr{B}_{k-1}$ 与 μ_{k-1} 变动时,式 (6.62), (6.63) 定义的 θ 是 $r = \|\boldsymbol{y}_{k-1}^* - \boldsymbol{y}^*\|$ 与 $\phi = \varphi_k$ 的函数, 而且 r 与 ϕ 是互相独立的变数. 我们先考察 $\theta = \theta(r, \phi)$ 的定义域. 显然 $\|\boldsymbol{y}_{k-1}^* - \boldsymbol{y}^*\|$ 只依赖于过 $\boldsymbol{y}_0$ 的 $k-1$ 维线性流形 $\mathscr{B}_{k-1}$, 由式 (6.53) 知, 对任意的 $\mathscr{B}_{k-1}$ 均有

$$0 \leqslant \|\boldsymbol{y}_{k-1}^* - \boldsymbol{y}^*\| \leqslant \|\boldsymbol{y}_0 - \boldsymbol{y}^*\| = a,$$

且对任何一个 $\tilde{r} \in [0, a]$ 都存在一个 $\mathscr{B}_{k-1}$, 使得 $\|\boldsymbol{y}_{k-1}^* - \boldsymbol{y}^*\| =$

$\tilde{r}$. 事实上,只要取一个与 $\boldsymbol{y}^* - \boldsymbol{y}_0$ 的夹角为 $\gamma = \cos^{-1}\dfrac{\tilde{r}}{a}$ 的向量 $\boldsymbol{q}$, 然后做一个过 $\boldsymbol{y}_0$ 以 $\boldsymbol{q}$ 为法向量的 $\mathscr{B}_{k-1}$ (参看图 6.17) 就有

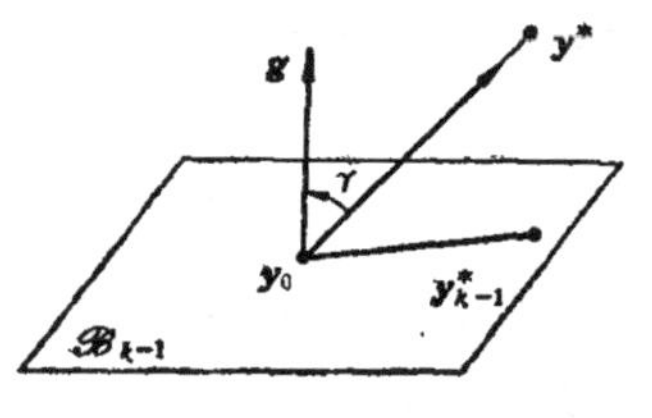

图 6.17　定理 5 第三步证明

$$\|\boldsymbol{y}_{k-1}^* - \boldsymbol{y}^*\| = [\|\boldsymbol{y}_0 - \boldsymbol{y}^*\|^2 - \|\boldsymbol{y}_0 - \boldsymbol{y}^*\|^2\sin^2\gamma]^{\frac{1}{2}} = \tilde{r}.$$

这表明 $\|\boldsymbol{y}_{k-1}^* - \boldsymbol{y}^*\|$ 仅取 $[0, a]$ 上的值,且取遍 $[0, a]$ 上的值. φ_k 只依赖于 μ_{k-1}, 由于 $\mu_{k-1} \leqslant 1$, 因此

$$\mu_k \leqslant \frac{\mu_k}{\mu_{k-1}} = \cos\varphi_k \leqslant 1, \tag{6.71}$$

从而 $\varphi_k \in [0, \cos^{-1}\mu_k]$, 而且取遍其中的值. 总之, $\theta(r, \psi)$ 是定义在 $\mathscr{D}: [0, a] \times [0, \cos^{-1}\mu_k]$ 上的函数.

现在我们证明 $\theta(r, \psi)$ 是 $\mathscr{D}$ 上的连续函数. 这只须说明它在由 $\Delta' = 0$ 确定的分界线

$$l:\quad (a^2 - r^2)^{\frac{1}{2}}(\cos^2\psi - \mu_k^2)^{\frac{1}{2}}\sin\psi - r\cos^2\psi = 0 \tag{6.72}$$

上 $\theta_1 = \theta_2$ 即可. 实际上当 $\sin\psi = 0$ 时,只有 $r = 0$, $\psi = 0$ 这一点,此时

$$\theta_1(r,\psi) = a^2(1 - \mu_k^2) = \theta_2(r,\psi). \tag{6.73}$$

当 $\sin\psi \neq 0$ 时,由式 (6.72) 有

$$(a^2 - r^2)^{\frac{1}{2}}(\cos^2\psi - \mu_k^2)^{\frac{1}{2}} = \frac{r\cos^2\psi}{\sin\psi}. \tag{6.74}$$

把式 (6.74) 代入式 (6.62) 与式 (6.63) 得到

$$\theta_1(r, \psi) = \frac{r^2}{\sin^2\psi} = \theta_2(r,\psi). \tag{6.75}$$

既然 $\theta(\gamma, \psi)$ 在闭域 $\mathscr{D}$ 上连续, 所以一定能取到最大值. 直接计算 θ 在其稳定点上的值、θ 在 $\mathscr{D}$ 的边界以及分界线 l 上的值,即可断言 θ 在 $\mathscr{D}$ 上的最大值为 $a^2(1 - \mu_k^2)$. 这样,第三步得证.

因此按归纳法步骤,定理证毕.

替换方向的准则　以上我们给"选取正交程度尽可能大的方向组"的原则建立了较严密的理论基础，现在从这一原则出发导出一个实用的替换方向准则.

(1) 设原来的 n 个搜索方向为 $\boldsymbol{q}_1, \cdots, \boldsymbol{q}_n$. 从初始点 $\boldsymbol{y}_0$ 出发，依次沿它们搜索得 $\boldsymbol{y}_n$. 由此确定一个新方向 $\boldsymbol{u}=\boldsymbol{y}_n-\boldsymbol{y}_0$. 我们的目标是从 $\boldsymbol{q}_1, \cdots, \boldsymbol{q}_n$ 和 $\boldsymbol{u}$ 这 $n+1$ 个方向中找出正交程度 δ 最大的 n 个方向，供下一循环使用. 倘若记 $\boldsymbol{q}_1, \cdots, \boldsymbol{q}_n$ 这 n 个方向的单位向量分别为 $\boldsymbol{d}_1, \cdots, \boldsymbol{d}_n$，$\boldsymbol{u}$ 方向的单位向量为 $\boldsymbol{d}_{n+1}$，问题就变成从 $\boldsymbol{d}_1, \cdots, \boldsymbol{d}_{n+1}$ 中选出 δ 值最大的 n 个方向了. 为此考查用 $\boldsymbol{d}_{n+1}$ 替换第 l $(1 \leqslant l \leqslant n)$ 个方向 $\boldsymbol{d}_l$ 后，相应 δ 值的变化.

记未替换前和替换后的 δ 值分别为 δ 和 δ_l，由式(6.39)知

$$\delta_l=|\det\{\boldsymbol{d}_1, \cdots, \boldsymbol{d}_{l-1}, \boldsymbol{d}_{n+1}, \boldsymbol{d}_{l+1}, \cdots, \boldsymbol{d}_n\}|. \tag{6.76}$$

注意到 $\boldsymbol{y}_n$ 是从 $\boldsymbol{y}_0$ 出发依次沿 $\boldsymbol{d}_1, \cdots, \boldsymbol{d}_n$ 搜索得到的点，因此有

$$\begin{aligned}\boldsymbol{y}_n-\boldsymbol{y}_0&=(\boldsymbol{y}_n-\boldsymbol{y}_{n-1})+\cdots+(\boldsymbol{y}_1-\boldsymbol{y}_0)\\&=a_n\boldsymbol{d}_n+\cdots+a_1\boldsymbol{d}_1,\end{aligned} \tag{6.77}$$

其中 $|a_i|$ 是 $\boldsymbol{y}_i-\boldsymbol{y}_{i-1}$ 的范数 $(i=1,2,\cdots,n)$. 另一方面，由 $\boldsymbol{d}_{n+1}$ 是 $\boldsymbol{u}$ 方向的单位向量，可见

$$\boldsymbol{y}_n-\boldsymbol{y}_0=a\boldsymbol{d}_{n+1}. \tag{6.78}$$

其中 $|a|$ 是 $\boldsymbol{y}_n-\boldsymbol{y}_0$ 的范数. 比较式(6.77)与(6.78)得

$$\boldsymbol{d}_{n+1}=\frac{a_n}{a}\boldsymbol{d}_n+\cdots+\frac{a_{l+1}}{a}\boldsymbol{d}_{l+1}+\frac{a_l}{a}\boldsymbol{d}_l+\frac{a_{l-1}}{a}\boldsymbol{d}_{l-1}+\cdots$$

$$+\frac{a_1}{a}\boldsymbol{d}_1.$$

将此式代入式(6.76)则有

$$\delta_l=\left|\frac{a_l}{a}\right||\det\{\boldsymbol{d}_1, \cdots, \boldsymbol{d}_{l-1}, \boldsymbol{d}_l, \boldsymbol{d}_{l+1}, \cdots, \boldsymbol{d}_n\}|=\left|\frac{a_l}{a}\right|\delta. \tag{6.79}$$

由此可见，若令

$$a_m^2=\max_{1\leqslant i\leqslant n} a_i^2, \tag{6.80}$$

则当 $a_m^2 \leqslant a^2$ 时，用 $\boldsymbol{d}_{n+1}$ 替换任一方向 $\boldsymbol{d}_l$，都有 $\delta_l \leqslant \delta$，即替换

不能使正交程度增加，因而此时不采用新方向；但当 $a_m^2 > a^2$ 时，则应该用新方向 $\boldsymbol{d}_{n+1}$ 替换第 m 个方向 $\boldsymbol{d}_m$. 因为这样做可使正交程度增加，而且可以获得可能得到的最大的正交程度. 因此以下只需导出计算 a_i 和 a 的公式.

(2) 计算 a_i 和 a. 先考虑 a_i，按定义 a_i 满足

$$\boldsymbol{y}_i - \boldsymbol{y}_{i-1} = a_i \boldsymbol{d}_i, \tag{6.81}$$

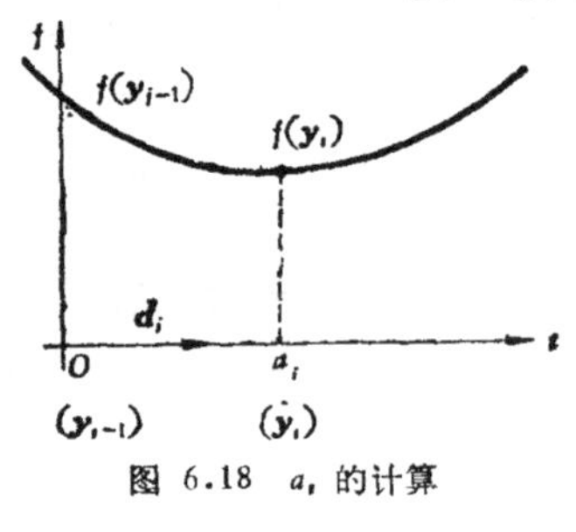

图 6.18 a_i 的计算

这里 $\boldsymbol{y}_i$ 是从 $\boldsymbol{y}_{i-1}$ 出发沿 $\boldsymbol{d}_i$ 方向的极小点(参看图 6.18). 考查目标函数 $f(\boldsymbol{y})$ 作为 $\boldsymbol{d}_i$ 方向上的一元函数的表达式. 令

$$\boldsymbol{y} = \boldsymbol{y}_{i-1} + t\boldsymbol{d}_i, \tag{6.82}$$

代入特殊正定二次函数表达式 (6.24) 得

$$\hat{f}(t) = f(\boldsymbol{y}_{i-1} + t\boldsymbol{d}_i) = \frac{1}{2}t^2 + \beta t + \gamma, \tag{6.83}$$

其中 β 与 γ 是常数. 据此，并利用 $\boldsymbol{y}_{i-1}$ 和 $\boldsymbol{y}_i$ 处的函数值，不难求出 a_i. 事实上，易见

$$\begin{aligned} f(\boldsymbol{y}_{i-1}) &= \hat{f}(0) = \gamma, \\ f(\boldsymbol{y}_i) &= \hat{f}(a_i) = \frac{1}{2}a_i^2 + \beta a_i + \gamma. \end{aligned} \tag{6.84}$$

再注意到 $\boldsymbol{y}_i$ 是 $\boldsymbol{d}_i$ 方向的极小点，有

$$0 = \hat{f}'(a_i) = a_i + \beta. \tag{6.85}$$

等式 (6.84) 和 (6.85) 是以 a_i，β 和 γ 为未知数的方程组，解之可得

$$a_i^2 = 2[f(\boldsymbol{y}_{i-1}) - f(\boldsymbol{y}_i)]. \tag{6.86}$$

计算 a 的方法与计算 a_i 类似，与式 (6.81)—(6.83) 对应的有

$$\boldsymbol{y}_n - \boldsymbol{y}_0 = a\boldsymbol{d}_{n+1},$$

$$\boldsymbol{y} = \boldsymbol{y}_0 + t\boldsymbol{d}_{n+1},$$

$$\bar{f}(t) = f(\boldsymbol{y}_0 + t\boldsymbol{d}_{n+1}) = \frac{1}{2}t^2 + \bar{\beta}t + \bar{\gamma},$$

与式(6.84)对应的方程为

$$
\begin{aligned}
f(\boldsymbol{y}_0) &= \bar{f}(0) = \gamma, \\
f(\boldsymbol{y}_n) &= \bar{f}(a) = \frac{1}{2}a^2 + \bar{\beta}a + \gamma \ .
\end{aligned} \tag{6.87}
$$

但此时没有与式(6.85)对应的方程，因为 $\boldsymbol{y}_n$ 和 $\boldsymbol{y}_0$ 都不一定是 $\boldsymbol{d}_{n+1}$ 方向上的极小点. 为补足三个方程，只需求出过 $\boldsymbol{y}_0$ 和 $\boldsymbol{y}_n$ 的直线上的另一点 $\boldsymbol{y}_{n+1}$ 处的函数值. Powell 建议取

$$\boldsymbol{y}_{n+1} = 2\boldsymbol{y}_n - \boldsymbol{y}_0 = \boldsymbol{y}_0 + 2(\boldsymbol{y}_n - \boldsymbol{y}_0) = \boldsymbol{y}_0 + 2a\boldsymbol{d}_{n+1}.$$

于是

$$f(\boldsymbol{y}_{n+1}) = \bar{f}(2a) = 2a^2 + 2\bar{\beta}a + \gamma. \tag{6.88}$$

将式(6.87)和式(6.88)联立,即可解出 a^2,

$$a^2 = f(\boldsymbol{y}_0) - 2f(\boldsymbol{y}_n) + f(\boldsymbol{y}_{n+1}). \tag{6.89}$$

(3)替换方向的实用准则. 综上所述,可得如下替换方向的准则: 首先按式(6.86)算出 $a_i^2\ (i = 1, \cdots, n)$, 取出其中最大的数 a_m^2, 并记住其下标 m. 然后由式(6.89)算出 a^2. 比较 a_m^2 和 a^2. 若 $a_m^2 > a^2$, 则用新方向 $\boldsymbol{u} = \boldsymbol{y}_n - \boldsymbol{y}_0$ 替换第 m 个方向 $\boldsymbol{q}_m$; 否则不替换,仍用原来的 n 个方向.

(4) 搜索方向的线性无关性. 上述替换方向准则可保证 n 个搜索方向的正交程度逐渐变大(至少不减). 因此 n 个搜索方向永远不会相关. 事实上, 因为最初选取的 n 个方向线性无关, 所以, 相应地由式(6.39)定义的 $\delta > 0$, 每次替换方向都不会使 δ 之值减小,因而总不为零. 所以这样替换搜索方向克服了 Powell 基本算法可能退化为在某一个维数小于 n 的线性流形上搜索的缺点.

上面导出的针对特殊正定二次函数的 Powell 直接方法,可以归纳为如下算法.

算法 8(应用于特殊正定二次函数的 Powell 直接方法)

1. 取初始点 $\boldsymbol{y}_0$, 置 n 个线性无关的方向 $\boldsymbol{q}_1, \cdots, \boldsymbol{q}_n$.

2. 从 $\boldsymbol{y}_0$ 出发, 依次沿 $\boldsymbol{q}_1, \cdots, \boldsymbol{q}_n$ 进行一维搜索, 得点列

$\boldsymbol{y}_1, \cdots, \boldsymbol{y}_n$.

3. 找出使函数值下降最多的那个方向 $\boldsymbol{q}_m$，并算出函数在这个方向上的下降量 μ.

4. 取 $\boldsymbol{y}_{n+1}=2\boldsymbol{y}_n-\boldsymbol{y}_0$，并比较 2μ 与 $f(\boldsymbol{y}_0)-2f(\boldsymbol{y}_n)+f(\boldsymbol{y}_{n+1})$. 若前者大于后者，则用新方向 $\boldsymbol{u}=\boldsymbol{y}_n-\boldsymbol{y}_0$ 替换第 m 个方向 $\boldsymbol{q}_m$，构成新方向组 $\boldsymbol{q}_1, \cdots, \boldsymbol{q}_n$；否则仍用原来的 n 个方向.

5. 检验收敛准则是否成立，若成立，则停止计算；否则，以从 $\boldsymbol{y}_n$ 出发沿 $\boldsymbol{u}$ 搜索所得点为 $\boldsymbol{y}_0$，转 2.

4.3. 应用于一般正定二次函数的 Powell 直接方法

本段推广上述针对特殊正定二次函数的 Powell 直接方法，使之适用于形如式(6.22)的一般正定二次函数. 我们在第四章中已经讲过，通过变换

$$\boldsymbol{y}=\sqrt{G}\,\boldsymbol{x}, \tag{6.90}$$

能够把一般正定二次函数变为相应的特殊形式，而且指出，y 空间的“正交”完全相当于 x 空间的“共轭”(G 度量意义下正交)，所以要推广 Powell 直接方法，需要考虑“共轭程度”(G 度量意义下的正交程度)的度量.

定义 2. 设 $\boldsymbol{p}_1, \cdots, \boldsymbol{p}_n$ 为 $\boldsymbol{x}$ 空间中的 n 个方向，记它们由变换(6.90)确定的 $\boldsymbol{y}$ 空间中的象为 $\boldsymbol{q}_1, \cdots, \boldsymbol{q}_n$:

$$\boldsymbol{q}_i=\sqrt{G}\,\boldsymbol{p}_i \qquad (i=1, 2, \cdots, n). \tag{6.91}$$

我们定义 $\boldsymbol{p}_1, \cdots, \boldsymbol{p}_n$ 在 $\boldsymbol{x}$ 空间中的共轭程度为相应的 $\boldsymbol{q}_1, \cdots, \boldsymbol{q}_n$ 在 $\boldsymbol{y}$ 空间中的正交程度

$$\Delta=\Delta(\boldsymbol{p}_1, \cdots, \boldsymbol{p}_n)=\begin{cases} 0, & \text{当} \prod\limits_{i=1}^{n}\|\boldsymbol{q}_i\|=0 \text{ 时;} \\ |\det\{\boldsymbol{q}_1, \cdots, \boldsymbol{q}_n\}| \Big/ \prod\limits_{i=1}^{n}\|\boldsymbol{q}_i\|, & \text{其它,} \end{cases}$$

$$
=\begin{cases} 0, & \text{当} \prod_{i=1}^{n}\|\boldsymbol{p}_i\|=0 \text{时;} \\ |\det\sqrt{G}|\,|\det\{\boldsymbol{p}_1,\cdots,\boldsymbol{p}_n\}| \Big/ \prod_{i=1}^{n}\langle \boldsymbol{p}_i, G\boldsymbol{p}_i\rangle^{\frac{1}{2}}, & \text{其它.} \end{cases} \tag{6.92}
$$

共轭程度Δ也可称为G度量意义下的正交程度，显然它是与矩阵G有关的. 特别地，当G为单位矩阵I时，式(6.92)与式(6.39)一致. 如果$\boldsymbol{p}_i\ (i=1,\cdots,n)$是$G$度量意义下的单位向量

$$
\begin{aligned}
\|\boldsymbol{p}_i\|_G^2 &= \langle \boldsymbol{p}_i, G\boldsymbol{p}_i\rangle = \langle \sqrt{G}\boldsymbol{p}_i, \sqrt{G}\boldsymbol{p}_i\rangle \\
&= \|\sqrt{G}\boldsymbol{p}_i\|^2 = \|\boldsymbol{q}_i\|^2 = 1,
\end{aligned}
$$

则其共轭程度可写为

$$
\Delta(\boldsymbol{p}_1,\cdots,\boldsymbol{p}_n) = |\det\sqrt{G}|\,|\det\{\boldsymbol{p}_1,\cdots,\boldsymbol{p}_n\}|. \tag{6.93}
$$

根据定理 4 和定理 5 ,容易证明下列两个定理.

定理 6. 若$\boldsymbol{p}_1,\cdots,\boldsymbol{p}_n$为$R^n$中任意$n$个向量,则按式(6.92)定义的$\Delta$满足

$$
\Delta(\boldsymbol{p}_1,\cdots,\boldsymbol{p}_n)\leqslant 1,
$$

而且此式等号成立的充要条件是$\boldsymbol{p}_1,\cdots,\boldsymbol{p}_n$全部非零且两两共轭($G$度量意义下正交).

定理 7. 设对形如式(6.22)的目标函数$f(\boldsymbol{x})$来说，任意给定初始点$\boldsymbol{x}_0$和常数$\eta_n\in[0,1]$(当$n=1$时，$\eta_n=1$). 若记从$\boldsymbol{x}_0$出发沿方向组P_n:$\boldsymbol{p}_1,\cdots,\boldsymbol{p}_n$搜索所得之点为$\boldsymbol{x}_n=\boldsymbol{x}_n(\boldsymbol{x}_0;P_n)$，则对所有共轭程度($G$度量意义下的正交程度)为$\eta_n$的方向组$P_n$来说，有

$$
\max_{P_n}[f(\boldsymbol{x}_n(\boldsymbol{x}_0;P_n))-f(\boldsymbol{x}^*)] = (1-\eta_n^2)[f(\boldsymbol{x}_0)-f(\boldsymbol{x}^*)].
$$

显然以上两个定理就是G度量意义下的定理 4 和定理 5 . 另外一般正定二次函数也可以看作特殊正定二次函数在G度量意义下的表现,即

$$f(\boldsymbol{x})=\frac{1}{2}\boldsymbol{x}^TG\boldsymbol{x}+\boldsymbol{r}^T\boldsymbol{x}+\delta=\frac{1}{2}\|\boldsymbol{x}-\boldsymbol{x}^*\|_G^2+f(\boldsymbol{x}^*).$$

这样看来，一般正定二次函数的问题和特殊正定二次函数的问题几乎没有什么差别，只不过度量有所不同——一个是 G 度量；一个是通常度量. 所以要导出适用于一般正定二次函数的替换方向的准则，只需在 G 度量意义下重复一遍前一小节的工作. 其实，只要把那里的自变量 $\boldsymbol{y}$ 换成 $\boldsymbol{x}$，并把所有通常意义下的度量理解为 G 度量即可. 例如，那里的 $\boldsymbol{d}_i$ 原为通常意义下的单位向量，现在则应理解为 G 度量意义下的单位向量. 那里的 $|a_i|$ 和 $|a|$ 分别为 $\boldsymbol{y}_i-\boldsymbol{y}_{i-1}$ 和 $\boldsymbol{y}_n-\boldsymbol{y}_0$ 在通常意义下的范数，现在则应看作 $\boldsymbol{x}_i-\boldsymbol{x}_{i-1}$ 和 $\boldsymbol{x}_n-\boldsymbol{x}_0$ 在 G 度量意义下的范数. 计算它们的公式 (6.86) 和 (6.89) 仍成立:

$$a_i^2=2[f(\boldsymbol{x}_{i-1})-f(\boldsymbol{x}_i)], \tag{6.94}$$

$$a^2=f(\boldsymbol{x}_0)-2f(\boldsymbol{x}_n)+f(\boldsymbol{x}_{n+1}). \tag{6.95}$$

其替换方向的准则也不变. 按式 (6.94) 算出 $a_i^2(i=1,\cdots,n)$，取出其最大的数 a_m^2，并记住下标 m. 再按式 (6.95) 算出 a^2. 比较 a_m^2 和 a^2，若 $a_m^2>a^2$，则用新方向 $\boldsymbol{u}=\boldsymbol{x}_n-\boldsymbol{x}_0$ 替换第 m 个搜索方向；否则不替换，仍用原来的 n 个方向. 这就是应用于一般正定二次函数的 Powell 直接方法，这个方法由于能使共轭程度逐渐增加(至少是不减)，所以 n 个搜索方向永远线性无关，不会退化为在某一个维数小于 n 的线性流形上搜索.

4.4. 应用于一般目标函数的 Powell 直接方法

针对一般正定二次函数的 Powell 直接方法，可以不加修改地应用于一般目标函数，而成为著名的 Powell 直接方法.

算法 9(应用于一般目标函数的 Powell 直接方法) 见图 6.19 所示的框图.

Powell 直接方法的 FORTRAN 语言程序可见文献[11]. 但该程序采用的替换搜索方向的准则与算法 9 中的准则有所不同. 从

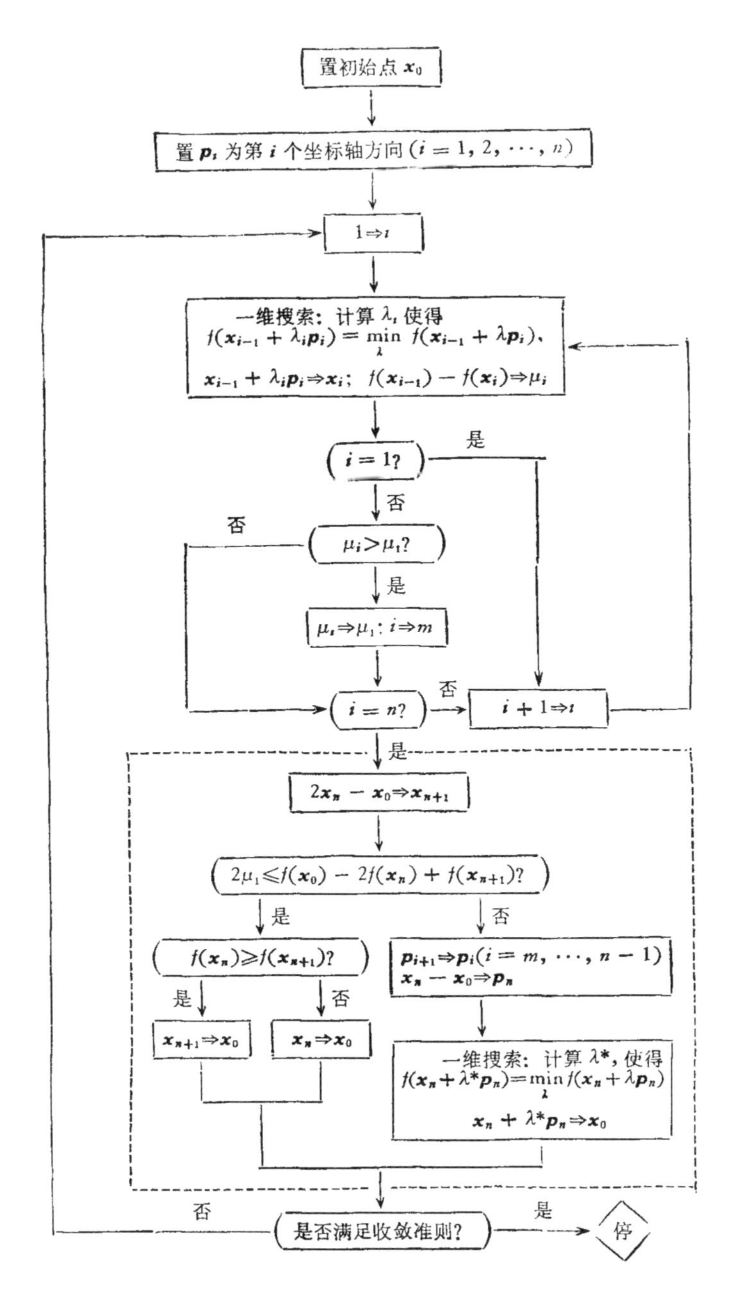

图 6.19 应用于一般目标函数的 Powell 直接方法框图

理论上说，它们是等价的，只是算法 9 采用的准则更简单些.

4.5. Powell 直接方法的改进形式

Sargent[117] 对 Powell 方法稍加改造，提出了一种改进形式，它也是完全基于正定二次函数导出的，与原来方法的主要不同之点在于，当从 $\boldsymbol{x}_0$ 出发依次沿 $\boldsymbol{p}_1, \cdots, \boldsymbol{p}_n$ 搜索得 $\boldsymbol{x}_n$ 后，不利用计算点 $\boldsymbol{x}_{n+1} = 2\boldsymbol{x}_n - \boldsymbol{x}_0$ 处的函数值来决定新搜索方向，而是借助于从 $\boldsymbol{x}_0$ 出发沿 $\boldsymbol{u} = \boldsymbol{x}_n - \boldsymbol{x}_0$ 进行一维搜索完成这一任务. 若把这样搜索得到的点记作 $\hat{\boldsymbol{x}}_0$（参看图 6.20），则有

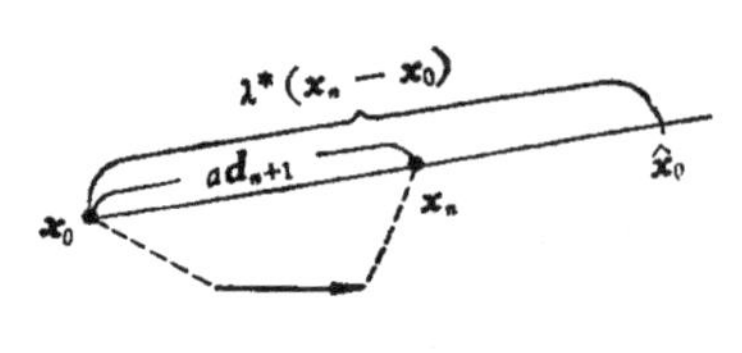

图 6.20 Sargent 对 Powell 方法的改造

$$\hat{\boldsymbol{x}}_0 = \boldsymbol{x}_0 + \lambda^*(\boldsymbol{x}_n - \boldsymbol{x}_0) = \boldsymbol{x}_0 + \lambda^* a \boldsymbol{d}_{n+1}. \tag{6.96}$$

与导出计算 a_i^2 的公式 (6.86) 类

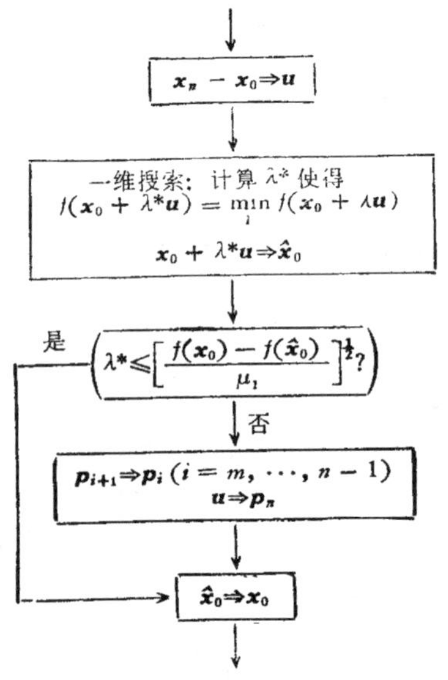

图 6.21 Sargent 对算法 9 的修改部分

似，可得

$$
\begin{aligned}
(\lambda^* a)^2 &= 2[f(\boldsymbol{x}_0) - f(\hat{\boldsymbol{x}}_0)], \\
a^2 &= 2[f(\boldsymbol{x}_0) - f(\hat{\boldsymbol{x}}_0)]/\lambda^{*2}.
\end{aligned}
\tag{6.97}
$$

所以，$a_m^2 > a^2$ 等价于

$$
\lambda^* > \left[\frac{f(\boldsymbol{x}_0) - f(\hat{\boldsymbol{x}}_0)}{f(\boldsymbol{x}_{m-1}) - f(\boldsymbol{x}_m)}\right]^{\frac{1}{2}}. \tag{6.98}
$$

同样根据式 (6.79) 知，可用此式作为替换搜索方向的条件，这就是 Powell 直接方法的 Sargent 形式.

算法 10（Powell 直接方法的 Sargent 形式） 见图 6.19 所示框图，但其中用虚线圈起的部分用图 6.21 所示的框图代替.

4.6. 主轴 Powell 方法[120]

这里将介绍 Powell 直接方法的另一改进形式. 我们还是从考察正定二次目标函数出发，导出对一般目标函数有效的算法.

应用于正定二次函数的 Brent 方法 现在要介绍的算法，可以看作是应用于正定二次函数的 Powell 直接方法与应用于正定二次函数的 Powell 基本算法的有机结合. 前者我们刚刚讲述过，后者却尚未提及. 不过它的计算步骤与算法 7（应用于特殊正定二次函数的 Powell 基本算法）完全相同，只不过此时的目标函数不再是形如式 (6.24) 的特殊正定二次函数 $f(\boldsymbol{y})$，而是形如式 (6.22) 的一般正定二次函数 $f(\boldsymbol{x})$ 罢了. 因此算法 7 中的 $\boldsymbol{y}$ 都应改为 $\boldsymbol{x}$. 为了参照方便，我们称这样改写后的算法为应用于一般正定二次函数的 Powell 基本算法. 与定理 3 的引理及定理 3 对应，不难证明下列引理与定理.

引理. 考虑形如式 (6.22) 的一般正定二次函数，设 $\boldsymbol{u}_1, \cdots, \boldsymbol{u}_k$ 为 k 个共轭方向，若 $\boldsymbol{x}_{k0}$ 和 $\boldsymbol{x}_{kn}$ 都是依次沿 $\boldsymbol{u}_1, \cdots, \boldsymbol{u}_k$ 搜索得到的点，则 $\boldsymbol{u}_{k+1} = \boldsymbol{x}_{kn} - \boldsymbol{x}_{k0}$ 和 $\boldsymbol{u}_1, \cdots, \boldsymbol{u}_k$ 都共轭

$$
\langle \boldsymbol{u}_{k+1}, G\boldsymbol{u}_i \rangle = 0 \qquad (i = 1, 2, \cdots, k).
$$

定理 8. 应用于一般正定二次函数的 Powell 基本算法构造

出的 $\boldsymbol{u}_1, \cdots, \boldsymbol{u}_n$ 是 n 个共轭方向.

很明显, Powell 基本算法为获得互相共轭的搜索方向,采取了用新方向逐个替换原有搜索方向的准则, 其结果是所得到的搜索方向可能变得线性相关. 而 Powell 直接方法按照共轭程度决定是否采用新方向以及应该用新方向替换原来的哪一个方向, 从而打乱了逐个替换方向的准则.这样做虽然避免了线性相关的可能性, 但却可能永远得不到相互共轭的搜索方向. 因此可以考虑这样一个折衷方案: 每得到一个新方向后,就用它替换一个原来的方向, 但不去替换那些新得到的共轭方向; 同时在其余那些原来的方向中, 究竟替换哪一个, 仍然按照其共轭程度判定. 具体作法如下(参看图 6.22):

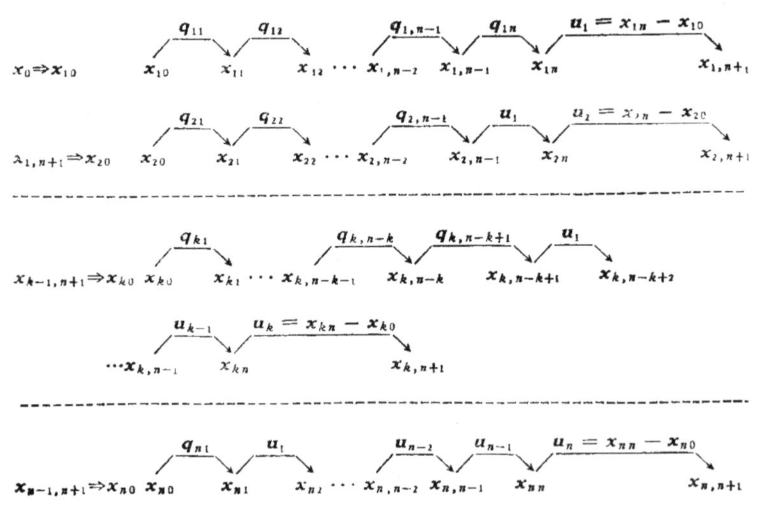

图 6.22 应用于正定二次函数的 Brent 方法

算法 11(应用于正定二次函数的 Brent 算法)

1. 取初始点 $\boldsymbol{x}_0$, 置 n 个线性无关的方向 $\boldsymbol{q}_1, \cdots, \boldsymbol{q}_n$.

2. 置 $k=1$, $\boldsymbol{x}_{10}=\boldsymbol{x}_0$, 并置 $\boldsymbol{q}_{1i}=\boldsymbol{q}_i\ (i=1, \cdots, n)$.

3. 从 $\boldsymbol{x}_{k0}$ 出发, 依次沿 $\boldsymbol{q}_{k1}, \cdots, \boldsymbol{q}_{k,n-k+1}$ 进行一维搜索得点列 $\boldsymbol{x}_{k1}, \boldsymbol{x}_{k2}, \cdots, \boldsymbol{x}_{k,n-k+1}$. 若 $\boldsymbol{x}_{k0}=\boldsymbol{x}_{k,n-k+1}$, 则停止计算; 否则

找出 $\boldsymbol{q}_{k1}, \cdots, \boldsymbol{q}_{k,n-k+1}$ 这 $n-k+1$ 个方向中，使函数值下降最多的那个方向 $\boldsymbol{q}_{km}$. 然后转 4.

4. 继续从 $\boldsymbol{x}_{k,n-k+1}$ 出发,依次沿 $\boldsymbol{u}_1, \cdots, \boldsymbol{u}_{k-1}$ 进行一维搜索得点列 $\boldsymbol{x}_{k,n-k+2}, \cdots, \boldsymbol{x}_{kn}$; 构造新方向 $\boldsymbol{u}_k = \boldsymbol{x}_{kn} - \boldsymbol{x}_{k0}$. 再从 $\boldsymbol{x}_{kn}$ 出发,沿 $\boldsymbol{u}_k$ 搜索得点 $\boldsymbol{x}_{k,n+1}$.

5. 置 $\boldsymbol{x}_{k+1,0} = \boldsymbol{x}_{k,n+1}$, 并用 $\boldsymbol{u}_k$ 代替 $\boldsymbol{q}_{km}$, 组成新的 n 个搜索方向

$$\{\boldsymbol{q}_{k+1,1}, \cdots, \boldsymbol{q}_{k+1,n-k}, \boldsymbol{u}_1, \cdots, \boldsymbol{u}_k\}$$
$$= \{\boldsymbol{q}_{k1}, \cdots, \boldsymbol{q}_{k,m-1}, \boldsymbol{q}_{k,m+1}, \cdots, \boldsymbol{q}_{k,n-k+1}, \boldsymbol{u}_1, \cdots, \boldsymbol{u}_k\}$$

6. 若 $k < n$, 则置 $k = k+1$, 转 3; 否则停止计算.

如下列定理所示,算法 11 具有二次终止性.

定理 9. 考虑用算法 11 求形如式 (6.22) 的一般正定二次函数 $f(\boldsymbol{x})$ 的极小. 若算法在点 $\bar{\boldsymbol{x}}$ 处停止计算,则 $\bar{\boldsymbol{x}}$ 必为 $f(\boldsymbol{x})$ 的极小点.

证明. 分两种情况讨论.

(1) 对于所有的 $k\,(1 \leqslant k \leqslant n)$ 都有 $\boldsymbol{x}_{k0} \neq \boldsymbol{x}_{k,n-k+1}$. 此时可以证明所得到的 $\boldsymbol{u}_1, \cdots, \boldsymbol{u}_n$ 是 n 个非零共轭方向. 因而依次沿它们进行一维搜索得到的点 $\boldsymbol{x}_{n,n+1}$ 就是欲求之极小点. 事实上,据定理 8 知 $\boldsymbol{u}_1, \cdots, \boldsymbol{u}_n$ 是共轭的. 所以只需证明它们全部非零就行了.

考察搜索方向组

$$\boldsymbol{q}_{k1}, \cdots, \boldsymbol{q}_{k,n-k}, \boldsymbol{q}_{k,n-k+1}, \boldsymbol{u}_1, \cdots, \boldsymbol{u}_{k-1} \tag{6.99}$$

被替换为搜索方向组

$$\boldsymbol{q}_{k+1,1}, \cdots, \boldsymbol{q}_{k+1,n-k}, \boldsymbol{u}_1, \boldsymbol{u}_2, \cdots, \boldsymbol{u}_k \tag{6.100}$$

的过程,这里式 (6.100) 是用新方向 $\boldsymbol{u}_k$ 替换式 (6.99) 中的 $\boldsymbol{q}_{km}$ 而得到的. 记

$$\begin{aligned}\boldsymbol{u}_k = \boldsymbol{x}_{kn} - \boldsymbol{x}_{k0} = a_{k1}\boldsymbol{q}_{k1} + \cdots + a_{km}\boldsymbol{q}_{km} + \cdots \\ + a_{k,n-k}\boldsymbol{q}_{k,n-k} + a_{k,n-k+1}\boldsymbol{q}_{k,n-k+1} \\ + a'_{k1}\boldsymbol{u}_1 + \cdots + a'_{k,k-1}\boldsymbol{u}_{k-1},\end{aligned} \tag{6.101}$$

注意到 $\boldsymbol{x}_{k,n-k+1} \neq \boldsymbol{x}_{k0}$ 意味着沿 $\boldsymbol{q}_{k1}, \cdots, \boldsymbol{q}_{k,n-k+1}$ 搜索后函数值

必有所下降. 因此式(6.101)中对应于函数值下降最多的方向 $\boldsymbol{q}_{km}$ 的系数 a_{km} 非零,于是由

$$
\begin{aligned}
&|\det\{\boldsymbol{q}_{k+1,1},\cdots,\boldsymbol{q}_{k+1,n-k},\boldsymbol{u}_1,\cdots,\boldsymbol{u}_{k-1},\boldsymbol{u}_k\}|\\
&\quad=|\det\{\boldsymbol{q}_{k1},\cdots,\boldsymbol{q}_{k,n-k+1},\boldsymbol{u}_1,\cdots,\boldsymbol{u}_{k-1}\}||a_{km}|
\end{aligned}
$$

知,方向组(6.99)线性无关就能保证(6.100)线性无关. 对 $k=1,\cdots,n$ 反复应用这一事实,便能由 $\boldsymbol{q}_{11},\cdots,\boldsymbol{q}_{1n}$ 的线性无关性推知 $\boldsymbol{u}_1,\cdots,\boldsymbol{u}_n$ 线性无关,因而它们都是非零向量.

(2) 存在一个 $k(1\leqslant k\leqslant n)$ 使得 $\boldsymbol{x}_{k0}=\boldsymbol{x}_{k,n-k+1}$. 显然算法进行到满足这个条件的最小的 k 就终止了. 可以证明, 此时得到的点 $\boldsymbol{x}_{k,n-k+1}=\boldsymbol{x}_{k0}$ 就是极小点. 事实上,考查第 $k-1$ 次迭代的后半段与第 k 次迭代的前半段(参看图 6.22), 由于 $\boldsymbol{u}_1,\cdots,\boldsymbol{u}_{k-1}$ 共轭,所以,由第四章定理 2 可知, $\boldsymbol{x}_{k0}$ 就是线性流形 $\boldsymbol{x}_{k-1,n-k+2}+[\boldsymbol{u}_1,\cdots,\boldsymbol{u}_{k-1}]$ 上的极小点. 而再从 $\boldsymbol{x}_{k0}$ 出发, 继续沿 $\boldsymbol{q}_{k1},\cdots,\boldsymbol{q}_{k,n-k+1}$ 搜索时, 按假设条件所得点 $\boldsymbol{x}_{k,n-k+1}$ 还是 $\boldsymbol{x}_{k0}$, 这表明 $\boldsymbol{x}_{k0}$ 是所有这些方向上的极小点, 因而 $f(\boldsymbol{x})$ 在 $\boldsymbol{x}_{k0}$ 处的梯度与这些方向都垂直,即

$$
\begin{aligned}
&\langle\boldsymbol{g}(\boldsymbol{x}_{k0}),\boldsymbol{u}_i\rangle=0\qquad(i=1,\cdots,k-1);\\
&\langle\boldsymbol{g}(\boldsymbol{x}_{k0}),\boldsymbol{q}_{ki}\rangle=0\qquad(i=1,\cdots,n-k+1).
\end{aligned}
$$

而由前面(1)中的证明过程易见 $\boldsymbol{q}_{k1},\cdots,\boldsymbol{q}_{k,n-k+1},\boldsymbol{u}_1,\cdots,\boldsymbol{u}_{k-1}$ 是线性无关的. 因此必有

$$
\boldsymbol{g}(\boldsymbol{x}_{k0})=\boldsymbol{0},
$$

即 $\boldsymbol{x}_{k0}$ 是目标函数 $f(\boldsymbol{x})$ 的极小点. 定理证毕.

主轴 Powell 方法 对于正定二次目标函数来说,算法 11 若能进行到底, 则所得到的 n 个方向 $\boldsymbol{u}_1,\cdots,\boldsymbol{u}_n$ 是非零共轭的, 因此, 从理论上似乎应该说它们是一组很好的搜索方向. 但是当正定二次目标函数的等高面十分扁平(即相应二次项矩阵 G 的最大特征值与最小特征值相差很多)时, 它们可能接近相关(由图 6.23 可以想象, 当椭圆非常扁平时, 两个共轭方向可能接近共线). 这时由于计算机的舍入误差的影响,实际上沿它们进行一维搜索时,可能得不到满意的效果. 因此我们考虑依据已经得到的这 n 个共

轭方向 $\boldsymbol{u}_1, \cdots, \boldsymbol{u}_n$，计算出一组"更好的"共轭方向——$n$ 个既共轭又欧氏正交的方向(即通常所谓的主轴方向) $\bar{\boldsymbol{q}}_1, \cdots, \bar{\boldsymbol{q}}_n$. 以这 n 个方向作为新的搜索方向.

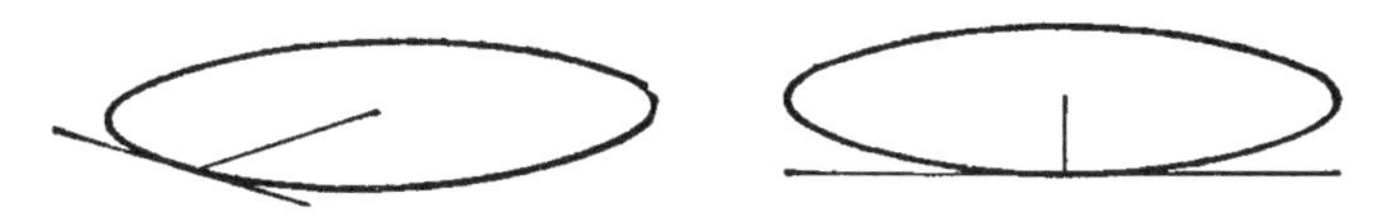

图 6.23 一般共轭方向与主轴方向

计算主轴方向可利用奇异值分解的技术进行：设 $\boldsymbol{u}_1, \cdots, \boldsymbol{u}_n$ 是 n 个共轭方向,则矩阵 $U = \{\boldsymbol{u}_1 \cdots \boldsymbol{u}_n\}$ 满足

$$
\begin{aligned}
U^T G U &= \{\boldsymbol{u}_1 \cdots \boldsymbol{u}_n\}^T G \{\boldsymbol{u}_1 \cdots \boldsymbol{u}_n\} \\
&= \begin{pmatrix} \boldsymbol{u}_1^T G \boldsymbol{u}_1 & & & 0 \\ & \boldsymbol{u}_2^T G \boldsymbol{u}_2 & & \\ & & \ddots & \\ 0 & & & \boldsymbol{u}_n^T G \boldsymbol{u}_n \end{pmatrix} = D. \qquad (6.102)
\end{aligned}
$$

矩阵 G 虽然未知，但矩阵 D 的对角元 $\boldsymbol{u}_i^T G \boldsymbol{u}_i$ 可利用式(6.97)算出，

$$
\boldsymbol{u}_i^T G \boldsymbol{u}_i = \langle \boldsymbol{u}_i, \boldsymbol{u}_i \rangle_G = \frac{2}{\lambda_i^{*2}} [f(\boldsymbol{x}_{i0}) - f(\boldsymbol{x}_{i,n+1})], \qquad (6.103)
$$

其中 λ_i^* 是从 $\boldsymbol{x}_{i0}$ 算起到 $\boldsymbol{x}_{i,n+1}$ 的步长

$$
\boldsymbol{x}_{i,n+1} - \boldsymbol{x}_{i0} = \lambda_i^* \boldsymbol{u}_i.
$$

所以 D 是已知的. 若令 $V = UD^{-\frac{1}{2}}$，则从式(6.102)可得

$$
G^{-1} = UD^{-1}U^T = (UD^{-\frac{1}{2}})(D^{-\frac{1}{2}}U^T) = VV^T.
$$

对矩阵 V 进行奇异值分解,即求得正交矩阵 Q 和 R，使

$$
Q^T V R = \Sigma,
$$

其中 Σ 是满秩的对角阵. 因此

$$
\begin{aligned}
Q^T G^{-1} Q &= Q^T V V^T Q = Q^T V R R^T V^T Q \\
&= (Q^T V R)(Q^T V R)^T = \Sigma^2.
\end{aligned}
$$

于是就得到

$$
(Q^T G^{-1} Q)^{-1} = Q^T G Q = \Sigma^{-2}.
$$

由于 Σ^{-2} 是对角阵，上式表明正交矩阵 Q 的 n 个列向量是 G 共轭的. 这样，以 Q 的 n 个列向量作为 $\bar{\boldsymbol{q}}_1, \cdots, \bar{\boldsymbol{q}}_n$，它们就是既共轭又欧氏正交的 n 个方向. 我们可把上述过程归纳为如下算法.

算法 12（求主轴方向）

1. 以共轭方向 $\boldsymbol{u}_1, \cdots, \boldsymbol{u}_n$ 为列，构造矩阵 U

$$U = (\boldsymbol{u}_1 \cdots \boldsymbol{u}_n).$$

2. 按式 (6.103) 计算对角矩阵 D

$$D = \mathrm{diag}\ \{\boldsymbol{u}_1^T G \boldsymbol{u}_1, \cdots, \boldsymbol{u}_n^T G \boldsymbol{u}_n\},$$

3. 对矩阵 $V = UD^{-\frac{1}{2}}$ 进行奇异值分解，即求得正交矩阵 Q 和 R，使 $Q^T V R$ 为对角阵.

4. 记矩阵 Q 的列向量为 $\bar{\boldsymbol{q}}_1, \cdots, \bar{\boldsymbol{q}}_n$，它们就是 n 个主轴方向.

至此，我们可以自然地导出下述对一般目标函数都相当有效的主轴 Powell 算法.

算法 13（主轴 Powell 算法）

1. 取初始点 $\boldsymbol{x}_0$，置 n 个线性无关的方向 $\boldsymbol{q}_1, \cdots, \boldsymbol{q}_n$；并置控制用的参数 $\delta > 0$.

2. 置 $k = 1$，$\boldsymbol{x}_{10} = \boldsymbol{x}_0$，并置 $\boldsymbol{q}_{1i} = \boldsymbol{q}_i\ (i = 1, \cdots, n)$.

3. 从 $\boldsymbol{x}_{k0}$ 出发，依次沿 $\boldsymbol{q}_{k1}, \cdots, \boldsymbol{q}_{k,n-k+1}$ 进行一维搜索，得点 $\boldsymbol{x}_{k,n-k+1}$. 若 $\|\boldsymbol{x}_{k,n-k+1} - \boldsymbol{x}_{k0}\| < \delta$，则给 $\boldsymbol{x}_{k0}$ 一个小扰动，用新得到的点作为 $\boldsymbol{x}_{k0}$，重新转 3；否则找出 $\boldsymbol{q}_{k1}, \cdots, \boldsymbol{q}_{k,n-k+1}$ 中使函数值下降最多的那个方向 $\boldsymbol{q}_{km}$，然后转 4.

4. 继续依次沿 $\boldsymbol{u}_1, \cdots, \boldsymbol{u}_{k-1}$ 进行一维搜索得点 $\boldsymbol{x}_{kn}$. 令 $\boldsymbol{u}_k = \boldsymbol{x}_{kn} - \boldsymbol{x}_{k0}$. 再从 $\boldsymbol{x}_{kn}$ 出发，沿 $\boldsymbol{u}_k$ 搜索得点 $\boldsymbol{x}_{k,n+1}$.

5. 置 $\boldsymbol{x}_{k+1,0} = \boldsymbol{x}_{k,n+1}$，用 $\boldsymbol{u}_k$ 代替 $\boldsymbol{q}_{km}$ 组成新搜索方向组.

6. 若 $k < n$，则置 $k = k + 1$. 转 3；否则转 7.

7. 检验收敛准则，若已收敛，则停止计算；否则转 8.

8. 用算法 12 进行奇异值分解，得 $\bar{\boldsymbol{q}}_1, \cdots, \bar{\boldsymbol{q}}_n$.

9. 置 $k = 1$，并置 $\boldsymbol{x}_{10} = \boldsymbol{x}_{n+1,0}$，$\boldsymbol{q}_{1i} = \bar{\boldsymbol{q}}_i\ (i = 1, \cdots, n)$，转 3.

关于算法 13 还有两点需要说明:

(1) 为使算法能适用于一般目标函数，在第 3 步中采用了一个扰动策略,这是因为对于一般目标函数来说,条件 $\boldsymbol{x}_{k,n-k+1}=\boldsymbol{x}_{k0}$ 并不一定象对正定二次函数那样，意味着已经达到了极小点. 采取扰动策略,可以使以后的搜索方向仍然张成整个 R^n 空间. 显然这样做有一个副作用——它使算法不再能保证函数值单调下降了.

(2) 为使算法更加有效，还可以考虑不必等到有了 n 个共轭方向 $\{\boldsymbol{u}_1, \cdots, \boldsymbol{u}_n\}$ 后再进行奇异值分解,当发现 $\{\boldsymbol{u}_1, \cdots, \boldsymbol{u}_k\}$ 比较接近相关时[121],即可对它们进行奇异值分解.

上述算法的 ALGOL 语言程序可参看文献[120].

评　　注

1. 直接方法的特点. 本章介绍了四个比较重要的直接方法——模式搜索法、转轴法、单纯形法、Powell 直接方法. 这些直接方法的一个共同特点是,它们只用到目标函数值,在使用时不需要提供计算导数的子程序. 因而使用前所需的准备工作较少. 这一点在解决实际问题时常常会带来很大的方便. 特别是对于某些不易求得导数的问题更是如此. 只利用目标函数值求极小点的另一途径是用差商代替导数,然后选用使用导数的极小化方法(例如参看第五章 § 3). 但由于不可避免的误差干扰，它在用差商计算导数的过程中，有时会遇到一些数值上的困难. 对这方面的进一步讨论可参看文献 [122].

直接方法的另一特点是，它只假定目标函数连续. 因而应用范围广泛、可靠性好. 对于不可微或者导数不连续的函数常常也相当有效. 另外直接方法比较简单、编制程序容易,这些都是直接方法的优点.

现有的直接方法的主要缺点是，收敛速度一般较慢，特别是当自变量个数较多或目标函数性态较好时，往往不如其它算法效率高．看来寻找高效率的直接方法应是今后研究的一个重要课题．

到目前为止，对直接方法的理论分析工作还不很完善．但大量计算实践表明，它们是十分有价值的，能够有效地解决许多实际问题．除了单独使用它们之外，还可以把它们和其它方法结合起来使用．例如先用某一直接方法使函数值下降到一定程度，然后改用其它方法．这一措施往往能取得很好的效果．

2．并行算法．具有并行运算能力的计算机的出现，促进了计算方法中并行算法的发展． 看来这是提高计算速度的一个新方向．本章介绍的单纯形法允许同时计算若干点处的函数值，所以它本身就是一个并行算法． 另外文献[123]把 Powell 基本算法推广，建立了一个包含并行运算的直接方法．这个方法的主要步骤如下：

（1）选取适当的初始点 $\boldsymbol{x}_1$，再选取 $n-1$ 个向量

$$\{\boldsymbol{v}_2^{(1)}, \boldsymbol{v}_3^{(2)}, \cdots, \boldsymbol{v}_n^{(n-1)}\}. \tag{6.104}$$

另外选取 n 个线性无关的向量 $\{\boldsymbol{u}_1, \boldsymbol{u}_2, \cdots, \boldsymbol{u}_n\}$ 及一个恒取正值而趋于零的数列 $\{\beta_j\}$ $(j=1, 2, \cdots)$，并据此构造一个无穷向量序列 $\{\boldsymbol{v}_{n+i}^{(n)}\}$，

$$\{\boldsymbol{v}_{n+1}^{(n)}, \boldsymbol{v}_{n+2}^{(n)}, \boldsymbol{v}_{n+3}^{(n)}, \cdots\} = \{\beta_1\boldsymbol{u}_1, \beta_2\boldsymbol{u}_2, \cdots, \beta_n\boldsymbol{u}_n, \beta_{n+1}\boldsymbol{u}_1, \beta_{n+2}\boldsymbol{u}_2, \cdots, \beta_{2n}\boldsymbol{u}_n, \beta_{2n+1}\boldsymbol{u}_1, \beta_{2n+2}\boldsymbol{u}_2, \cdots\}. \tag{6.105}$$

（2）取 $\boldsymbol{x}_1^{(1)}=\boldsymbol{x}_1$，按下式构造 n 个新点 $\boldsymbol{x}_2^{(2)}, \boldsymbol{x}_3^{(3)}, \cdots, \boldsymbol{x}_{n+1}^{(n+1)}$：

$$\boldsymbol{x}_i^{(i)} = \boldsymbol{x}_1^{(1)} + \sum_{j=2}^{i} \boldsymbol{v}_j^{(j-1)} \qquad (i=2, 3, \cdots, n+1).$$

（注意当 $i=2, 3, \cdots, n$ 时，此式的和式部分只包含式(6.104)中的元素，但当 $i=n+1$ 时，和式部分的最后一项是式(6.105)中的第一个元素．）

（3）进行并行运算．同时对 $i=2, 3, \cdots, n+1$，从 $\boldsymbol{x}_i^{(i)}$ 出发沿同一方向 $\boldsymbol{v}_2^{(1)}$ 进行一维搜索，记分别得到的点为 $\boldsymbol{x}_2^{(1)}, \boldsymbol{x}_3^{(2)}, \cdots, \boldsymbol{x}_{n+1}^{(n)}$．

（4）取 $\boldsymbol{v}_3^{(1)} = \boldsymbol{x}_3^{(2)} - \boldsymbol{x}_2^{(1)}$．

(5) 按式(6.105)的元素确定点 $\boldsymbol{x}_{n+2}^{(n+1)}$,

$$\boldsymbol{x}_{n+2}^{(n+1)} = \boldsymbol{x}_{n+1}^{(n)} + \boldsymbol{v}_{n+2}^{(n)}.$$

(6) 转入下一次迭代,进行与第(3)步类似的并行运算. 即同时对于 $i = 2, 3, \cdots, n+1$, 从 $\boldsymbol{x}_{i+1}^{(i)}$ 出发沿同一方向 $\boldsymbol{v}_3^{(1)}$ 进行一维搜索,……. 不断重复这一过程.

这一算法可以形象地用图 6.24 描述. 图中下方的符号 $\overset{\Uparrow}{\boldsymbol{v}_2^{(1)}}$,

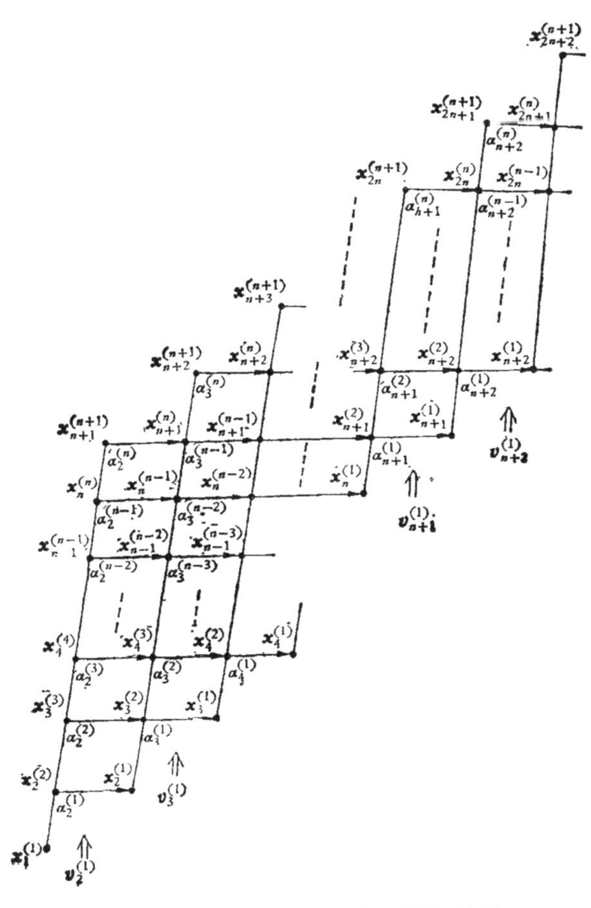

图 6.24 Chazan-Miranker 算法示意图

$\Uparrow$
$\boldsymbol{v}_3^{(1)}$ 等用以标明所在列是分别沿 $\boldsymbol{v}_2^{(1)}$, $\boldsymbol{v}_3^{(1)}$ 等进行一维搜索的. 该列中带有箭头的线段所指的点是沿该方向搜索得到的点. 每次迭代要添加一个点(相应于算法第(5)步确定的点): $\boldsymbol{x}_{n+2}^{(n+1)}$, $\boldsymbol{x}_{n+3}^{(n+1)}$, $\cdots$, 它们位于图的上方. 注意,这个图只是一个示意图,其中的平行线并不意味着所代表的空间向量真正平行. 同样, 不平行的线段也不意味着相应的空间向量不平行. 例如线段 $\boldsymbol{x}_1^{(1)}\boldsymbol{x}_2^{(2)}$ 和线段 $\boldsymbol{x}_2^{(2)}\boldsymbol{x}_2^{(1)}$ 都是 $\boldsymbol{v}_2^{(1)}$ 的方向,但在图中却成了折线.

容易看出,上述算法与 Powell 基本算法有许多相似之处. 可以证明, 对于正定二次函数来说, 倘若算法开始时选取的 $\{\boldsymbol{v}_2^{(1)}, \boldsymbol{v}_3^{(2)}, \cdots, \boldsymbol{v}_n^{(n-1)}, \boldsymbol{v}_{n+1}^{(n)}\}$ 线性无关,则所得的点 $\boldsymbol{x}_{n+1}^{(1)}$ 就是极小点. 事实上, 在这种条件下 $\boldsymbol{v}_2^{(1)}$ 显然是非零向量. 而 $\boldsymbol{x}_2^{(1)}$ 和 $\boldsymbol{x}_3^{(2)}$ 都是 $\boldsymbol{v}_2^{(1)}$ 方向上的极小点,据定理 8 的引理可知 $\boldsymbol{v}_3^{(1)} = \boldsymbol{x}_3^{(2)} - \boldsymbol{x}_2^{(1)}$ 与 $\boldsymbol{v}_2^{(1)}$ 共轭. 而且 $\boldsymbol{v}_3^{(1)} \neq \boldsymbol{0}$, 因为倘若 $\boldsymbol{v}_3^{(1)} = \boldsymbol{0}$, 即

$$\boldsymbol{x}_3^{(2)} - \boldsymbol{x}_2^{(1)} = \boldsymbol{v}_3^{(2)} + (\alpha_2^{(2)} - \alpha_2^{(1)})\boldsymbol{v}_2^{(1)} = \boldsymbol{0}, \tag{6.106}$$

则与 $\{\boldsymbol{v}_2^{(1)}, \boldsymbol{v}_3^{(2)}, \cdots, \boldsymbol{v}_n^{(n-1)}, \boldsymbol{v}_{n+1}^{(n)}\}$ 线性无关相矛盾. 这样, $\boldsymbol{v}_2^{(1)}$ 和 $\boldsymbol{v}_3^{(1)}$ 是两个非零共轭方向. 由算法步骤知, $\boldsymbol{x}_3^{(1)}$ 和 $\boldsymbol{x}_4^{(2)}$ 都是沿 $\boldsymbol{v}_2^{(1)}$, $\boldsymbol{v}_3^{(1)}$ 搜索得到的点, 因而再一次应用定理 8 的引理即可断言 $\boldsymbol{x}_4^{(2)} - \boldsymbol{x}_3^{(1)} = \boldsymbol{v}_4^{(1)}$ 与 $\boldsymbol{v}_2^{(1)}$ 和 $\boldsymbol{v}_3^{(1)}$ 都共轭. 同样不难证明 $\boldsymbol{v}_4^{(1)} \neq \boldsymbol{0}$, 即知 $\boldsymbol{v}_2^{(1)}$、$\boldsymbol{v}_3^{(1)}$、$\boldsymbol{v}_4^{(1)}$ 是三个非零共轭方向. 以此类推, 最后就能证明 $\boldsymbol{v}_2^{(1)}$, $\boldsymbol{v}_3^{(1)}$, $\cdots$, $\boldsymbol{v}_{n+1}^{(1)}$ 是 n 个非零共轭方向. 注意到 $\boldsymbol{x}_{n+1}^{(1)}$ 是从 $\boldsymbol{x}_1^{(1)}$ 出发依次沿这 n 个方向搜索得到的点, 利用第四章定理 2 便得知它就是这个二次函数在 R^n 上的极小点.

对于该算法应用于一般目标函数时的收敛性问题,文献[123]也进行了讨论.

第七章 非线性最小二乘法

我们实际遇到的目标函数，有时具有某些特殊的形式，其中最常见的一种是由若干个函数的平方和组成的目标函数

$$f(\boldsymbol{x})=\sum_{i=1}^{m} r_i^2(\boldsymbol{x}),\ \boldsymbol{x}=(x_1,x_2,\cdots,x_n)^T\in R^n. \tag{7.1}$$

在本章中我们始终假定 $m\geqslant n$，而且每个函数 $r_i(\boldsymbol{x})$ 都二次连续可微. 若引进向量函数

$$\boldsymbol{r}(\boldsymbol{x})=(r_1(\boldsymbol{x}),r_2(\boldsymbol{x}),\cdots,r_m(\boldsymbol{x}))^T, \tag{7.2}$$

则目标函数可写为

$$f(\boldsymbol{x})=\boldsymbol{r}^T(\boldsymbol{x})\boldsymbol{r}(\boldsymbol{x}). \tag{7.3}$$

一般说来,向量函数 $\boldsymbol{r}(\boldsymbol{x})$ 的分量 $r_i(\boldsymbol{x})$ 是 $\boldsymbol{x}$ 的非线性函数,因此,相应于这种形式的最优化问题常称为非线性最小二乘问题.当然,我们完全可以采用前面讲过的处理一般目标函数的方法来求这类问题的解,但是基于目标函数的特有形式,有时能够构造出更加有效的特殊方法.本章介绍两个这样的算法,即 Levenberg-Marquardt 算法(简称 LM 算法)和 Levenberg-Marquardt-Fletcher 算法(简称 LMF 算法). 它们都属于 LM 型算法.

§1. LM 算 法

1.1. 从 Gauss-Newton 法到 LM 方法

我们首先导出 Gauss-Newton 法. 把纯量函数 $r_i(\boldsymbol{x})$ 在点 $\boldsymbol{x}_k$ 附近展开

$$r_i(\boldsymbol{x})\doteq r_i(\boldsymbol{x}_k)+\nabla r_i(\boldsymbol{x}_k)^T(\boldsymbol{x}-\boldsymbol{x}_k)\qquad(i=1,2,\cdots,m),$$

其中 $\nabla r_i(\boldsymbol{x})$ 是函数 $r_i(\boldsymbol{x})$ 在点 $\boldsymbol{x}$ 处的梯度向量

$$\nabla r_i(\boldsymbol{x}) = \left(\frac{\partial r_i}{\partial x_1}, \frac{\partial r_i}{\partial x_2}, \cdots, \frac{\partial r_i}{\partial x_n}\right)^T. \tag{7.4}$$

因此在点 $\boldsymbol{x}_k$ 附近目标函数 $f(\boldsymbol{x})$ 近似于二次函数

$$\begin{aligned} f(\boldsymbol{x}) \doteq \hat{f}(\boldsymbol{x}) &= \sum_{i=1}^{m} [r_i(\boldsymbol{x}_k) + \nabla r_i(\boldsymbol{x}_k)^T(\boldsymbol{x} - \boldsymbol{x}_k)]^2 \\ &= f_k + \boldsymbol{g}_k^T(\boldsymbol{x} - \boldsymbol{x}_k) + \frac{1}{2}(\boldsymbol{x} - \boldsymbol{x}_k)^T T_k(\boldsymbol{x} - \boldsymbol{x}_k), \end{aligned} \tag{7.5}$$

其中，$f_k = f(\boldsymbol{x}_k)$，$\boldsymbol{g}_k$ 是 $f(\boldsymbol{x})$ 在点 $\boldsymbol{x}_k$ 处的梯度向量

$$\boldsymbol{g}_k = \nabla f(\boldsymbol{x}_k) = 2R_k^T \boldsymbol{r}_k, \tag{7.6}$$

$$T_k = 2R_k^T R_k, \tag{7.7}$$

这里

$$\boldsymbol{r}_k = \boldsymbol{r}(\boldsymbol{x}_k),$$

$$R_k = \begin{pmatrix} \frac{\partial r_1(\boldsymbol{x}_k)}{\partial x_1} & \cdots & \frac{\partial r_1(\boldsymbol{x}_k)}{\partial x_n} \\ & \cdots\cdots\cdots & \\ & \cdots\cdots\cdots & \\ & \cdots\cdots\cdots & \\ \frac{\partial r_m(\boldsymbol{x}_k)}{\partial x_1} & \cdots & \frac{\partial r_m(\boldsymbol{x}_k)}{\partial x_n} \end{pmatrix}. \tag{7.8}$$

显然，当 $\hat{f}(\boldsymbol{x})$ 是一个正定二次函数时，它有唯一的极小点. 不难设想，在一定条件下，它的极小点可能会比较接近于目标函数 $f(\boldsymbol{x})$ 的极小点. T_k 的定义式(7.7)表明，对任意的向量 $\boldsymbol{x} \in R^n$，恒有

$$\langle \boldsymbol{x}, T_k \boldsymbol{x} \rangle = \langle \boldsymbol{x}, 2R_k^T R_k \boldsymbol{x} \rangle = 2(R_k \boldsymbol{x})^T (R_k \boldsymbol{x}) \geqslant 0.$$

即矩阵 T_k 是半正定的. 当它非奇异时，$\hat{f}(\boldsymbol{x})$ 就是一个正定二次函数，它的唯一的极小点可表示为

$$\boldsymbol{x}_k + \boldsymbol{p}_k, \tag{7.9}$$

其中 $\boldsymbol{p}_k$ 是方程

$$T_k \boldsymbol{p} = -\boldsymbol{g}_k \tag{7.10}$$

的解

$$\boldsymbol{p}_k = -T_k^{-1} \boldsymbol{g}_k.$$

若记目标函数 $f(\boldsymbol{x})$ 的极小点为 $\boldsymbol{x}^*$，而 $\boldsymbol{x}_k$ 为 $\boldsymbol{x}^*$ 的第 k 次近似，则可选取 $\hat{f}(\boldsymbol{x})$ 的极小点作为 $\boldsymbol{x}^*$ 的第 $k+1$ 次近似．于是便得迭代公式

$$\boldsymbol{x}_{k+1}=\boldsymbol{x}_k+\boldsymbol{p}_k=\boldsymbol{x}_k-T_k^{-1}\boldsymbol{g}_k.$$

这就是通常所说的 Gauss-Newton 方法．增量

$$\boldsymbol{p}_k=-T_k^{-1}\boldsymbol{g}_k$$

的方向称为在点 $\boldsymbol{x}_k$ 处的 Gauss-Newton 方向．如果再引进步长因子 λ．即选择适当的 λ，而令

$$\boldsymbol{x}_{k+1}=\boldsymbol{x}_k+\lambda\boldsymbol{p}_k=\boldsymbol{x}_k-\lambda T_k^{-1}\boldsymbol{g}_k, \tag{7.11}$$

则可保证每次迭代都能使函数值下降(至少不上升)．实践证明，在许多情形下，尤其是当距离极小点 $\boldsymbol{x}^*$ 不太远时，沿 Gauss-Newton 方向前进，常常是相当有效的．当然也并不总是如此，特别地当矩阵 T_k 奇异时，Gauss-Newton 方向甚至连确定的意义都没有．处理这种情况的最简单的办法是改取最速下降方向．与用方程 (7.10) 确定 Gauss-Newton 方向相对应，最速下降方向可用方程

$$I\boldsymbol{p}=-\boldsymbol{g}_k \tag{7.12}$$

(其中 I 是单位阵)来确定．于是进一步可以考虑建立一个开关准则，用来控制在 Gauss-Newton 方向和最速下降方向之间进行选择[124]；或者不限于单单选用这两个方向，而考虑 Gauss-Newton 方向和最速下降方向“之间”的所有方向．为此，我们引进参数 α，且用下列方程把方程 (7.10) 和方程 (7.12) 联系起来，

$$(T_k+\alpha I)\boldsymbol{p}=-\boldsymbol{g}_k. \tag{7.13}$$

显然，当 $\alpha=0$ 时，方程 (7.13) 退化为 (7.10)，所得到的就是 Gauss-Newton 方向；而当 α 非常大时，方程 (7.13) 近似于

$$\alpha I\boldsymbol{p}=-\boldsymbol{g}_k,$$

它所确定的方向便近似于最速下降方向．我们希望找出一个自动调整参数 α 的方法，使得在沿方向

$$\boldsymbol{p}_k=-(T_k+\alpha I)^{-1}\boldsymbol{g}_k \tag{7.14}$$

前进时，所得新点

$$\boldsymbol{x}_{k+1}=\boldsymbol{x}_k+\lambda\boldsymbol{p}_k=\boldsymbol{x}_k-\lambda(T_k+\alpha I)^{-1}\boldsymbol{g}_k \tag{7.15}$$

处的函数值有较大的下降.

同时还可以把迭代公式(7.15)推广到更一般的形式. 在方程(7.13)中,增加的矩阵是 αI. 与讨论改进 Newton 法时类似,增加的矩阵也不一定限于这种形式,例如也可以用某一个正定对角阵 W 代替单位矩阵 I,即用方程

$$(T_k + \alpha W)\boldsymbol{p} = -\boldsymbol{g}_k, \tag{7.16}$$

代替方程(7.13). 这样,相应的迭代公式就变为

$$\boldsymbol{x}_{k+1} = \boldsymbol{x}_k + \lambda \boldsymbol{p}_k = \boldsymbol{x}_k - \lambda(T_k + \alpha W)^{-1}\boldsymbol{g}_k. \tag{7.17}$$

同样地,当 $\alpha = 0$ 时,方程(7.16)所确定的方向是 Gauss-Newton 方向;当 α 非常大时,则接近于 W 度量意义下的最速下降方向(参阅第三章);一般地,当 α 在区间 $(0, \infty)$ 上取值时,对应于上述两个方向"之间"的某个方向. 这就是 LM 方法的基本思想.

很明显,要把上述想法变为一个切实可行的算法,至少还需要解决两个问题:如何选取参数 α 和如何选取步长因子 λ. 我们这里先讨论第二个问题,至于第一个问题,则留至下一小节中解决.

按照习惯的做法,步长因子 λ 多是由一维搜索获得的. 然而,此处可以规定它恒取为 1,这样虽然不能保证得到这个方向上取最小值的点,但下述定理表明,它却是另一种意义下的最优选择.

定理 1. 设 $\boldsymbol{p}_k = \boldsymbol{p}(\alpha)$ 是方程(7.16)对应于某个参数 α 的解. 若记 $\boldsymbol{p}_k = \boldsymbol{p}(\alpha)$ 在 W 度量意义下的范数为 $\|\boldsymbol{p}_k\|_W = \|\boldsymbol{p}(\alpha)\|_W$,记 $\bar{S}(\boldsymbol{x}_k, \|\boldsymbol{p}_k\|_W)$ 为在 W 度量意义下,以 $\boldsymbol{x}_k$ 为球心、以 $\|\boldsymbol{p}_k\|_W$ 为半径的闭球

$$\bar{S}(\boldsymbol{x}_k, \|\boldsymbol{p}_k\|_W) = \{\boldsymbol{x} \mid \|\boldsymbol{x} - \boldsymbol{x}_k\|_W \leqslant \|\boldsymbol{p}_k\|_W\},$$

则对于由式(7.5)给出的 $f(\boldsymbol{x})$ 的近似函数 $\hat{f}(\boldsymbol{x})$ 来说,$\hat{f}(\boldsymbol{x}_k + \boldsymbol{p}_k)$ 是 $\hat{f}(\boldsymbol{x})$ 在 $\bar{S}(\boldsymbol{x}_k, \|\boldsymbol{p}_k\|_W)$ 上的最小值.

证明. 我们要证明对任意的 $\boldsymbol{x}_k + \boldsymbol{\Delta} \in \bar{S}(\boldsymbol{x}_k, \|\boldsymbol{p}_k\|_W)$,有

$$\hat{f}(\boldsymbol{x}_k + \boldsymbol{p}_k) \leqslant \hat{f}(\boldsymbol{x}_k + \boldsymbol{\Delta}).$$

因 $\boldsymbol{p}_k$ 是方程(7.16)的解,所以由式(7.5)知

$$\hat{f}(\boldsymbol{x}_k+\boldsymbol{p}_k)=f(\boldsymbol{x}_k)-\boldsymbol{p}_k^T(T_k+\alpha W)\boldsymbol{p}_k+\frac{1}{2}\boldsymbol{p}_k^T T_k \boldsymbol{p}_k$$

$$=f(\boldsymbol{x}_k)-\alpha\boldsymbol{p}_k^T W\boldsymbol{p}_k-\frac{1}{2}\boldsymbol{p}_k^T T_k \boldsymbol{p}_k.$$

同样地，由式(7.16)和式(7.5)有

$$\hat{f}(\boldsymbol{x}_k+\boldsymbol{\Delta})=f(\boldsymbol{x}_k)-\alpha\boldsymbol{p}_k^T W\boldsymbol{\Delta}-\boldsymbol{p}_k^T T_k\boldsymbol{\Delta}+\frac{1}{2}\boldsymbol{\Delta}^T T_k\boldsymbol{\Delta}.$$

因而

$$\hat{f}(\boldsymbol{x}_k+\boldsymbol{\Delta})-\hat{f}(\boldsymbol{x}_k+\boldsymbol{p}_k)=\frac{1}{2}[(\boldsymbol{p}_k-\boldsymbol{\Delta})^T T_k(\boldsymbol{p}_k-\boldsymbol{\Delta})$$

$$+\alpha(\boldsymbol{p}_k-\boldsymbol{\Delta})^T W(\boldsymbol{p}_k-\boldsymbol{\Delta})$$

$$+\alpha(\boldsymbol{p}_k^T W\boldsymbol{p}_k-\boldsymbol{\Delta}^T W\boldsymbol{\Delta})].$$

由 T_k 半正定和 W 正定，可知上式的前两项非负．而由 $\boldsymbol{x}_k+\boldsymbol{\Delta}\in \bar{S}(\boldsymbol{x}_k, \|\boldsymbol{p}_k\|_W)$，推知

$$\boldsymbol{p}_k^T W\boldsymbol{p}_k-\boldsymbol{\Delta}^T W\boldsymbol{\Delta}=\|\boldsymbol{p}_k\|_W^2-\|\boldsymbol{\Delta}\|_W^2\geqslant 0.$$

因而有

$$\hat{f}(\boldsymbol{x}_k+\boldsymbol{\Delta})-\hat{f}(\boldsymbol{x}_k+\boldsymbol{p}_k)\geqslant 0.$$

定理证毕．

1.2. $\boldsymbol{p}=\boldsymbol{p}(\alpha)$ 的性质和 LM 算法

记 $\boldsymbol{p}=\boldsymbol{p}(\alpha)=\boldsymbol{p}(\alpha, \boldsymbol{x})$ 为下列方程的解

$$(T(\boldsymbol{x})+\alpha W(\boldsymbol{x}))\boldsymbol{p}=-\boldsymbol{g}(\boldsymbol{x}), \tag{7.18}$$

其中，$W(\boldsymbol{x})$ 是一个连续的正定对角阵，而

$$T(\boldsymbol{x})=2R^T(\boldsymbol{x})R(\boldsymbol{x}), \tag{7.19}$$

这里 $R(\boldsymbol{x})$ 是 Jacobi 矩阵，

$$R(\boldsymbol{x})=\begin{pmatrix}\frac{\partial r_1(\boldsymbol{x})}{\partial x_1} & \cdots & \frac{\partial r_1(\boldsymbol{x})}{\partial x_n}\\ \cdots & \cdots & \cdots\\ \cdots & \cdots & \cdots\\ \cdots & \cdots & \cdots\\ \frac{\partial r_m(\boldsymbol{x})}{\partial x_1} & \cdots & \frac{\partial r_m(\boldsymbol{x})}{\partial x_n}\end{pmatrix}.$$

我们将仔细地研究 $\boldsymbol{p}=\boldsymbol{p}(\alpha)$ 对于 α 的依赖关系，然后导出 LM 算法.

定理 2. 若由式 (7.19) 定义的矩阵 $T(\boldsymbol{x})$ 正定且 $\boldsymbol{g}(\boldsymbol{x})\neq\boldsymbol{0}$，则 $\|\boldsymbol{p}(\alpha)\|_W$ 是 α 在 $[0,\infty)$ 上的严格递减函数，且当 $\alpha\to\infty$ 时，$\|\boldsymbol{p}(\alpha)\|_W\to 0$.

证明. 我们先考虑 $W=I$ 的情形. 因为 $T=T(\boldsymbol{x})$ 正定对称，故存在正交阵 S 使

$$STS^T=\mathrm{diag}(\lambda_1,\lambda_2,\cdots,\lambda_n).$$

利用此式，且注意到 $SS^T=I$ 和 $\lambda_i>0 \quad (i=1,2,\cdots,n)$，可知方程 (7.18) 的解 $\boldsymbol{p}(\alpha)$ 满足

$$S\boldsymbol{p}(\alpha)=-(STS^T+\alpha I)^{-1}S\boldsymbol{g}. \tag{7.20}$$

若令 $\boldsymbol{v}=(\nu_1,\cdots,\nu_n)^T=S\boldsymbol{g}$，则有

$$\|\boldsymbol{p}(\alpha)\|^2=\|S\boldsymbol{p}(\alpha)\|^2=\sum_{j=1}^{n}\frac{\nu_j^2}{(\lambda_j+\alpha)^2}. \tag{7.21}$$

因 λ_j 是和 α 无关的大于零的常数，所以 $\|\boldsymbol{p}(\alpha)\|$ 是 α 的严格递减的连续函数，且 $\lim\limits_{\alpha\to\infty}\|\boldsymbol{p}(\alpha)\|=0$.

现在对于一般的正定对角阵 W 证明本定理. 容易验证方程 (7.18) 可改写为

$$(\tilde{T}+\alpha I)\tilde{\boldsymbol{p}}(\alpha)=-\tilde{\boldsymbol{g}}, \tag{7.22}$$

其中，

$$\tilde{T}=W^{-\frac{1}{2}}TW^{-\frac{1}{2}},\ \tilde{\boldsymbol{p}}(\alpha)=W^{\frac{1}{2}}\boldsymbol{p}(\alpha),\ \tilde{\boldsymbol{g}}=W^{-\frac{1}{2}}\boldsymbol{g}. \tag{7.23}$$

由此不难得到与式 (7.20) 和 (7.21) 相应的等式

$$\tilde{S}\tilde{\boldsymbol{p}}(\alpha)=-(\tilde{S}\tilde{T}\tilde{S}^T+\alpha I)^{-1}\tilde{S}\tilde{\boldsymbol{g}}, \tag{7.24}$$

$$\|\tilde{\boldsymbol{p}}(\alpha)\|^2=\|\tilde{S}\tilde{\boldsymbol{p}}(\alpha)\|^2=\sum_{j=1}^{n}\frac{\tilde{\nu}_j^2}{(\tilde{\lambda}_j+\alpha)^2}, \tag{7.25}$$

其中，$\tilde{\nu}_j$ 是 $\tilde{S}\tilde{\boldsymbol{g}}$ 的第 j 个坐标分量，$\tilde{S}\tilde{T}\tilde{S}^T=\mathrm{diag}(\tilde{\lambda}_1,\cdots,\tilde{\lambda}_n)$. 注意到

$$\begin{aligned}\|\boldsymbol{p}(\alpha)\|_W^2&=\langle\boldsymbol{p}(\alpha),W\boldsymbol{p}(\alpha)\rangle=\langle W^{\frac{1}{2}}\boldsymbol{p}(\alpha),W^{\frac{1}{2}}\boldsymbol{p}(\alpha)\rangle\\&=\|\tilde{\boldsymbol{p}}(\alpha)\|^2,\end{aligned}$$

便可推得结论．定理证毕．

定理 3. 设矩阵 $T(\boldsymbol{x})$ 正定，$\boldsymbol{g}(\boldsymbol{x}) \neq \boldsymbol{0}$，且设 $\tilde{\boldsymbol{p}}$ 和 $\tilde{\boldsymbol{g}}$ 的意义如式 (7.23) 所示． 若用 $\tilde{\mu}(\alpha)$ 表示 $\tilde{\boldsymbol{p}} = \tilde{\boldsymbol{p}}(\alpha)$ 和 $-\tilde{\boldsymbol{g}}$ 之间的夹角，则 $\tilde{\mu}(\alpha)$ 是 α 在 $[0, \infty)$ 上的非增函数，且有

$$\lim_{\alpha \to \infty} \tilde{\mu}(\alpha) = 0. \tag{7.26}$$

因而，特别地当 $W = I$ 时，$\boldsymbol{p} = \boldsymbol{p}(\alpha)$ 和 $-\boldsymbol{g}$ 之间的夹角 $\boldsymbol{\mu}(\boldsymbol{\alpha})$ 也具有上述性质．

证明． 按 $\tilde{\mu}(\alpha)$ 的定义有

$$\cos \tilde{\mu}(\alpha) = \frac{\langle -\tilde{\boldsymbol{g}}, \tilde{\boldsymbol{p}} \rangle}{\|\tilde{\boldsymbol{g}}\| \|\tilde{\boldsymbol{p}}\|}.$$

根据式 (7.24) 和 (7.25) 知

$$\langle -\tilde{\boldsymbol{g}}, \tilde{\boldsymbol{p}} \rangle = -\langle \tilde{S}\tilde{\boldsymbol{g}}, \tilde{S}\tilde{\boldsymbol{p}} \rangle = \sum_{j=1}^{n} \frac{\tilde{v}_j^2}{\tilde{\lambda}_j + \alpha}. \tag{7.27}$$

$$\cos \tilde{\mu}(\alpha) = \left(\sum_{j=1}^{n} \frac{\tilde{v}_j^2}{\tilde{\lambda}_j + \alpha} \right) \Big/ \|\tilde{\boldsymbol{g}}\| \cdot \left(\sum_{j=1}^{n} \frac{\tilde{v}_j^2}{(\tilde{\lambda}_j + \alpha)^2} \right)^{1/2} > 0. \tag{7.28}$$

因此

$$\lim_{\alpha \to \infty} \cos \tilde{\mu}(\alpha) = \sum_{j=1}^{n} \tilde{v}_j^2 / \|\tilde{\boldsymbol{g}}\| \cdot \left(\sum_{j=1}^{n} \tilde{v}_j^2 \right)^{\frac{1}{2}} = \|\tilde{S}\tilde{\boldsymbol{g}}\| / \|\tilde{\boldsymbol{g}}\| = 1.$$

故式 (7.26) 成立．

为了证明函数 $\tilde{\mu}(\alpha)$ 的递减性，我们考察 $\frac{d}{d\alpha} \cos \tilde{\mu}(\alpha)$ 的正负号．直接计算可得

$$\frac{d}{d\alpha} \cos \tilde{\mu}(\alpha)$$

$$= \frac{\sum_{j=1}^{n} \frac{\tilde{v}_j^2}{(\tilde{\lambda}_j + \alpha)^3} \left(\sum_{j=1}^{n} \frac{\tilde{v}_j^2}{\tilde{\lambda}_j + \alpha} \right) - \left(\sum_{j=1}^{n} \frac{\tilde{v}_j^2}{(\tilde{\lambda}_j + \alpha)^2} \right)^2}{\|\tilde{\boldsymbol{g}}\| \left(\sum_{j=1}^{n} \frac{\tilde{v}_j^2}{(\tilde{\lambda}_j + \alpha)^2} \right)^{3/2}}$$

此式分母恒取正值，故只须考察分子的正负．令

$$a = \left(\frac{\tilde{v}_1}{(\tilde{\lambda}_1 + \alpha)^{3/2}}, \cdots, \frac{\tilde{v}_n}{(\tilde{\lambda}_n + \alpha)^{3/2}}\right)^T,$$

$$b = \left(\frac{\tilde{v}_1}{(\tilde{\lambda}_1 + \alpha)^{1/2}}, \cdots, \frac{\tilde{v}_n}{(\tilde{\lambda}_n + \alpha)^{1/2}}\right)^T,$$

则分子可表为

$$\|a\|^2\|b\|^2 - \langle a, b\rangle^2,$$

由 Schwarz 不等式知它总大于等于零．故恒有

$$\frac{d}{d\alpha}\tilde{\mu}(\alpha) \leqslant 0. \tag{7.29}$$

这意味着 $\tilde{\mu}(\alpha)$ 是非增的．

定理中所述当$W = I$ 的情形是上述结果的特例．定理证毕．

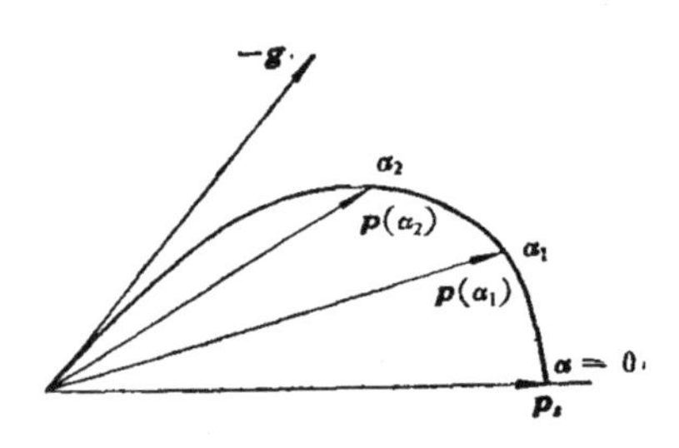

图 7.1　定理 2 和定理 3 的几何意义（$W = I, 0 < \alpha_1 < \alpha_2$）

对于$W = I$ 的情形，定理 2 和定理 3 有着鲜明的几何意义：当 $\alpha = 0$ 时，$\boldsymbol{p}(\alpha)$ 是 Gauss-Newton 方向 $\boldsymbol{p}_t$．当 α 逐渐增大时，$\boldsymbol{p}(\alpha)$ 的长度逐渐缩短，方向则逐渐向最速下降方向靠拢(参看图 7.1)．

下面讨论当 $\boldsymbol{x}$ 移动到 $\boldsymbol{x} + \boldsymbol{p}(\alpha, \boldsymbol{x})$ 时，相应目标函数值的变化情况．

引理 1.　记目标函数 $f(\boldsymbol{x})$ 对于 $\bar{\boldsymbol{x}}$ 的基准集为

$$C(\bar{\boldsymbol{x}}) = \{\boldsymbol{x} \mid f(\boldsymbol{x}) \leqslant f(\bar{\boldsymbol{x}})\}, \tag{7.30}$$

并记 $f(\boldsymbol{x})$ 的稳定点集合为

$$\Omega^* = \{\boldsymbol{x} \mid \boldsymbol{g}(\boldsymbol{x}) = \boldsymbol{0}\}. \tag{7.31}$$

若 $C(\bar{\boldsymbol{x}})$ 有界，且由式(7.19)定义的 $T(\boldsymbol{x})$ 在 $C(\bar{\boldsymbol{x}})$ 上恒为正定矩阵，则存在着常数 $\eta > 0$ 和 $\bar{\alpha} > 0$，使得只要 $\alpha > \bar{\alpha}$，对于 $C(\bar{\boldsymbol{x}})$ 中任意的不属于 Ω^* 的点 $\boldsymbol{x}$ 都有

$$\left\langle -\frac{\boldsymbol{g}(\boldsymbol{x})}{\|\boldsymbol{g}(\boldsymbol{x})\|}, \frac{\boldsymbol{p}(\alpha, \boldsymbol{x})}{\|\boldsymbol{p}(\alpha, \boldsymbol{x})\|}\right\rangle > \eta. \tag{7.32}$$

证明. 用反证法. 假设结论不成立,就必存在着满足

$$\lim_{j\to\infty}\eta_j=0,\ \lim_{j\to\infty}\alpha_j=\infty,\ \boldsymbol{x}_j\in C(\bar{\boldsymbol{x}}) \tag{7.33}$$

的序列 $\{\eta_j\}$, $\{\alpha_j\}$, 和 $\{\boldsymbol{x}_j\}$, 使得

$$\left\langle -\frac{\boldsymbol{g}_j}{\|\boldsymbol{g}_j\|},\frac{\boldsymbol{p}_j}{\|\boldsymbol{p}_j\|}\right\rangle\leqslant\eta_j, \tag{7.34}$$

其中

$$\boldsymbol{g}_j=\boldsymbol{g}(\boldsymbol{x}_j),\ \boldsymbol{p}_j=\boldsymbol{p}(\alpha_j,\boldsymbol{x}_j).$$

因为 $\{\boldsymbol{x}_j\}$ 和 $\left\{\dfrac{\boldsymbol{p}_j}{\|\boldsymbol{p}_j\|}\right\}$ 都属于有界闭集

$$\{\boldsymbol{x}_j\}\subset C(\bar{\boldsymbol{x}}),\ \left\{\frac{\boldsymbol{p}_j}{\|\boldsymbol{p}_j\|}\right\}\subset\{\boldsymbol{x}\mid\|\boldsymbol{x}\|=1\},$$

所以它们都有收敛的子序列. 为简单起见, 不妨还用 $\{\boldsymbol{x}_j\}$ 和 $\left\{\dfrac{\boldsymbol{p}_j}{\|\boldsymbol{p}_j\|}\right\}$ 来表示其收敛的子序列

$$\boldsymbol{x}_j\to\hat{\boldsymbol{x}},\ \ \frac{\boldsymbol{p}_j}{\|\boldsymbol{p}_j\|}\to\hat{\boldsymbol{p}}(j\to\infty). \tag{7.35}$$

显然

$$\|\hat{\boldsymbol{p}}\|=1. \tag{7.36}$$

注意到式(7.33)及 $\boldsymbol{p}_j$ 是方程

$$(T(\boldsymbol{x}_j)+\alpha_jW(\boldsymbol{x}_j))\boldsymbol{p}=-\boldsymbol{g}(\boldsymbol{x}_j)$$

的解,可知当 $j\to\infty$ 时,

$$-\frac{\boldsymbol{g}_j}{\|\boldsymbol{g}_j\|}=\frac{(T(\boldsymbol{x}_j)+\alpha_jW(\boldsymbol{x}_j))\boldsymbol{p}_j}{\|(T(\boldsymbol{x}_j)+\alpha_jW(\boldsymbol{x}_j))\boldsymbol{p}_j\|}$$

$$=\frac{W(\boldsymbol{x}_j)\dfrac{\boldsymbol{p}_j}{\|\boldsymbol{p}_j\|}+\dfrac{1}{\alpha_j}T(\boldsymbol{x}_j)\dfrac{\boldsymbol{p}_j}{\|\boldsymbol{p}_j\|}}{\left\|W(\boldsymbol{x}_j)\dfrac{\boldsymbol{p}_j}{\|\boldsymbol{p}_j\|}+\dfrac{1}{\alpha_j}T(\boldsymbol{x}_j)\dfrac{\boldsymbol{p}_j}{\|\boldsymbol{p}_j\|}\right\|}\to\frac{W(\hat{\boldsymbol{x}})\hat{\boldsymbol{p}}}{\|W(\hat{\boldsymbol{x}})\hat{\boldsymbol{p}}\|} \tag{7.37}$$

因而

$$\lim_{j\to\infty}\left\langle -\frac{\boldsymbol{g}_j}{\|\boldsymbol{g}_j\|},\frac{\boldsymbol{p}_j}{\|\boldsymbol{p}_j\|}\right\rangle=\frac{1}{\|W(\hat{\boldsymbol{x}})\hat{\boldsymbol{p}}\|}\langle W(\hat{\boldsymbol{x}})\hat{\boldsymbol{p}},\hat{\boldsymbol{p}}\rangle.$$

由式(7.36)以及 $W(\hat{x})$ 的正定性易见，此式右端是一个正数．这与式(7.34)矛盾．引理证毕．

引理 2. 若引理 1 的条件成立，则

i) 存在着常数 $\rho>0$ 和 $\alpha'>0$，使当 $\alpha>\alpha'$ 时，对 $C(\bar{x})$ 中的任意点 x 都有

$$\|p(\alpha, x)\|<\rho. \tag{7.38}$$

ii) 对于 $C(\bar{x})$ 中不属于 Ω^* 的点 x，一致地有

$$\lim_{\alpha\to\infty}\frac{\|p(\alpha, x)\|}{\|g(x)\|}=0. \tag{7.39}$$

证明. 我们先证结论 ii) 成立. 利用 Schwarz 不等式和方程(7.18)可得

$$\frac{\|p\|}{\|g\|}=\frac{\|p\|^2}{\|g\|\|p\|}\leqslant\frac{\|p\|^2}{|\langle g, p\rangle|}=\frac{\|p\|^2}{\langle(T(x)+\alpha W(x))p, p\rangle}.$$

注意到 $T(x)$ 正定，又可推得

$$\frac{\|p\|}{\|g\|}\leqslant\frac{1}{\alpha}\frac{\|p\|^2}{\langle W(x)p, p\rangle}. \tag{7.40}$$

因 $W(x)$ 恒正定，所以它在有界闭域 $C(\bar{x})$ 上的最小特征值 ω_m 为正值．故有

$$\langle W(x)p, p\rangle\geqslant\omega_m\|p\|^2.$$

于是由式(7.40)便知

$$\frac{\|p\|}{\|g\|}\leqslant\frac{1}{\alpha}\frac{1}{\omega_m}.$$

由此易见结论 ii) 成立.

结论 i) 是结论 ii) 的直接推论．事实上，根据式(7.39)知存在着充分大的 α'，使得只要 $\alpha>\alpha'$，对于 $C(\bar{x})$ 中不属于 Ω^* 的点 x 都有

$$\frac{\|p(\alpha, x)\|}{\|g(x)\|}<1.$$

故若令

$$\rho=\max\{\|g(x)\|\mid x\in C(\bar{x})\},$$

即知式 (7.38) 成立. 引理证毕.

定理 4. 若式(7.30)所示的基准集 $C(\bar{\boldsymbol{x}})$ 有界,且由式(7.19)定义的 $T(\boldsymbol{x})$ 在 $C(\bar{\boldsymbol{x}})$ 上恒为正定矩阵,则对任给的 $\beta\in(0,1)$,都存在着 $\tilde{\alpha}>0$,使得只要 $\alpha>\tilde{\alpha}$,对于 $C(\bar{\boldsymbol{x}})$ 中任意的点 $\boldsymbol{x}$ 都有

$$f(\boldsymbol{x}+\boldsymbol{p})\leqslant f(\boldsymbol{x})+\beta\langle \boldsymbol{g}(\boldsymbol{x}),\boldsymbol{p}\rangle, \tag{7.41}$$

其中 $\boldsymbol{p}$ 是方程 (7.18) 的解.

证明. 当 $\boldsymbol{x}$ 属于式 (7.31) 所描述的集合 Ω^* 时, $\boldsymbol{g}(\boldsymbol{x})=\boldsymbol{0}$, $\boldsymbol{p}=\boldsymbol{p}(\alpha,\boldsymbol{x})=\boldsymbol{0}$, 式 (7.41) 显然成立, 因此, 只须对 $C(\bar{\boldsymbol{x}})$ 中不属于 Ω^* 的点 $\boldsymbol{x}$ 证明式 (7.41) 就行了.

首先由引理 1 知,存在着常数 $\eta>0$ 和 $\bar{\alpha}>0$, 使得只要 $\alpha>\bar{\alpha}$, 对于 $C(\bar{\boldsymbol{x}})$ 中任意不属于 Ω^* 的点 $\boldsymbol{x}$ 都有

$$\left\langle\frac{-\boldsymbol{g}(\boldsymbol{x})}{\|\boldsymbol{g}(\boldsymbol{x})\|},\frac{\boldsymbol{p}(\alpha,\boldsymbol{x})}{\|\boldsymbol{p}(\alpha,\boldsymbol{x})\|}\right\rangle>\eta. \tag{7.42}$$

另外,根据引理 2 的结论 i) 可知, 存在着 $\alpha'>\bar{\alpha}$, 使得当 $\alpha>\alpha'$, $\boldsymbol{x}\in C(\bar{\boldsymbol{x}})$ 时有

$$\|\boldsymbol{p}(\alpha,\boldsymbol{x})\|<\rho.$$

因此,若令

$$\bar{\rho}=\max\{\|\boldsymbol{x}\|+\rho\,|\,\boldsymbol{x}\in C(\bar{\boldsymbol{x}})\},$$

则只要 $\alpha>\alpha'$, 对任意的 $t\in[0,1]$, $\boldsymbol{x}\in C(\bar{\boldsymbol{x}})$ 都有

$$\|\boldsymbol{x}+t\boldsymbol{p}(\alpha,\boldsymbol{x})\|\leqslant\|\boldsymbol{x}\|+\|\boldsymbol{p}(\alpha,\boldsymbol{x})\|\leqslant\bar{\rho}.$$

这表明

$$\{\boldsymbol{x}+t\boldsymbol{p}(\alpha,\boldsymbol{x})\,|\,\alpha>\alpha',\ t\in[0,1],\ \boldsymbol{x}\in C(\bar{\boldsymbol{x}})\}\subset S_{\bar{\rho}}, \tag{7.43}$$

其中 $S_{\bar{\rho}}$ 是以原点为心, 以 $\bar{\rho}$ 为半径的闭球. 函数 $f(\boldsymbol{x})$ 在 R^n 上二次连续可微, 可保证其 Hessian 矩阵的范数 $\|G(\boldsymbol{x})\|$ 在 $S_{\bar{\rho}}$ 上有界. 记

$$M=\max\{\|G(\boldsymbol{x})\|\,|\,\boldsymbol{x}\in S_{\bar{\rho}}\}. \tag{7.44}$$

根据引理 2 的结论 ii) 即可断言,存在着 $\tilde{\alpha}>\alpha'$, 使得只要 $\alpha>\tilde{\alpha}$, 对于 $C(\bar{\boldsymbol{x}})$ 中任意不属于 Ω^* 的点 $\boldsymbol{x}$ 都有

$$\frac{\|\boldsymbol{p}(\alpha,\boldsymbol{x})\|}{\|\boldsymbol{g}(\boldsymbol{x})\|}<\frac{2(1-\beta)}{M}\eta. \tag{7.45}$$

综合式 (7.42) 和 (7.45) 便知

$$\left\langle -\frac{\boldsymbol{g}(\boldsymbol{x})}{\|\boldsymbol{g}(\boldsymbol{x})\|}, \frac{\boldsymbol{p}(\alpha, \boldsymbol{x})}{\|\boldsymbol{p}(\alpha, \boldsymbol{x})\|} \right\rangle > \frac{M}{2(1-\beta)} \frac{\|\boldsymbol{p}(\alpha, \boldsymbol{x})\|}{\|\boldsymbol{g}(\boldsymbol{x})\|},$$

或

$$\frac{M}{2}\|\boldsymbol{p}(\alpha, \boldsymbol{x})\|^2 < (\beta - 1)\langle \boldsymbol{g}(\boldsymbol{x}), \boldsymbol{p}(\alpha, \boldsymbol{x})\rangle. \tag{7.46}$$

我们把 $f(\boldsymbol{x}+\boldsymbol{p}(\alpha,\boldsymbol{x}))$在点 $\boldsymbol{x}$ 附近展开 (参看附录 I 定理 4),

$$f(\boldsymbol{x}+\boldsymbol{p}) = f(\boldsymbol{x}) + \langle \boldsymbol{g}(\boldsymbol{x}), \boldsymbol{p}\rangle + \int_0^1 (1-t)\langle \boldsymbol{p}, G(\boldsymbol{x}+t\boldsymbol{p})\boldsymbol{p}\rangle dt, \tag{7.47}$$

注意到式 (7.43) 和 (7.44) 蕴含着当 $\alpha > \tilde{\alpha}$, $t \in [0, 1]$, $\boldsymbol{x} \in C(\bar{\boldsymbol{x}})$ 时

$$\|G(\boldsymbol{x}+t\boldsymbol{p}(\alpha, \boldsymbol{x})\| \leqslant M.$$

因而

$$\begin{aligned} f(\boldsymbol{x}+\boldsymbol{p}) &\leqslant f(\boldsymbol{x}) + \langle \boldsymbol{g}(\boldsymbol{x}), \boldsymbol{p}\rangle + \int_0^1 (1-t)M\|\boldsymbol{p}\|^2 dt \\ &= f(\boldsymbol{x}) + \langle \boldsymbol{g}(\boldsymbol{x}), \boldsymbol{p}\rangle + \frac{M}{2}\|\boldsymbol{p}(\alpha, \boldsymbol{x})\|^2. \end{aligned}$$

再利用式 (7.46) 便有

$$\begin{aligned} f(\boldsymbol{x}+\boldsymbol{p}) &\leqslant f(\boldsymbol{x}) + \langle \boldsymbol{g}(\boldsymbol{x}), \boldsymbol{p}\rangle + (\beta-1)\langle \boldsymbol{g}(\boldsymbol{x}), \boldsymbol{p}\rangle \\ &= f(\boldsymbol{x}) + \beta\langle \boldsymbol{g}(\boldsymbol{x}), \boldsymbol{p}\rangle. \end{aligned}$$

定理证毕.

上述定理意味着,在尚未达到目标函数的极小点时,适当选择 α 并以方程 (7.18) 的解 $\boldsymbol{p}$ 作为增量,总能使函数值获得一定的下降量. 下列定理则表明,与 Gauss-Newton 法相比较,方程(7.18)中相应的矩阵的条件数较小. 因而可以期望在计算机上得到比较精确的解值.

引理. 设 A, B 是正定对称矩阵,且 $C=A+B$. 若用 $\mathscr{K}(\cdot)$ 表示矩阵的条件数,则 $\mathscr{K}(C) \leqslant \max\{\mathscr{K}(A), \mathscr{K}(B)\}$.

证明. 分别记 A, B 和 $C=A+B$ 的特征值为

$$\lambda_1^A \leqslant \lambda_2^A \leqslant \cdots \leqslant \lambda_n^A,\ \lambda_1^B \leqslant \lambda_2^B \leqslant \cdots \leqslant \lambda_n^B \text{ 和 } \lambda_1^C \leqslant \lambda_2^C \leqslant \cdots \leqslant \lambda_n^C.$$

我们知道，它们满足

$$\lambda_i^A + \lambda_1^B \leqslant \lambda_i^C \leqslant \lambda_i^A + \lambda_n^B \quad ^{1)}. \tag{7.48}$$

因此

$$\lambda_n^C \leqslant \lambda_n^A + \lambda_n^B, \quad \lambda_1^C \geqslant \lambda_1^A + \lambda_1^B.$$

不妨设 $\dfrac{\lambda_n^B}{\lambda_1^B} \geqslant \dfrac{\lambda_n^A}{\lambda_1^A}$，即 $\lambda_n^B\lambda_1^A - \lambda_1^B\lambda_n^A \geqslant 0$. 故

$$\frac{\lambda_n^B}{\lambda_1^B} - \frac{\lambda_n^C}{\lambda_1^C} \geqslant \frac{\lambda_n^B}{\lambda_1^B} - \frac{\lambda_n^A + \lambda_n^B}{\lambda_1^A + \lambda_1^B} = \frac{\lambda_n^B\lambda_1^A - \lambda_1^B\lambda_n^A}{\lambda_1^B(\lambda_1^A + \lambda_1^B)} \geqslant 0.$$

即

$$\mathscr{K}(C) \leqslant \mathscr{K}(B) = \max\{\mathscr{K}(A), \mathscr{K}(B)\}.$$

引理证毕.

定理 5. 若矩阵 D 是由正定矩阵 T 的主对角元构成的对角阵，I 是单位阵，则矩阵 $T + \alpha D$ 和 $T + \alpha I$ 的条件数都是 α 在 $[0, \infty)$ 上的非增函数.

证明. 我们先考虑矩阵 $T + \alpha D$. 设 T 的最大、最小特征值分别为 λ_M 和 λ_m，D 的最大、最小特征值分别为 d_M 和 d_m，我们不难证明

$$\lambda_M \geqslant d_M \geqslant d_m \geqslant \lambda_m.$$

事实上，若上式不成立，不妨设 $d_m < \lambda_m$. 因 T 是正定阵，故有非奇异矩阵 S 存在，使

$$STS^{-1} = \mathrm{diag}(\lambda_1, \lambda_2, \cdots, \lambda_n),$$

从而有

$$S(T - d_m I)S^{-1} = \mathrm{diag}(\lambda_1 - d_m, \lambda_2 - d_m, \cdots, \lambda_n - d_m).$$

此式右端的对角阵中诸元素都是正的，所以它是正定阵；但左端矩

---

1) 为参照方便，这里给出此结果的证明. 设 $\xi_1, \xi_2, \cdots, \xi_n$ 是 A 对应于 $\lambda_1^A, \lambda_2^A, \cdots, \lambda_n^A$ 的一组正交特征向量. 又设 $\mathscr{B}_i$ 是由 $\xi_1, \xi_2, \cdots, \xi_i$ 张成的子空间. 于是根据特征值的极小极大原理可知

$$\lambda_i^C \leqslant \max_{\substack{x \in \mathscr{B}_i \\ x \neq 0}} \frac{x^T C x}{x^T x} \leqslant \max_{\substack{x \in \mathscr{B}_i \\ x \neq 0}} \frac{x^T A x}{x^T x} + \max_{\substack{x \in \mathscr{B}_i \\ x \neq 0}} \frac{x^T B x}{x^T x}$$

$$= \lambda_i^A + \max_{\substack{x \in \mathscr{B}_i \\ x \neq 0}} \frac{x^T B x}{x^T x} \leqslant \lambda_i^A + \lambda_n^B.$$

这就证明了式 (7.48) 右边的不等式. 同理可证左边的不等式.

阵 $T - d_m I$ 有一主对角元为零．这个矛盾说明必有 $d_m \geqslant \lambda_m$．同理可证 $\lambda_M \geqslant d_M$．这就是说，我们总有

$$\mathscr{K}(T) \geqslant \mathscr{K}(D).$$

设 $\alpha_2 > \alpha_1$．注意到

$$\begin{aligned} T + \alpha_2 D &= T + \alpha_1 D + (\alpha_2 - \alpha_1)D \\ &= (T + \alpha_1 D) + \frac{\alpha_2 - \alpha_1}{1 + \alpha_1}(1 + \alpha_1)D \\ &= \bar{T} + \frac{\alpha_2 - \alpha_1}{1 + \alpha_1}\bar{D} \end{aligned}$$

其中 $\bar{T} = T + \alpha_1 D$，$\bar{D}$ 为 $\bar{T}$ 的主对角元所组成的对角阵，由引理即知

$$\begin{aligned} \mathscr{K}(T + \alpha_2 D) &\leqslant \max\{\mathscr{K}(\bar{T}), \mathscr{K}(\bar{D})\} \\ &= \mathscr{K}(\bar{T}) = \mathscr{K}(T + \alpha_1 D). \end{aligned}$$

至于对矩阵 $T + \alpha I$ 的结论，只须注意到

$$\mathscr{K}(I) = 1, \mathscr{K}(T) \geqslant 1$$

即可得到．定理证毕．

下面讨论如何构造具体的算法．一个比较自然的想法是，最好每次迭代都能在保证函数值有一定下降量的前提下，使自变量跨出尽可能大的步子，以便较快地接近极小点．根据定理 2 可见，α 应取尽可能小的值，只有当 α 过小以至不能取得预定的下降量时，才增大它．从这个原则出发，我们可以构造如下的算法：

算法 1（LM 算法）

1．选取连续的正定对角阵 $W = W(\boldsymbol{x})$，并选取 $\beta \in (0, 1)$、初始参数 $\alpha_1 > 0$ 和增长因子 $\gamma > 1$（例如取 $\gamma = 10$）．

2．取初始点 $\boldsymbol{x}_1$，置 $k = 1$．

3．计算 $\boldsymbol{g}_k = \boldsymbol{g}(\boldsymbol{x}_k)$，若 $\boldsymbol{g}_k = \boldsymbol{0}$，则停止计算；否则转 4.

4．按式 (7.7) 及 (7.8) 计算出矩阵 T_k，并令 $W_k = W(\boldsymbol{x}_k)$，然后求解方程

$$(T_k + \alpha_k W_k)\boldsymbol{p} = -\boldsymbol{g}_k, \qquad (7.49)$$

得 $\boldsymbol{p}_k$.

5. 检验条件

$$f(\boldsymbol{x}_k+\boldsymbol{p}_k)\leqslant f(\boldsymbol{x}_k)+\beta\boldsymbol{g}_k^T\boldsymbol{p}_k \tag{7.50}$$

是否成立，若成立，则置 $\boldsymbol{x}_{k+1}=\boldsymbol{x}_k+\boldsymbol{p}_k$, $\alpha_{k+1}=\alpha_k/\gamma$，然后转 6；否则置 $\alpha_k=\gamma\alpha_k$，求解方程 (7.49) 得 $\boldsymbol{p}_k$，转 5.

6. 置 $k=k+1$，转 3.

1.3. LM 算法的收敛性质[125][126]

定理 6. 若式(7.30)所示的基准集 $C(\bar{\boldsymbol{x}})$ 有界，且由式(7.19)定义的 $T(\boldsymbol{x})$ 在 $C(\bar{\boldsymbol{x}})$ 上恒为正定矩阵，则当初始点 $\boldsymbol{x}_1\in C(\bar{\boldsymbol{x}})$ 时，按 LM 算法构造的序列 $\{\boldsymbol{x}_k\}$ 满足

i) 当 $\{\boldsymbol{x}_k\}$ 为有穷序列时，其最后一个元素就是 $f(\boldsymbol{x})$ 的稳定点，

ii) 当 $\{\boldsymbol{x}_k\}$ 为无穷序列时，它必有极限点，而且所有的极限点都是 $f(\boldsymbol{x})$ 的稳定点.

证明. 我们先用定理 4 证明，在 LM 算法计算过程中得到的序列 $\{\alpha_k\}$ 有界，然后用第一章定理 5 证明本定理的结论.

令

$$\alpha_M=\max\{\alpha_1,\ \gamma\tilde{\alpha}\}, \tag{7.51}$$

其中 α_1, γ 和 $\tilde{\alpha}$ 的含义分别如算法 1 (LM 算法)和定理 4 中所示. 现在用归纳法证明

$$\alpha_k\leqslant\alpha_M\qquad(k=1,2,\cdots). \tag{7.52}$$

当 $k=1$ 时，结论显然成立. 设 $k=l$ 时结论成立

$$\alpha_l\leqslant\alpha_M,$$

要证 $\alpha_{l+1}\leqslant\alpha_M$. 分两种情形讨论:

(1) 当 $\alpha_l>\tilde{\alpha}$ 时，按算法规定，α_{l+1} 的第一个试取值是 $\dfrac{\alpha_l}{\gamma}$. 若 α_{l+1} 取这个值能够满足相应的不等式 (7.50)，则就用这个值作为 α_{l+1}，此时显然有 $\alpha_{l+1}=\dfrac{\alpha_l}{\gamma}\leqslant\alpha_l\leqslant\alpha_M$；否则试取 $\alpha_{l+1}=\gamma\dfrac{\alpha_l}{\gamma}=\alpha_l$.

因试取值 $\alpha_{l+1} > \tilde{\alpha}$，根据定理 4 知道，肯定能够满足相应的不等式(7.50)，所以也有 $\boldsymbol{\alpha}_{l+1} = \boldsymbol{\alpha}_l \leqslant \boldsymbol{\alpha}_M$.

(2) 当 $\alpha_l \leqslant \tilde{\alpha}$ 时，容易看到序列

$$\alpha_l,\ \gamma\alpha_l,\ \gamma^2\alpha_l,\ \gamma^3\alpha_l,\ \cdots$$

在超过 $\gamma\tilde{\alpha}$ 之前，必然已有超过 $\tilde{\alpha}$ 的元素．故由定理 4 知，算法采用的 α_{l+1} 不可能超过 $\gamma\tilde{\alpha}$，即 $\alpha_{l+1} \leqslant \gamma\tilde{\alpha} \leqslant \alpha_M$.

综合以上两种情况，即知式 (7.52) 成立．

现在开始证明定理的结论．定义映射 $A = A(\boldsymbol{x})$

$$A(\boldsymbol{x})=\{\boldsymbol{x}+\boldsymbol{p}(\alpha, \boldsymbol{x})\,|\,\boldsymbol{p}\text{ 是方程 (7.18) 的解；}\alpha\text{ 使得式(7.41) 成立，且 }\alpha\in[0,\alpha_M]\} \tag{7.53}$$

其中 α_M 由式 (7.51) 确定．根据式 (7.52) 不难看出，若把第一章算法 2 中的映射 A 取为上述的 A，则 LM 算法只是它的一个特例．为说明这一事实，只须比较一下它们的收敛条件就行了．由于在 LM 算法中采用的 α_k 总使

$$\begin{aligned} f(\boldsymbol{x}_{k+1}) &= f(\boldsymbol{x}_k + \boldsymbol{p}_k) \leqslant f(\boldsymbol{x}_k) + \beta\langle \boldsymbol{g}(\boldsymbol{x}_k), \boldsymbol{p}_k\rangle \\ &= f(\boldsymbol{x}_k) - \beta\langle \boldsymbol{g}(\boldsymbol{x}_k), (T(\boldsymbol{x}_k) + \alpha_k W(\boldsymbol{x}_k))^{-1}\boldsymbol{g}(\boldsymbol{x}_k)\rangle, \end{aligned}$$

注意到 $\boldsymbol{x}_k \in C(\bar{\boldsymbol{x}})$，从而 $T(\boldsymbol{x}_k)$ 和 $W(\boldsymbol{x}_k)$ 都正定，因此 $f(\boldsymbol{x}_{k+1}) \geqslant f(\boldsymbol{x}_k)$ 的充要条件是 $\boldsymbol{g}(\boldsymbol{x}_k) = \boldsymbol{0}$．这表明 LM 算法和第一章算法 2 的收敛条件一致．由此可见，如果证明了第一章算法 2 (其中的 A 由式 (7.53) 确定)的收敛性，便直接可得本定理的结论．为完成前一任务，我们借助于第一章的定理 5．定义目标函数 $f(\boldsymbol{x})$ 的稳定点集合为 Ω^*

$$\Omega^* = \{\boldsymbol{x}\,|\,\boldsymbol{g}(\boldsymbol{x}) = \boldsymbol{0}\},$$

再定义集合

$$\widetilde{C}(\bar{\boldsymbol{x}}) = \{\boldsymbol{x}\,|\,f(\boldsymbol{x}) < f(\bar{\boldsymbol{x}})\}.$$

我们来验证第一章定理 5 的条件．首先可以假定 $\widetilde{C}(\bar{\boldsymbol{x}})$ 非空，因为倘若这个集合是空集，那么，$f(\boldsymbol{x})$ 在基准集 $C(\bar{\boldsymbol{x}})$ 上取常值，这时定理结论显然成立．其次证明对于 $\widetilde{C}(\bar{\boldsymbol{x}})$ 中不属于 Ω^* 的任意点 $\boldsymbol{x}$ 来说，存在着 $\varepsilon=\varepsilon(\boldsymbol{x}) > 0$ 和 $\delta=\delta(\boldsymbol{x}) < 0$，使得当 $\|\boldsymbol{x}'-\boldsymbol{x}\| < \varepsilon$，$\boldsymbol{y}' \in A(\boldsymbol{x}')$ 时，

$$f(\boldsymbol{y}') - f(\boldsymbol{x}') \leqslant \delta(\boldsymbol{x}). \tag{7.54}$$

任给 $\tilde{C}(\bar{\boldsymbol{x}})$ 中不属于 Ω^* 的点 $\boldsymbol{x}$，显然有

$$\boldsymbol{g}(\boldsymbol{x}) \neq \boldsymbol{0}.$$

因而存在 $\varepsilon = \varepsilon(\boldsymbol{x}) > 0$，使当 $\|\boldsymbol{x}' - \boldsymbol{x}\| \leqslant \varepsilon$ 时，

$$\boldsymbol{g}(\boldsymbol{x}') \neq \boldsymbol{0},\ \boldsymbol{x}' \in \tilde{C}(\bar{\boldsymbol{x}}). \tag{7.55}$$

考虑函数

$$\begin{aligned}\psi(\alpha, \boldsymbol{x}') &= \langle \boldsymbol{g}(\boldsymbol{x}'), \boldsymbol{p}(\alpha, \boldsymbol{x}') \rangle \\ &= -\langle \boldsymbol{g}(\boldsymbol{x}'), (T(\boldsymbol{x}') + \alpha W(\boldsymbol{x}'))^{-1} \boldsymbol{g}(\boldsymbol{x}') \rangle,\end{aligned}$$

其中 $\boldsymbol{p}(\alpha, \boldsymbol{x}')$ 是方程 (7.18) 的解. 由式 (7.55) 及 $T(\boldsymbol{x})$ 和 $W(\boldsymbol{x})$ 在 $C(\bar{\boldsymbol{x}})$ 上正定易知，$\psi(\alpha, \boldsymbol{x}')$ 在有界闭域

$$D = \{(\alpha, \boldsymbol{x}') \mid 0 \leqslant \alpha \leqslant \alpha_M,\ \|\boldsymbol{x}' - \boldsymbol{x}\| \leqslant \varepsilon\}$$

上恒取负值. 因而，若令

$$\delta = \delta(\boldsymbol{x}) = \beta \max \{\psi(\alpha, \boldsymbol{x}') \mid (\alpha, \boldsymbol{x}') \in D\}, \tag{7.56}$$

则有

$$\delta(\boldsymbol{x}) < 0.$$

不难验证按式 (7.56) 选取的 δ，就能使式 (7.54) 成立. 事实上，对于满足 $\|\boldsymbol{x}' - \boldsymbol{x}\| \leqslant \varepsilon$ 的 $\boldsymbol{x}'$ 来说，任取 $\boldsymbol{y}' \in A(\boldsymbol{x}')$，按映射 A 的定义式 (7.53) 有

$$f(\boldsymbol{y}') = f(\boldsymbol{x}' + \boldsymbol{p}(\alpha, \boldsymbol{x}')) \leqslant f(\boldsymbol{x}') + \beta \langle \boldsymbol{g}(\boldsymbol{x}'), \boldsymbol{p}(\alpha, \boldsymbol{x}') \rangle,$$
$$0 \leqslant \alpha \leqslant \alpha_M.$$

利用式 (7.56) 即得

$$f(\boldsymbol{y}') - f(\boldsymbol{x}') \leqslant \beta \langle \boldsymbol{g}(\boldsymbol{x}'), \boldsymbol{p}(\alpha, \boldsymbol{x}') \rangle \leqslant \delta(\boldsymbol{x}) < 0.$$

第一章定理 5 的条件至此验证完毕，因而其结论成立.

当把这个结论应用于特例 LM 算法时，还有一点需要说明：在第一章定理 5 中，限定了初始点 $\boldsymbol{x}_1 \in \tilde{C}(\bar{\boldsymbol{x}})$，但在 LM 算法中，只限定 $\boldsymbol{x}_1 \in C(\bar{\boldsymbol{x}})$. 这个差别无关紧要，因为对 LM 算法来说，只要 $\boldsymbol{x}_1$ 不是稳定点，就有 $f(\boldsymbol{x}_2) < f(\boldsymbol{x}_1)$，即 $\boldsymbol{x}_2 \in \tilde{C}(\bar{\boldsymbol{x}})$. 我们只要把 $\boldsymbol{x}_2$ 看作初始点就行了. 于是注意到 LM 算法产生的序列 $\{\boldsymbol{x}_k\}$ 属于有界闭集，即知定理结论成立. 定理证毕.

定理 7. 除定理 6 的条件外，若再假定 $f(\boldsymbol{x})$ 在 $C(\bar{\boldsymbol{x}})$ 上取相

同函数值的稳定点的个数是有限的，则由 LM 算法构造的序列 $\{\boldsymbol{x}_k\}$，或者停止在 $f(\boldsymbol{x})$ 的某个稳定点；或者收敛到 $f(\boldsymbol{x})$ 的某个稳定点.

证明. 由 $\boldsymbol{x}_1 \in C(\bar{\boldsymbol{x}})$ 以及算法属于下降算法可知，所得序列 $\{\boldsymbol{x}_k\}$ 含于有界闭集 $C(\bar{\boldsymbol{x}})$ 中. 这意味着 $\{\boldsymbol{x}_k\}$ 必有极限点. 为证明定理,只要证明其极限点唯一即可.

定理 6 告诉我们, $\{\boldsymbol{x}_k\}$ 的极限点都是 $f(\boldsymbol{x})$ 的稳定点,注意到 $\{f(\boldsymbol{x}_k)\}$ 是单调下降序列,可知 $f(\boldsymbol{x})$ 在 $\{\boldsymbol{x}_k\}$ 的极限点处都取相同的函数值. 而 $f(\boldsymbol{x})$ 在 $C(\bar{\boldsymbol{x}})$ 上取相同函数值的稳定点只有有限个,因此 $\{\boldsymbol{x}_k\}$ 的极限点个数也是有限的. 把这些极限点记为

$$\hat{\boldsymbol{x}}_1, \hat{\boldsymbol{x}}_2, \cdots, \hat{\boldsymbol{x}}_q.$$

假定其极限点不止一个 $(q \geqslant 2)$，设法导出矛盾. 再次使用定理 6 即知

$$\boldsymbol{g}(\hat{\boldsymbol{x}}_r) = \boldsymbol{0} \quad (r = 1, 2, \cdots, q). \tag{7.57}$$

显然我们可以把 $\{\boldsymbol{x}_k\}$ 分成 q 个子序列 $\{\boldsymbol{x}_{n_i(1)}\}, \cdots, \{\boldsymbol{x}_{n_i(q)}\}$，它们分别收敛于相应的极限点

$$\lim_{i \to \infty} \boldsymbol{x}_{n_i(r)} = \hat{\boldsymbol{x}}_r,$$

容易看出

$$\lim_{i \to \infty} \boldsymbol{g}(\boldsymbol{x}_{n_i(r)}) = \boldsymbol{g}(\hat{\boldsymbol{x}}_r) = \boldsymbol{0}. \tag{7.58}$$

现在据此考察方程 (7.49) 当 $k = n_i(r)$ 时的解的性态. 此时其解可表为

$$\boldsymbol{p}(\alpha_{n_i(r)}) = -[T(\boldsymbol{x}_{n_i(r)}) + \alpha_{n_i(r)} W(\boldsymbol{x}_{n_i(r)})]^{-1} \boldsymbol{g}(\boldsymbol{x}_{n_i(r)}).$$

注意到 $T(\hat{\boldsymbol{x}}_r)$ 正定,序列 $\{\alpha_k\}$ 有界以及式 (7.58) 可知

$$\lim_{i \to \infty} \boldsymbol{p}(\alpha_{n_i(r)}) = \boldsymbol{0} \quad (r = 1, 2, \cdots, q).$$

由此进一步可以断言,序列 $\{\boldsymbol{p}(\alpha_k)\}$ 本身也满足

$$\lim_{k \to \infty} \boldsymbol{p}(\alpha_k) = \boldsymbol{0}.$$

令 ε_0 为所有极限点之间的最小距离. 显然,

$$\varepsilon_0 = \min \{\|\hat{\boldsymbol{x}}_i - \hat{\boldsymbol{x}}_j\| \mid 1 \leqslant i < j \leqslant q\} > 0.$$

于是可知存在 $k_1 > 0$，使得当 $k \geqslant k_1$ 时,

$$\|\boldsymbol{p}(\alpha_k)\| < \varepsilon_0/2, \tag{7.59}$$

我们做以 $\hat{\boldsymbol{x}}_r$ 为球心，以 $\varepsilon_0/4$ 为半径的闭(超)球 $\bar{S}(\hat{\boldsymbol{x}}_r, \varepsilon_0/4)$ (参看图 7.2). 显然存在着 $k_2 > k_1$，使得对于所有大于 k_2 的 k 来说，$\boldsymbol{x}_k$ 总属于某一个闭球 $\bar{S}(\hat{\boldsymbol{x}}_r, \varepsilon_0/4)$，而且这些 $\boldsymbol{x}_k$ 不能全都属于同一个闭球. 这就是说，在序列 $\{\boldsymbol{x}_k\}$ 中，必有两个相邻的元素 $\boldsymbol{x}_l$ 和 $\boldsymbol{x}_{l+1}$，使得

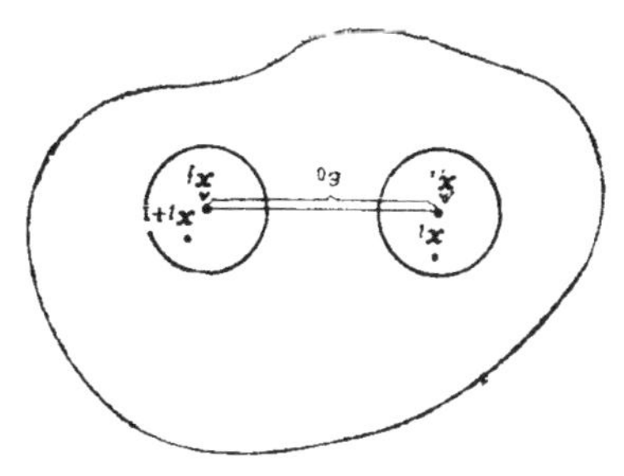

图 7.2 定理 7 的证明

$$\boldsymbol{x}_l \in \bar{S}(\hat{\boldsymbol{x}}_i, \varepsilon_0/4), \ \boldsymbol{x}_{l+1} \in \bar{S}(\hat{\boldsymbol{x}}_j, \varepsilon_0/4) \quad (i \neq j).$$

于是由

$$\boldsymbol{p}(\alpha_l) = \boldsymbol{x}_{l+1} - \boldsymbol{x}_l = \hat{\boldsymbol{x}}_j - \hat{\boldsymbol{x}}_i + (\boldsymbol{x}_{l+1} - \hat{\boldsymbol{x}}_j) + (\hat{\boldsymbol{x}}_i - \boldsymbol{x}_l)$$

可知

$$\begin{aligned}\|\boldsymbol{p}(\alpha_l)\| &\geqslant \|\hat{\boldsymbol{x}}_j - \hat{\boldsymbol{x}}_i\| - \|\boldsymbol{x}_{l+1} - \hat{\boldsymbol{x}}_j\| - \|\hat{\boldsymbol{x}}_i - \boldsymbol{x}_l\| \\ &\geqslant \varepsilon_0 - \frac{\varepsilon_0}{4} - \frac{\varepsilon_0}{4} = \frac{\varepsilon_0}{2}.\end{aligned}$$

这与式(7.59)矛盾. 定理证毕.

下面给出一个关于算法 1 收敛速率的定理.

定理 8. 设 LM 算法产生的序列 $\{\boldsymbol{x}_k\}$ 收敛到 $f(\boldsymbol{x})$ 的某个稳定点 $\boldsymbol{x}^*$. 考虑矩阵 $T(\boldsymbol{x}^*)$ 的各特征值，记其最小者为 σ; 同时考虑矩阵 $B(\boldsymbol{x}^*) = 2\sum_{i=1}^{m} r_i(\boldsymbol{x}^*)\nabla^2 r_i(\boldsymbol{x}^*)$ 的各特征值的绝对值，记其最大者为 τ. 若 $\sigma > \tau$，且在 LM 算法中所取的 $\beta < \frac{1}{2}\left(1 - \frac{\tau}{\sigma}\right)$，则序列 $\{\boldsymbol{x}_k\}$ 满足

$$\overline{\lim_{k \to \infty}} \frac{\|\boldsymbol{x}_{k+1} - \boldsymbol{x}^*\|}{\|\boldsymbol{x}_k - \boldsymbol{x}^*\|} \leqslant \frac{\tau}{\sigma}.$$

而且 $\boldsymbol{x}^*$ 是 $f(\boldsymbol{x})$ 的严格局部极小点.

为了证明这个定理，我们先证一个引理.

引理. 设在 $f(\boldsymbol{x})$ 的稳定点 $\boldsymbol{x}^*$ 处,矩阵 $T=T(\boldsymbol{x}^*)$ 和 $B(\boldsymbol{x}^*)=2\sum_{i=1}^{m} r_i(\boldsymbol{x}^*)\nabla^2 r_i(\boldsymbol{x}^*)$ 具有定理 8 中所述的性质. 若

$$0<\beta<\frac{1}{2}\left(1-\frac{\tau}{\sigma}\right),$$

则存在着 $\varepsilon>0$, 使当 $\|\boldsymbol{x}-\boldsymbol{x}^*\|\leqslant\varepsilon$ 时,对于任意的 $\alpha\in[0,\infty)$, 都有

$$f(\boldsymbol{x}+\boldsymbol{p})\leqslant f(\boldsymbol{x})+\beta\langle\boldsymbol{g}(\boldsymbol{x}),\boldsymbol{p}\rangle.$$

其中 $\boldsymbol{p}=\boldsymbol{p}(\alpha)=\boldsymbol{p}(\alpha,\boldsymbol{x})$ 是方程 (7.18) 的解

证明. 根据附录 I 的定理 4 可知

$$\begin{aligned}f(\boldsymbol{x}+\boldsymbol{p})&=f(\boldsymbol{x})+\langle\boldsymbol{g}(\boldsymbol{x}),\boldsymbol{p}\rangle+\int_0^1(1-t)\langle\boldsymbol{p},G(\boldsymbol{x}+t\boldsymbol{p})\boldsymbol{p}\rangle dt\\&=f(\boldsymbol{x})+\langle\boldsymbol{g}(\boldsymbol{x}),\boldsymbol{p}\rangle+\frac{1}{2}\langle\boldsymbol{p},G(\boldsymbol{x}+\theta\boldsymbol{p})\boldsymbol{p}\rangle\\&\qquad(0<\theta<1),\end{aligned}$$

其中 $G(\boldsymbol{x})$ 是 $f(\boldsymbol{x})$ 的 Hessian 矩阵. 因而引理结论等价于:存在着 $\varepsilon>0$, 使当 $\|\boldsymbol{x}-\boldsymbol{x}^*\|\leqslant\varepsilon$ 时,对任意的 $\alpha\in[0,\infty)$ 都有

$$(1-\beta)\langle-\boldsymbol{g}(\boldsymbol{x}),\boldsymbol{p}\rangle-\frac{1}{2}\langle\boldsymbol{p},G(\boldsymbol{x}+\theta\boldsymbol{p})\boldsymbol{p}\rangle\geqslant 0.$$

注意到

$$\begin{aligned}&-\boldsymbol{g}(\boldsymbol{x})=(T(\boldsymbol{x})+\alpha W(\boldsymbol{x}))\boldsymbol{p},\\&G(\boldsymbol{x}+\theta\boldsymbol{p})=T(\boldsymbol{x}+\theta\boldsymbol{p})+B(\boldsymbol{x}+\theta\boldsymbol{p})\end{aligned}$$

便知,上式等价于

$$\begin{aligned}&\left\langle\boldsymbol{p},\left[(1-\beta)T(\boldsymbol{x})-\frac{1}{2}T(\boldsymbol{x}+\theta\boldsymbol{p})-\frac{1}{2}B(\boldsymbol{x}+\theta\boldsymbol{p})\right]\boldsymbol{p}\right\rangle\\&\qquad+(1-\beta)\langle\boldsymbol{p},\alpha W(\boldsymbol{x})\boldsymbol{p}\rangle\geqslant 0.\end{aligned}$$

矩阵 $W(\boldsymbol{x})$ 正定可保证此式的第二项非负, 所以我们只要证明其第一项非负就行了. 当 $\boldsymbol{p}=\boldsymbol{0}$ 时这一结论显然成立,现在考虑 $\boldsymbol{p}\neq\boldsymbol{0}$ 的情形,即证明存在着 $\varepsilon>0$, 使当 $\|\boldsymbol{x}-\boldsymbol{x}^*\|\leqslant\varepsilon$ 时,有

$$\left\langle\frac{\boldsymbol{p}}{\|\boldsymbol{p}\|},\left[(1-\beta)T(\boldsymbol{x})-\frac{1}{2}T(\boldsymbol{x}+\theta\boldsymbol{p})\right.\right.$$

$$-\frac{1}{2}B(\boldsymbol{x}+\theta\boldsymbol{p})]\frac{\boldsymbol{p}}{\|\boldsymbol{p}\|}\Big\rangle \geqslant 0. \tag{7.60}$$

注意到 $\boldsymbol{x}\to\boldsymbol{x}^*$ 时，对 $\alpha\in[0,\infty)$ 一致地有

$$\|\boldsymbol{p}\|=\|\boldsymbol{p}(\alpha,\boldsymbol{x})\|\leqslant\|T(\boldsymbol{x})\|^{-1}\|\boldsymbol{g}(\boldsymbol{x})\|\to 0,$$

$$T(\boldsymbol{x})\to T(\boldsymbol{x}^*),\ T(\boldsymbol{x}+\theta\boldsymbol{p})\to T(\boldsymbol{x}^*),$$

$$B(\boldsymbol{x}+\theta\boldsymbol{p})\to B(\boldsymbol{x}^*),$$

便知当 $\boldsymbol{x}\to\boldsymbol{x}^*$ 时，对 $\alpha\in[0,\infty)$ 一致地有

$$\Big\langle\frac{\boldsymbol{p}}{\|\boldsymbol{p}\|},\ [(1-\beta)T(\boldsymbol{x})-\frac{1}{2}T(\boldsymbol{x}+\theta\boldsymbol{p})$$

$$-\frac{1}{2}B(\boldsymbol{x}+\theta\boldsymbol{p})]\ \frac{\boldsymbol{p}}{\|\boldsymbol{p}\|}\Big\rangle$$

$$\to\Big\langle\frac{\boldsymbol{p}}{\|\boldsymbol{p}\|},\Big[\Big(\frac{1}{2}-\beta\Big)T(\boldsymbol{x}^*)-\frac{1}{2}B(\boldsymbol{x}^*)\Big]\frac{\boldsymbol{p}}{\|\boldsymbol{p}\|}\Big\rangle.$$

因为矩阵 $\left(\frac{1}{2}-\beta\right)T(\boldsymbol{x}^*)-\frac{1}{2}B(\boldsymbol{x}^*)$ 的最小特征值大于或等于 $\left(\frac{1}{2}-\beta\right)\sigma-\frac{1}{2}\tau$ 且 $\frac{p}{\|p\|}$ 为单位向量，所以上式右端总大于或等于 $\sigma\left[\frac{1}{2}\left(1-\frac{\tau}{\sigma}\right)-\beta\right]$. 按 β 的取法这个数是正的. 因而式(7.60)成立. 引理证毕.

定理 8 的证明. 从假设条件 $\lim\limits_{k\to\infty}\boldsymbol{x}_k=\boldsymbol{x}^*$ 出发并利用引理，可见存在着 $K>0$，使当 $k\geqslant K$ 时，由方程(7.49)确定的 $\boldsymbol{p}_k$ 永远满足不等式(7.50). 因此当 $k\geqslant K$ 时，在 LM 算法的执行过程中总取

$$\alpha_{k+1}=\alpha_k/\gamma.$$

故有

$$\lim_{k\to\infty}\alpha_k=0.$$

现在证明定理结论. 为比较 $\|\boldsymbol{x}_{k+1}-\boldsymbol{x}^*\|$ 和 $\|\boldsymbol{x}_k-\boldsymbol{x}^*\|$，先写出它们之间的关系式，

$$
\begin{aligned}
\boldsymbol{x}_{k+1}-\boldsymbol{x}^* &= \boldsymbol{x}_k-\boldsymbol{x}^*-(T_k+\alpha_k W_k)^{-1}\boldsymbol{g}_k \\
&= \boldsymbol{x}_k-\boldsymbol{x}^*-(T_k+\alpha_k W_k)^{-1}[G(\boldsymbol{x}_k)(\boldsymbol{x}_k-\boldsymbol{x}^*) \\
&\qquad +\boldsymbol{g}_k+G(\boldsymbol{x}_k)(\boldsymbol{x}^*-\boldsymbol{x}_k)] \\
&= -(T_k+\alpha_k W_k)^{-1}[B(\boldsymbol{x}_k)(\boldsymbol{x}_k-\boldsymbol{x}^*) \\
&\qquad -\alpha_k W_k(\boldsymbol{x}_k-\boldsymbol{x}^*)+\boldsymbol{g}_k+G_k(\boldsymbol{x}^*-\boldsymbol{x}_k)],
\end{aligned}
$$

因此，

$$
\begin{aligned}
&\|\boldsymbol{x}_{k+1}-\boldsymbol{x}^*\| \leqslant \|T_k^{-1}\|[\|B(\boldsymbol{x}_k)\|\|\boldsymbol{x}_k-\boldsymbol{x}^*\| \\
&\quad +\alpha_k\|W_k\|\|\boldsymbol{x}_k-\boldsymbol{x}^*\|+\|\boldsymbol{g}_k+G_k(\boldsymbol{x}^*-\boldsymbol{x}_k)\|].
\end{aligned} \tag{7.61}
$$

注意到 $\boldsymbol{g}(\boldsymbol{x}^*)=\boldsymbol{0}$ 可知，对充分大的 k 有

$$
\begin{aligned}
\|\boldsymbol{g}_k+G_k(\boldsymbol{x}^*-\boldsymbol{x}_k)\| &= \|\boldsymbol{g}(\boldsymbol{x}_k)-\boldsymbol{g}(\boldsymbol{x}^*)-G(\boldsymbol{x}_k)(\boldsymbol{x}_k-\boldsymbol{x}^*)\| \\
&\leqslant \varepsilon_k\|\boldsymbol{x}_k-\boldsymbol{x}^*\|,
\end{aligned}
$$

这里的 ε_k 满足：当 $\|\boldsymbol{x}_k-\boldsymbol{x}^*\|\to 0$ 时，$\varepsilon_k\to 0$. 用 $\|\boldsymbol{x}_k-\boldsymbol{x}^*\|$除式(7.61)的两边便有

$$
\begin{aligned}
&\|\boldsymbol{x}_{k+1}-\boldsymbol{x}^*\|/\|\boldsymbol{x}_k-\boldsymbol{x}^*\| \\
&\qquad \leqslant \|T_k^{-1}\|\left[\|B(\boldsymbol{x}_k)\|+\alpha_k\|W_k\|+\frac{1}{2}\varepsilon_k\right].
\end{aligned}
$$

由此立即可得

$$
\varlimsup_{k\to\infty}\frac{\|\boldsymbol{x}_{k+1}-\boldsymbol{x}^*\|}{\|\boldsymbol{x}_k-\boldsymbol{x}^*\|}\leqslant\frac{\tau}{\sigma}.
$$

因为 $\boldsymbol{g}(\boldsymbol{x}^*)=\boldsymbol{0}$，而且 $G(\boldsymbol{x}^*)=[T(\boldsymbol{x}^*)+B(\boldsymbol{x}^*)]$ 的最小特征值的下界为 $(\sigma-\tau)>0$，所以 $G(\boldsymbol{x}^*)$是正定矩阵. 由此可见 $\boldsymbol{x}^*$ 是 $f(\boldsymbol{x})$ 的严格局部极小点. 定理证毕.

§ 2. LMF 算 法

2.1. LMF 算法

LMF 算法是在 LM 算法的基础上发展而成的，它与 LM 算法的主要区别在于改进了调整参数 α 的策略.

调整参数 α 的基本思想 LM 算法调整参数 α_k 的原则是直接考察所得的 $f(\boldsymbol{x}_k+\boldsymbol{p}_k)$ 是否有一定程度的下降. 这里则考察 $f(\boldsymbol{x}_k+\boldsymbol{p}_k)$ 和 $\hat{f}(\boldsymbol{x}_k+\boldsymbol{p}_k)$ 之间差异的大小. 其根据是 $\boldsymbol{x}_k+\boldsymbol{p}_k$ 是 $\hat{f}(\boldsymbol{x})$ 在以 $\boldsymbol{x}_k$ 为球心的某一闭球上的最小点(定理 1),所以 $f(\boldsymbol{x}_k+\boldsymbol{p}_k)$ 非常接近于 $\hat{f}(\boldsymbol{x}_k+\boldsymbol{p}_k)$ 就意味着 $f(\boldsymbol{x}_k+\boldsymbol{p}_k)$ 也会有一定程度的下降. 同时这也大体表明在该球范围内, $f(\boldsymbol{x})$ 相当接近于 $\hat{f}(\boldsymbol{x})$,可以设想,在更大一些的闭球内, $f(\boldsymbol{x})$ 可能仍然会比较接近 $\hat{f}(\boldsymbol{x})$. 这时应该考虑减小 α 值,以使下次迭代能跨出更大的步子.

引进比例因子

$$\sigma_k=\frac{f(\boldsymbol{x}_k)-f(\boldsymbol{x}_k+\boldsymbol{p}_k)}{\hat{f}(\boldsymbol{x}_k)-\hat{f}(\boldsymbol{x}_k+\boldsymbol{p}_k)}=\frac{f(\boldsymbol{x}_k)-f(\boldsymbol{x}_k+\boldsymbol{p}_k)}{f(\boldsymbol{x}_k)-\hat{f}(\boldsymbol{x}_k+\boldsymbol{p}_k)},$$

用它来描述 $f(\boldsymbol{x}_k+\boldsymbol{p}_k)$ 和 $\hat{f}(\boldsymbol{x}_k+\boldsymbol{p}_k)$ 的接近程度. 显而易见:

(1) σ_k 越接近 1, 则 $\hat{f}(\boldsymbol{x})$ 对 $f(\boldsymbol{x})$ 的近似程度越高.

(2) $\sigma_k>0$ 表明这个 $\boldsymbol{p}_k$ 能使目标函数下降. 而且 σ_k 的值越大, 下降得越多; 反之 σ_k 的值越小下降得越少. 当 $\sigma_k<0$ 时, $\boldsymbol{p}_k$ 反而会使目标函数上升.

总之,可以用 σ_k 的大小来判断 $\hat{f}(\boldsymbol{x})$ 对 $f(\boldsymbol{x})$ 的近似程度以及 $f(\boldsymbol{x})$ 的下降程度, 并据此调整参数 α. 具体方案是: 选取 0 与 1 之间的两个正数 ρ_1 和 ρ_2 ($\rho_1<\rho_2$, 例如取 $\rho_1=0.25$, $\rho_2=0.75$).

当 $\sigma_k>\rho_2$ 时,下次迭代减小 α 值;

当 $\sigma_k<\rho_1$ 时,下次迭代增大 α 值;

当 $\rho_1\leqslant\sigma_k\leqslant\rho_2$ 时,下次迭代仍用本次的 α 值.

改变 α 值中的一个问题——α 的截断值 α_c

(1) 截断值 α_c 的引入. LM 算法增大或减小 α 的规则很简单: 选定一个大于 1 的常数 γ, 增大 α 就用 $\gamma\alpha$ 代替 α; 减小 α 就用 $\dfrac{\alpha}{\gamma}$ 代替 α. 但这个规则是有缺点的: 当在某次迭代中其 α 的试取值非常小而又需要增大它时, 用上述方式(把 α 乘 γ 倍)增大 α 值的速度将非常缓慢, 可能需要反复计算, 多次增加 α, 才能使目标函数有满意的下降. 为了避免 α 取过小的值, 可以引进一个截断

使 $\alpha_c > 0$．仅允许 α 取区间 $[\alpha_c, \infty)$ 内的值或 0，从而提高算法的效率．

（2）截断值 α_c 的选取．Fletcher[127] 建议选择使 $\|\boldsymbol{p}(\alpha)\|_W$ 和 $\frac{1}{2}\|\boldsymbol{p}(0)\|_W$ 近似相等的 α 值作为截断值 α_c．我们先证明一个定理，然后导出具体计算 α_c 的公式．

定理 9. 若记正定矩阵 $T = T(\boldsymbol{x})$ 的特征值为

$$\lambda_1 \geqslant \lambda_2 \geqslant \cdots \geqslant \lambda_n > 0,$$

且把正定对角阵 $W = W(\boldsymbol{x})$ 表为

$$W(\boldsymbol{x}) = \operatorname{diag}(w_1, w_2, \cdots, w_n), \tag{7.62}$$

则当 $0 \leqslant \alpha \leqslant \lambda_n / \max\limits_i w_i$ 时，方程 (7.18) 的解 $\boldsymbol{p} = \boldsymbol{p}(\alpha)$ 满足

$$\|\boldsymbol{p}(\alpha)\|_W \geqslant \frac{1}{2}\|\boldsymbol{p}(0)\|_W. \tag{7.63}$$

证明．若记 $\tilde{T} = W^{-\frac{1}{2}} T W^{-\frac{1}{2}}$ 的特征值为

$$\tilde{\lambda}_1 \geqslant \tilde{\lambda}_2 \geqslant \cdots \geqslant \tilde{\lambda}_n > 0,$$

则显然有

$$\min_i \left\{\frac{1}{w_i}\right\} \cdot \lambda_n \leqslant \tilde{\lambda}_n.$$

因此当 $0 \leqslant \alpha \leqslant \lambda_n / \max\limits_i w_i$ 时，总有

$$0 \leqslant \alpha \leqslant \tilde{\lambda}_n \leqslant \tilde{\lambda}_j \quad (j = 1, 2, \cdots, n). \tag{7.64}$$

于是，由式 (7.23) 和 (7.25) 可知

$$\|\boldsymbol{p}(\alpha)\|_W^2 = \|\tilde{\boldsymbol{p}}(\alpha)\|^2 = \sum_{j=1}^{n} \frac{\tilde{v}_j^2}{(\tilde{\lambda}_j + \alpha)^2} \geqslant \sum_{j=1}^{n} \frac{\tilde{v}_j^2}{(\tilde{\lambda}_j + \tilde{\lambda}_j)^2}$$

$$= \frac{1}{4}\sum_{j=1}^{n} \frac{\tilde{v}_j^2}{\tilde{\lambda}_j^2} = \frac{1}{4}\|\tilde{\boldsymbol{p}}(0)\|^2 = \frac{1}{4}\|\boldsymbol{p}(0)\|_W^2.$$

遂知式 (7.63) 成立．定理证毕．

由上述定理可知，对 λ_n 进行估计，可以为选择 α_c 提供线索．从矩阵 T^{-1} 出发容易得到 λ_n 的两个估计式．事实上，考虑 T^{-1} 的迹，我们有

$$Tr(T^{-1}) = \sum_{j=1}^{n} \frac{1}{\lambda_j} \geqslant \frac{1}{\lambda_n},$$

故得估计式

$$\lambda_n \geqslant \frac{1}{Tr(T^{-1})}.$$

另外，考虑 T^{-1} 的比较容易计算的 l_∞ 范数 $\|T^{-1}\|_\infty$，显然有

$$\|T^{-1}\|_\infty \geqslant \frac{1}{\lambda_n},$$

于是得另一估计式

$$\lambda_n \geqslant \frac{1}{\|T^{-1}\|_\infty}.$$

这样根据定理 9 和上面两个估计式，不妨选取

$$\alpha_c = \alpha_c(\boldsymbol{x}) = \frac{1}{\max\limits_i \ w_i(\boldsymbol{x})} \cdot \max\left\{\frac{1}{\|T^{-1}(\boldsymbol{x})\|_\infty}, \frac{1}{Tr(T^{-1}(\boldsymbol{x}))}\right\}, \tag{7.65}$$

以使 $\|\boldsymbol{p}(\alpha_c)\|_W$ 尽可能接近 $\frac{1}{2}\|\boldsymbol{p}(0)\|_W$.

当 $\sigma_k < \rho_1$ 时，增大 α 的方式　$\sigma_k < \rho_1$ 表明 $\hat{f}(\boldsymbol{x})$ 对 $f(\boldsymbol{x})$ 的近似程度太差，此时应该考虑增大 α. 我们可以直接估计 $f(\boldsymbol{x})$ 在 $\boldsymbol{p}$ 方向上的极小点 $\bar{\boldsymbol{x}}$，以此作为下次取 α 值的依据. 具体作法是：

(1) 用二次插值估计 $\bar{\boldsymbol{x}}$. $\bar{\boldsymbol{x}}$ 是 $f(\boldsymbol{x})$ 在方向 $\boldsymbol{p}$ 上的极小点，即 $\bar{\boldsymbol{x}} = \boldsymbol{x} + \lambda^* \boldsymbol{p}$，这里 λ^* 是函数 $f(\boldsymbol{x} + \lambda \boldsymbol{p})$ 的极小点. 我们做二次插值函数 $\hat{\varphi}(\lambda)$，使其满足

$$\hat{\varphi}(0) = f(\boldsymbol{x} + \lambda \boldsymbol{p})|_{\lambda=0} = f(\boldsymbol{x});$$

$$\hat{\varphi}'(0) = \frac{d}{d\lambda} f(\boldsymbol{x} + \lambda \boldsymbol{p})|_{\lambda=0} = \boldsymbol{p}^T \boldsymbol{g};$$

$$\hat{\varphi}(1) = f(\boldsymbol{x} + \lambda \boldsymbol{p})|_{\lambda=1} = f(\boldsymbol{x} + \boldsymbol{p}).$$

容易算出 $\hat{\varphi}(\lambda)$ 的极小点 η 满足

$$\eta = \left[2 - 2\frac{f(\boldsymbol{x} + \boldsymbol{p}) - f(\boldsymbol{x})}{\boldsymbol{p}^T \boldsymbol{g}}\right]^{-1}, \quad \frac{1}{\eta} = 2 - 2\frac{f(\boldsymbol{x} + \boldsymbol{p}) - f(\boldsymbol{x})}{\boldsymbol{p}^T \boldsymbol{g}}. \tag{7.66}$$

因此在一定程度上 $\bar{x}$ 可近似表为

$$\bar{\boldsymbol{x}}=\boldsymbol{x}+\eta\boldsymbol{p},$$

其中 η 由式 (7.66) 确定.

(2) 因为在方向 $\boldsymbol{p}$ 上, $f(\boldsymbol{x})$ 在 $\boldsymbol{x}+\eta\boldsymbol{p}$ 处近似达到极小, 所以, 在进行下次迭代时, 可考虑选取使 $\|\boldsymbol{p}(\alpha)\|$ 和前次的 $\|\eta\boldsymbol{p}\|$ 近似相等的 α 值. 注意到当 $\alpha\to\infty$ 时 $\boldsymbol{p}(\alpha)$ 的渐近性质

$$\boldsymbol{p}(\alpha)\sim\frac{1}{\alpha}W^{-1}(-\boldsymbol{g}),$$

$$\frac{\eta}{\alpha}W^{-1}(-\boldsymbol{g})\sim\eta\boldsymbol{p}(\alpha),$$

可以粗略地认为,欲使 $\boldsymbol{p}$ 增大 η 倍,只需要把 α 减小 η 倍. 故考虑下次取 $\frac{\alpha}{\eta}$ 为新的 α 值.

然而完全按照上述方式调整 α 也有缺点, 例如当由式 (7.66) 算出的 $\frac{1}{\eta}$ 很小时, 会使 α 增长太慢,甚至反而减小;若很大,又会使 α 增长太快. 所以还应把它"截断", 即最后取 $\gamma\alpha$ 为下次的 α 值,其中

$$\gamma=\gamma(\boldsymbol{x})=\begin{cases}\dfrac{1}{\eta}, & 2\leqslant\dfrac{1}{\eta}\leqslant 10;\\ 2, & \dfrac{1}{\eta}<2;\\ 10, & \dfrac{1}{\eta}>10.\end{cases}\tag{7.67}$$

对角阵 W 的选择 就本章以上所述内容而言, 矩阵 $W=W(\boldsymbol{x})$ 可以是任意的连续正定对角矩阵. 但是在实际计算时, 通常多采用下列两种形式:

$$W=W(\boldsymbol{x})=I\tag{7.68}$$

或

$$W=W(\boldsymbol{x})=D(\boldsymbol{x}),\tag{7.69}$$

其中, $D(\boldsymbol{x})$ 是由 $T(\boldsymbol{x})=(\tau_{ij}(\boldsymbol{x}))$ 的主对角元素构成的矩阵

$$D(\boldsymbol{x}) = \mathrm{diag}\,(\tau_{11}(\boldsymbol{x}), \tau_{22}(\boldsymbol{x}), \cdots, \tau_{nn}(\boldsymbol{x})). \qquad (7.70)$$

选择 $W = I$ 是比较自然的(它显然具有计算简单的优点);选取 $W = D(\boldsymbol{x})$ 是考虑到 $D(\boldsymbol{x})$ 至少保留了 $T(\boldsymbol{x})$ 的某些信息. 此外,还可以对它作如下的解释.

根据式(7.5),可以把 $T_k = T(\boldsymbol{x}_k)$ 看作是 $f(\boldsymbol{x})$ 的 Hessian 矩阵 $G_k = G(\boldsymbol{x}_k)$ 的一个近似. 我们根据 $T_k = T(\boldsymbol{x}_k)$ 的对角元素进行自变量的尺度变换,

$$\bar{\boldsymbol{x}} = \sqrt{D}\,\boldsymbol{x}, \qquad (7.71)$$

其中 $\bar{\boldsymbol{x}}$ 是新的自变量, 矩阵 $\sqrt{D}$ 为

$$\sqrt{D} = \mathrm{diag}\,(\sqrt{\tau_{11}(\boldsymbol{x}_k)}, \sqrt{\tau_{22}(\boldsymbol{x}_k)}, \cdots, \sqrt{\tau_{nn}(\boldsymbol{x}_k)}). \qquad (7.72)$$

假定在新坐标系下选取 $W = I$, 则应求解方程

$$(\bar{T}_k + \alpha I)\bar{\boldsymbol{p}} = -\bar{\boldsymbol{g}}_k, \qquad (7.73)$$

其中 $\bar{\boldsymbol{p}}$, $\bar{\boldsymbol{g}}_k$ 和 $\bar{T}_k$ 是 $\boldsymbol{p}$, $\boldsymbol{g}_k$ 和 T_k 在新坐标系下的对应量. 现在考察方程(7.73)在旧坐标系下的形式,直接由式(7.71)可得

$$\bar{\boldsymbol{p}} = \sqrt{D}\,\boldsymbol{p}. \qquad (7.74)$$

另外注意到

$$\frac{\partial f}{\partial x_i} = \frac{\partial f}{\partial \bar{x}_i} \cdot \frac{\partial \bar{x}_i}{\partial x_i} = \sqrt{\tau_{ii}(\boldsymbol{x}_k)}\,\frac{\partial f}{\partial \bar{x}_i},$$

得

$$\bar{\boldsymbol{g}}_k = D^{-1/2}\boldsymbol{g}_k. \qquad (7.75)$$

类似地,由

$$\tau_{ij}(\boldsymbol{x}_k) = \frac{\partial^2 \hat{f}(\boldsymbol{x}_k)}{\partial x_i \partial x_j} = \sqrt{\tau_{ii}(\boldsymbol{x}_k)}\sqrt{\tau_{jj}(\boldsymbol{x}_k)}\,\frac{\partial^2 \hat{f}(\boldsymbol{x}_k)}{\partial \bar{x}_i \partial \bar{x}_j}$$

$$= \sqrt{\tau_{ii}(\boldsymbol{x}_k)}\sqrt{\tau_{jj}(\boldsymbol{x}_k)}\,\bar{\tau}_{ij}(\boldsymbol{x}_k),$$

得

$$T_k = \sqrt{D}\,\bar{T}_k\sqrt{D} \quad 或\ \bar{T}_k = D^{-1/2}T_kD^{-1/2}. \qquad (7.76)$$

因此,根据式(7.74)—(7.76)便知方程(7.73)在旧坐标系下的形

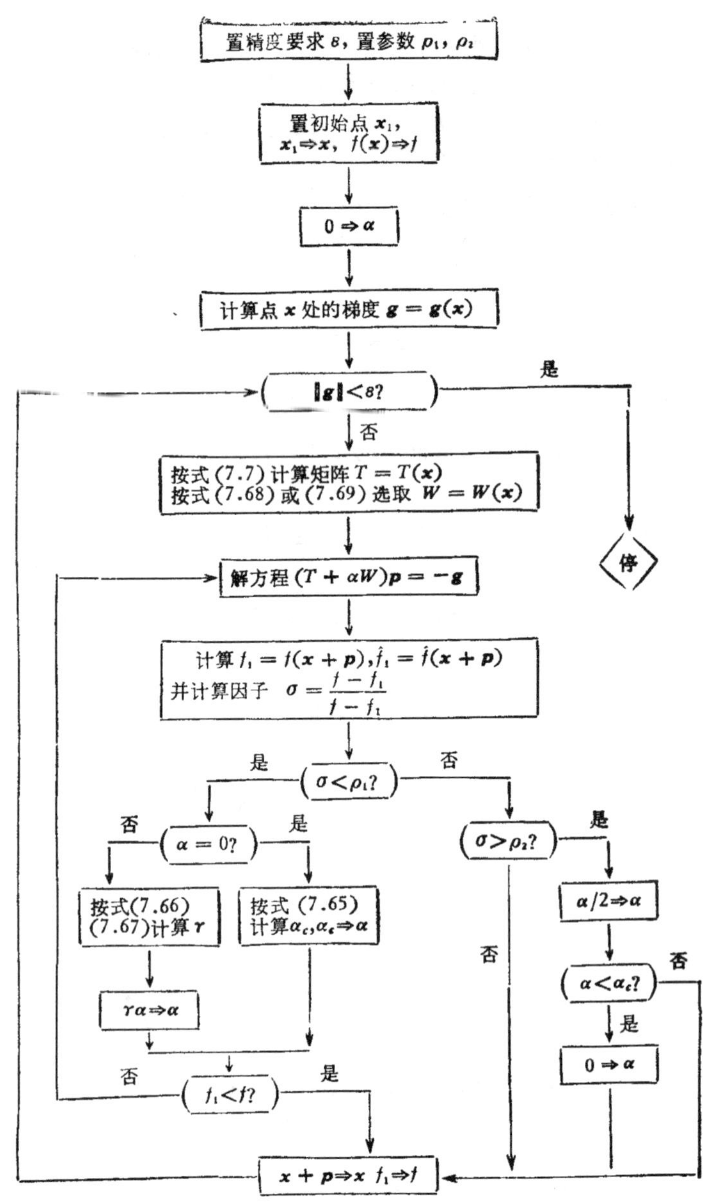

图 7.3 算法 2 (LMF 算法)框图

式为

$$(D^{-1/2}T_kD^{-1/2}+\alpha I)D^{1/2}\boldsymbol{p}=-D^{-1/2}\boldsymbol{g}_k,$$

两端左乘矩阵 $D^{1/2}$，便可将上式改写为

$$(T_k+\alpha D)\boldsymbol{p}=-\boldsymbol{g}_k.$$

它恰好是在方程(7.18)中取 $W=D$ 时所得到的方程.

算法 2 (LMF 算法)

1. 选取连续的正定对角阵 $W=W(\boldsymbol{x})$，并选取 ρ_1，ρ_2 ($0<\rho_1<\rho_2<1$，例如取 $\rho_1=0.25$，$\rho_2=0.75$).

2. 取初始点 $\boldsymbol{x}_1$. 置 $\alpha_1=0$，$k=1$.

3. 计算 $\boldsymbol{g}_k=\boldsymbol{g}(\boldsymbol{x}_k)$. 若 $\boldsymbol{g}_k=\boldsymbol{0}$，则停止计算；否则转 4.

4. 按式(7.7)和(7.8)计算出矩阵 T_k，并令 $W_k=W(\boldsymbol{x}_k)$. 然后求解方程

$$(T_k+\alpha_kW_k)\boldsymbol{p}=-\boldsymbol{g}_k,$$

得 $\boldsymbol{p}_k$.

5. 计算比例因子

$$\sigma_k=\sigma(\alpha_k,\boldsymbol{x}_k)=\frac{f(\boldsymbol{x}_k)-f(\boldsymbol{x}_k+\boldsymbol{p}_k)}{\hat{f}(\boldsymbol{x}_k)-\hat{f}(\boldsymbol{x}_k+\boldsymbol{p}_k)},\tag{7.77}$$

并根据 σ_k 值的大小，分下列三种情形处理：

当 $\sigma_k>\rho_2$ 时，置 $\boldsymbol{x}_{k+1}=\boldsymbol{x}_k+\boldsymbol{p}_k$，$\alpha_{k+1}=\alpha_k/2$ 或 0 (参看图 7.3)；

当 $\rho_1\leqslant\sigma_k\leqslant\rho_2$ 时，置 $\boldsymbol{x}_{k+1}=\boldsymbol{x}_k+\boldsymbol{p}_k$，$\alpha_{k+1}=\alpha_k$；

当 $\sigma_k<\rho_1$ 时，置 $\boldsymbol{x}_{k+1}=\boldsymbol{x}_k+\boldsymbol{p}_k$ 或 $\boldsymbol{x}_k$，$\alpha_{k+1}=\gamma_k\alpha_k$ 或 α_c (参看图 7.3).

6. 置 $k=k+1$，转 3.

这个算法的 FORTRAN 语言程序可参看文献[127].

2.2. LMF 算法的收敛性质

引理 1. 设式(7.30)所示的基准集 $C(\bar{\boldsymbol{x}})$ 有界，且由式(7.19)定义的 $T(\boldsymbol{x})$ 在 $C(\bar{\boldsymbol{x}})$ 上恒为正定矩阵. 若记

$$\widetilde{C}(\bar{\boldsymbol{x}})=\{\boldsymbol{x}\mid f(\boldsymbol{x})<f(\bar{\boldsymbol{x}})\},\tag{7.78}$$

$$\sigma=\sigma(\alpha,\boldsymbol{x})=\frac{f(\boldsymbol{x})-f(\boldsymbol{x}+\boldsymbol{p})}{\hat{f}(\boldsymbol{x})-\hat{f}(\boldsymbol{x}+\boldsymbol{p})}\tag{7.79}$$

(其中 $\boldsymbol{p}=\boldsymbol{p}(\alpha,\boldsymbol{x})$ 是方程(7.18)的解)，则任给 $\rho_1<1$，对于 $\widetilde{C}(\bar{\boldsymbol{x}})$ 中不属于 $f(\boldsymbol{x})$ 的稳定点集合 Ω^* 的任意点 $\hat{\boldsymbol{x}}$，都存在着 $\varepsilon=\varepsilon(\hat{\boldsymbol{x}})>0$ 和 $\hat{\alpha}=\hat{\alpha}(\hat{\boldsymbol{x}})>0$，使得当 $\boldsymbol{x}\in S(\hat{\boldsymbol{x}},\varepsilon)=\{\boldsymbol{x}\mid\|\boldsymbol{x}-\hat{\boldsymbol{x}}\|\leqslant\varepsilon\}$，$\alpha>\hat{\alpha}$ 时总有

$$\sigma(\alpha,\boldsymbol{x})\geqslant\rho_1.\tag{7.80}$$

证明．任取 $\widetilde{C}(\bar{\boldsymbol{x}})$ 中不属于 Ω^* 的点 $\hat{\boldsymbol{x}}$，显然有 $\boldsymbol{g}(\hat{\boldsymbol{x}})\neq\boldsymbol{0}$．注意到 $f(\boldsymbol{x})$ 和 $\boldsymbol{g}(\boldsymbol{x})$ 的连续性及集合 $\widetilde{C}(\bar{\boldsymbol{x}})$ 的定义式(7.78)，即知存在着 $\varepsilon=\varepsilon(\hat{\boldsymbol{x}})>0$，使得 $\hat{\boldsymbol{x}}$ 的邻域 $S(\hat{\boldsymbol{x}},\varepsilon)=\{\boldsymbol{x}\mid\|\boldsymbol{x}-\hat{\boldsymbol{x}}\|\leqslant\varepsilon\}$ 属于 $\widetilde{C}(\bar{\boldsymbol{x}})$，但不属于 Ω^*．令

$$\eta_1=\min\{\|\boldsymbol{g}(\boldsymbol{x})\|\mid\boldsymbol{x}\in S(\hat{\boldsymbol{x}},\varepsilon)\},\tag{7.81}$$

显然 $\eta_1>0$．由定理4的引理1知，存在着常数 $\eta>0$ 和 $\bar{\alpha}>0$，使得当 $\boldsymbol{x}\in S(\hat{\boldsymbol{x}},\varepsilon)$，$\alpha>\bar{\alpha}$ 时都有

$$\left\langle-\frac{\boldsymbol{g}(\boldsymbol{x})}{\|\boldsymbol{g}(\boldsymbol{x})\|},\frac{\boldsymbol{p}(\alpha,\boldsymbol{x})}{\|\boldsymbol{p}(\alpha,\boldsymbol{x})\|}\right\rangle>\eta>0.\tag{7.82}$$

下面考察当 $\alpha\to\infty$ 时 $\sigma(\alpha,\boldsymbol{x})$ 的渐近性质．为此先求出

$$[\hat{f}(\boldsymbol{x})-\hat{f}(\boldsymbol{x}+\boldsymbol{p}(\alpha,\boldsymbol{x}))]^{-1}\text{ 与 }f(\boldsymbol{x})-f(\boldsymbol{x}+\boldsymbol{p}(\alpha,\boldsymbol{x}))$$

的渐近估计式．由式(7.25)不难证明对 $\boldsymbol{x}\in C(\bar{\boldsymbol{x}})$ 一致地有

$$\lim_{\alpha\to\infty}\boldsymbol{p}(\alpha,\boldsymbol{x})=\boldsymbol{0}.\tag{7.83}$$

因此，当 $\alpha\to\infty$ 时对 $\boldsymbol{x}\in S(\hat{\boldsymbol{x}},\varepsilon)$ 一致地有

$$\begin{aligned}\hat{f}(\boldsymbol{x})-f(\boldsymbol{x}+\boldsymbol{p}(\alpha,\boldsymbol{x}))&=-\langle\boldsymbol{g}(\boldsymbol{x}),\boldsymbol{p}(\alpha,\boldsymbol{x})\rangle-\frac{1}{2}\langle\boldsymbol{p}(\alpha,\boldsymbol{x}),T(\boldsymbol{x})\boldsymbol{p}(\alpha,\boldsymbol{x})\rangle\\&=\|\boldsymbol{g}(\boldsymbol{x})\|\|\boldsymbol{p}(\alpha,\boldsymbol{x})\|\left\langle-\frac{\boldsymbol{g}(\boldsymbol{x})}{\|\boldsymbol{g}(\boldsymbol{x})\|},\frac{\boldsymbol{p}(\alpha,\boldsymbol{x})}{\|\boldsymbol{p}(\alpha,\boldsymbol{x})\|}\right\rangle\\&\quad+O(\|\boldsymbol{p}(\alpha,\boldsymbol{x})\|^2).\end{aligned}\tag{7.84}$$

利用式(7.81)和(7.82)便可由上式得到

$$\hat{f}(\boldsymbol{x})-\hat{f}(\boldsymbol{x}+\boldsymbol{p}(\alpha,\boldsymbol{x}))>\eta_1\eta\|\boldsymbol{p}(\alpha,\boldsymbol{x})\|+O(\|\boldsymbol{p}(\alpha,\boldsymbol{x})\|^2)$$

或

$$\frac{1}{\hat{f}(\boldsymbol{x})-\hat{f}(\boldsymbol{x}+\boldsymbol{p}(\alpha,\boldsymbol{x}))}<\frac{1}{\|\boldsymbol{p}(\alpha,\boldsymbol{x})\|}\cdot\frac{1}{\eta_1\eta+O(\|\boldsymbol{p}(\alpha,\boldsymbol{x})\|)}$$

$$=\frac{1}{\|\boldsymbol{p}(\alpha,\boldsymbol{x})\|}\cdot\frac{1}{\eta_1\eta}[1+O(\|\boldsymbol{p}(\alpha,\boldsymbol{x})\|)].$$

于是,

$$\frac{O(\|\boldsymbol{p}(\alpha,\boldsymbol{x})\|^2)}{\hat{f}(\boldsymbol{x})-\hat{f}(\boldsymbol{x}+\boldsymbol{p}(\alpha,\boldsymbol{x}))}=O(\|\boldsymbol{p}(\alpha,\boldsymbol{x})\|). \qquad (7.85)$$

另外,函数 $f(\boldsymbol{x})$ 有 Taylor 展式

$$f(\boldsymbol{x}+\boldsymbol{p}(\alpha,\boldsymbol{x}))=f(\boldsymbol{x}+\boldsymbol{p})$$

$$=f(\boldsymbol{x})+\langle\boldsymbol{g}(\boldsymbol{x}),\boldsymbol{p}\rangle+\frac{1}{2}\langle\boldsymbol{p},G(\boldsymbol{x}+\theta\boldsymbol{p})\boldsymbol{p}\rangle, \qquad (7.86)$$

其中 $\theta\in(0,1)$, $G(\boldsymbol{x})$ 是 $f(\boldsymbol{x})$ 的 Hessian 矩阵. 上式可改写为

$$f(\boldsymbol{x}+\boldsymbol{p})=f(\boldsymbol{x})+\langle\boldsymbol{g}(\boldsymbol{x}),\boldsymbol{p}\rangle+\frac{1}{2}\langle\boldsymbol{p},T(\boldsymbol{x})\boldsymbol{p}\rangle$$

$$-\frac{1}{2}\langle\boldsymbol{p},T(\boldsymbol{x})\boldsymbol{p}\rangle+\frac{1}{2}\langle\boldsymbol{p},G(\boldsymbol{x}+\theta\boldsymbol{p})\boldsymbol{p}\rangle$$

$$=\hat{f}(\boldsymbol{x}+\boldsymbol{p})+\frac{1}{2}\langle\boldsymbol{p},[G(\boldsymbol{x}+\theta\boldsymbol{p})-T(\boldsymbol{x})]\boldsymbol{p}\rangle$$

或

$$f(\boldsymbol{x})-f(\boldsymbol{x}+\boldsymbol{p})=\hat{f}(\boldsymbol{x})-\hat{f}(\boldsymbol{x}+\boldsymbol{p})$$

$$-\frac{1}{2}\langle\boldsymbol{p},[G(\boldsymbol{x}+\theta\boldsymbol{p})-T(\boldsymbol{x})]\boldsymbol{p}\rangle,$$

因而当 $\alpha\to\infty$ 时对 $\boldsymbol{x}\in S(\hat{\boldsymbol{x}},\varepsilon)$ 一致地有

$$f(\boldsymbol{x})-f(\boldsymbol{x}+\boldsymbol{p}(\alpha,\boldsymbol{x}))=\hat{f}(\boldsymbol{x})-\hat{f}(\boldsymbol{x}+\boldsymbol{p}(\alpha,\boldsymbol{x}))$$

$$+O(\|\boldsymbol{p}(\alpha,\boldsymbol{x})\|^2). \qquad (7.87)$$

根据上式和式 (7.85) 易知,当 $\alpha\to\infty$ 时

$$\sigma(\alpha,\boldsymbol{x})=\frac{f(\boldsymbol{x})-f(\boldsymbol{x}+\boldsymbol{p}(\alpha,\boldsymbol{x}))}{\hat{f}(\boldsymbol{x})-\hat{f}(\boldsymbol{x}+\boldsymbol{p}(\alpha,\boldsymbol{x}))}=1+O(\|\boldsymbol{p}(\alpha,\boldsymbol{x})\|). \qquad (7.88)$$

再由上式和式 (7,83) 即可证明必存在着使式 (7.80) 成立的 $\hat{\alpha}$. 引

理证毕.

引理 2. 设引理 1 的条件成立. 若闭集 R 包含在 $\widetilde{C}(\bar{\boldsymbol{x}})$ 中但不含有 Ω^* 中的点,则

i) 对于任意的 $\rho_1(0<\rho_1<1)$, 存在着 $\tilde{\alpha}>0$, 使得当 $\alpha>\tilde{\alpha}$ 时对 R 中的任意点 $\boldsymbol{x}$ 都有

$$\sigma(\alpha,\boldsymbol{x})\geqslant\rho_1. \tag{7.89}$$

ii) 若由 LMF 算法构造的序列 $\{\boldsymbol{x}_k\}\subset R$, 则相应的参数序列 $\{\alpha_k\}$ 有界.

证明. 由引理 1 知, 对任意的 $\hat{\boldsymbol{x}}\in R$ 及 $\rho_1<1$, 都存在着 $\varepsilon=\varepsilon(\hat{\boldsymbol{x}})>0$ 和 $\hat{\alpha}=\hat{\alpha}(\hat{\boldsymbol{x}})>0$, 使得当 $\boldsymbol{x}\in S(\hat{\boldsymbol{x}},\varepsilon)$, $\alpha>\hat{\alpha}$ 时,

$$\sigma(\alpha,\boldsymbol{x})\geqslant\rho_1. \tag{7.90}$$

应用有限覆盖定理,可以找出有限个满足上述条件的邻域

$$S(\hat{\boldsymbol{x}}_1,\varepsilon_1),\ \cdots,\ S(\hat{\boldsymbol{x}}_q,\varepsilon_q),$$

使得

$$R\subset\bigcup_{i=1}^{q}S(\hat{\boldsymbol{x}}_i,\varepsilon_i).$$

取这有限个邻域所对应的 $\hat{\alpha}_i=\hat{\alpha}(\hat{\boldsymbol{x}}_i)$ 的最大者为 $\tilde{\alpha}$

$$\tilde{\alpha}=\max\{\hat{\alpha}(\hat{\boldsymbol{x}}_i)\,|\,i=1,\cdots,q\}, \tag{7.91}$$

即知结论 i) 成立.

现在证明结论 ii). 因为 $T(\boldsymbol{x})$ 与 $W(\boldsymbol{x})$ 在 $C(\bar{\boldsymbol{x}})$ 上连续正定,所以由 $\alpha_c=\alpha_c(\boldsymbol{x})$ 的定义式 (7.65) 可知

$$\max\{\alpha_c(\boldsymbol{x})\,|\,\boldsymbol{x}\in C(\bar{\boldsymbol{x}})\}<\infty.$$

因而对于由 LMF 算法构造的序列 $\{\boldsymbol{x}_k\}$ 来说也有

$$\alpha_c(\boldsymbol{x}_k)\leqslant\max\{\alpha_c(\boldsymbol{x})\,|\,\boldsymbol{x}\in C(\bar{\boldsymbol{x}})\}<\infty.$$

为简单起见不妨假定

$$\tilde{\alpha}\geqslant\max\{\alpha_c(\boldsymbol{x})\,|\,\boldsymbol{x}\in C(\bar{\boldsymbol{x}})\},$$

于是便有

$$\alpha_c(\boldsymbol{x}_k)\leqslant\tilde{\alpha}. \tag{7.92}$$

另外由 $\gamma=\gamma(\boldsymbol{x})$ 的定义式 (7.67) 知

$$2\leqslant\gamma(\boldsymbol{x}_k)\leqslant 10, \tag{7.93}$$

根据式(7.92)和(7.93)不难用归纳法证明对应于序列$\{\boldsymbol{x}_k\}$的$\tilde{\alpha}$值序列$\{\alpha_k\}$满足

$$\alpha_k \leqslant 10\,\tilde{\alpha} \quad (k=1, 2, \cdots). \tag{7.94}$$

事实上,当$k=1$时$\alpha_1=0$,结论显然成立.设$k=l$时$\alpha_l \leqslant 10\tilde{\alpha}$,要证$\alpha_{l+1} \leqslant 10\tilde{\alpha}$.按 LMF 算法的计算步骤,有下列两种情形:

当$\alpha_l > \tilde{\alpha}$时,由$\boldsymbol{x}_l \subset R$及式(7.89)保证了

$$\sigma_l = \sigma(\alpha_l, \boldsymbol{x}_l) \geqslant \rho_1,$$

因此α_{l+1}只可能取值$\alpha_l/2$, 0或α_l.所以总有$\alpha_{l+1} \leqslant 10\tilde{\alpha}$.

当$\alpha_l \leqslant \tilde{\alpha}$时,$\alpha_{l+1}$可能取的值为$\alpha_l/2$, 0, α_l, α_c或$\gamma_l\alpha_l$.此时仍有$\alpha_{l+1} \leqslant 10\tilde{\alpha}$.引理证毕.

定理 10. 若式(7.30)所示的基准集$C(\bar{\boldsymbol{x}})$有界,且由式(7.19)定义的$T(\boldsymbol{x})$在$C(\bar{\boldsymbol{x}})$上恒为正定矩阵,则当初始点$\boldsymbol{x}_1 \in C(\bar{\boldsymbol{x}})$时按 LMF 算法构造的序列$\{\boldsymbol{x}_k\}$满足

i) 当$\{\boldsymbol{x}_k\}$为有穷序列时,它的最后一个元素必为$f(\boldsymbol{x})$的稳定点.

ii) 当$\{\boldsymbol{x}_k\}$为无穷序列时,它必有极限点,而且其中至少有一个极限点是$f(\boldsymbol{x})$的稳定点.

证明. 当$\{\boldsymbol{x}_k\}$为有穷序列时,结论显然成立.当$\{\boldsymbol{x}_k\}$为无穷序列时,由于$\{\boldsymbol{x}_k\} \subset C(\bar{\boldsymbol{x}})$,所以$\{\boldsymbol{x}_k\}$必有极限点.现在用反证法证明其中至少有一个是$f(\boldsymbol{x})$的稳定点.

设$\{\boldsymbol{x}_k\}$的所有极限点都不是$f(\boldsymbol{x})$的稳定点.则对任意的$\boldsymbol{x} \in \Omega^* \cap C(\bar{\boldsymbol{x}})$,都存在着$\varepsilon = \varepsilon(\boldsymbol{x}) > 0$,使得在$\boldsymbol{x}$的邻域

$$S(\boldsymbol{x}, \varepsilon) = \{\boldsymbol{x}' \mid \|\boldsymbol{x}' - \boldsymbol{x}\| < \varepsilon\}$$

内不包含$\{\boldsymbol{x}_k\}$中的点.由于$\Omega^* \cap C(\bar{\boldsymbol{x}})$为有界闭集,应用有限覆盖定理,可以找出有限个这样的邻域完全覆盖着$\Omega^* \cap C(\bar{\boldsymbol{x}})$.若记这有限个邻域的并集为$\Sigma$,则$\Sigma$中也不包含$\{\boldsymbol{x}_k\}$中的点.我们用$\boldsymbol{x}_j$表示序列$\{\boldsymbol{x}_k\}$中第一个满足$f(\boldsymbol{x}_k) < f(\boldsymbol{x}_1)$的点,并记$f(\boldsymbol{x})$对于$\boldsymbol{x}_j$的基准集为$C(\boldsymbol{x}_j) = \{\boldsymbol{x} \mid f(\boldsymbol{x}) \leqslant f(\boldsymbol{x}_j)\}$.若再记$C(\boldsymbol{x}_j)$中不属于$\Sigma$的点组成的集合为$R$,则$R$为有界闭集,并且

$$\boldsymbol{x}_i \in R \quad (i = j, j+1, j+2, \cdots). \tag{7.95}$$

因此，由引理 2 的结论 ii) 知 $\{\boldsymbol{x}_k\}$ 对应的序列 $\{\alpha_k\}$ 有界，同时还可以用反证法证明序列 $\{\boldsymbol{x}_k\}$ 中存在着无穷子序列 $\{\boldsymbol{x}_{k_i}\}$ 满足

$$\sigma(\alpha_{k_i}, \boldsymbol{x}_{k_i}) \geqslant \rho_1. \tag{7.96}$$

事实上，假设 $\{\boldsymbol{x}_k\}$ 中不存在无穷子序列满足式 (7.96)，这意味着存在某个 $k' \geqslant j$，只要 $k \geqslant k' \geqslant j$，便有

$$\sigma(\alpha_k, \boldsymbol{x}_k) < \rho_1. \tag{7.97}$$

于是按算法的计算步骤，序列 $\{\alpha_k\}$ 在 $\alpha_{k'}$ 之后的元素所取的值为

$$\alpha_{k'+1} = \begin{cases} \gamma_{k'}\alpha_{k'}, & \alpha_{k'} > 0; \\ \alpha_c(\boldsymbol{x}_{k'}), & \alpha_{k'} = 0. \end{cases}$$

$$\alpha_{k'+i} = \left(\prod_{l=1}^{i-1} \gamma_{k'+l}\right)\alpha_{k'+1} \geqslant 2^{i-1}\alpha_{k'+1}.$$

注意到 $\alpha_c(\boldsymbol{x}_{k'}) > 0$，可知

$$\lim_{k\to\infty} \alpha_k = \infty.$$

这与上面证明的 $\{\alpha_k\}$ 有界相矛盾，因而式 (7.96) 成立.

下面估计 $f(\boldsymbol{x}_{k_i}) - f(\boldsymbol{x}_{k_{i+1}})$，进而导致矛盾，完成定理的证明. 注意到式 (7.96) 等价于

$$f(\boldsymbol{x}_{k_i}) - f(\boldsymbol{x}_{k_i+1}) \geqslant \rho_1[\hat{f}(\boldsymbol{x}_{k_i}) - \hat{f}(\boldsymbol{x}_{k_i+1})], \tag{7.98}$$

可得

$$\begin{aligned} & f(\boldsymbol{x}_{k_i}) - f(\boldsymbol{x}_{k_{i+1}}) \\ &= f(\boldsymbol{x}_{k_i}) - f(\boldsymbol{x}_{k_i+1}) + f(\boldsymbol{x}_{k_i+1}) - f(\boldsymbol{x}_{k_i+2}) \\ &\qquad + \cdots + f(\boldsymbol{x}_{k_{i+1}-1}) - f(\boldsymbol{x}_{k_{i+1}}) \\ &\geqslant f(\boldsymbol{x}_{k_i}) - f(\boldsymbol{x}_{k_i+1}) \\ &\geqslant \rho_1[\hat{f}(\boldsymbol{x}_{k_i}) - \hat{f}(\boldsymbol{x}_{k_i+1})]. \end{aligned} \tag{7.99}$$

记 $\boldsymbol{p}(\alpha_{k_i}, \boldsymbol{x}_{k_i}) = \boldsymbol{p}_{k_i}$, $\boldsymbol{g}(\boldsymbol{x}_{k_i}) = \boldsymbol{g}_{k_i}$, $T(\boldsymbol{x}_{k_i}) = T_{k_i}$, $W(\boldsymbol{x}_{k_i}) = W_{k_i}$，则

$$\hat{f}(\boldsymbol{x}_{k_i}) - \hat{f}(\boldsymbol{x}_{k_i+1}) = \hat{f}(\boldsymbol{x}_{k_i}) - \hat{f}(\boldsymbol{x}_{k_i} + \boldsymbol{p}_{k_i})$$

$$= -\langle \boldsymbol{g}_{k_i}, \boldsymbol{p}_{k_i}\rangle - \frac{1}{2}\langle \boldsymbol{p}_{k_i}, T_{k_i}\boldsymbol{p}_{k_i}\rangle$$

$$= \langle (T_{k_i} + \alpha_{k_i}W_{k_i})\boldsymbol{p}_{k_i}, \boldsymbol{p}_{k_i}\rangle - \frac{1}{2}\langle \boldsymbol{p}_{k_i}, T_{k_i}\boldsymbol{p}_{k_i}\rangle$$

$$=\frac{1}{2}\langle \boldsymbol{p}_{k_i}, T_{k_i}\boldsymbol{p}_{k_i}\rangle + \alpha_{k_i}\langle \boldsymbol{p}_{k_i}, W_{k_i}\boldsymbol{p}_{k_i}\rangle$$

$$\geqslant \frac{1}{2}\langle \boldsymbol{p}_{k_i}, T_{k_i}\boldsymbol{p}_{k_i}\rangle. \tag{7.100}$$

设矩阵 $T(\boldsymbol{x})$ 的最小特征值为 $\lambda_m(\boldsymbol{x})$. 因为 $T(\boldsymbol{x})$ 在有界闭集 $C(\bar{\boldsymbol{x}})$ 上连续正定,故

$$\lambda_T = \min\{\lambda_m(\boldsymbol{x}) \mid \boldsymbol{x} \in C(\bar{\boldsymbol{x}})\} > 0. \tag{7.101}$$

于是由式 (7.100) 得

$$\hat{f}(\boldsymbol{x}_{k_i}) - \hat{f}(\boldsymbol{x}_{k_i+1}) \geqslant \frac{1}{2}\lambda_T \|\boldsymbol{p}_{k_i}\|^2, \tag{7.102}$$

其中

$$\|\boldsymbol{p}_{k_i}\| = \|(T_{k_i} + \alpha_{k_i}W_{k_i})^{-1}\boldsymbol{g}_{k_i}\| \geqslant \frac{\|\boldsymbol{g}_{k_i}\|}{\|T_{k_i} + \alpha_{k_i}W_{k_i}\|}. \tag{7.103}$$

因为 $\boldsymbol{g}(\boldsymbol{x})$ 在有界闭集 R 上连续且恒不为零,所以

$$\|\boldsymbol{g}_{k_i}\| \geqslant \min\{\|\boldsymbol{g}(\boldsymbol{x})\| \mid \boldsymbol{x} \in R\} = g_m > 0. \tag{7.104}$$

另外,由引理 2 的结论 ii) 知式 (7.103) 中的 α_{k_i} 有界

$$\alpha_{k_i} \leqslant 10\tilde{\alpha} \quad (i = 1, 2, \cdots).$$

定义集合

$$D = \{(\alpha, \boldsymbol{x}) \mid \alpha \in [0, 10\tilde{\alpha}]; \boldsymbol{x} \in R\},$$

并记矩阵 $T(\boldsymbol{x}) + \alpha W(\boldsymbol{x})$ 的最大特征值为 $\lambda_M(\alpha, \boldsymbol{x})$. 易知函数 $\lambda_M(\alpha, \boldsymbol{x})$ 在有界闭集 D 上有上界 λ_M. 于是

$$\|T_{k_i} + \alpha_{k_i}W_{k_i}\| \leqslant \lambda_M. \tag{7.105}$$

综合式 (7.102)~(7.105) 得

$$\hat{f}(\boldsymbol{x}_{k_i}) - \hat{f}(\boldsymbol{x}_{k_i+1}) \geqslant \frac{1}{2}\lambda_T \frac{g_m^2}{\lambda_M^2}. \tag{7.106}$$

把式 (7.106) 代入 (7.99) 得

$$f(\boldsymbol{x}_{k_i}) - f(\boldsymbol{x}_{k_{i+1}}) \geqslant \delta \quad (i = 1, 2, \cdots), \tag{7.107}$$

其中

$$\delta = \frac{\rho_1 \lambda_T g_m^2}{2\lambda_M^2} > 0.$$

在式 (7.107) 两端对 i 从 1 至 m 求和得

$$\sum_{i=1}^{m}[f(\boldsymbol{x}_{k_i})-f(\boldsymbol{x}_{k_{i+1}})]\geqslant m\delta,$$

即

$$m\delta\leqslant f(\boldsymbol{x}_{k_1})-f(\boldsymbol{x}_{k_{m+1}})\leqslant f(\boldsymbol{x}_1)-\min\{f(\boldsymbol{x})\mid\boldsymbol{x}\in C(\bar{\boldsymbol{x}})\}.$$

当 $m\to+\infty$ 时,上式左端趋于 $+\infty$,右端有界. 因而矛盾. 定理证毕.

评 注

1. Gauss-Newton 法是一个古老的处理非线性最小二乘问题的方法[128]. 在它的基础上, Levenberg[129] 于 1944 年提出了一个新方法. 但当时并未受到人们的重视. 后来 Marquardt[28] 又重新提出,并进行了理论上的探讨,得到了 LM 方法. 最近 Fletcher[127] 又对其实现策略进行了改进,才成为行之有效的 LMF 算法.

2. 现在介绍处理非线性最小二乘问题的一个新进展. 首先我们从另一角度来理解 Gauss-Newton 法和 LM 型方法. 目标函数 (7.1) 的 Hessian 矩阵是

$$G(\boldsymbol{x})=T(\boldsymbol{x})+2\sum_{i=1}^{m}r_i(\boldsymbol{x})\nabla^2 r_i(\boldsymbol{x}),\qquad(7.108)$$

略去此式右端第二项,便有

$$G(\boldsymbol{x})\doteq T(\boldsymbol{x}).\qquad(7.109)$$

若对目标函数 (7.1) 使用 Newton 算法,则迭代公式为

$$\boldsymbol{x}_{k+1}=\boldsymbol{x}_k+\boldsymbol{p}_k,\qquad(7.110)$$

此式中的 $\boldsymbol{p}_k$ 应满足

$$G(\boldsymbol{x}_k)\boldsymbol{p}_k=-\boldsymbol{g}_k.$$

但注意到式 (7.109), 我们可以近似地改用方程

$$T_k\boldsymbol{p}_k=-\boldsymbol{g}_k$$

确定式 (7.110) 中的 $\boldsymbol{p}_k$. 这就是 Gauss-Newton 算法. 如果在式 (7.109) 中增加一项 $\alpha W(\boldsymbol{x})$, 用以补偿式 (7.108) 右端第二项的

作用

$$G(\boldsymbol{x}) \doteq T(\boldsymbol{x}) + \alpha W(\boldsymbol{x}), \tag{7.111}$$

并据此构造 Newton 算法，则迭代公式(7.110)中的增量 $\boldsymbol{p}_k$ 应满足方程(7.16). 于是得到 LM 型算法.

根据本章定理 8 可以看出，LM 型算法的收敛速率与量 $\frac{\tau}{\sigma}$ 的大小密切相关. 当该量很小时，它收敛得很快；否则可能相当缓慢，甚至会恶化到比使用处理一般目标函数的方法还要低劣. McKeown[130] 通过实际计算证实了这一点. 于是人们设法进一步构造逼近于式(7.108)右端第二项的矩阵 $B(\boldsymbol{x})$，而取满足

$$(T_k + B_k)\boldsymbol{p}_k = -\boldsymbol{g}_k \tag{7.112}$$

的 $\boldsymbol{p}_k$，作为迭代公式(7.110)中的增量. 这里的 $B_k = B(\boldsymbol{x}_k)$ 最好尽可能接近于矩阵 $2\sum_{i=1}^{m} r_i(\boldsymbol{x})\nabla^2 r_i(\boldsymbol{x})$. 具体构造 B_k 的方法大多是基于拟 Newton 法的思想进行的，算法比较复杂，对这方面有兴趣的同志可参看文献[131].

实际计算表明，对 $\frac{\tau}{\sigma}$ 取值较大的问题来说，上述方法相当有效. 但是对于残差接近于零($f(\boldsymbol{x}^*) \doteq 0$)或 $r_i(\boldsymbol{x})$ 非线性程度不很高的问题，LM 型算法却有着很大的优越性. 因此当求解一个最小二乘问题时，可先试用 LMF 算法. 当遇到困难时，再考虑改用上述新方法.

附录I 中值定理

定理1. 设函数 $f(\boldsymbol{x})$ 在 R^n 上连续可微，则对任意 $\boldsymbol{x},\boldsymbol{p}\in R^n$ 及任意实数 λ，有等式

$$f(\boldsymbol{x}+\lambda\boldsymbol{p})=f(\boldsymbol{x})+\lambda\left\langle\int_0^1\nabla f(\boldsymbol{x}+t\lambda\boldsymbol{p})dt,\boldsymbol{p}\right\rangle$$

成立，其中 $\nabla f(\boldsymbol{x}+t\lambda\boldsymbol{p})$ 是 $f(\boldsymbol{x})$ 在 $\boldsymbol{x}+t\lambda\boldsymbol{p}$ 处的梯度.

证明. 显然，

$$\begin{aligned}f(\boldsymbol{x}+\lambda\boldsymbol{p})-f(\boldsymbol{x})&=\int_0^1 df(\boldsymbol{x}+t\lambda\boldsymbol{p})\\&=\int_0^1[\nabla f(\boldsymbol{x}+t\lambda\boldsymbol{p})]^T(\lambda\boldsymbol{p})dt=\lambda\left\langle\int_0^1\nabla f(\boldsymbol{x}+t\lambda\boldsymbol{p})dt,\boldsymbol{p}\right\rangle.\end{aligned}$$

定理2. 设有映射 $\boldsymbol{g}:R^n\to R^m$，$\boldsymbol{g}$ 连续可微. 则对任意 $\boldsymbol{x}$，$\boldsymbol{p}\in R^n$ 及任意实数 λ，有等式

$$\boldsymbol{g}(\boldsymbol{x}+\lambda\boldsymbol{p})=\boldsymbol{g}(\boldsymbol{x})+\lambda\int_0^1\boldsymbol{g}'(\boldsymbol{x}+t\lambda\boldsymbol{p})\boldsymbol{p}dt$$

成立，其中 $\boldsymbol{g}'(\boldsymbol{x}+t\lambda\boldsymbol{p})$ 是 $\boldsymbol{g}$ 在 $\boldsymbol{x}+t\lambda\boldsymbol{p}$ 处的 Jocobian 矩阵.

证明. 令

$$\boldsymbol{g}(\boldsymbol{x})=(g_1(\boldsymbol{x}),\cdots,g_m(\boldsymbol{x}))^T,\ \boldsymbol{x}=(x_1,\cdots,x_n)^T,$$
$$\boldsymbol{p}=(p_1,\cdots,p_n)^T,$$

则

$$\boldsymbol{g}(\boldsymbol{x}+\lambda\boldsymbol{p})-\boldsymbol{g}(\boldsymbol{x})=\begin{pmatrix}\int_0^1 dg_1(\boldsymbol{x}+t\lambda\boldsymbol{p})\\\vdots\\\int_0^1 dg_m(\boldsymbol{x}+t\lambda\boldsymbol{p})\end{pmatrix}$$

$$=\begin{pmatrix}\int_0^1\left[\sum_{j=1}^n\frac{\partial g_1}{\partial x_j}(\boldsymbol{x}+t\lambda\boldsymbol{p})\lambda p_j\right]dt\\\vdots\\\int_0^1\left[\sum_{j=1}^n\frac{\partial g_m}{\partial x_j}(\boldsymbol{x}+t\lambda\boldsymbol{p})\lambda p_j\right]dt\end{pmatrix}$$

$$= \lambda \int_0^1 \boldsymbol{g}'(\boldsymbol{x} + t\lambda \boldsymbol{p})\boldsymbol{p}\,dt.$$

定理 3. 设有映射 $\boldsymbol{g}: R^n \to R^m$，$\boldsymbol{g}$ 连续可微．则对任意 $\boldsymbol{x}$，$\boldsymbol{p} \in R^n$ 及任意实数 λ，有不等式

$$\|\boldsymbol{g}(\boldsymbol{x} + \lambda \boldsymbol{p}) - \boldsymbol{g}(\boldsymbol{x})\| \leqslant [\sup_{\boldsymbol{\xi} \in [\boldsymbol{x}, \boldsymbol{x}+\lambda\boldsymbol{p}]} \|\boldsymbol{g}'(\boldsymbol{\xi})\|]\|\lambda \boldsymbol{p}\|$$

成立，其中 $\boldsymbol{g}'(\boldsymbol{\xi})$ 是 $\boldsymbol{g}$ 在 $\boldsymbol{\xi}$ 处的 Jocobian 矩阵．区间 $[\boldsymbol{x}, \boldsymbol{x} + \lambda \boldsymbol{p}]$ 表示连接点 $\boldsymbol{x}$ 和 $\boldsymbol{x} + \lambda \boldsymbol{p}$ 的整个线段．

证明．由定理 2，得

$$\begin{aligned}
\|\boldsymbol{g}(\boldsymbol{x} + \lambda \boldsymbol{p}) - \boldsymbol{g}(\boldsymbol{x})\| &= \left\|\lambda \int_0^1 \boldsymbol{g}'(\boldsymbol{x} + t\lambda \boldsymbol{p})\boldsymbol{p}\,dt\right\| \\
&\leqslant \int_0^1 \|\boldsymbol{g}'(\boldsymbol{x} + t\lambda \boldsymbol{p})\lambda \boldsymbol{p}\|\,dt \leqslant \|\lambda \boldsymbol{p}\| \int_0^1 \|\boldsymbol{g}'(\boldsymbol{x} + t\lambda \boldsymbol{p})\|\,dt \\
&\leqslant \|\lambda \boldsymbol{p}\| \int_0^1 [\sup_{\boldsymbol{\xi} \in [\boldsymbol{x}, \boldsymbol{x}+\lambda\boldsymbol{p}]} \|\boldsymbol{g}'(\boldsymbol{\xi})\|]\,dt \\
&= [\sup_{\boldsymbol{\xi} \in [\boldsymbol{x}, \boldsymbol{x}+\lambda\boldsymbol{p}]} \|\boldsymbol{g}'(\boldsymbol{\xi})\|]\|\lambda \boldsymbol{p}\|.
\end{aligned}$$

定理 4. 设函数 $f(\boldsymbol{x})$ 在 R^n 上二次连续可微．则对任意 $\boldsymbol{x}$，$\boldsymbol{p} \in R^n$ 及任意实数 λ，有等式

$$\begin{aligned}
f(\boldsymbol{x} + \lambda \boldsymbol{p}) &= f(\boldsymbol{x}) + \lambda \langle \nabla f(\boldsymbol{x}), \boldsymbol{p} \rangle \\
&\quad + \lambda^2 \int_0^1 (1 - t)\langle \boldsymbol{p}, G(\boldsymbol{x} + t\lambda \boldsymbol{p})\boldsymbol{p} \rangle\,dt
\end{aligned}$$

成立，其中 $\nabla f(\boldsymbol{x})$ 为 $f(\boldsymbol{x})$ 在 $\boldsymbol{x}$ 处的梯度，$G(\boldsymbol{x} + t\lambda \boldsymbol{p})$ 为 $f(\boldsymbol{x})$ 在 $\boldsymbol{x} + t\lambda \boldsymbol{p}$ 处的 Hessian 矩阵．

证明．显然，

$$\begin{aligned}
f(\boldsymbol{x} + \lambda \boldsymbol{p}) - f(\boldsymbol{x}) &= f(\boldsymbol{x} + t\lambda \boldsymbol{p})\Big|_0^1 = \int_0^1 df(\boldsymbol{x} + t\lambda \boldsymbol{p}) \\
&= -\int_0^1 \left[\sum_{j=1}^n \frac{\partial f}{\partial x_j}(\boldsymbol{x} + t\lambda \boldsymbol{p})\lambda p_j\right] d(1 - t),
\end{aligned}$$

分部积分得

$$\begin{aligned}
f(\boldsymbol{x} + \lambda \boldsymbol{p}) - f(\boldsymbol{x}) &= -\left[(1 - t)\sum_{j=1}^n \frac{\partial f}{\partial x_j}(\boldsymbol{x} + t\lambda \boldsymbol{p})\lambda p_j\right]_0^1 \\
&\quad + \int_0^1 (1 - t)\,d\left[\sum_{j=1}^n \frac{\partial f}{\partial x_j}(\boldsymbol{x} + t\lambda \boldsymbol{p})\lambda p_j\right]
\end{aligned}$$

$$= \sum_{i=1}^{n} \frac{\partial f}{\partial x_i} \lambda p_i + \lambda^2 \int_0^1 (1-t)\langle \boldsymbol{p}, G(\boldsymbol{x} + t\lambda \boldsymbol{p})\boldsymbol{p}\rangle dt.$$

注意到

$$\langle \nabla f(\boldsymbol{x}), \boldsymbol{p}\rangle = \sum_{i=1}^{n} \frac{\partial f}{\partial x_i} p_i,$$

即知定理 4 成立.

定理 5. 设有映射 $\boldsymbol{g}: R^n \to R^m$, $\boldsymbol{g}$ 连续可微，则对任意 $\boldsymbol{x}$, $\boldsymbol{y}$, $\boldsymbol{z} \in R^n$，有不等式

$$\|\boldsymbol{g}(\boldsymbol{y}) - \boldsymbol{g}(\boldsymbol{z}) - \boldsymbol{g}'(\boldsymbol{x})(\boldsymbol{y} - \boldsymbol{z})\| \leqslant [\sup_{0\leqslant t\leqslant 1} \|\boldsymbol{g}'(\boldsymbol{z} + t(\boldsymbol{y} - \boldsymbol{z})) - \boldsymbol{g}'(\boldsymbol{x})\|]\|\boldsymbol{y} - \boldsymbol{z}\|$$

成立,其中 $\boldsymbol{g}'$ 是 $\boldsymbol{g}$ 的 Jocobian 矩阵.

证明. 对固定的 $\boldsymbol{x} \in R^n$, 定义

$$\boldsymbol{h}(\boldsymbol{w}) = \boldsymbol{g}(\boldsymbol{w}) - \boldsymbol{g}'(\boldsymbol{x})\boldsymbol{w}, \quad \boldsymbol{w} \in R^n,$$

则 $\boldsymbol{h}(\boldsymbol{w})$在 R^n 连续可微,且 $\boldsymbol{h}'(\boldsymbol{w}) = \boldsymbol{g}'(\boldsymbol{w}) - \boldsymbol{g}'(\boldsymbol{x})$. 由定理 3,得

$$\|\boldsymbol{h}(\boldsymbol{y}) - \boldsymbol{h}(\boldsymbol{z})\| \leqslant [\sup_{0\leqslant t\leqslant 1} \|\boldsymbol{h}'(\boldsymbol{z} + t(\boldsymbol{y} - \boldsymbol{z}))\|]\|\boldsymbol{y} - \boldsymbol{z}\|$$
$$= [\sup_{0\leqslant t\leqslant 1} \|\boldsymbol{g}'(\boldsymbol{z} + t(\boldsymbol{y} - \boldsymbol{z})) - \boldsymbol{g}'(\boldsymbol{x})\|]\|\boldsymbol{y} - \boldsymbol{z}\|,$$

上式即表明定理 5 成立.

附录II　凸函数

定义 1. 设函数 $f(\boldsymbol{x})$ 定义在 D 上，$D\subset R^n$ 是一凸集．若对一切 $\boldsymbol{x},\boldsymbol{y}\in D$ 和 $\alpha\in(0,1)$，有不等式

$$f(\alpha\boldsymbol{x}+(1-\alpha)\boldsymbol{y})\leqslant\alpha f(\boldsymbol{x})+(1-\alpha)f(\boldsymbol{y}),$$

成立，则称 $f(\boldsymbol{x})$ 是在 D 上的凸函数；若上述不等式中之等号仅当 $\boldsymbol{x}=\boldsymbol{y}$ 时出现，则称 $f(\boldsymbol{x})$ 是在 D 上的严格凸函数．

定理 1. 设函数 $f(\boldsymbol{x})$ 是在 R^n 上的凸函数，则对任意 $\boldsymbol{x}_1\in R^n$，基准集 $C(\boldsymbol{x}_1)=\{\boldsymbol{x}\mid f(\boldsymbol{x})\leqslant f(\boldsymbol{x}_1)\}$ 是凸集．

证明．设 $\boldsymbol{x}$ 和 $\boldsymbol{y}$ 是 $C(\boldsymbol{x}_1)$ 中任意两点，$\alpha\in(0,1)$，则

$$\begin{aligned}f(\alpha\boldsymbol{x}+(1-\alpha)\boldsymbol{y})&\leqslant\alpha f(\boldsymbol{x})+(1-\alpha)f(\boldsymbol{y})\\&\leqslant\alpha f(\boldsymbol{x}_1)+(1-\alpha)f(\boldsymbol{x}_1)=f(\boldsymbol{x}_1),\end{aligned}$$

因此点 $\alpha\boldsymbol{x}+(1-\alpha)\boldsymbol{y}\in C(\boldsymbol{x}_1)$，故 $C(\boldsymbol{x}_1)$ 是凸集．

定理 2. 设函数 $f(\boldsymbol{x})$ 在 R^n 上连续可微，$D\subset R^n$ 是一凸集．则 $f(\boldsymbol{x})$ 是在 D 上的凸函数的充分必要条件是对任意 $\boldsymbol{x},\boldsymbol{y}\in D$，有不等式

$$f(\boldsymbol{y})-f(\boldsymbol{x})\leqslant\langle\nabla f(\boldsymbol{y}),\boldsymbol{y}-\boldsymbol{x}\rangle,\tag{II.1}$$

其中 $\nabla f(\boldsymbol{y})$ 是 $f(\boldsymbol{x})$ 在 $\boldsymbol{y}$ 处的梯度．而 $f(\boldsymbol{x})$ 在 D 上严格凸的充要条件是当 $\boldsymbol{x}\neq\boldsymbol{y}$ 时，

$$f(\boldsymbol{y})-f(\boldsymbol{x})<\langle\nabla f(\boldsymbol{y}),\boldsymbol{y}-\boldsymbol{x}\rangle.\tag{II.2}$$

证明．首先设不等式 (II.1) 成立，证明 $f(\boldsymbol{x})$ 是凸函数．对给定的 $\boldsymbol{x}$ 和 $\boldsymbol{y}$ 及 $\alpha\in(0,1)$，令

$$\boldsymbol{z}=\alpha\boldsymbol{x}+(1-\alpha)\boldsymbol{y},$$

显然 $\boldsymbol{z}\in D$．则

$$f(\boldsymbol{z})-f(\boldsymbol{x})\leqslant\langle\nabla f(\boldsymbol{z}),\boldsymbol{z}-\boldsymbol{x}\rangle,$$
$$f(\boldsymbol{z})-f(\boldsymbol{y})\leqslant\langle\nabla f(\boldsymbol{z}),\boldsymbol{z}-\boldsymbol{y}\rangle,$$

用 α 及 $(1-\alpha)$ 分别乘上述两式，然后相加，得

$$f(\boldsymbol{z})-[\alpha f(\boldsymbol{x})+(1-\alpha)f(\boldsymbol{y})]$$
$$\leqslant\langle\nabla f(\boldsymbol{z}),\boldsymbol{z}-[\alpha\boldsymbol{x}+(1-\alpha)\boldsymbol{y}]\rangle$$
$$=\langle\nabla f(\boldsymbol{z}),\boldsymbol{0}\rangle=0,$$

故有

$$f(\alpha\boldsymbol{x}+(1-\alpha)\boldsymbol{y})\leqslant\alpha f(\boldsymbol{x})+(1-\alpha)f(\boldsymbol{y}).$$

反之，设 $f(\boldsymbol{x})$ 是在D上的凸函数，证明不等式(II.1)成立．取 $t\in(-1,1)$，我们有

$$f(\boldsymbol{y}+t(\boldsymbol{x}-\boldsymbol{y}))=f(t\boldsymbol{x}+(1-t)\boldsymbol{y})\leqslant tf(\boldsymbol{x})+(1-t)f(\boldsymbol{y})$$
$$=t[f(\boldsymbol{x})-f(\boldsymbol{y})]+f(\boldsymbol{y}),$$

即

$$f(\boldsymbol{y})-f(\boldsymbol{x})\leqslant-\frac{1}{t}[f(\boldsymbol{y}+t(\boldsymbol{x}-\boldsymbol{y}))-f(\boldsymbol{y})],$$

在上式中令 $t\to0$ 即得不等式(II.1)．这就证明了关于 $f(\boldsymbol{x})$ 是凸函数的充要条件．

至于 $f(\boldsymbol{x})$ 为严格凸函数的充分条件，只要把上述相应证明过程中的“$\leqslant$”号换成“$<$”号便可得证．在证明必要条件时可考虑辅助点 $\boldsymbol{z}=\frac{1}{2}(\boldsymbol{x}+\boldsymbol{y})$，由 $f(\boldsymbol{y})-f(\boldsymbol{z})\leqslant\langle\nabla f(\boldsymbol{y}),\boldsymbol{y}-\boldsymbol{z}\rangle=\frac{1}{2}\langle\nabla f(\boldsymbol{y}),\boldsymbol{y}-\boldsymbol{x}\rangle$ 和 $f(\boldsymbol{z})<\frac{1}{2}f(\boldsymbol{x})+\frac{1}{2}f(\boldsymbol{y})$ 证明欲证结论．

定理 3. 设函数 $f(\boldsymbol{x})$ 是 R^n 上的连续可微的严格凸函数．若存在 $\boldsymbol{x}^*\in R^n$，使得 $\nabla f(\boldsymbol{x}^*)=\boldsymbol{0}$，则 $\boldsymbol{x}^*$ 是 $f(\boldsymbol{x})$ 在 R^n 上的唯一极小点，而且是严格整体极小点．

证明． 对任意 $\boldsymbol{x}\in R^n$，$\boldsymbol{x}\neq\boldsymbol{x}^*$，根据定理 3，有

$$f(\boldsymbol{x}^*)-f(\boldsymbol{x})<\langle\nabla f(\boldsymbol{x}^*),\boldsymbol{x}^*-\boldsymbol{x}\rangle=0,$$

即 $\boldsymbol{x}^*$ 是 $f(\boldsymbol{x})$ 在 R^n 上的严格极小点．

现在用反证法证明极小点的唯一性．设 $f(\boldsymbol{x})$ 在 R^n 上还有另一极小点 $\bar{\boldsymbol{x}}\neq\boldsymbol{x}^*$．显然应有 $\nabla f(\bar{\boldsymbol{x}})=\boldsymbol{0}$．再利用定理 3，得

$$f(\bar{\boldsymbol{x}})-f(\boldsymbol{x}^*)<\langle\nabla f(\bar{\boldsymbol{x}}),\bar{\boldsymbol{x}}-\boldsymbol{x}^*\rangle=0,$$

即

$$f(\bar{\boldsymbol{x}})<f(\boldsymbol{x}^*).$$

但用同样方法可以得到相反的不等式

$$f(\boldsymbol{x}^*) < f(\bar{\boldsymbol{x}}),$$

这个矛盾说明了极小点唯一.

定理 4. 设函数 $f(\boldsymbol{x})$ 是 R^n 上的二次连续可微的函数，且对任意 $\boldsymbol{x}_1 \in R^n$，存在常数 $m > 0$，使得对一切 $\boldsymbol{x} \in$ 基准集 $C(\boldsymbol{x}_1)$ 及一切 $\boldsymbol{y} \in R^n$，有不等式

$$m\|\boldsymbol{y}\|^2 \leqslant \langle \boldsymbol{y}, G(\boldsymbol{x})\boldsymbol{y} \rangle,$$

其中 $G(\boldsymbol{x})$ 是函数 $f(\boldsymbol{x})$ 在 $\boldsymbol{x}$ 处的 Hessian 矩阵. 则 $f(\boldsymbol{x})$ 在 R^n 上严格凸且基准集 $C(\boldsymbol{x}_1)$ 是凸紧集.

证明. 由附录 I 定理 4 及本附录定理 2 易知 $f(\boldsymbol{x})$ 在 R^n 上是严格凸的. 再由定理 1 知 $C(\boldsymbol{x}_1)$ 是凸集. 下面先证 $C(\boldsymbol{x}_1)$有界. 令$\boldsymbol{x}$ 为 $C(\boldsymbol{x}_1)$ 中任意点但 $\boldsymbol{x} \neq \boldsymbol{x}_1$，于是 $\boldsymbol{x}$ 可写成

$$\boldsymbol{x} = \boldsymbol{x}_1 + \lambda \boldsymbol{p},$$

这里 $\boldsymbol{p} = (\boldsymbol{x} - \boldsymbol{x}_1)/\|\boldsymbol{x} - \boldsymbol{x}_1\|$ 为单位向量，$\lambda = \|\boldsymbol{x} - \boldsymbol{x}_1\|$. 由附录 I 的定理 4 得

$$\begin{aligned} f(\boldsymbol{x}) - f(\boldsymbol{x}_1) &= f(\boldsymbol{x}_1 + \lambda \boldsymbol{p}) - f(\boldsymbol{x}_1) \\ &= \lambda \langle \nabla f(\boldsymbol{x}_1), \boldsymbol{p} \rangle + \lambda^2 \int_0^1 (1 - t) \langle \boldsymbol{p}, G(\boldsymbol{x}_1 + t\lambda \boldsymbol{p})\boldsymbol{p} \rangle dt. \end{aligned}$$

Schwarz 不等式表明

$$|\langle \nabla f(\boldsymbol{x}_1), \boldsymbol{p} \rangle| \leqslant \|\nabla f(\boldsymbol{x}_1)\| \cdot \|\boldsymbol{p}\| = \|\nabla f(\boldsymbol{x}_1)\|.$$

另一方面，由于 $C(\boldsymbol{x}_1)$ 是凸集，所以 $\boldsymbol{x}_1 + t\lambda \boldsymbol{p} \in C(\boldsymbol{x}_1)$，故有

$$\langle \boldsymbol{p}, G(\boldsymbol{x}_1 + t\lambda \boldsymbol{p})\boldsymbol{p} \rangle \geqslant m\|\boldsymbol{p}\|^2 = m > 0.$$

由此得到

$$\begin{aligned} f(\boldsymbol{x}) - f(\boldsymbol{x}_1) &\geqslant -\lambda \|\nabla f(\boldsymbol{x}_1)\| + m\lambda^2 \int_0^1 (1 - t) dt \\ &= -\lambda \|\nabla f(\boldsymbol{x}_1)\| + \frac{1}{2} m \lambda^2. \end{aligned}$$

因为 $f(\boldsymbol{x}) \leqslant f(\boldsymbol{x}_1)$，所以 $\lambda \leqslant \dfrac{2}{m} \|\nabla f(\boldsymbol{x}_1)\|$，于是知

$$\|\boldsymbol{x} - \boldsymbol{x}_1\| \leqslant \frac{2}{m} \|\nabla f(\boldsymbol{x}_1)\|,$$

即 $C(\boldsymbol{x}_1)$ 有界.

现在再证明 $C(\boldsymbol{x}_1)$ 是紧集. 在 $C(\boldsymbol{x}_1)$ 中任取无穷序列 $\{\bar{\boldsymbol{x}}_k\}$, 因为 $C(\boldsymbol{x}_1)$ 有界, 故 $\{\bar{\boldsymbol{x}}_k\}$ 至少有一个聚点, 把它记为 $\bar{\boldsymbol{x}}$, 这样 $\{\boldsymbol{x}_k\}$ 中必有子序列 $\{\bar{\boldsymbol{x}}_{k_i}\}$ 收敛于 $\bar{\boldsymbol{x}}$. 因为 $f(\boldsymbol{x})$ 在 R^n 上连续, 故 $\{f(\bar{\boldsymbol{x}}_{k_i})\}$ 收敛于 $f(\bar{\boldsymbol{x}})$. 由于 $f(\bar{\boldsymbol{x}}_{k_i})\leqslant f(\boldsymbol{x}_1)$, 所以 $f(\bar{\boldsymbol{x}})\leqslant f(\boldsymbol{x}_1)$. 由此可知 $\bar{\boldsymbol{x}}\in C(\boldsymbol{x}_1)$. 这就证明了 $C(\boldsymbol{x}_1)$ 是紧集.

附录 III　范　　数

定义 1.　向量范数是 $R^n \to R^1$ 的一个映射，即对应于任意 $\boldsymbol{x} \in R^n$，有一个实数 $\|\boldsymbol{x}\| \in R^1$. 这个映射必须满足下列三个条件：

i）对于任意 $\boldsymbol{x} \in R^n$，有

$$\|\boldsymbol{x}\| \geqslant 0,$$

而且当且仅当 $\boldsymbol{x} = \boldsymbol{0}$ 时上式等号成立；

ii）对任意 $\alpha \in R^1$ 和任意 $\boldsymbol{x} \in R^n$，有

$$\|\alpha \boldsymbol{x}\| = |\alpha| \cdot \|\boldsymbol{x}\|;$$

iii）对任意 $\boldsymbol{x}, \boldsymbol{y} \in R^n$，有不等式

$$\|\boldsymbol{x} + \boldsymbol{y}\| \leqslant \|\boldsymbol{x}\| + \|\boldsymbol{y}\|.$$

定义 2.　向量的 l_p 范数．对于任意 $\boldsymbol{x} = (x_1, \cdots, x_n)^T \in R^n$，其 l_p 范数的定义为

$$\|\boldsymbol{x}\|_p = \left(\sum_{i=1}^{n} |x_i|^p\right)^{1/p} \quad (1 \leqslant p < \infty).$$

在向量的 l_p 范数中用得最多的是 l_2 范数，因此常简记 $\|\cdot\|_2$ 为 $\|\cdot\|$. 本书正文中的范数 $\|\cdot\|$ 均指 $\|\cdot\|_2$.

定义 3.　设 $\boldsymbol{x} \in R^n$，G 为 $n \times n$ 阶正定对称矩阵，我们定义在 G 度量意义下的范数为

$$\|\boldsymbol{x}\|_G = \sqrt{\langle \boldsymbol{x}, G\boldsymbol{x} \rangle}$$

其中 $\langle \cdot, \cdot \rangle$ 是通常意义下的内积.

定理 1（范数等价定理）.　设 $\|\cdot\|$ 和 $\|\cdot\|'$ 是 R^n 上的两个范数，则存在常数 $k_2 \geqslant k_1 > 0$，使得对任意 $\boldsymbol{x} \in R^n$，有

$$k_1 \|\boldsymbol{x}\| \leqslant \|\boldsymbol{x}\|' \leqslant k_2 \|\boldsymbol{x}\|.$$

证明．首先证明当 $\|\cdot\|'$ 为 l_2 范数时结论成立．即证存在 $c_2 \geqslant c_1 > 0$，使 $c_1 \|\boldsymbol{x}\| \leqslant \|\boldsymbol{x}\|_2 \leqslant c_2 \|\boldsymbol{x}\|$. 我们记 R^n 中 n 个坐标向量为

$\boldsymbol{e}_i(i=1,\cdots,n)$，并记 $\boldsymbol{x}=\sum_{i=1}^{n}x_i\boldsymbol{e}_i$，则易见

$$\|\boldsymbol{x}\|=\left\|\sum_{i=1}^{n}x_i\boldsymbol{e}_i\right\|\leqslant\sum_{i=1}^{n}(|x_i|\cdot\|\boldsymbol{e}_i\|).$$

利用 Schwarz 不等式，有

$$\sum_{i=1}^{n}(|x_i|\cdot\|\boldsymbol{e}_i\|)\leqslant\left(\sum_{i=1}^{n}|x_i|^2\right)^{1/2}\cdot\beta,$$

其中 $\beta=\left(\sum_{i=1}^{n}\|\boldsymbol{e}_i\|^2\right)^{1/2}$，故有

$$\|\boldsymbol{x}\|\leqslant\beta\|\boldsymbol{x}\|_2. \tag{III.1}$$

再令 $c_1=\dfrac{1}{\beta}$ 即有 $c_1\|\boldsymbol{x}\|\leqslant\|\boldsymbol{x}\|_2$.

另外，由 (III.1) 知，对任意 $\boldsymbol{x},\boldsymbol{y}\in R^n$，有

$$|\|\boldsymbol{x}\|-\|\boldsymbol{y}\||\leqslant\|\boldsymbol{x}-\boldsymbol{y}\|\leqslant\beta\|\boldsymbol{x}-\boldsymbol{y}\|_2.$$

据此可由 l_2 范数的连续性推出 $\|\cdot\|$ 范数连续．因为单位球面 $S=\{\boldsymbol{x}\mid\|\boldsymbol{x}\|_2=1\}$ 是紧集，所以 $\|\cdot\|$ 在 S 上可取到最小值 $\alpha>0$．即若 $\|\boldsymbol{x}\|_2=1$，则 $\|\boldsymbol{x}\|\geqslant\alpha>0$．因此对任意 $\boldsymbol{x}\in R^n$，

$$\|\boldsymbol{x}\|=\left\|\|\boldsymbol{x}\|_2\frac{\boldsymbol{x}}{\|\boldsymbol{x}\|_2}\right\|=\|\boldsymbol{x}\|_2\cdot\left\|\frac{\boldsymbol{x}}{\|\boldsymbol{x}\|_2}\right\|\geqslant\alpha\|\boldsymbol{x}\|_2.$$

令 $c_2=\dfrac{1}{\alpha}$，即有

$$\|\boldsymbol{x}\|_2\leqslant c_2\|\boldsymbol{x}\|.$$

现在证明对任意两个范数 $\|\cdot\|$ 和 $\|\cdot\|'$ 结论成立．从前面讨论知道存在 $c_2\geqslant c_1>0$ 和 $d_2\geqslant d_1>0$，使得

$$c_1\|\boldsymbol{x}\|\leqslant\|\boldsymbol{x}\|_2\leqslant c_2\|\boldsymbol{x}\|,$$
$$d_1\|\boldsymbol{x}\|'\leqslant\|\boldsymbol{x}\|_2\leqslant d_2\|\boldsymbol{x}\|',$$

显然，若令 $k_1=\dfrac{c_1}{d_2}$，$k_2=\dfrac{c_2}{d_1}$，即得欲证之结论．

定义 4. 矩阵的 l_p 范数．设 A 是 $n\times n$ 阶矩阵，它的 l_p 范数

定义为

$$\|A\|_p = \sup_{\|x\|_p=1} \|A\boldsymbol{x}\|_p.$$

在矩阵的 l_p 范数中用得最多的是 l_2 范数，因此常简记 $\|\cdot\|_2$ 为 $\|\cdot\|$. 本书正文中的范数 $\|\cdot\|$ 均指 $\|\cdot\|_2$.

由定义 4，显然有

$$\|A\boldsymbol{x}\|_p \leqslant \|A\|_p \cdot \|\boldsymbol{x}\|_p. \tag{III.2}$$

定理 2. 矩阵的 l_p 范数满足相容性条件

$$\|AB\|_p \leqslant \|A\|_p \cdot \|B\|_p.$$

证明. 由定义 4 知

$$\|AB\|_p = \sup_{\|x\|_p=1} \|AB\boldsymbol{x}\|_p.$$

据式 (III.2)，对任意 $\boldsymbol{x} \in R^n$，有

$$\|AB\boldsymbol{x}\|_p \leqslant \|A\|_p\|B\boldsymbol{x}\|_p \leqslant \|A\|_p\|B\|_p\|\boldsymbol{x}\|_p,$$

所以

$$\|AB\|_p \leqslant \|A\|_p \cdot \|B\|_p.$$

定理 3. 设 A 是 $n \times n$ 阶正定对称矩阵，其特征值为 $0<\mu_1\leqslant \mu_2 \leqslant \cdots \leqslant \mu_n$. 则对任意 $\boldsymbol{x} \in R^n$，有

$$\mu_1\|\boldsymbol{x}\|_2 \leqslant \|A\boldsymbol{x}\|_2 \leqslant \mu_n\|\boldsymbol{x}\|_2.$$

证明. 对于对称矩阵 A，存在着正交矩阵 P，使得

$$P^{-1}AP = \begin{pmatrix} \mu_1 & & 0 \\ & \mu_2 \ddots & \\ 0 & & \mu_n \end{pmatrix},$$

P 的 n 个列向量 $\boldsymbol{\xi}_1, \cdots, \boldsymbol{\xi}_n$ 是对应于 $\mu_1, \cdots, \mu_n$ 的 A 的特征向量. 任取 $\boldsymbol{x} \in R^n$，把 $\boldsymbol{x}$ 按特征向量 $\boldsymbol{\xi}_i$ 展开，

$$\boldsymbol{x} = \sum_{i=1}^{n} x_i \boldsymbol{\xi}_i,$$

则

$$\mu_1^2\|\boldsymbol{x}\|_2^2 = (\min_i \mu_i^2) \sum_{i=1}^{n} x_i^2 \leqslant \|A\boldsymbol{x}\|_2^2 = \left\| \sum_{i=1}^{n} \mu_i x_i \boldsymbol{\xi}_i \right\|^2$$

$$\leqslant (\max_i \mu_i^2) \sum_{i=1}^{n} x_i^2 = \mu_n^2\|\boldsymbol{x}\|_2^2,$$

由此易见定理成立.

定义 5. 矩阵的 Frobenius 范数. 设 $A=(a_{ij})$ 为 $n\times n$ 阶矩阵. 它的 Frobenius 范数定义为

$$\|A\|_F=\left(\sum_{i,j}a_{ij}^2\right)^{1/2}.$$

定理 4. 设 A 为 $n\times n$ 阶矩阵,则对任意 $\boldsymbol{x}\in R^n$, 有

$$\|A\boldsymbol{x}\|_2\leqslant\|A\|_F\cdot\|\boldsymbol{x}\|_2.$$

证明. 记 A 的行向量为 $\boldsymbol{a}_1^T,\cdots,\boldsymbol{a}_n^T$, 则

$$A\boldsymbol{x}=(\langle\boldsymbol{a}_1,\boldsymbol{x}\rangle,\langle\boldsymbol{a}_2,\boldsymbol{x}\rangle,\cdots,\langle\boldsymbol{a}_n,\boldsymbol{x}\rangle)^T$$

因此

$$\|A\boldsymbol{x}\|_2^2=\sum_{i=1}^n\langle\boldsymbol{a}_i,\boldsymbol{x}\rangle^2.$$

由 Schwarz 不等式,得

$$\|A\boldsymbol{x}\|_2^2\leqslant\sum_{i=1}^n(\|\boldsymbol{a}_i\|_2^2\|\boldsymbol{x}\|_2^2)=\|A\|_F^2\cdot\|\boldsymbol{x}\|_2^2.$$

定理 5. 矩阵的 Frobenius 范数满足相容性条件

$$\|AB\|_F\leqslant\|A\|_F\cdot\|B\|_F.$$

证明. 记矩阵 B 的列向量为 $\boldsymbol{b}_1,\cdots,\boldsymbol{b}_n$, 则

$$\|AB\|_F^2=\|\{A\boldsymbol{b}_1,\cdots,A\boldsymbol{b}_n\}\|_F^2=\sum_{i=1}^n\|A\boldsymbol{b}_i\|_2^2.$$

由定理 4,

$$\|AB\|_F^2\leqslant\sum_{i=1}^n(\|A\|_F^2\|\boldsymbol{b}_i\|_2^2)=\|A\|_F^2\sum_{i=1}^n\|\boldsymbol{b}_i\|_2^2=\|A\|_F^2\cdot\|B\|_F^2.$$

定理 6. 设 $\boldsymbol{u}=(u_1,\cdots,u_n)^T$, $\boldsymbol{v}=(v_1,\cdots,v_n)^T$, 则

$$\|\boldsymbol{u}\boldsymbol{v}^T\|_F=\|\boldsymbol{u}\|_2\cdot\|\boldsymbol{v}\|_2.$$

证明. 由 Frobenius 范数定义知

$$\|\boldsymbol{u}\boldsymbol{v}^T\|_F=\sqrt{\sum_{i,j}(u_iv_j)^2}=\sqrt{\sum_j\left(\sum_i u_i^2\right)v_j^2}$$

$$=\sqrt{\left(\sum_i u_i^2\right)\left(\sum_j v_j^2\right)}=\|\boldsymbol{u}\|_2\cdot\|\boldsymbol{v}\|_2.$$

定理 7. 设 $A=(a_{ij})$ 为 $n\times n$ 阶矩阵，则

$$\|A\|_F^2=Tr(A^TA).$$

证明. 经直接计算即可证明本定理，此处从略.

定理 8. 设 E 为 $n\times n$ 阶矩阵，则对任意 $\boldsymbol{u},\boldsymbol{v}\in R^n$，有

$$\|E(I-\boldsymbol{u}\boldsymbol{v}^T)\|_F^2=\|E\|_F^2-2\boldsymbol{v}^TE^TE\boldsymbol{u}+\|E\boldsymbol{u}\|_2^2\|\boldsymbol{v}\|_2^2,$$

其中 I 为 $n\times n$ 阶单位矩阵.

证明. 由定理 7 知

$$\begin{aligned}\|E(I-\boldsymbol{u}\boldsymbol{v}^T)\|_F^2&=Tr([E-E\boldsymbol{u}\boldsymbol{v}^T]^T[E-E\boldsymbol{u}\boldsymbol{v}^T])\\&=Tr(E^TE-\boldsymbol{v}[E^TE\boldsymbol{u}]^T-[E^TE\boldsymbol{u}]\boldsymbol{v}^T+\boldsymbol{v}[E\boldsymbol{u}]^T[E\boldsymbol{u}]\boldsymbol{v}^T)\\&=\|E\|_F^2-\langle\boldsymbol{v},E^TE\boldsymbol{u}\rangle-\langle E^TE\boldsymbol{u},\boldsymbol{v}\rangle+\|E\boldsymbol{u}\|_2^2\langle\boldsymbol{v},\boldsymbol{v}\rangle\\&=\|E\|_F^2-2\boldsymbol{v}^TE^TE\boldsymbol{u}+\|E\boldsymbol{u}\|_2^2\|\boldsymbol{v}\|_2^2.\end{aligned}$$

定义 6. 一个矩阵对另一个矩阵的范数. 设 Q 和 M 是两个 $n\times n$ 阶矩阵，则 Q 对于 M 的范数定义为

$$\|Q\|_M=\|MQM\|_F,$$

此式右端的 $\|\cdot\|_F$ 是指 Frobenius 范数.

这种范数不满足相容性条件.

参 考 文 献

[1] 华罗庚，优选法平话及其补充，国防工业出版社，1971.

[2] 南京大学数学系计算数学专业，最优化方法（计算数学讲义(五)），科学出版社，1978.

[3] 席少霖、赵凤治，最优化计算方法，上海科学技术出版社(即将出版).

[4] 中国科学院数学研究所运筹室优选法小组，优选法，科学出版社，1978.

[5] Fox, R. L., Optimization methods for engineering design, Addison-Wesley, 1971.（中译本：张建中、诸梅芳译，工程设计的优化方法，科学出版社．1981.）

[6] 北京工业大学计算站，无约束最优化算法及其基本理论，内部资料，1979.

[7] Murray, W. ed., Numerical methods for unconstrained optimization, Academic Press, 1972.

[8] Luenberger, D. G., Introduction to linear and nonlinear programming, Addison-Wesley, 1973.（中译本：夏尊铨等译，线性与非线性规划引论，科学出版社，1980.）

[9] Dixon, L. C. W., Nonlinear optimization, The English Universities Press, 1972.

[10] Polak, E., Computational methods in optimization, Academic Press, 1971.

[11] Himmelblau, D. M., Applied nonlinear programming, McGraw-Hill, 1972.（中译本：张义桑等译，实用非线性规划，科学出版社，1981.）

[12] Ortega, J. M. and Rheinboldt, W. C., Iterative solution of nonlinear equations in several variables, Academic Press, 1970.

[13] Wolfe, M. A., Numerical methods for unconstrained Optimization, Van Nostrand Reinhold Company, 1978.

[14] 郑权、蒋百川、庄松林，一个求总极值的方法，应用数学学报，1978年第2期.

[15] 郑权，求总极值方法简介，全国第一届最优化会议资料，1979.

[16] Dixon, L. C. M. and Szegö, G. P. (eds.), Towards global optimisation, North-Holland Publishing Company, 1975.

[17] Dixon, L. C. M. and Szegö, G. P. (eds.), Towards global optimisation, North-Holland Publishing Company, 1978.

[18] Cauchy, A., Méthode générale pour la résolution des systemes d'equations simultanées. *Comptes Rendus*, **25**(1874) 536—538.

[19] Courant, R., Variational methods for the solution of problems of equilibrium and vibrations, *Bull. Am. Math. Soc.*, **49**(1943), 1—23.

[20] Householder, A. S., Principles of numerical analysis, McGraw-Hill, 1953.

[21] Fletcher, R. and Freeman, T. L., A modified Newton method for minimization, *JOTA*, **23**(1977), 357—372.

[22] Rosenbrock, H. H., An automatic method for finding the greatest or

least value of a function, *Comput. J.*, **3**(1960), 175—184.

[23] Hooke, R. and Jeeves, T. A., "Direct search" Solution of numerical and statistical problems, *J. Ass. Comput. Mach.*, 8(1961), 212—229

[24] Spendley, W., Hext, G. R. and Himsworth, F. R., Sequential application of simplex disigns in optimization and evolutionary operation, *Technometrics*, **4**(1962), 441—461.

[25] Davidon, W. C., Variable metric method for minimization, *AEC Research and Development Report, ANL* 5990, 1959.

[26] Powell, M. J. D., An efficient method for finding minimum of a function of several variables without calculating derivatives, *Comput. J.*, **7**(1964), 155—162.

[27] Fletcher, R. and Reeves, C. M., Function minimization by conjugate gradients, *Comput. J.*, **7**(1964), 149—154.

[28] Marquardt, D. W., An algorithm for least squares estimation of nonlinear parameters, *SIAM J.*, **11**(1963), 431—441.

[29] 席少霖，无约束最优化方法简介，计算机应用与应用数学，1976 年第 11 期，1—17.

[30] Wolfe, M. A. and Viazminsky, C., Supermemory descent methods for unconstraiend minimization, *JOTA*, **18**(1976), 455—468.

[31] Meyer, R. R., A comparison of the forcing function and point-to-set mapping approaches to convergence analysis, *SIAM J. Control and Optimization*, **15**(1977), 699—715.

[32] Kiefer, J., Sequential minimax search for a maximum, *Proc. Amer. Math. Soc.*, 4(1953), 502—506.

[33] Höpfinger, E., On the solution of the unidimentional local minimization problem, *JOTA*, **18**(1976), 425—428.

[34] 华罗庚，优选学，科学出版社，1981.

[35] 洪家威，论黄金分割法的最优性，数学的实践与认识，1973 年第 2 期，34-41.

[36] 胡毓达，论异侧对称策略的最优性，上海交通大学学报，1979 年第 3 期，67—76.

[37] 谢庭藩，给定离散度的最优策略，杭州大学学报，1978 年第 2 期，9—18.

[38] 吴方，一个求极值问题 (1)，中国科学，1(1974)，1—14.

[39] 罗声政，最优分批问题在 N < 3n 情形下的全部解，数学学报，**20** (1977)，225—228.

[40] 李蔚宣、翁祖荫，关于最优分批问题的全部解，数学学报 **22**(1979)，45—53.

[41] Gottfried, B. S., A stopping criterion for the golden-ratio search, *Opns, Res.*, **23**(1975), 553—555.

[42] Kowalik, J. and Osborne, M. R., Methods for unconstrained optimization problems, American Elsevier, 1968.

[43] 费景高，计算运动系统最优控制函数的梯度法，计算机应用与应用数学，1974 年第 5 期，1—20.

[44] Goldstein, A. A., Constructive real analysis, Harper & Row, 1967.

[45] 邹海，最优化方法；最优设计资料汇编（1977），16—55.
[46] Gill, P. E. and Murry, W., Safeguarded steplength algorithms for optimization using descent methods, *Natn. Phys. Lab. DANC,* 37 (1974).
[47] 邓乃扬、马国瑜，惩罚函数法，运筹学杂志(待发表).
[48] Lasdon, L. S, Fox, R. L. and Ratner, M. W., An efficient one-dimensional search procedure for barrier functions, *Math. Prog.,* 4 (1973), 279—296.
[49] Greenstadt, J., On the relative efficiencies of gradient methods, *Maths Comput,* **21**(1967), 360—367.
[50] Gill, P. E. and Murray, W., Two methods for the solution of linearly constrained and unconstrained optimization problems, *Natn. Phys. Lab. DNAC,* **25**(1972).
[51] Gill, P. E., Murray, W. and Picken, S. M., The implementation of two modified Newton algorithms for unconstrained optimization, *Natn. Phys. Lab., DNAC,* **24**(1972).
[52] Bunch, J. R. and Parlett, B. N., Direct methods for solving symmetric indefinite systems of linear equations, *SIAM J. Numerical Analysis,* **8**(1971), 639—655.
[53] Goldstein, A. A. and Price, J. F., An effective algorithm for minimization, *Num. Math.,* **10**(1967), 184—189.
[54] Crowder, H. P. and Wolfe, P., Linear convergence of the conjugate gradient method, *IBM J. Research and Development,* **16**(1972), 431—433.
[55] 何天晓、黄有群，关于 Polak-Ribière 算法收敛速率的一个注记，高等学校计算数学学报(待发表).
[56] Polak, E. and Ribieré, G., Note sur la convergence de méthodes des directions conjugées, *Rev. Fr. Int. Rech. Oper.,* **16**(1969), 35—43.
[57] Polyak, B. T., The method of conjugate gradient in extremum problems, *USSR Computational Mathematics and Mathematical Physics* (English Translation), **9**(1969), 94—112.
[58] Cohen, A. I., Rate of convergence of several conjugate gradient algorithms, *SIAM J. Numerical Analysis,* **9**(1972), 248—259.
[59] Beale, E. M. L., A derivation of conjugate gradients, in F. A. Lootsma (ed.) ''Numerical methods for nonlinesr optimization'' Academic Press, 1972.
[60] Powell, M. J. D., Restart procedures for conjugate gradient method, *Math. Prog.,* **12**(1977), 241—254.
[61] Hestenes, M. R. and Stiefel, E., Methods of conjugate gradients for solving linear systems, *J. Res. Natn. Bur. Stand.,* 49(1952), 409—436.
[62] Beckman, F. S., The solution of linear equations by the conjugate gradient method, in A. Ralston and H. S. Wilf (eds.) ''Mathematical methods for digital computer, vol. 1'', John Wiley & Sons, 1960
（中译本：[illegible]献瑜等译，数字计算机上用的数学方法，上海科学技术出版社，

1968.)

[63] Fletcher, R., A FORTRAN subroutine for minimization by the method of conjugate gradient. *AERE, Harwell, Report*, No. R-7073, 1972.

[64] Klessig, R. and Polak, E., Efficient implementations of Polak-Ribière conjugate gradientalgorithms, *SIAM J. Control*, **10**(1972), 524—549.

[65] McCormick, G. P. and Rittor, K., Alternative proofs of convergence properties of the conjugate gradient method, *JOTA*, **13**(1974), 497—518.

[66] Lenard, M. L., Convergence conditions for restarted conjugate gradient methods with inaccurate line searches, *Math. Prog.*, **10**(1976), 32—51.

[67] Stoer, J., On the relation botween quadratic termination and convergence properties of minimization algorithms, Part I Theory, *Num. Math.*, **28**(1977), 343—366.

[68] Baptist, P. and Stoer, J., On the relation between quadratic termination and convergence properties of minimization algorithms, Part II. Application, *Num. Math.*, **28**(1977), 367—391.

[69] Nazareth, L., A conjugate direction algorithm without line searches, *JOTA*, **23**(1977), 373—387.

[70] Dixon, L. C. W., Conjugate gradient algorithms: quadratic termination without linear searches, *J. Inst. Maths. Applics.*, **15**(1975), 9—18.

[71] Dixon, L. C. W., Quasi-Newton algorithms generate indentical points, *Math. Prog.*, **2**(1972), 383—387.

[72] Fletcher, R., A new approach to variable metric algorithms, *Comput J.*, **13**(1970), 317—322.

[73] Wells, M., Algorithm 251, Function minimization, *Ass. Comput. Mach. Commun.*, **8**(1965), 169—170. *Certifications*: 9(1966), 687; **12**(1969), 512; **14**(1971), 358.

[74] Stewart, G. W., A modification of Davidon's minimization method to accept difference approximations to derivatives, *J. Ass. Comput. Mach.*, **14**(1967), 72—83.

[75] Lill, S. A., Algorithm 46. A modified Davidon method for finding the minimum of a function, using difference approximations for derivatives, *Comput. J.*, **13**(1970), 111—113. *Note on Algorithm*, 46: **14**(1971), 106.

[76] 中国科学院沈阳计算技术研究所、后字 414 部队、北京工业大学计算站，电子计算机常用算法，科学出版社，1976.

[77] Gill, P. E. and Murray, W., Quasi-Newton methods for unconstrained optimization, *J. Inst. Maths. Applics*, **9**(1972), 91—108.

[78] Gill, P. E., Murray, W. and Pitfield, R. A., The implemetation of two revised quasi-Newton algorithms for unconstrained optimization, *Natn, Phys. Lab. NDAC*, **11**(1972).

[79] Fielding. K, Algorithm 387, Function minimization and linear search. *Ass. Comput. Math. Commun.*, **13**(1970), 509—510.

[80] Dennis, J. E. and Moré J. J., A characterization of superlinear convergence and its application to quasi-Newton methods, *Maths. Comput.*, **28**(1974), 549—560.

[81] Fletcher, R., FORTRAN subroutine for minimization by quasi-Newton methods, *AERE, Harwell, Report*, No. R-7125, 1972.

[82] Powell, M. J. D., On the convergence of the variable metric algorithm, *J. Inst. Maths. Applics.*, **7**(1971), 21—36.

[83] Powell, M. J. D., Some properties of the variable metric algorithms, in F. A. Lootsma (ed.) "Numerical methods for non-linear optimization" Academic Press, 1972

[84] Fletcher. R. and Powell, M. J. D., A rapidly convergent descent method for minimization, *Comput. J.*, **6**(1963), 163—168.

[85] Broyden, C. G., The convergence of a class of double rank minimization algorithms 2. The new algorithm, *J. Inst. Maths. Applics.*, **6**(1970), 222—231.

[86] Goldfarb, D., A family of variable-metric method derived by variational means, *Maths. Comput.*, **24**(1970), 23—26.

[87] Shanno, D. F., Conditioning of quasi-Newton methods for function minimization, *Maths. Comput.*, **24**(1970), 647—656.

[88] Broyden, C. G., Quasi-Newton methods and their application to function minimization, *Maths. Comput.*, **21**(1967), 368—381.

[89] Huang, H. Y., Unified approach to quadratically convergent algorithms for function minimization, *JOTA*, **5**(1970), 405—423.

[90] 吴方、桂湘云，一类具有 $n+1$ 个参数的变测度算法，数学学报，**24**(1981)，921—930.

[91] Oren, S. S. and Luenberger, D. G., Self-scaling variable metric (SSVM) algorithms I: Criteria and sufficient conditions for scaling a class of algorithms, *Management Science*, **20**(1974), 845—862.

[92] Oren, S. S, Self-scaling variable metric (SSVM) algorithms II: Implementation and experiments, *Management Science*, **20**(1974), 863—874.

[93] Oren, S. S., On the selection of parameters in self-scaling variable metric algorithms, *Math. Prog.*, **7**(1974), 351—367.

[94] Oren, S. S. and Spedicato, E., Optimal conditioning of self-scaling variable metric algorithms. *Math. Prog.*, **10**(1976), 70—90.

[95] Spedicato, E., Recent developments in the variable metric method for nonlinear unconstrained optimization, in L. C. W. Dixon and G. P. Szegö (eds.) "Towards global optimization", North-Holland Publishing Company, 1975

[96] Spedicato, E., On condition numbers of matrices in rank two minimization algorithms, in L. C. W. Dixon and G. P. Szegö (eds.) "Towards global optimization", North-Holland Publishing Company, 1975.

[97] Davidon, W. C., Optimally conditioned optimization algorithms wi-

thout line searchs, *Math. Prog.*, **9**(1975), 1—30.

[98] Shanno, D. F. and Phua, K. H., Matrix conditioning and nonlinear optimization, *Math. Prog.*, **14**(1978), 149—160

[99] Brodlie, K. W., An assessment of two approaches to variable metric methods, *Math. Prog.*, **12**(1977), 344—355.

[100] Dixon, L. C. W., Nonlinear optimization: A survey of the state of the art, in D. J. Evans (ed.) ''Software for numerical mathematics'', Academic Press, 1974.

[101] Goldfarb, D., Generating conjugate direction without line searches using factorized variable metric updating formulas, *Math. Prog.*, **13** (1977), 94—110.

[102] Burmeister, W., Die Konvergenzordnung des Fletcher-Powell Algorithms, *ZAMM*, **53**(1973), 696—699.

[103] Schuller, G. and Stoer, J., Uber die Konvergenzordnung gewisser Rang-2 Verfabren zur Minimierung von Funktionen, *International Series of Numerical Mathematics*, **23**(1974), 125—147.

[104] Stoer, J., On the convergence rate of imperfect minimization algorithms in Broyden's β-class., *Math. Prog.*, **9**(1975), 313—335.

[105] Dixon, L. C. W., On the convergence of variable metric method with numerical derivative and the effect of noise in the function evaluation, in W. Oettli and K. Ritter (eds.) ''Optimization and operations research'', Springer-Verlag, 1976.

[106] Powell, M. J. D., Some global convergence properties of a variable metric algorithm for minimization without exact line searches, in Cottle, R. W. and Lemke, C. E. (eds.) ''Nonlinear programming'', American Mathematical Society, Providence, R. I., 1976.

[107] 费景高，一类无约束优化算法的摄动理论，科学通报，**25**(1980)，769—772.

[108] Kaupe, A. F., Algorithm 178 direct search, *Ass. Comput. Mach. Commun.*, **6**(1963), 313—314. *Certifications*, **9**(1966), 684; **11**(1968), 498; **12**(1969), 638.

[109] Palmer, J. R., An improved procedure for orthogonalizing the search vectors in Rosenbrock's and Swann's direct search optimization methods, *Comput. J.*, **12**(1969), 69—71.

[110] Machura, M. and Mulawa, A., Algorithm 450. Rosenbrock function minimization, *Ass. Comput. Mach. Commun.*, **16**(1973), 482—483. *Certifications*, **17**(1974), 470; **17**(1974), 590.

[111] Swann, W. H., Report on the development of a new direct search method of optimization, ICI Ltd. Central Instrument Research Laboratory Research Note 64/3.

[112] 俞文鮆，单纯形调优法理论的考察与进展，复旦大学学报，1978 年第 2 期，61—68.

[113] 俞文鮆，单纯形调优法的收敛性质，中国科学，1979 年数学专辑.

[114] Nelder, J. A. and Mead, R., A simplex method for function minimiza-

tion, *Comput. J.*, **7**(1965), 308—313.

[115] Paviani, D., Ph. D. dissertation, The University of Texas, Austin, Tex., 1969.

[116] 吴方，关于 Powell 方法的一个注，数学学报，**20** (1977), 14—15.

[117] Sargent, R. W. H., Minimization without constraints, in M. Avriel, M. J. Rijckaert and D. T. Wilde (eds.) ''Optimization and design'', Prentice-Hall, Englewood cliffs, N. J., 1973.

[118] 邓乃扬、诸梅芳，关于 Powell 方法理论基础的探讨，科学通报，**24**(1979), 433—437.

[119] Zangwill , W. I., Minimizing a function without calculating derivatives, *Comput. J.*, **10**(1967), 293—296.

[120] Brent, R. P., Algorithms for minimization without derivatives, Prentice-Hall, Englewood cliffs, N. J., 1973.

[121] 何旭初，数值相关性理论及其应用，高等学校计算数学学报，1979年第1期，11—19.

[122] Powell, M. J. D., A view of unconstrained minimization algorithms that do not require derivatives, *ACM Transactions on Mathematical Software*, **1**(1975), 97—107.

[123] Chazan, D. and Miranker, W. L., A nongradient and parallel algorithm for unconstrained minimization, *SIAM J. Control*, **8**(1970), 207—217.

[124] 何新贵、曾抗生，有理平方逼近的计算方法 II：计算方法，应用数学与计算数学，**3** (1966), 90—107.

[125] Meyer, R. R., Theoretical and computational aspects of nonlinear regression, in J. Rosen, O. Mangasarian and K. Ritter (eds.) ''Nonlinear Programming'', Academic Press, 1970.

[126] 诸梅芳、张建中，关于LMF算法的收敛性问题，计算数学，**4**(1982),182—192.

[127] Fletcher, R., A modified Marquardt subroutine for nonlinear least squares, *AERE, Harwell, Report*, No. R-6799, 1971.

[128] Gauss, K. F., Theoria motus corporum coelistiam, *Werke*, **7**(1809), 240—254.

[129] Levenberg, K., A method for the solution of certain nonlinear problems in least squares, *Quart. Appl. Math.*, **2**(1944), 164—168.

[130] Mckeown, J. J., Specialised versus general-purpose algorithms for minimising functions that are sums of squared terms, *Math. Prog.*, **9**(1975), 57—68.

[131] Biggs, M. C., The estimation of the Hessian matrix in nonlinear least squares problems with non-zero residuals, *Math. Prog.*, **12**(1977), 67—80.

《计算方法丛书·典藏版》书目

1 样条函数方法 1979.6 李岳生 齐东旭 著
2 高维数值积分 1980.3 徐利治 周蕴时 著
3 快速数论变换 1980.10 孙 琦等 著
4 线性规划计算方法 1981.10 赵凤治 编著
5 样条函数与计算几何 1982.12 孙家昶 著
6 无约束最优化计算方法 1982.12 邓乃扬等 著
7 解数学物理问题的异步并行算法 1985.9 康立山等 著
8 矩阵扰动分析(第二版) 2001.11 孙继广 著
9 非线性方程组的数值解法 1987.7 李庆扬等 著
10 二维非定常流体力学数值方法 1987.10 李德元等 著
11 刚性常微分方程初值问题的数值解法 1987.11 费景高等 著
12 多元函数逼近 1988.6 王仁宏等 著
13 代数方程组和计算复杂性理论 1989.5 徐森林等 著
14 一维非定常流体力学 1990.8 周毓麟 著
15 椭圆边值问题的边界元分析 1991.5 祝家麟 著
16 约束最优化方法 1991.8 赵凤治等 著
17 双曲型守恒律方程及其差分方法 1991.11 应隆安等 著
18 线性代数方程组的迭代解法 1991.12 胡家赣 著
19 区域分解算法——偏微分方程数值解新技术 1992.5 吕 涛等 著
20 软件工程方法 1992.8 崔俊芝等 著
21 有限元结构分析并行计算 1994.4 周树荃等 著
22 非数值并行算法(第一册)模拟退火算法 1994.4 康立山等 著
23 非数值并行算法(第二册)遗传算法 1995.1 刘 勇等 著
24 矩阵与算子广义逆 1994.6 王国荣 著
25 偏微分方程并行有限差分方法 1994.9 张宝琳等 著
26 准确计算方法 1996.3 邓健新 著
27 最优化理论与方法 1997.1 袁亚湘 孙文瑜 著
28 黏性流体的混合有限分析解法 2000.1 李 炜 著
29 线性规划 2002.6 张建中等 著